規格」「製品評価の規格」とあり、その全体像がわかる

●ＩＳＯ１４００１規格の要求事項とはどういうことかを知ってもらうために、規格構成に従って各条項を要旨ごとに区分し、それぞれを見開きページに完全図解。図を見ただけで内容がわかるように工夫してある

●ＩＳＯ１４００１規格に基づく環境マネジメントシステムを効果的に構築するために「導入から認証取得までのノウハウ」を一七のステップに区分し、詳細に図解して説明してある

このような特徴から、この本は、次のような方に特にお奨めいたします。

●ＩＳＯ１４００１規格を、常識的に知りたい方

●現在、環境マネジメントシステムを運用している組織の担当者・主任・係長・課長・部長・経営者の方

●認証を取得する組織の推進者・事務局の方

●組織内でのＩＳＯ関連教育テキストとして使用したい方

●指導組織の教育テキストとして使用したいコンサルタントの方

このような方にご使用いただければ、きっとご満足いただけるものと思います。

この本を活用することにより、ＩＳＯ１４００１規格の理解を深め、自組織の環境マネジメントシステムを効率よく構築し、運用して、汚染の予防を含む環境保護が図られるならば、筆者の最も喜びとするところです。

この本をお読みになったあと、ＩＳＯの規格についてさらに知りたい方は、姉妹書である『一番やさしい・一番くわしい　最新版　図解でわかるＩＳＯ９００１のすべて』をご覧いただければ幸いです。

オーエス総合技術研究所　所長　大浜　庄司

もくじ

最新版 図解でわかるISO14001のすべて

はしがき

第1章　ISO14001認証を取得すれば多くのメリットがある

1-1 環境マネジメントシステムが組織の経営にもたらすメリット ………… 14

1-2 ISO14001認証取得による組織の利益から見たメリット ………… 16

1-3 環境マネジメントシステムにはたくさんの利点がある ………… 18

1-4 組織に求められる環境経営の必要性 ………… 20
—環境戦略としてのエコビジネス—

1-5 環境問題とは何か ………… 22
—地球環境問題と国内環境問題の二つがある—

1-6 地球環境問題のいろいろ ………… 24
—組織の活動から生まれる地球環境問題—

1-7 環境ラベル〔例〕 —EL：Environmental Label— ………… 26

第2章　ISOとISO14000シリーズ規格との関係

2-1 ISOとは国際標準化機構のこと ………… 28
—日本はISOの常任理事国—

2-2 ISOの組織はこうなっている ………… 30

2-3 TC207が制定するISO14000シリーズ規格 ………… 32

2-4 ISO14000シリーズ規格は多くの支援規格がある大家族 ………… 34

2-5 ISO14000シリーズ規格の生い立ち ………… 36
—ISOにTC207を設立した経緯—

2-6 ISO国際規格は七段階を経て制定される …… 38
2-7 国際規格と国家規格は親子の関係 …… 40
2-8 知っておきたいマネジメントシステム規格 …… 42
2-9 ライフサイクルアセスメントとはどういうことか …… 44

第3章 認定制度・認証制度は適合性を検証し登録するしくみ

3-1 認定制度・認証制度はこんな役割をする …… 46
―第三者適合性評価により信頼性を付与する―
3-2 認定制度・認証制度全体の体系を知ろう …… 48
―制度を構成する各機関の役割―
3-3 認証機関は組織を審査し認証・登録する …… 50
3-4 認証機関には認定機関から認定された「認定範囲」がある …… 52
3-5 認証機関を選定するポイント …… 54
3-6 認証機関への申請から認証・登録までの手順 …… 56
3-7 審査は認証を取得したあとも継続して行なわれる …… 58
3-8 審査員にはこんな資格がある …… 60
―審査員補・審査員・主任審査員―
3-9 認定機関・審査員評価登録機関 …… 62

第4章 環境マネジメントシステムの基本を知る

4-1 環境とは、どういうことか …… 64
―汚染の予防を含む四つの環境課題―
4-2 環境マネジメントシステムとはどのような意味か …… 66
4-3 環境マネジメントシステムの原則 …… 68
―五つの原則に従って管理する―
4-4 環境マネジメントシステムのプロセスは組織が決める …… 70
4-5 PDCAの管理のサイクル …… 72

第5章　ISO14000シリーズ規格の基礎知識

5-1 ISO14000シリーズ規格にはこんな特徴がある …… 74
5-2 ISO14000シリーズ規格の構成はこうなっている …… 76
5-3 ISO14000シリーズにおける環境マネジメントシステム規格 …… 78
5-4 ISO14001規格は認証・登録の審査基準である …… 80
5-5 ISO14004規格は環境マネジメントシステム実施の手引書 …… 82
5-6 ISO14050規格は環境関連用語を定義している …… 84
5-7 ISO19011規格は監査について規定している …… 86
5-8 製品評価としてのライフサイクルアセスメント規格 …… 88
5-9 ISO14000シリーズ製品評価としての環境ラベル規格 …… 90
5-10 環境パフォーマンス規格と温室効果ガス規格 …… 92
5-11 温室効果ガスと地球温暖化 …… 94

第6章　附属書SLはマネジメントシステムの規格の基礎になる

6-1 「附属書SL」はなぜ作成されたのか …… 96
6-2 すべてのマネジメントシステム規格は
「附属書SL」に基づいて作成される …… 98
6-3 マネジメントシステムの上位構造と用語及び定義 …… 100
6-4 ISOマネジメントシステムの共通テキスト …… 102

第7章　ここでしっかりとISO14001規格の要求事項を理解する

7-1 ISO14001規格の構成 …… 106
—要求事項と利用の手引からなる—
7-2 0 序文 …… 108
0・1 背景　—環境保全に社会の期待が高まっている—

7-3 0・2 環境マネジメントシステムの狙い ……… 110
7-4 0・3 成功のための要因 ……… 112
7-5 0・4 Plan-Do-Check-Actモデル ……… 114
7-6 0・5 この規格の内容 ……… 116
7-7 1 適用範囲 ……… 118
—どのような組織にも適用できる—
7-8 2 引用規格 —この規格には、引用規格はない— ……… 120
3 用語及び定義
7-9 4 組織の状況 ……… 122
4・1 組織及びその状況の理解［1］
7-10 4・1 組織及びその状況の理解［2］ ……… 124
—外部及び内部の課題を決定する—
7-11 4・1 組織及びその状況の理解［3］ ……… 126
—課題には環境状態を含める—
7-12 4・2 利害関係者のニーズ及び期待の理解［1］ ……… 128
—関連する利害関係者を決定する—
7-13 4・2 利害関係者のニーズ及び期待の理解［2］ ……… 130
—順守義務を含めニーズ・期待を決定する—
7-14 4・3 環境マネジメントシステムの適用範囲の決定［1］ ……… 132
—適用範囲の物理的境界と組織・機能的境界を決める—
7-15 4・3 環境マネジメントシステムの適用範囲の決定［2］ ……… 134
—適用範囲を決定するときの五つの考慮事項—
7-16 4・3 環境マネジメントシステムの適用範囲の決定［3］ ……… 136
—適用範囲は文書化した情報として維持する—
7-17 4・4 環境マネジメントシステム［1］ ……… 138
—環境マネジメントシステムを確立する—
7-18 4・4 環境マネジメントシステム［2］ ……… 140
—箇条4・4はすべての箇条に適用される—
7-19 5 リーダーシップ ……… 142
5・1 リーダーシップ及びコミットメント［1］

7-20 5・1 リーダーシップ及びコミットメント［2］……144
—トップマネジメントはリーダーシップ・関与を実証する—

7-21 5・1 リーダーシップ及びコミットメント［3］……146
—事業プロセスへの環境マネジメントシステムの統合—

7-22 5・2 環境方針［1］……148
—トップマネジメントは環境方針を確立する—

7-23 5・2 環境方針［2］……150
—環境方針には汚染の予防を含める—

7-24 5・2 環境方針［3］……152
—組織の状況により含める環境保護課題—

7-25 5・2 環境方針［4］……154
—環境方針は文書化し伝達し入手可能とする—

7-26 5・3 組織の役割、責任及び権限［1］……156
—トップマネジメントは責任・権限を割り当てる—

7-27 5・3 組織の役割、責任及び権限［2］……158
—特定の役割に責任・権限を割り当てる—

7-28 6 計画……160
6・1 リスク及び機会への取組み
6・1・1 一般［1］

7-29 6・1・1 一般［2］……162
—環境マネジメントシステム計画策定時の考慮事項—

7-30 6・1・1 一般［3］……164
—取組み目的に該当する「リスク及び機会」を決定する—

7-31 6・1・1 一般［4］……166
—潜在的な緊急事態を決定する—

7-32 6・1・2 環境側面［1］……168
—環境側面を決定する—

7-33 6・1・2 環境側面［2］……170
—組織が管理・影響を及ぼす環境側面を決定する—

7-34 6・1・2 環境側面［3］……172
—環境側面に伴う環境影響を決定する—

7-35 6・1・2 環境側面 [4] ……… 174
—著しい環境側面を決定する—

7-36 6・1・2 環境側面 [5] ……… 176
—著しい環境側面の評価基準を決定する—

7-37 6・1・3 順守義務 [1] ……… 178
—組織は環境側面に関する順守義務を決める—

7-38 6・1・3 順守義務 [2] ……… 180
—環境側面に関する法的要求事項—

7-39 6・1・3 順守義務 [3] ……… 184
—組織が順守するその他の要求事項—

7-40 6・1・4 取組みの計画策定 [1] ……… 186
—取組みの計画を策定する—

7-41 6・1・4 取組みの計画策定 [2] ……… 188
—取組みを事業プロセスに統合する—

7-42 6・2 環境目標及びそれを達成するための計画策定 ……… 190
6・2・1 環境目標 [1]

7-43 6・2・1 環境目標 [2] ……… 192
—環境目標が満たすべき事項—

7-44 6・2・2 環境目標を達成するための取組みの計画策定 ……… 194
—取組みを事業プロセスに統合する—

7-45 7 支援 ……… 196
7・1 資源

7-46 7・2 力量 [1] ……… 198
—組織は必要な力量を決定する—

7-47 7・2 力量 [2] ……… 200
—教育訓練のニーズを決定し実施する—

7-48 7・2 力量 [3] ……… 202
—力量を得るための処置をとり有効性を評価する—

7-49 7・3 認識 ……… 204
—組織の管理下で働く人々に四つの事項を認識させる—

7-50 7・4 コミュニケーション……206
7・4・1 一般[1]

7-51 7・4・1 一般[2]……208
―コミュニケーションプロセス確立時の実施事項―

7-52 7・4・1 一般[3]……210
―関連するコミュニケーションに対応する―

7-53 7・4・2 内部コミュニケーション……212
―内部コミュニケーションは階層・機能間で行なう―

7-54 7・4・3 外部コミュニケーション……214
―利害関係者と外部コミュニケーションを行なう―

7-55 7・5 文書化した情報……216
7・5・1 一般[1]

7-56 7・5・1 一般[2]……218
―組織が求められる文書化した情報―

7-57 7・5・2 作成及び更新……220
―文書化した情報の作成・更新に際し行なうべき事項―

7-58 7・5・3 文書化した情報の管理[1]……222
―文書化した情報を入手・利用し保護する―

7-59 7・5・3 文書化した情報の管理[2]……224
―文書化した情報管理の四つの取組み―

7-60 7・5・3 文書化した情報の管理[3]……226
―外部からの文書化した情報を管理する―

7-61 8 運用……228
8・1 運用の計画及び管理[1]
―運用に必要なプロセスを確立する―

7-62 8・1 運用の計画及び管理[2]……230
―変更を管理し有害な影響を緩和する処置をとる―

7-63 8・1 運用の計画及び管理[3]……232
―外部委託したプロセスを管理する―

7-64 8・1 運用の計画及び管理[4]……234
―ライフサイクルの視点で環境要求事項を管理する―

7-65 8・1 運用の計画及び管理 [5] …… 236
—文書化した情報を維持する—

7-66 8・2 緊急事態への準備及び対応 [1] …… 238
—緊急事態への準備・対応のプロセスを確立する—

7-67 8・2 緊急事態への準備及び対応 [2] …… 240
—緊急事態への準備・対応の実施事項—

7-68 9 パフォーマンス評価 …… 242
9・1 監視、測定、分析及び評価
9・1・1 一般 [1]

7-69 9・1・1 一般 [2] …… 244
—監視、測定、分析及び評価で決定すべき事項—

7-70 9・1・1 一般 [3] …… 246
—内部・外部のコミュニケーションを行なう—

7-71 9・1・1 一般 [4] …… 248
—校正・検証された監視機器・測定機器を使用する—

7-72 9・1・2 順守評価 [1] …… 250
—順守評価のプロセスを確立する—

7-73 9・1・2 順守評価 [2] …… 252
—順守評価プロセスで実施すべき事項—

7-74 9・1・2 順守評価 [3] …… 254
—順守評価に用いられる方法—

7-75 9・2 内部監査 …… 256
9・2・1 一般

7-76 9・2・2 内部監査プログラム [1] …… 258
—内部監査プログラムを確立する—

7-77 9・2・2 内部監査プログラム [2] …… 260
—内部監査プログラムで実施すべき事項—

7-78 9・3 マネジメントレビュー [1] …… 262
—トップはマネジメントレビューを行なう—

7-79 9・3 マネジメントレビュー [2] …… 264
—前回までの結果・組織の状況の変化を考慮する—

7-80 9・3 マネジメントレビュー［3］……266
—環境パフォーマンスの傾向を考慮する—

7-81 9・3 マネジメントレビュー［4］……268
—資源の妥当性・継続的改善を考慮する—

7-82 9・3 マネジメントレビュー［5］……270
—マネジメントレビューからのアウトプット—

7-83 9・3 マネジメントレビュー［6］……272
—組織の戦略的な方向性に関する示唆—

7-84 10 改善……274
10・1 一般
—改善の機会を決定し実施する—

7-85 10・2 不適合及び是正処置［1］……276
—不適合は修正し起こった結果に対処する—

7-86 10・2 不適合及び是正処置［2］……278
—不適合は水平展開を含む是正処置をとる—

7-87 10・2 不適合及び是正処置［3］……280
—是正処置を実施し有効性をレビューする—

7-88 10・2 不適合及び是正処置［4］……282
—是正処置は不適合の影響に応じてとる—

7-89 10・3 継続的改善……284
—環境マネジメントシステムの継続的改善—

参考 環境マネジメントシステムの構築・運用による効果 286

第8章 環境マネジメントシステム構築のノウハウを習得する

8-1 ISO14001規格導入から認証取得までのステップ……288
8-2 ステップ1 事前調査をしトップが導入を決意する……290
8-3 ステップ2 認証取得の範囲を決定する……292
8-4 ステップ3 トップがキックオフを宣言する……294
8-5 ステップ4 総力を挙げて推進体制を組む……296

8-6 ステップ5 実行可能な推進計画を策定する……298
8-7 ステップ6 認証機関を選定し申請・契約する……300
8-8 ステップ7 教育訓練の計画を立案し実施する……302
8-9 ステップ8 組織の状況を理解する……304
8-10 ステップ9 初期環境レビューを行ない現状を把握する……306
8-11 ステップ10-1 環境影響評価を実施する……308
8-12 ステップ10-2 環境影響評価方式のいろいろ……310
8-13 ステップ11 環境方針、環境目標を設定する……312
8-14 ステップ12 環境マニュアルはどう位置付けたらよいのか……314
8-15 ステップ13 環境マネジメントシステム文書を作成する……316
8-16 ステップ14 システム構築の進捗を管理し運用する……318
8-17 ステップ15 内部監査を実施する……320
8-18 ステップ16 認証機関審査の受審の事前準備をする……322
8-19 ステップ17 認証機関の審査を受ける……324
8-20 審査当日の対応のしかた —認証機関の審査—……326

さくいん

本文DTP◎一企画

第1章

ISO14001認証を取得すれば多くのメリットがある

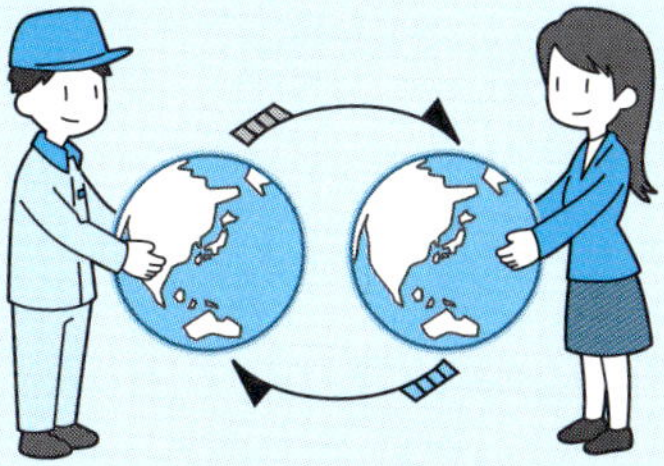

この章の内容

この章では、組織がISO14001規格の認証を取得し、運用すると、多くのメリットがあることを解説するとともに、環境問題の現状を紹介します。

1. 環境マネジメントシステムが組織の経営にもたらすメリット
2. ISO14001認証取得による組織の利益から見たメリット
3. 環境マネジメントシステムにはたくさんの利点がある
4. 組織に求められる環境経営の必要性
5. 環境問題とは何か
6. 地球環境問題のいろいろ
7. 環境ラベル

1-1 環境マネジメントシステムが組織の経営にもたらすメリット

◇環境問題への取組みは組織の社会的責任（CSR）を果たす

よい組織の条件として、経済的な側面だけでなく、社会貢献などの社会的側面を積極的に実施していくといった組織の社会的責任（CSR：Corporate Social Responsibility）を果たしているかが注目されています。

したがって、環境問題への取組みは、組織の社会的責任（CSR）を果たすために不可欠な要素といえます。

そこで、環境マネジメントシステム（ISO14001規格）に基づく認証を取得し、運用することは、組織の経営から見て、次のようなメリットがあります。

◇環境リスクを回避する

組織は、環境問題が重要になるにつれ、さまざまな環

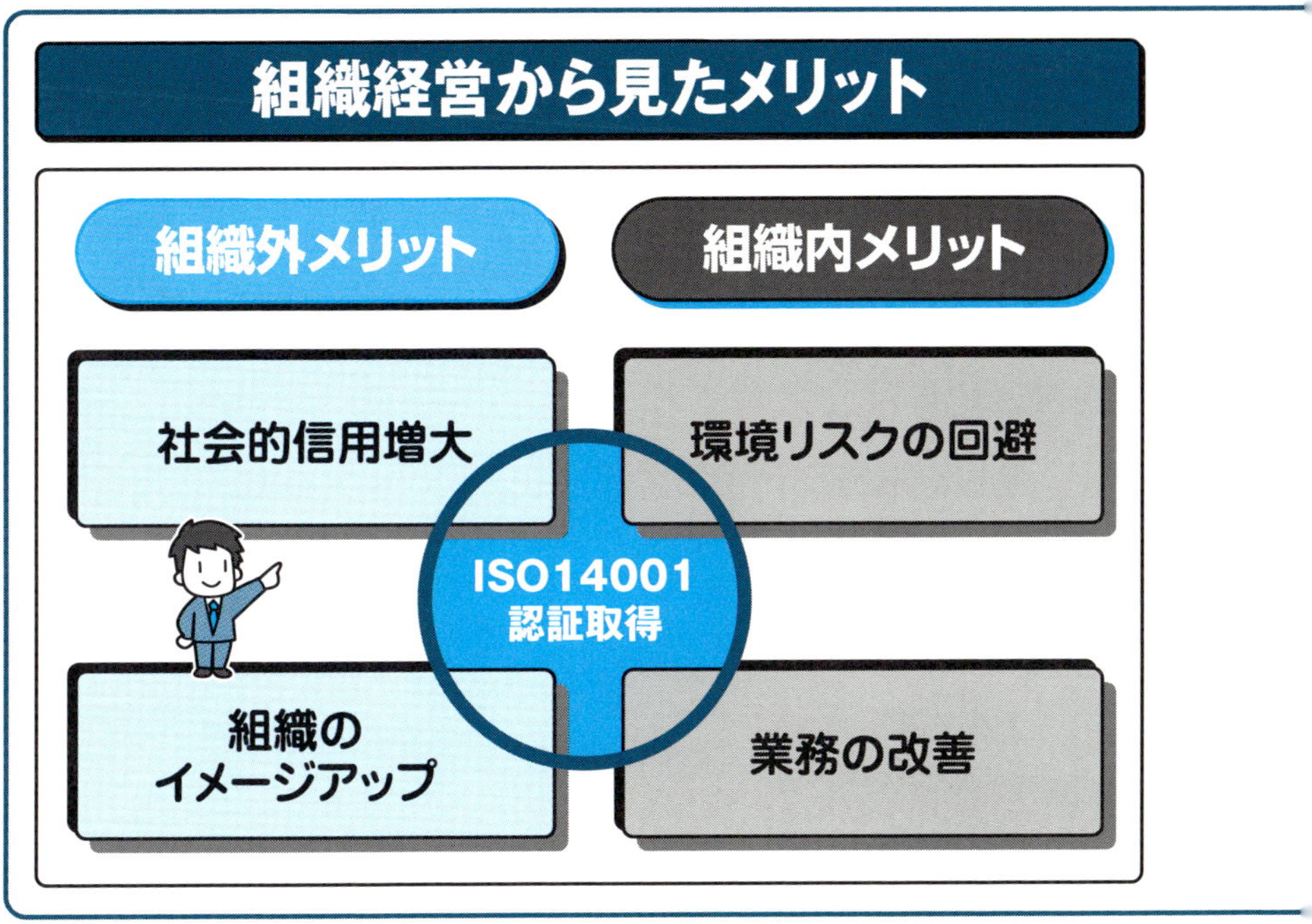

境リスクが認識されるようになりました。

たとえば、ダイオキシン対策、フロンガス漏洩対策、土壌汚染などによる訴訟や労働災害・賠償責任などの環境リスク対策は組織経営にとって大きな負担となります。

ＩＳＯ１４００１規格は、重要な環境側面について、緊急事態を決定し、予防と発生時の対応準備を要求しており、環境リスクを回避するためのシステムです。

◇業務の改善、効率化が図れる

環境マネジメントシステムは、組織の事業活動により生じる環境負荷を低減するために、業務プロセスの調査を詳細に行ない、業務プロセスの改善・標準化が実施されます。このような環境マネジメントシステムをつくると、環境関連業務を確実に遂行できることから、業務の効率化が図れます。

◇社会的信用を高め、組織のイメージが向上する

環境マネジメントシステムの確立・運用と認証取得は組織の社会的信用を高め、組織のイメージを向上させ、融資条件の改善、保険料率優遇などが期待できます。

1-2 ＩＳＯ１４００１認証取得による組織の利益から見たメリット

◆営業活動において優位となる

顧客は、購入する製品及びサービスの品質・納期とともに環境問題への姿勢についても関心を高めています。特に、政府や地方公共団体が購入する商品や工事・サービスについては、その性格から環境面が重視されており、ＩＳＯ１４００１規格の認証取得及びその運用は、営業活動において優位となり売上増大につながります。

◆組織のイメージ向上によりシェアが広がる

環境マネジメントシステムを導入し、運用して、着実に継続的な改善を積み重ね、環境情報を公開することは、組織のイメージを高めることになります。

顧客のもつ組織に対するイメージは、売上に多大な影響を与え、その結果、マーケットシェアを広げます。

◆省資源・省エネで環境コストを低減する

環境マネジメントシステムを構築・運用し、環境保全活動として、たとえば、廃棄物の低減・削減を組織努力として実施していくならば、廃棄物処理業者に委託していた廃棄物の処理量の低減につながり、結果として処理費用を削減することができます。

また、使用する電気・ガス・石油などのエネルギーの削減に組織的に対応していくことにより、電気料金・ガス料金・燃料費用を低減することができます。

◆環境負荷低減によりコストを削減する

組織の事業活動で生ずる環境負荷を低減するために、原材料の選択、生産方式の改善などの業務改善により、間接的にコストを削減することができます。

組織にもたらす利益 —ISO14001認証取得—

1-3

環境マネジメントシステムには たくさんの利点がある

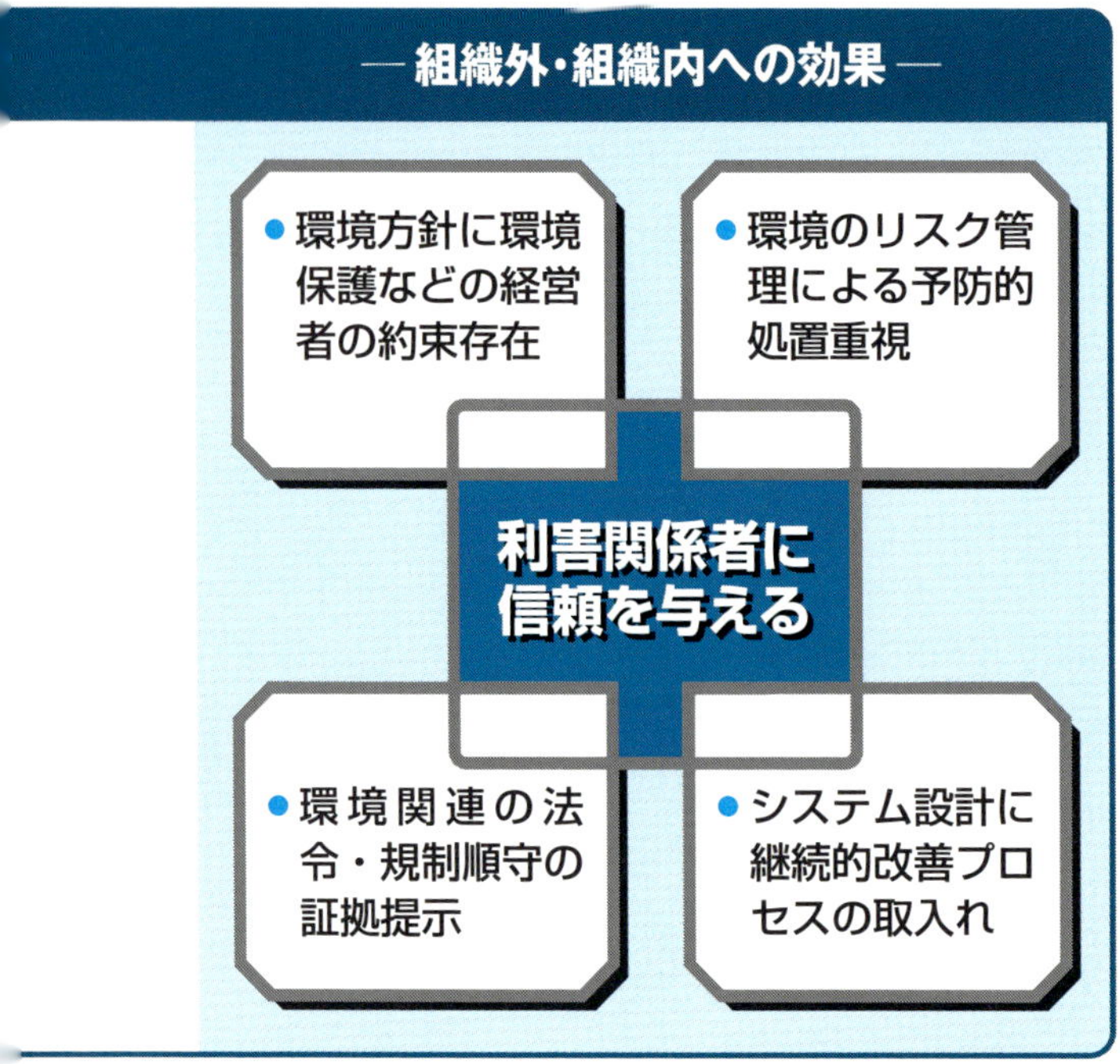

―組織外・組織内への効果―
●環境方針に環境保護などの経営者の約束存在
●環境のリスク管理による予防的処置重視
利害関係者に信頼を与える
●環境関連の法令・規制順守の証拠提示
●システム設計に継続的改善プロセスの取入れ

◇環境パフォーマンスの継続的な改善を図る

組織の活動や、その製品及びサービスが与えるかもしれないさまざまな影響から人の健康及び環境を保護するために、また、環境の質の維持と改善を助けるために、組織は効果的な環境マネジメントシステムを実施することが望ましいといえます。

こうした環境マネジメントシステムは、組織の活動、製品及びサービスの環境への悪影響を回避し、低減し、また抑制します。

そして、順守義務（適用可能な法的要求事項及び組織が順守するその他の要求事項）を達成し、環境パフォーマンスの継続的な改善を図ることができます。

◇利害関係者に信頼を与える

環境マネジメントシステムをもつことの利点

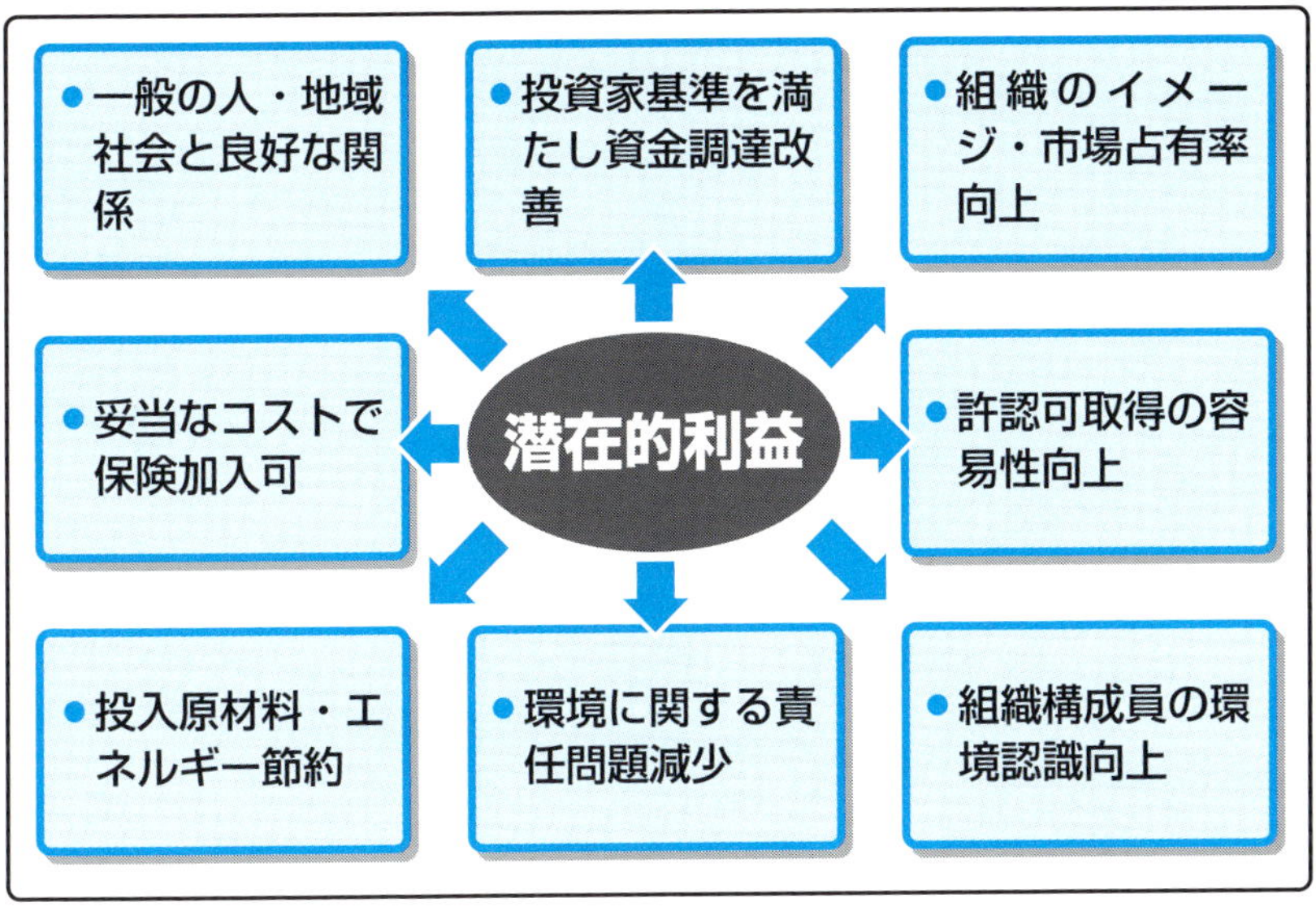

環境マネジメントシステムをもつことは、組織の利害関係者に対して、次のような信頼を与えることができます。

- 環境方針及び環境目標の条項に環境を保護し、順守義務を満たし、継続的改善への経営者の約束が存在する
- 環境に対しリスク及び機会への取組みを重視している
- 妥当な配慮と環境関連法令規制の順守の証拠を示せる
- システム設計に継続的改善プロセスを取り入れている

◆目に見えない潜在的な利益も

潜在的な利益には、次のようなものがあります。

- 一般の人々又は地域社会と良好な関係を維持する
- 投資家の基準を満たし、資金調達を改善する
- 組織のイメージ及び市場占有率を高める
- 妥当なコストで保険がかけられる（保険料率優遇）
- 許認可の取得を容易にし、その要求事項を満たす
- 環境に関し責任問題に至る出来事を減らす
- 投入原材料及びエネルギーを節約する
- 組織で働く人又は外部提供者、請負者を含む組織のために働くすべての人に環境上の認識を促進する

組織に求められる環境経営の必要性

―環境戦略としてのエコビジネス―

◆利益優先による環境問題の顕在化

経済の発展に伴う激しい競争において、売れる製品及びサービスの開発に全力を注ぎ、環境への負荷を配慮に入れないまま利益の拡大を優先した組織もあったことから、さまざまな環境問題が顕在化しています。

◆消費者によるグリーン購入への関心

消費者団体、地方自治体などが、環境活動の一環として、グリーン購入を活発化させています。

グリーン購入とは、環境負荷ができるだけ少なく、人体などへの影響もない環境配慮型製品及びサービスを優先的に購入し使用することにより、製品の使用及びサービスの提供ならびに廃棄物の段階で生ずる環境負荷を低減させようとする活動をいいます。

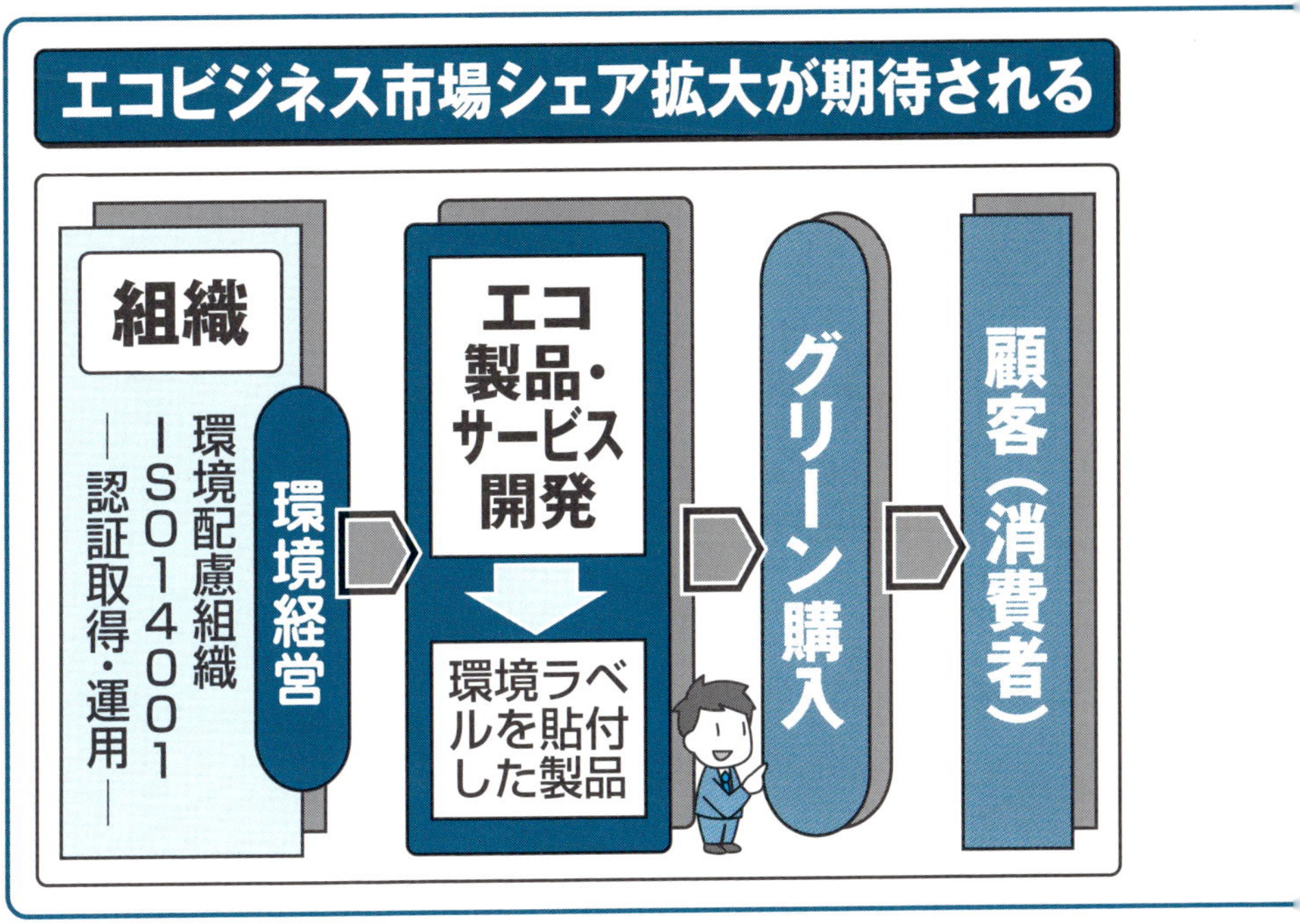

◆環境配慮型製品に環境ラベルの貼付を認める

環境に配慮した製品には、環境ラベルの貼付が認められています。

環境ラベル（1-7項参照）とは、消費者がラベルを参考にして、環境負荷の少ない製品などを優先的に選択し使用することにより、市場原理による継続的な環境負荷の低減を図ることを目的としています。

◆エコビジネスの市場シェア拡大へ

エコビジネスには、環境負荷を低減させる装置、環境への負荷の少ない製品、環境保全に資するサービス、社会基盤の整備などに関する技術の開発などがあります。

こうした環境配慮型製品は、環境ラベルの貼付が認められ、グリーン購入に応え、市場競争力があります。

◆エコビジネス参入のチャンス

新たな環境配慮型製品・サービスの開発や環境関連事業への進出は大きなビジネスチャンスです。これは大企業に限らず中小企業にも当てはまり、かえって小回りの利く中小企業のほうが成功の可能性が高いといえます。

1-5

環境問題とは何か

―地球環境問題と国内環境問題の二つがある―

◇高度経済成長期に発生した公害問題

戦後の高度経済成長期に、環境への配慮の足りなさから多くの公害問題が発生しました。

富山イタイイタイ病（神通川上流の鉱山から排出されたカドミウムが原因）、熊本水俣病（水俣湾に排出されたメチル水銀化合物が原因）、四日市ぜんそく（三重県四日市市の石油化学コンビナートから排出されたばい煙が原因）などがあります。

公害問題の特徴は、それぞれの地域名が付けられているように地域が限定されている点で、加害者と被害者が明確な対立構造にあって大きな訴訟問題になっています。

組織の事業活動に伴い生ずる大気汚染、水質汚濁、地盤沈下、土壌汚染、騒音、悪臭、振動は、典型七公害といわれ、いまでも問題となるところです。

◇現在、環境問題といわれるもの

今日においては、二酸化炭素などの温室効果ガスによって引き起こされる気候変動問題、オゾン層破壊がもたらす紫外線による皮膚ガン・視力障害の増加など、地球規模の問題が発生しており、これらを現在、環境問題といっています。

環境問題には、ほかに国内環境問題として、大都市地域の窒素酸化物などの影響による大気汚染、最終処分場の不足による廃棄物・リサイクル問題に代表される都市型・生活型環境問題があります。

環境問題は一つひとつが独立して発生するのではなく、組織の活動・日常生活の面で相互に関連して起きています。環境問題は、加害者と被害者の区別が明確でなく、被害者が同時に加害者となっています。

地球環境問題

産業・生活関連環境問題

- エネルギー系環境問題
  - 地球温暖化
  - 酸性雨
- 非エネルギー系環境問題
  - オゾン層破壊
  - 海洋汚染

自然生態系環境問題

- 森林破壊
- 砂漠化
- 野生生物種減少

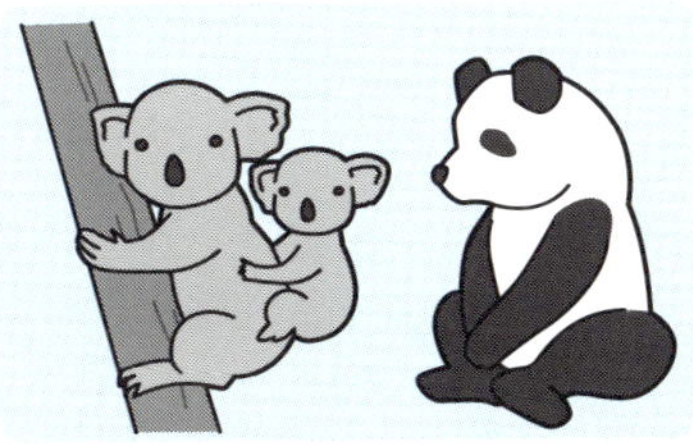

国内環境問題

従来型産業公害問題

- 大気汚染
- 水質汚濁
- 地盤沈下
- 土壌汚染
- 騒音
- 悪臭
- 振動

都市型・生活型環境問題

- 廃棄物問題
- リサイクル問題

自然生態系環境問題

- 国内の自然環境保全

1-6

地球環境問題のいろいろ

―組織の活動から生まれる地球環境問題―

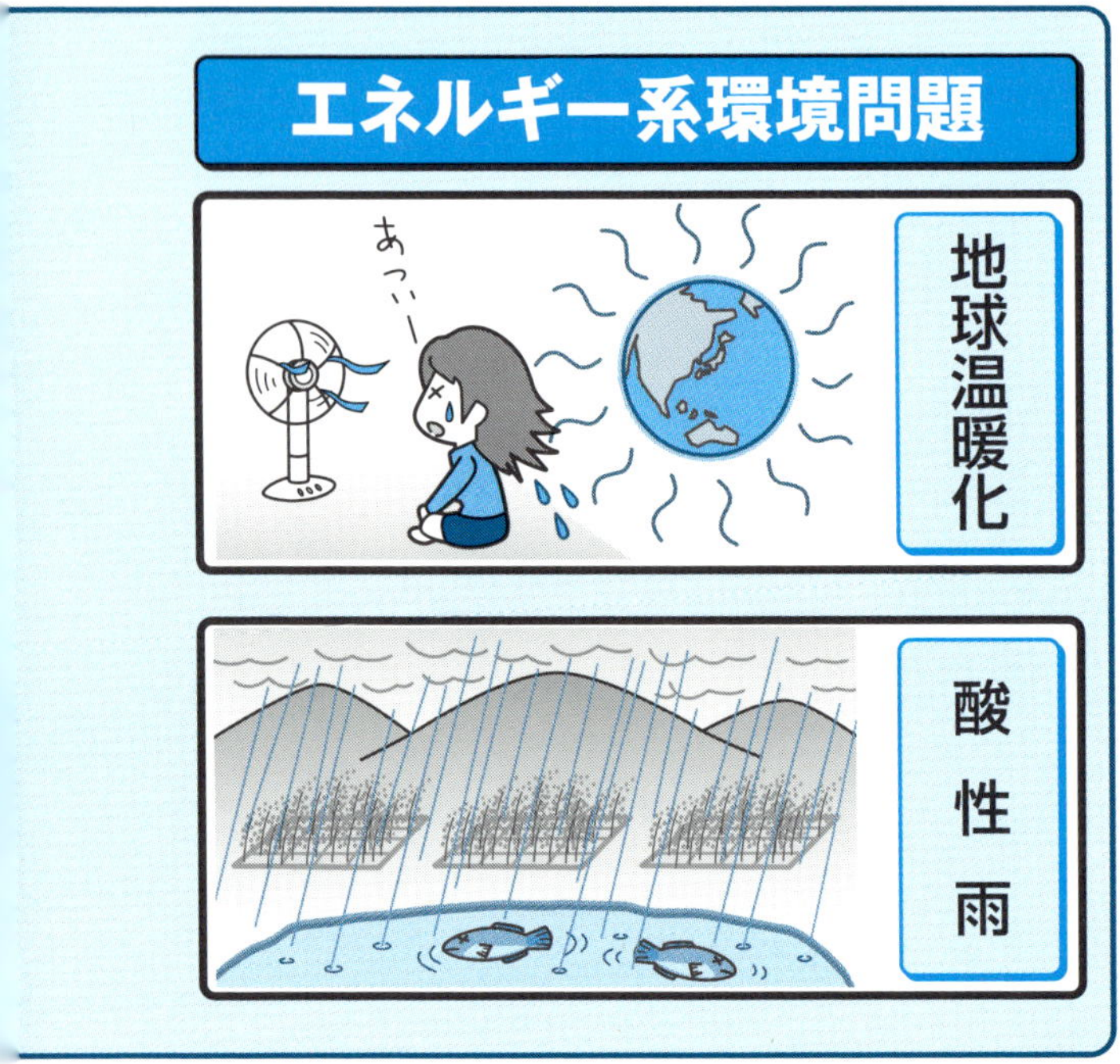

◆温室効果ガスによる地球温暖化問題

石油・石炭などの化石燃料の燃焼などにより、二酸化炭素・亜酸化窒素などの温室効果ガスの大気中濃度が上昇すると、地球から宇宙空間へ熱が放射されにくくなります。その結果、気温の上昇、気候の変動を生じる問題のことをいいます。

◆排気ガスなどによる酸性雨問題

工場や車の排気ガス（硫黄酸化物・窒素酸化物）などが大気中に放出され、雲や雨滴に溶解して酸性化（硝酸・硫酸）した雨が地表面に降下し、魚介類の死滅、農作物への被害を生ずる問題をいいます。

◆化学物質によるオゾン層破壊問題

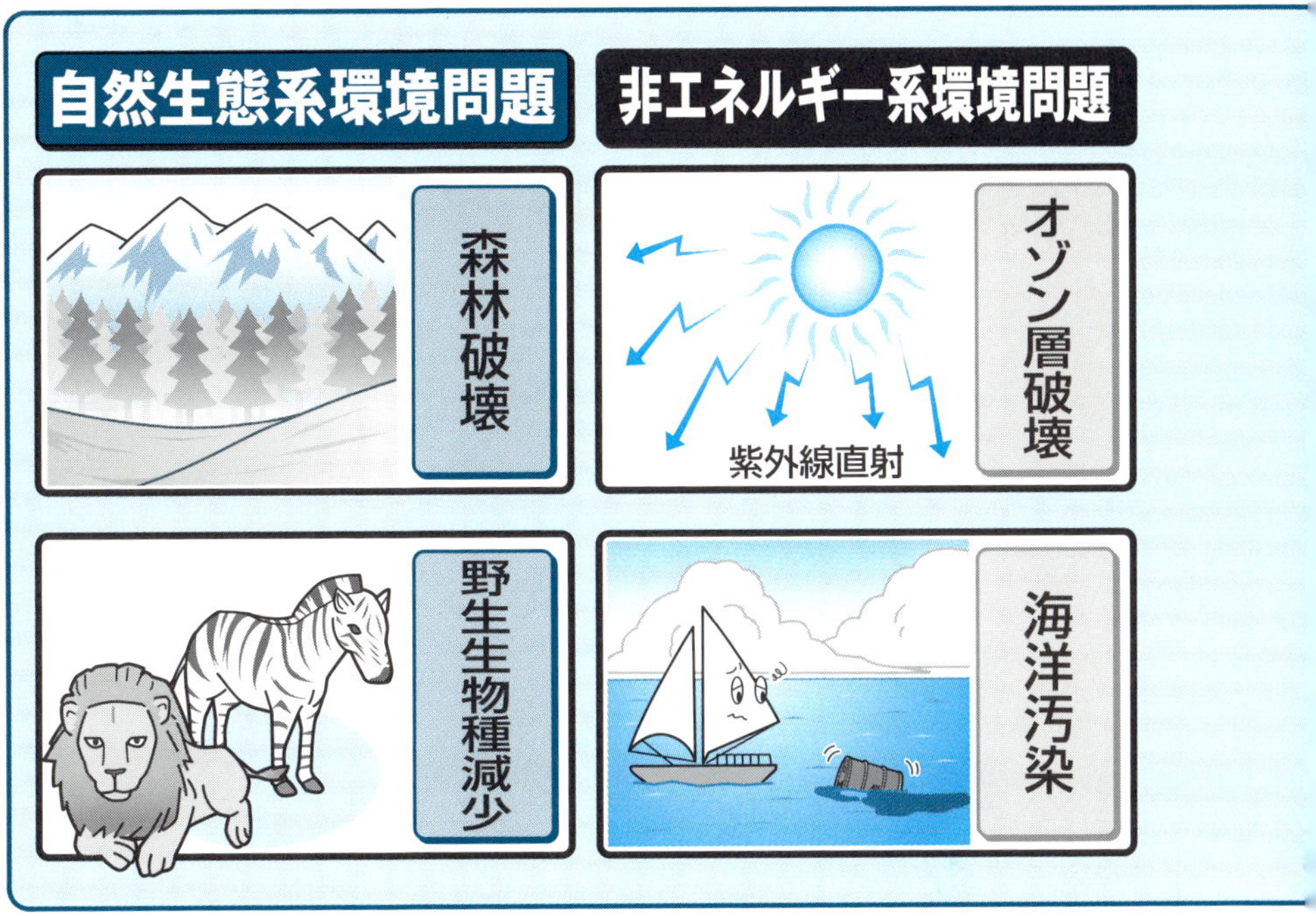

冷媒・洗浄剤・噴射剤などに利用されるクロロフルオロカーボンやハロンなどの人工化学物質が、成層圏まで上昇し、オゾン層を破壊する問題をいいます。

オゾン層が破壊されると遮断されていた有害な紫外線が直接地表に達し皮膚ガンなどの健康被害を生じます。

◆有害物質の流出による海洋汚染問題

船舶事故に伴う油などの流出、河川からの貴金属などの有害物の流出、廃棄物の海岸投棄などにより海洋が汚染し、赤潮が発生するなどの問題をいいます。

◆農牧地への転用による森林破壊問題

焼畑耕作・薪炭材の過剰採取、過放牧、入植・移住による農地への転用、商業適用材伐採などにより、森林が減少し洪水・土砂崩れが生ずる問題をいいます。

◆生息環境の破壊による野生生物種減少問題

開発行為による生息環境の破壊や悪化、乱獲や進入種の影響などの人為的な要因により、絶滅する野生生物種が急速に増えつつある問題をいいます。

1-7 環境ラベル〔例〕 ―EL：Environmental Label―

◆環境問題が重要な問題として意識されるにつれて、製品やサービスの環境に関する情報を表示し、消費者に伝えるため、多くの環境ラベルができました。そのいくつかを紹介しましょう。

第三者認証の環境ラベル

例：エコマーク（日本）

- 第三者（生産者にも消費者にも属さない）が認証する環境ラベルです。
- 日本では、（公財）日本環境協会が1989年から実施している“エコマーク”が、第三者認証の環境ラベルです。
- 環境負荷の少ない製品を優先的に購入できるように、製品の環境に関する情報をラベルの有無で表示します。

<エコマーク>

単一目的の環境ラベル

例：グリーンマーク（日本）

- グリーンマークは、古紙の再利用の促進により省資源、省エネルギー、ごみの削減、地球環境の保護を目的としています。
- グリーンマークは、（公財）古紙再生促進センターが1981年から実施しています。
- グリーンマークの特徴は、古紙利用製品の普及を図るため、マークの点数に応じて物品と交換できることです。

<グリーンマーク>

リサイクル目的の環境ラベル

- 飲料缶や合成樹脂の素材の表示ラベルです。

<ペットボトル> <スチール缶> <アルミ缶>

第2章

ISOとISO14000シリーズ規格との関係

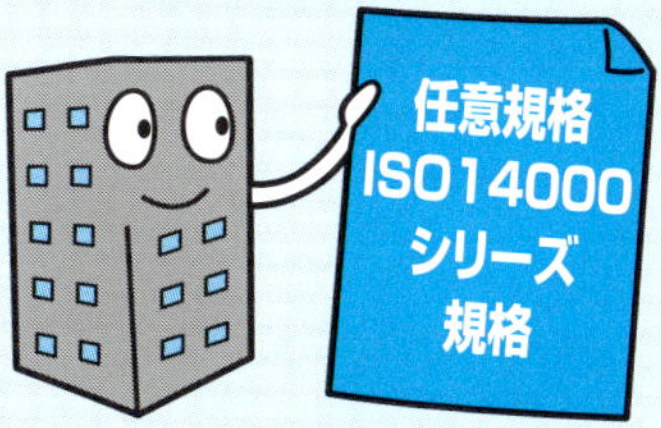

この章の内容

この章では、ISOとISO14000シリーズ規格との関係を説明します。

1. ISOとは国際標準化機構のこと
2. ISOの組織はこうなっている
3. TC207が制定するISO14000シリーズ規格
4. ISO14000シリーズ規格は多くの支援規格がある大家族
5. ISO14000シリーズ規格の生い立ち
6. ISO国際規格は七段階を経て制定される
7. 国際規格と国家規格は親子の関係
8. 知っておきたいマネジメントシステム規格
9. ライフサイクルアセスメントとはどういうことか

2-1

ISOとは国際標準化機構のこと

―日本はISOの常任理事国―

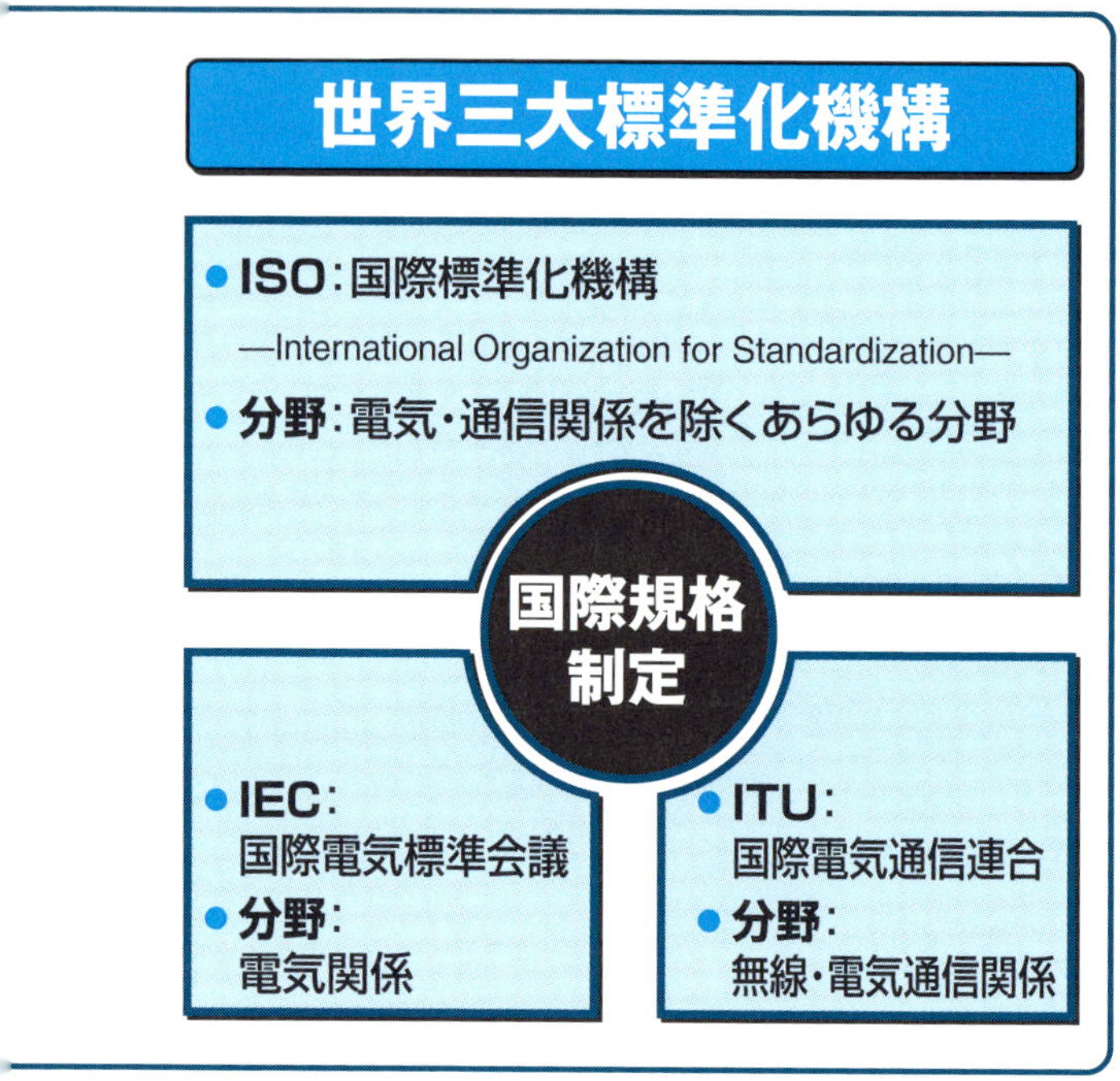

◇ISOは国際標準化機構を意味する

ＩＳＯは国際標準化機構（International Organization for Standardization）のことですが、頭文字ではなく、ギリシャ語のＩＳＯＳ（平等・標準）が語源といわれています。

ＩＳＯの目的は、物質及びサービスの国際交流を容易にし、知的・科学的・技術的及び経済的活動における国際間の協力を助長するために、世界的な標準及びその関連活動の発展開発を図ることにあります。

◇ISOは非電気分野の国際規格を制定

ＩＳＯは、世界三大標準化機構の一つで、電気・通信関係を除くあらゆる分野の国際規格を制定しています。

電気分野は国際電気標準会議（ＩＥＣ）が、無線・電気

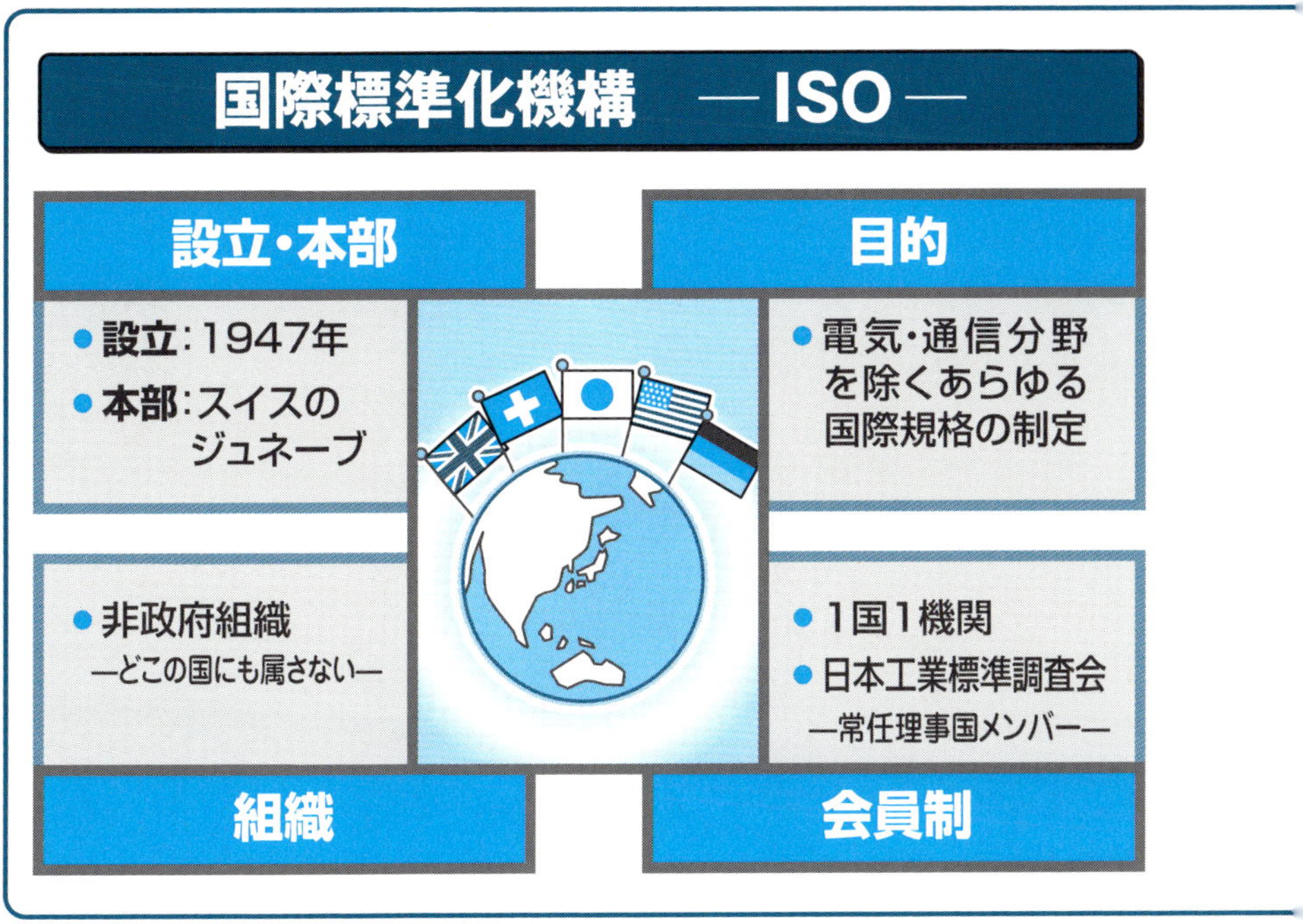
国際標準化機構 ―ISO―
設立・本部
●設立：1947年
●本部：スイスのジュネーブ
目的
●電気・通信分野を除くあらゆる国際規格の制定
●非政府組織
―どこの国にも属さない―
組織
●1国1機関
●日本工業標準調査会
―常任理事国メンバー―
会員制

通信分野は国際電気通信連合（ＩＴＵ）が行なっています。

◆ＩＳＯはスイスに本部を置く非政府組織

ＩＳＯの前身は、第一次大戦終了後の１９２８年に発足した万国規格統一協会（ＩＳＡ）で、これが第二次大戦後も引き継がれ、１９４７年に国際標準化機構として設立されました。ＩＳＯは本部をスイスのジュネーブに置く、どこの国にも属さない非政府組織です。

◆日本は日本工業標準調査会が加盟している

ＩＳＯは、会員制になっており、各国の標準化機構の一機関のみが加入できることになっています。日本は１９５２年に、日本工業規格（ＪＩＳ）の調査・審議を行なっている日本工業標準調査会（ＪＩＳＣ）が、常任理事国メンバーとして加盟しています。

◆ＩＳＯはどう読んだらよいのか

ＩＳＯをフルネームではアイエスオー、ローマ字読みでは、イソ、欧米流に発音すればアイソとなり、別に決まっているわけではありません。

2-2

ＩＳＯの組織はこうなっている

◇ＩＳＯへは一国一標準化機関が加盟できる

ＩＳＯへの加盟は、各国の代表的な標準化機関一つだけに限定されます。

ＩＳＯには、国際規格案の投票権をもつ正規会員（Ｐメンバー）とオブザーバーとして会議に参加する通信会員（Ｏメンバー）と購読会員により構成されています。

ＩＳＯの主要組織の内容は、次のとおりです。

◇総会はＩＳＯの最高決議機関

総会は、ＩＳＯの主要役員ならびに会員団体が指名した代表者により構成され、ＩＳＯの最高決議機関です。

総会は、一年に一回開催され、長期戦略計画、財務事項などＩＳＯ業務全般を審議します。

◇理事会はＩＳＯの運営を決定する

理事会は、ＩＳＯの標準化活動の骨格を決定する機関です。

◇技術管理評議会は規格策定全般に責任がある

技術管理評議会は、業務全般を理事会に報告・助言し、専門委員会・技術諮問グループの設置・解散、その業務監督など国際規格の策定全般に責任があります。

◇専門委員会は国際規格原案を審議する

専門委員会ＴＣ（Technical Committee）は、国際規格原案や技術分野の専門事項を審議し、下部組織として分科会ＳＣ（Sub-Committee）、作業グループＷＧ（Working Groups）を設けることができます。

ISO（国際標準化機構）の組織
―International Organization for Standardization―

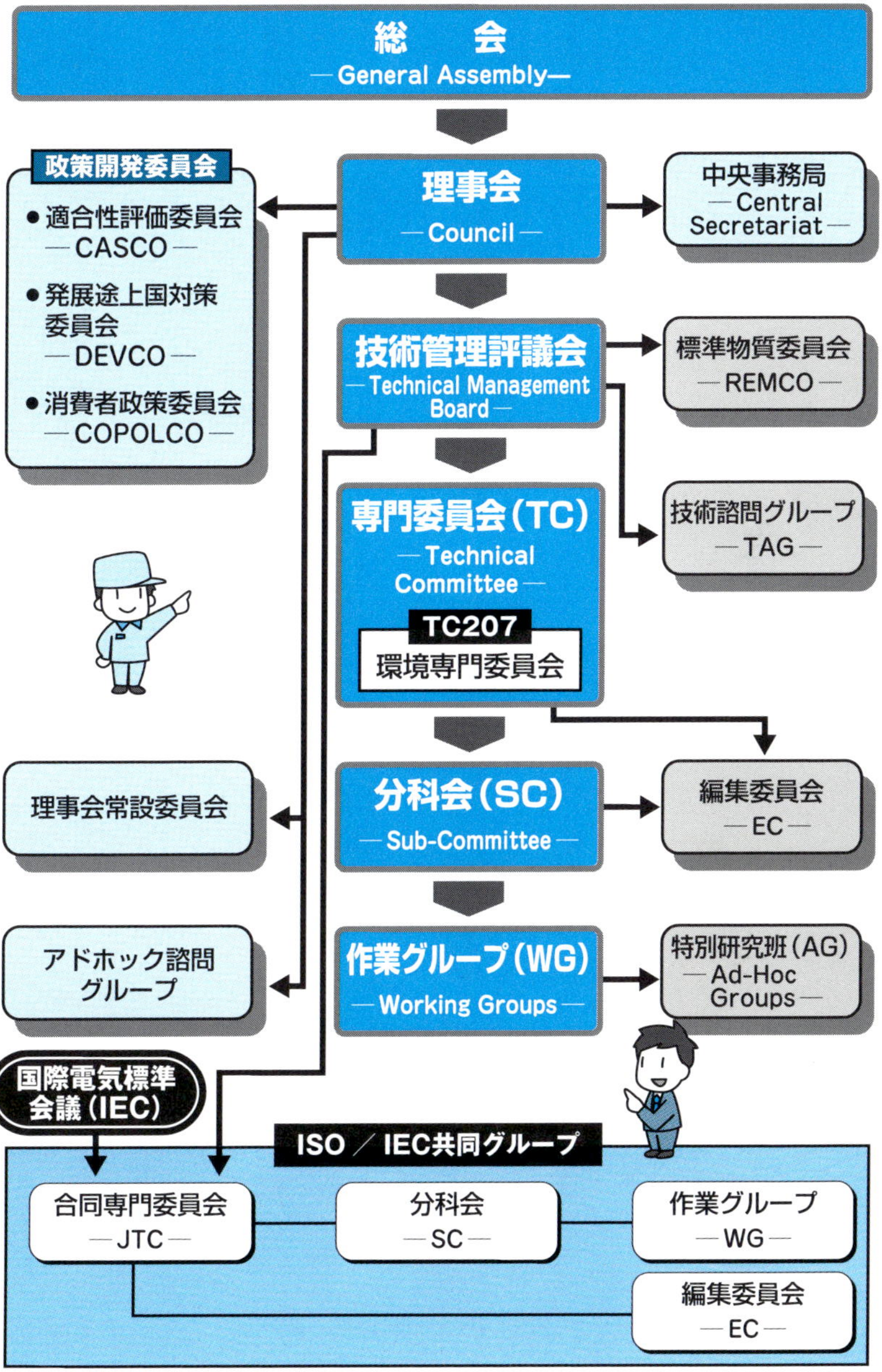

2-3 TC207が制定するISO14000シリーズ規格

◆TC207でISO14000シリーズ規格を作成する

TC207は環境マネジメントに関する専門委員会で、持続可能な発展を支える環境管理のツール及びシステムの分野における標準化を目的としています。

TC207は、環境マネジメントシステム、環境監査、環境ラベル、ライフサイクルアセスメント、温室効果ガス、用語など、環境マネジメント分野での国際規格であるISO14000シリーズ規格を作成しています。

◆TC207は各分科会で分担して規格を作成

TC207は、六つの分科会（SC）、一つのTCG（タスクグループ）と、そのつど作業範囲を決定する作業グループ（WG）から構成されています。

◆TC207の各分科会の作業範囲

SC1は、環境マネジメントシステムの分野における標準化を行なっています。

SC2は、環境監査、土地取引などに関係するサイトアセスメントの標準化を行なっています。

SC3は、組織による自己宣言、民間・行政の第三者認証を含む環境ラベルの標準化を行なっています。

SC4は、組織による環境パフォーマンス測定及び情報伝達に使用する評価の標準化を行なっています。

SC5は、製品・サービスの環境マネジメントのためのツールとしてのライフサイクルアセスメントの標準化を行なっています。

SC7は、温室効果ガスの標準化を行なっています。

TCG（旧SC6）は、用語の定義を行なっています。

TC207—環境マネジメントに関する専門委員会—

分科会（SC）	作業グループ（WG）例	
第1分科会（SC1） 環境マネジメントシステム —EMS—	WG1	環境マネジメントシステム要求事項
	WG2	環境マネジメントシステム実施の一般指針
第2分科会（SC2） 環境監査 —EA—	WG1	マネジメントシステム監査の指針
	WG2	用地及び組織の環境アセスメント
第3分科会（SC3） 環境ラベル —EL—	WG1	第三者認証によるラベル
	WG2	自己宣言によるラベル
	WG3	一般原則
第4分科会（SC4） 環境パフォーマンス評価 —EPE—	WG1	一般環境パフォーマンス評価
	WG2	産業環境パフォーマンス評価
第5分科会（SC5） ライフサイクルアセスメント —LCA—	WG1	原則及び枠組み
	WG2	インベントリー分析（一般用）
	WG3	インベントリー分析（産業用）
	WG4	環境評価
	WG5	改善評価
第7分科会（SC7）		温室効果ガス及び関連活動
TC207／TCG		環境マネジメントの用語
作業グループ		環境コミュニケーション

注：分科会・作業グループの内容が変更されていることがあります。

2-4 ＩＳＯ１４０００シリーズ規格は多くの支援規格がある大家族

◇ＩＳＯ１４０００シリーズ規格の構成

ＩＳＯの環境に関する規格は、番号が１４０００台なのでＩＳＯ１４０００シリーズ規格といいます。

ＩＳＯ１４０００シリーズ規格は、環境マネジメントシステム規格、環境パフォーマンス評価規格、監査のマネジメント面の規格と、環境ラベル規格、ライフサイクルアセスメントの製品面の規格、そして、温室効果ガスの規格（5-10項参照）から構成されています。

◇環境マネジメントシステムの規格

このシリーズ規格は、環境マネジメントシステム（ＩＳＯ１４００１、ＩＳＯ１４００４）が中核となる規格で、その他は、それを運用するための支援ツールとしての位置付けとなる規格です。

◇環境パフォーマンス評価と監査の規格

組織の環境活動の達成度を測定・分析し、環境パフォーマンスを評価する方法を規定しています。

環境監査を行なうための原則、監査プログラム、監査実施手順、監査員の力量に関する手引を規定しています。

◇環境ラベル及び宣言の規格

環境ラベルを利用し、環境に配慮した製品の優先的購入を促進することを目的とした規格です。

◇ライフサイクルアセスメントの規格

原材料採取から生産、流通、販売、使用、廃棄まで、製品の全ライフサイクルを通じた環境への負荷評価や環境への影響を最小にするための方法を規定しています。

ISO14000シリーズ規格の構成

マネジメント（評価・監査）支援ツール

環境パフォーマンス評価の規格
- ISO14031

マネジメントシステム監査の規格
- ISO19011

支　援

環境マネジメントシステムの規格

- ISO14001　環境マネジメントシステム
  ―要求事項及び利用の手引―
- ISO14004　環境マネジメントシステム
  ―実施の一般指針―

支　援

- 環境ラベル及び宣言の規格
  例
  - ISO14020
  - ISO14021
  - ISO14024
  - ISO14025
- ライフサイクルアセスメントの規格
  例
  - ISO14040
  - ISO14044
  - ISO/TR14047
  - ISO/TS14048
  - ISO/TR14049

- 温室効果ガス規格（5-10項参照）

- 用語〈ISO14050〉

2-5
ISO14000シリーズ規格の生い立ち
―ISOにTC207を設立した経緯―

◆1992年にTC207専門委員会を設置

地球環境問題は、「国連環境計画」（UNEP）の活動を中心に世界に広まり、1992年にブラジルで**地球サミット（環境と開発に関する国連会議）**を開催しました。

地球サミットの成功のために、1990年に「持続可能な発展のための経済人会議」（BCSD）が創設され、ISOに対し、**環境に関する国際規格の制定**を依頼し、ISOでは1991年にIECと共同で「環境に関する戦略諮問グループ」（SAGE）を設立しました。

SAGEは、1992年にISOに対して、環境マネジメント国際規格を検討する新しい専門委員会の設置を提案し、ISOでは、1992年に環境マネジメントに関するTC207を新設しました。

我が国でも、ISO／TC207における規格検討への国内対応として、1993年に「環境管理規格審議委員会」を設立しました。

◆ISO14000シリーズ規格が誕生

TC207は1993年の第一回全体会議で分科会（SC）の設置を決め、規格制定の作業を開始しました。

1994年の第二回全体会議では、環境規格番号を14000番台にすることを決めました。

1995年、第三回全体会議で環境マネジメントと環境監査の規格が国際規格原案として登録されました。

1996年、第四回全体会議でISO14000シリーズが制定され、我が国でも「JISQ14000シリーズ」が発行、2004年に一回目の改訂をし、2015年に附属書SLに基づき二回目の改訂がされました。

TC207設立とISO14000シリーズ規格誕生の経緯

	ISOの活動	日本の活動
1990年	持続可能な開発のための経済人会議（BCSD）設立	
1991年	環境に関する戦略諮問グループ（SAGE）設立	経団連「地球環境憲章」発表
1992年	ISOにTC207設立	日本規格協会に環境管理標準化委員会設置
1993年	TC207第1回全体会議（カナダ・トロント）—規格制定開始—	ISO/TC207国内対応環境管理規格審議委員会設置
1994年	TC207第2回全体会議（オーストラリア・ゴールドコースト）—番号14000台決定—	
1995年	TC207第3回全体会議（ノルウェー・オスロ）—国際規格原案登録—	
1996年	**TC207第4回全体会議（ブラジル・リオデジャネイロ）—ISO14000シリーズ制定—**	**JISQ14000シリーズ制定**
1997年	TC207第5回全体会議（日本・京都）	
1998年	TC207第6回全体会議（アメリカ・サンフランシスコ）	
2004年	**ISO14001規格　1改訂 ISO14004規格　1改訂**	**JISQ14001規格　1改訂 JISQ14004規格　1改訂**
2015年	**ISO14001規格　2改訂 ISO14004規格　2改訂**	**JISQ14001規格　2改訂 JISQ14004規格　2改訂**

2-6

ＩＳＯ国際規格は七段階を経て制定される

◆ＩＳＯの国際規格は七つの段階で議論する

ＩＳＯにおける規格の新規策定・更新は、専門委員会（ＴＣ）、分科会（ＳＣ）、作業グループ（ＷＧ）などによって行なわれます。ＩＳＯの国際規格になるには、次の七つの段階で議論されます。

① **予備段階―予備作業項目（ＰＷＩ）**

予備段階では、今後規格として開発される項目を予備作業項目として登録します。

② **提案段階―新作業項目提案（ＮＰ）**

提案段階では、正式に規格として開発される項目に対して、新規作業項目提案がなされます。

③ **作成段階―作業原案（ＷＤ）**

作成段階では、作業グループ（ＷＧ）が規格の作業原案をとりまとめ、委員会原案として登録します。

④ **委員会段階―委員会原案（ＣＤ）**

委員会段階では、委員会原案を専門委員会・分科会にて審議し、国際規格原案として登録します。

⑤ **照会段階―国際規格原案（ＤＩＳ）**

照会段階では、国際規格原案がすべての国の代表団体に回付され、五か月間の投票が行なわれ、三分の二以上の賛成、四分の一以下の反対で、最終国際規格原案に登録します。

⑥ **承認段階―最終国際規格原案（ＦＤＩＳ）**

承認段階では、最終国際規格原案をすべての国の代表団体に回付し、二か月間の投票をします（照会段階と同じ条件で国際規格に登録）。

⑦ **発行段階―国際規格（ＩＳ）**

発行段階では、国際規格として発行します。

ISO規格作成の段階と関連文書名

段　階	関連文書名	略　称
❶予備段階	予備作業項目	PWI ● Preliminary Work Item
❷提案段階	新作業項目提案	NP ● New Work Item Proposal
❸作成段階	作業原案	WD ● Working Draft
❹委員会段階	委員会原案	CD ● Committee Draft
❺照会段階	国際規格原案	DIS ● Draft International Standard
❻承認段階	最終国際規格原案	FDIS ● Final Draft International Standard
❼発行段階	国際規格	IS ● International Standard

2-7

国際規格と国家規格は親子の関係

◆ＩＳＯ規格は任意規格である

産業界を中心とした経済活動を進めていく上では、強制的な法令・規制も必要ですが、どちらかというと、組織（企業）の自主性を重視した任意のルールのほうが経済活動に弾力性、活性化をもたらすことになります。

ＩＳＯ規格などの国際規格は、その対応を組織（企業）の自主性にまかせた規格で、**任意規格**といいます。

◆国際規格から社内規格までの五つの段階

任意規格を段階的に見ますと、ＩＳＯ規格などの世界で使用される**国際規格**、限定された国をまたがる地域で使われる**地域規格**、国の単位で用いられる**国家規格**、業界などの団体で使用される**団体規格**、組織（企業）内での**社内規格**に分類されます。

◆国際規格はなぜ必要なのか

国際規格とは、国際的な標準化機構によって制定され、国際的に適用される規格をいいます。

国際規格が必要なのは、各国が製品の寸法、性能、安全性をバラバラに決めていたのでは、世界規模の貿易が行なわれている現状では障害となるからです。

◆国家規格は国際規格に合わせるのがルール

国家規格とは、国又は国内の標準化機構によって制定され、国内で適用される規格をいいます。

日本では日本工業規格（ＪＩＳ）などが国家規格です。「世界貿易機関／貿易の技術的障害に関する協定」（ＷＴＯ／ＴＢＴ協定）で、各国が国家規格を制定する場合は、国際規格に整合させるルールになっています。

国際規格と社内規格はつながっている

国際規格 → 〔例〕ISO規格 → 〔例〕ISO14001

↓

地域規格 → 〔例〕ヨーロッパ規格（欧州標準化委員会）

↓

国家規格 → 〔例〕日本工業規格 ― JIS ― → 〔例〕JISQ14001

↓

団体規格 → 業界規格 〔例〕日本電機工業会規格

↓

社内規格 → 〔例〕
- マニュアル
- 社内規定

→ 〔例〕
- 環境マニュアル
- 環境社内規定

WTO/TBT協定では、不必要な貿易障害にならないように、国際規格を基礎とした国家規格の制定を国際的なルールとしています

2-8

知っておきたいマネジメントシステム規格

◆経営戦略として必要なマネジメントシステム

このところ、環境に限らず各分野でマネジメントをシステム化する動きが活発化しています。

そのような時代の流れに乗り遅れることなく、経営戦略として、いかにこれらに対応していくかが、組織が生き残れるかどうかに大きく影響することになります。

それでは、組織として、現在対応を期待されているマネジメントシステムの例を、次に示します。

◆品質マネジメントシステム

国際規格ISO9001規格が、顧客満足の向上を目指し、顧客の要求事項を満たす製品・サービスを提供するための品質マネジメントシステムを規定しています。

―経営戦略として対応期待〔例〕―

ISO22000

- 食品安全マネジメントシステム

ISO9001

- 品質マネジメントシステム

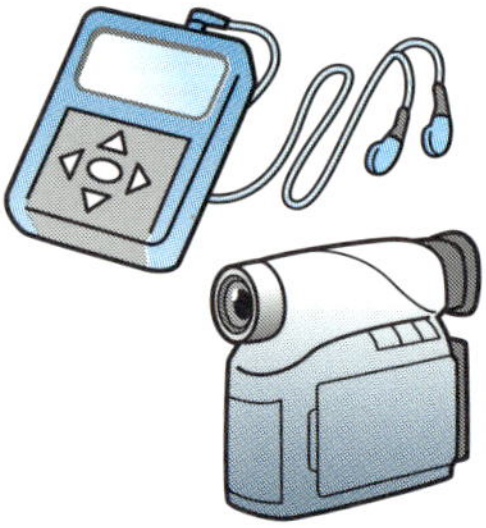

◆食品安全マネジメントシステム

国際規格ＩＳＯ２２０００規格が、食品の安全確保のため、食品業界特有の要求事項として、食品安全マネジメントシステムを規定しています。

◆労働安全衛生マネジメントシステム

ＯＨＳＡＳ１８００１規格（ＩＳＯ４５００１規格発行予定）が、職場における労働安全衛生災害のリスクの低減と、将来の発生リスクを回避するための労働安全衛生マネジメントシステムを規定しています。

◆情報セキュリティマネジメントシステム

国際規格ＩＳＯ／ＩＥＣ２７００１規格が、組織の情報資産の喪失、漏洩、破壊などによる情報セキュリティを確保するための情報セキュリティマネジメントシステムを規定しています。

◆医療機器品質マネジメントシステム

国際規格ＩＳＯ１３４８５規格が、医療機器品質マネジメントシステムを規定しています。

2-9 ライフサイクルアセスメントとはどういうことか

ライフサイクルアセスメント(LCA)

◆ライフサイクルアセスメント(LCA:Life Cycle Assessment)とは、原料調達から生産、輸送、使用、廃棄までに至る製品のライフサイクル（揺りかごから墓場まで）を通じて、投入されるエネルギー・資源（インプット）と、環境へ排出される各種の汚染物質（アウトプット）を定量的に精査し、全体としてどのような環境影響をどの程度起こし得るかを求め、評価することをいいます。

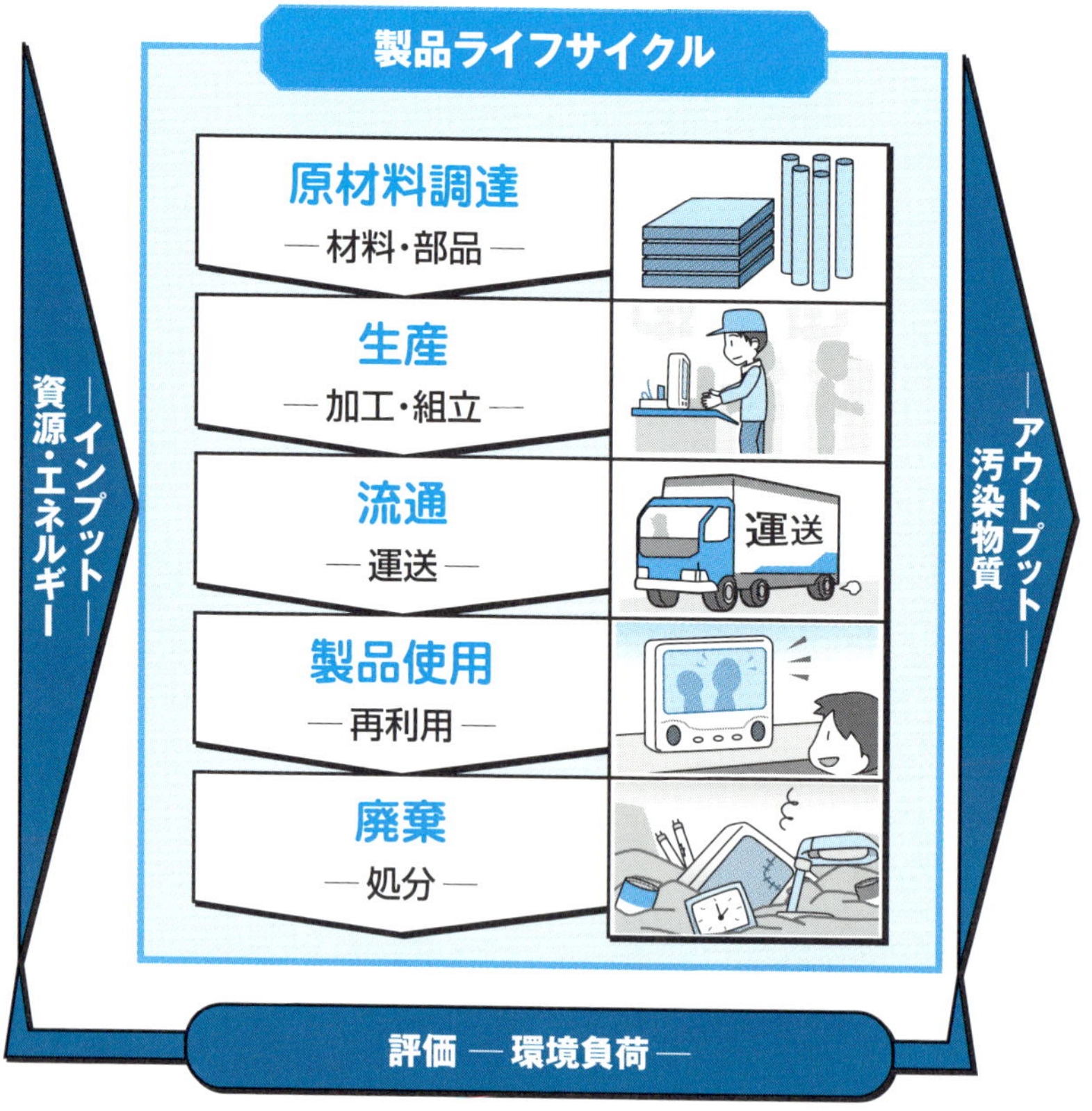

第3章

認定制度・認証制度は適合性を検証し登録するしくみ

この章の内容

この章では、認定制度・認証制度について説明します。

1. 認定制度・認証制度はこんな役割をする
2. 認定制度・認証制度全体の体系を知ろう
3. 認証機関は組織を審査し認証・登録する
4. 認証機関には認定機関から認定された「認定範囲」がある
5. 認証機関を選定するポイント
6. 認証機関への申請から認証・登録までの手順
7. 審査は認証を取得したあとも継続して行なわれる
8. 審査員にはこんな資格がある
9. 認定機関・審査員評価登録機関

3-1 認定制度・認証制度はこんな役割をする

―第三者適合性評価により信頼性を付与する―

◇認定制度とは

認定制度とは、認証機関の規格認証能力に差があると認証の公正を保つことができないので、定められた評価基準に基づいて認定機関が審査し、適合した認証機関を認定・登録し、公開して、認証機関に信頼性を付与する制度をいいます。

認定とは、権威ある機関が認証機関を国際的な基準に従って審査し、認証を遂行する能力があることを公式に認め登録する行為をいいます。

◇認証制度とは

認証制度とは、認証機関が組織のマネジメントシステム、製品、要員に関して、特定の規格に適合しているかを審査し、適合している場合は、それらを認証・登録し、公開して、信頼性を付与する制度をいいます。

認証とは、マネジメントシステム、製品、プロセス、サービスが特定の要求事項に適合していることを、認証機関が審査し、登録するしくみをいいます。

組織の環境マネジメントシステムの認証は、組織が環境方針に沿って活動し、製品又はサービスの環境側面を管理するシステムを実施し、ＩＳＯ１４００１規格の要求事項に適合していることを保証する一つの手段です。

審査とは、登録を授与するために必要な特定の規格の関連条項のすべての要求事項を、その組織が満たしているか、ならびにそれらの要求事項が有効に実行されているかどうかを判定するためのすべての行動をいいます。

認定・認証制度は信頼性を付与するしくみ

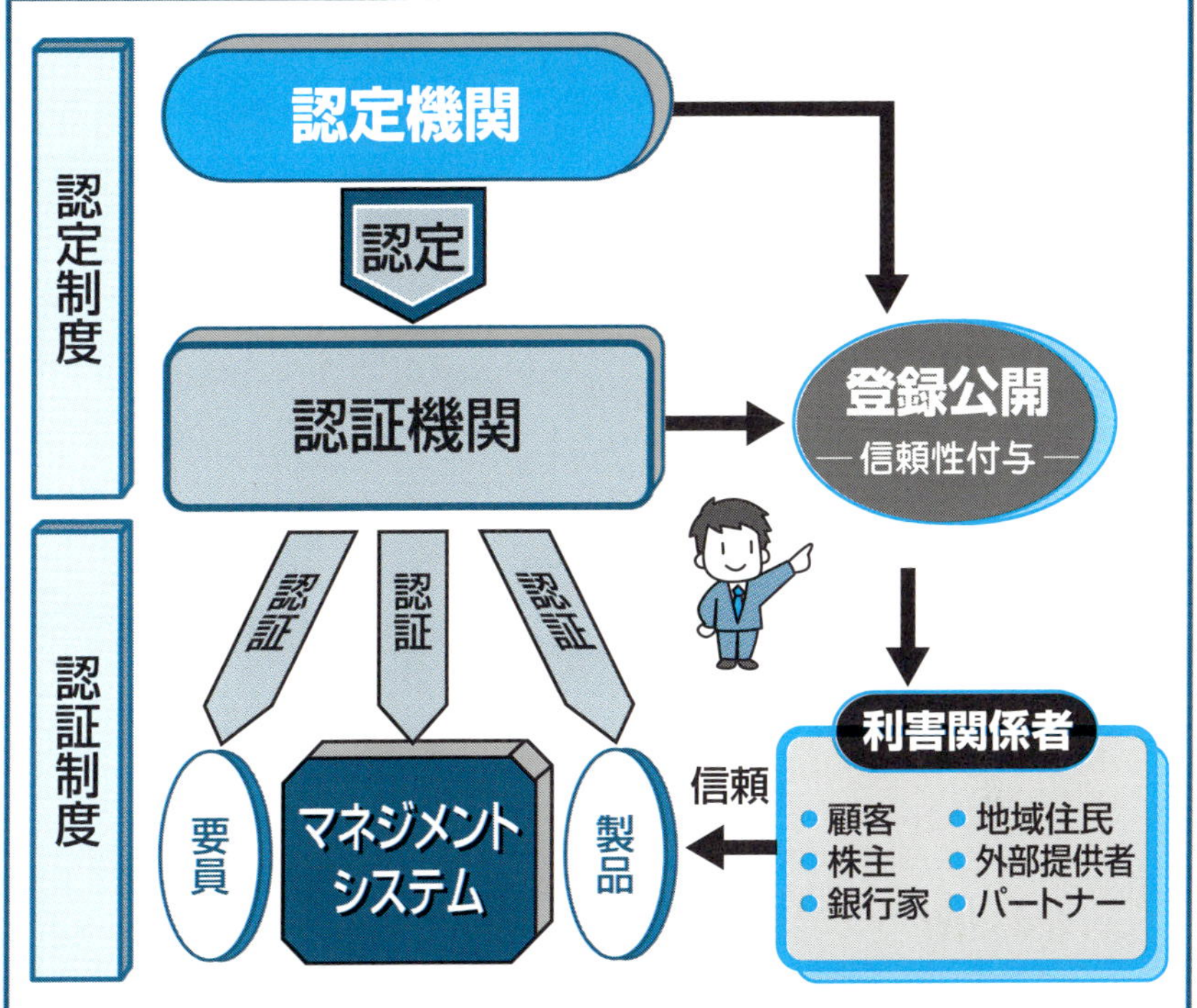

環境マネジメントシステムの認定・認証制度

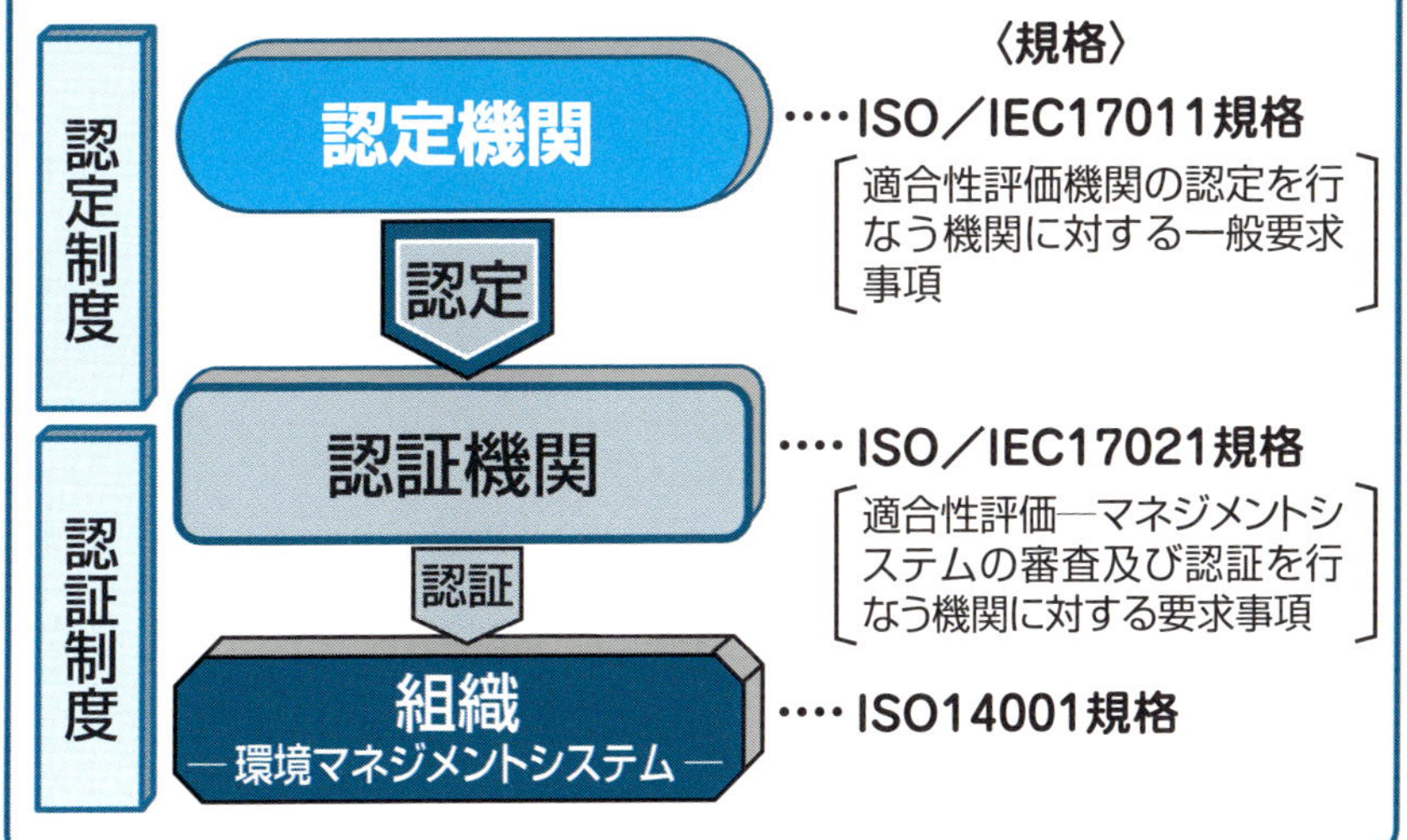

3-2

認定制度・認証制度全体の体系を知ろう

―制度を構成する各機関の役割―

◇認定制度・認証制度の構成

認定制度は認定機関で構成され、認証制度は認証機関のほかに、審査員研修機関、審査員評価登録機関から構成されています。

◇日本の認定機関は「日本適合性認定協会」

認定機関は、認証機関のほかに、審査員評価登録機関を認定・登録し、公開します。

日本での認定機関は、1993年に財団法人日本品質システム審査登録認定協会として設立し、1996年、環境マネジメントシステムの認定制度発足に伴い公益財団法人日本適合性認定協会（JAB）となりました。

◇認証機関は組織を審査し認証・登録する

認証機関は、認証を希望する組織が構築した環境マネジメントシステムが、ISO14001規格の要求事項に適合しているかを審査し、適合していれば認証を与え登録する機関です。

◇審査員研修機関は審査員の教育を行なう

審査員研修機関は、環境審査員の資格取得条件である環境審査員研修コースを実施する機関です。

◇審査員評価登録機関は審査員資格を付与する

審査員評価登録機関は審査員研修機関を承認し、環境審査員の資格基準を公表し、これに基づいて評価し資格基準に適合した環境審査員を登録し公表する機関です。

認定制度・認証制度の機能体系 ―日本―

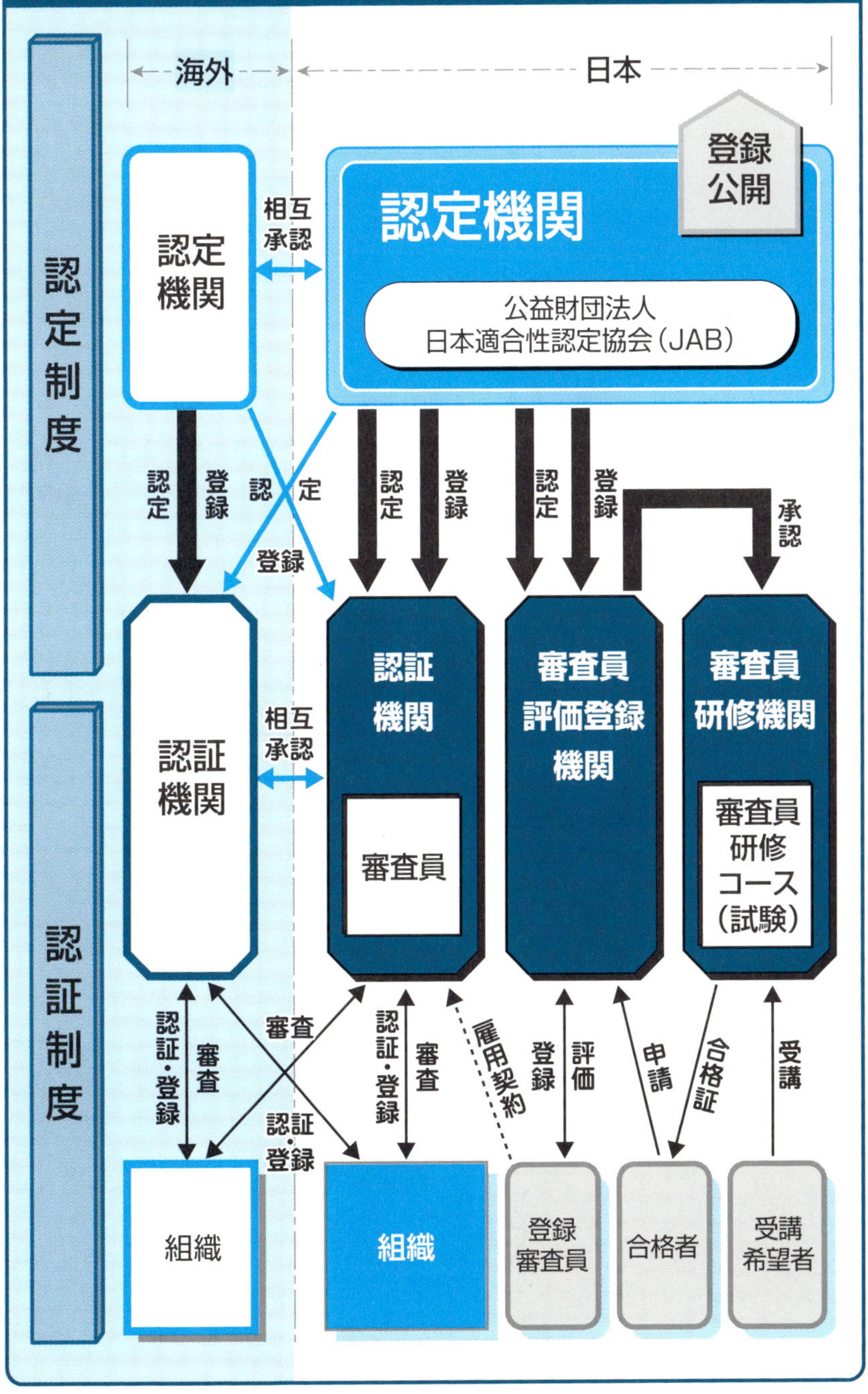

3-3 認証機関は組織を審査し認証・登録する

◆ISO14001の認証取得・登録とはどういうことか

よく、組織（例：企業）がISO14001規格の認証を取得したという話を耳にします。

これはどういうことかといいますと、組織の環境マネジメントシステムについて、認証機関の審査を受け、その結果としてISO14001という規格の審査基準に適合していることを認められ、認証機関の登録簿に、適合組織として登録されているということです。

◆認証機関が組織を審査する

ISO14001規格は、任意規格ですから、認証を取得するか否かは、組織の判断によります。

それでは、組織の認証取得はどのように行なわれるのでしょうか。まず、認証取得を希望する組織が適切な認証機関を選定（3-5項参照）して、申請書を提出します。

この認証機関とは、公表されている環境マネジメントシステム規格を用いて、組織の環境マネジメントシステムを審査し、認証・登録する第三者をいいます。

認証機関は、申請された組織に対して、審査員を派遣し、組織が構築した環境マネジメントシステムを審査します。そして、その環境マネジメントシステムが審査基準に適合していれば認証・登録し、組織に認証証明書として登録証を授与して、その登録を公開します。

環境マネジメントシステムの認証・登録のための審査基準は、ISO14001規格（環境マネジメントシステム—要求事項及び利用の手引）です。

組織のISO14001規格への適合を検証する

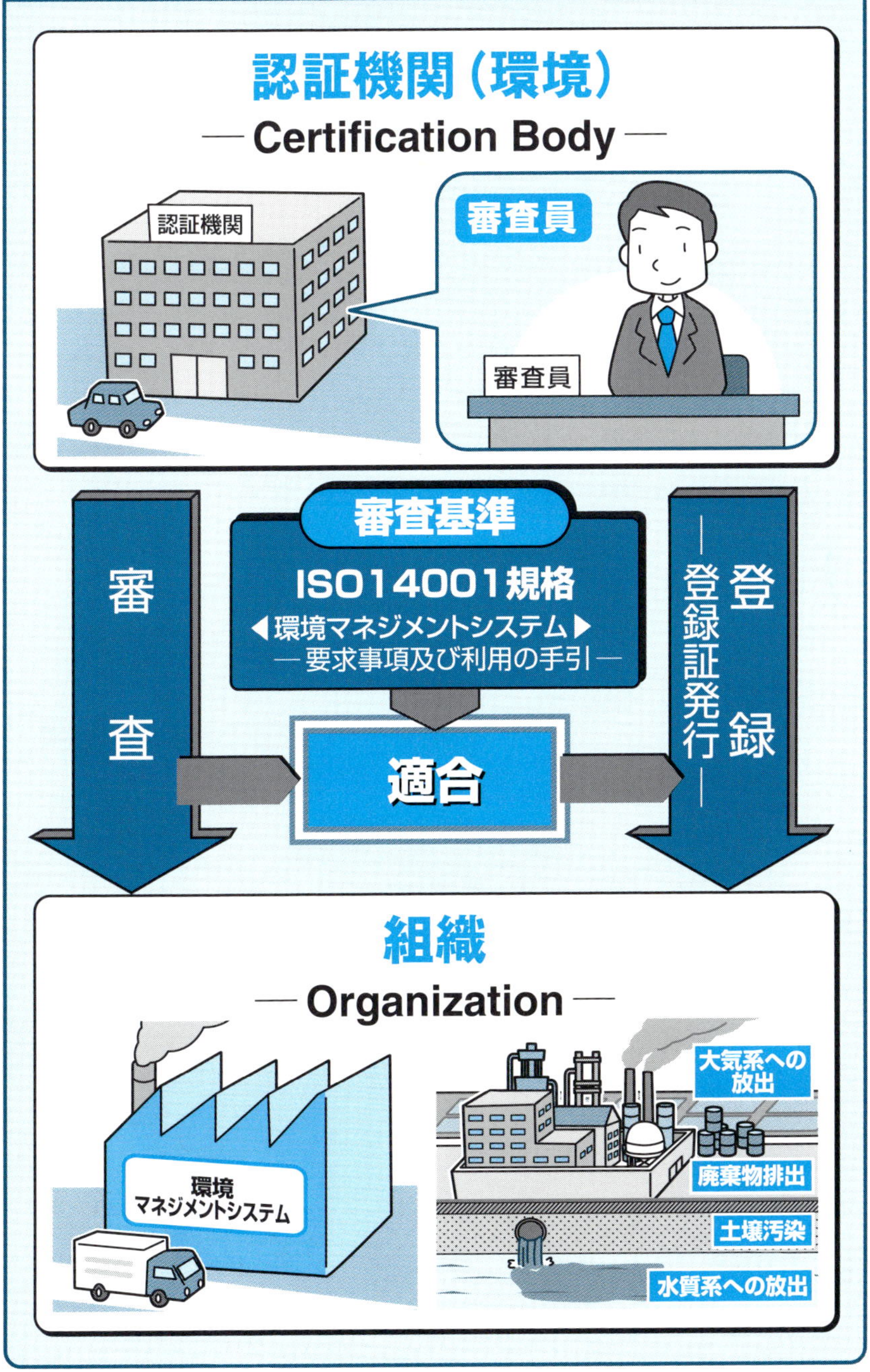

3-4

認証機関から認定された「認定範囲」がある

◆業種は三九の認定範囲に分類されている

環境マネジメントシステムのＩＳＯ１４００１規格は汎用性があり、業種、形態、規模ならびに提供する製品及びサービスを問わず、あらゆる組織に適用できることを特徴としています。

そこで、認定制度では、製品及びサービスを化学薬品、金属、機械、電気、建設、倉庫、ホテル、金融、教育、公共行政など三九に分類（次ページ参照）してあります。

この分類を認定範囲といい、それぞれを詳細に経済活動ごとに分類してあります。

たとえば、「12 化学薬品、化学製品及び繊維」は、基礎化学製品の製造業、殺虫剤及びその他の農業化学製品製造業、ペイント・ワニス類・印刷用インク及び樹脂の製造、石鹸・香水の製造などに区分されています。

◆認証機関は認定された範囲を審査できる

すべての認証機関が、これら三九の認定範囲の業種の製品及びサービスを提供する組織を審査できるかというと、そうではありません。

各認証機関は、認定機関である日本適合性認定協会から認定された業種における製品及びサービスの認定範囲に該当する組織のみ審査を行なうことができます。

認証機関は、日本適合性認定協会だけでなく、海外の認定機関、たとえばイギリスの認定機関（ＵＫＡＳ）、オランダの認定機関（ＲｖＡ）などからも「認定範囲」の認定を受けることができます。

各認証機関は、新しい業種の審査時に、認定機関の審査を受けることにより、認定範囲の拡大を図ることができます。

認証機関の認定範囲分類

分類番号	認定範囲	分類番号	認定範囲
1	農業、林業、漁業	21	航空宇宙産業
2	鉱業、採石業	22	その他輸送装置
3	食料品、飲料、タバコ	23	他の分類に属さない製造業
4	織物、繊維製品	24	再生業
5	皮革、皮革製品	25	電力供給
6	木材、木製品	26	ガス供給
7	パルプ、紙、紙製品	27	給水
8	出版業	28	建設
9	印刷業	29	卸売業、小売業、自動車、オートバイ、個人所持品、家財道具の修理業
10	コークス及び精製石油製品の製造	30	ホテル、レストラン
11	核燃料	31	輸送、倉庫、通信
12	化学薬品、化学製品及び繊維	32	金融、保険、不動産、賃貸
13	医薬品	33	情報技術
14	ゴム製品、プラスチック製品	34	エンジニアリング、研究開発
15	非金属鉱物製品	35	その他専門的サービス
16	コンクリート、セメント、石灰、石こう他	36	公共行政
17	基礎金属、加工金属製品	37	教育
18	機械、装置	38	医療及び社会事業
19	電気的及び光学的装置	39	その他社会的・個人的サービス
20	造船業	—	—

3-5

認証機関を選定するポイント

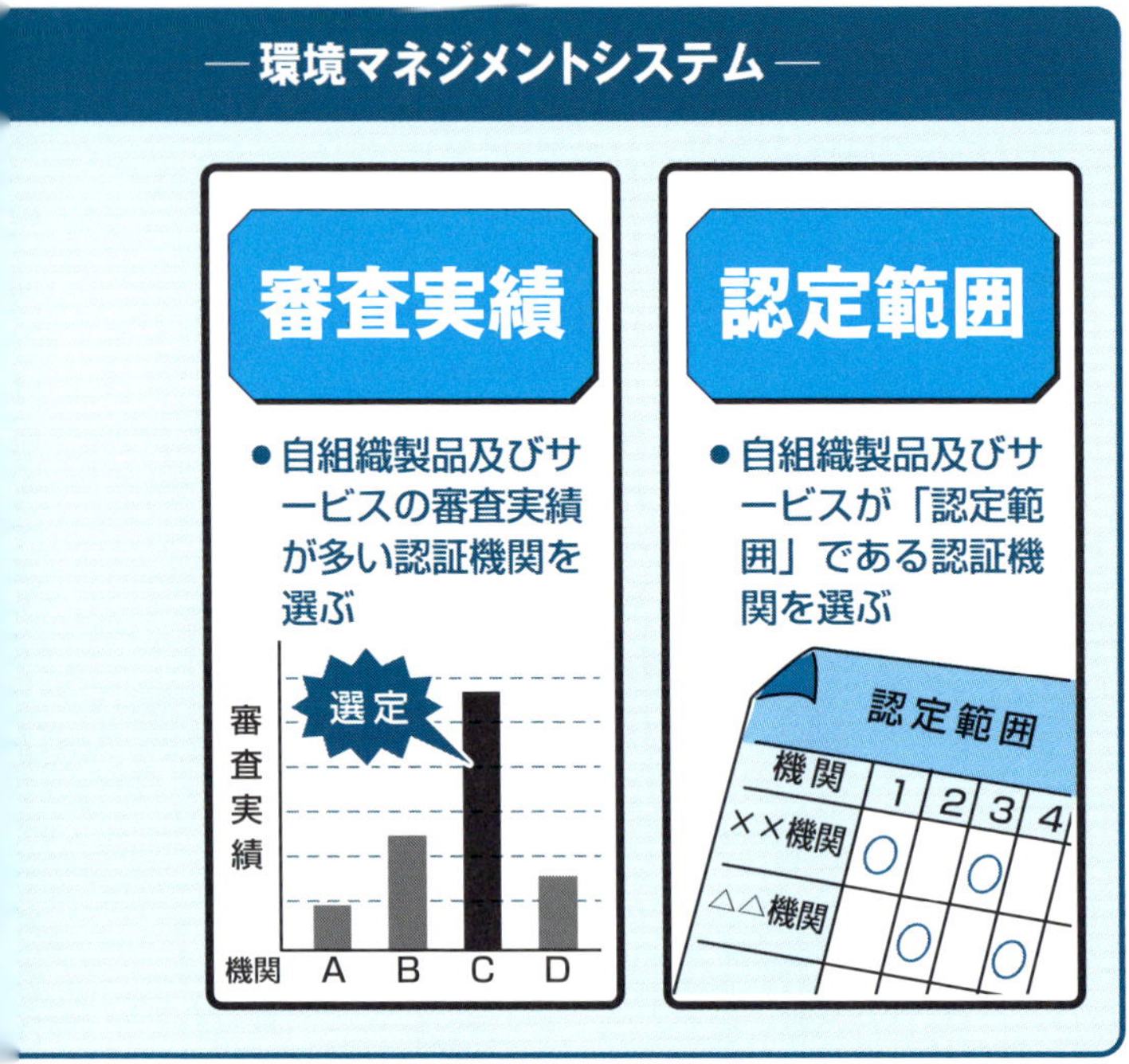

◆認証機関の選定で大事なことは何か

環境側面に関する管理を重視する環境マネジメントシステム審査には、環境の技術・知識・経験などの専門性が必要ですから、自組織の事業内容に合致した審査力量のある認証機関を選定しなければなりません。

まず、認証機関を選定するときの必須条件は、組織の認証取得対象としている製品及びサービスが、その認証機関において認定範囲（3-4項参照）として、認定機関から認定されていることです。

―認証機関の認定範囲は、日本適合性認定協会のホームページ（http://www.jab.or.jp/）で検索できる―

自組織の製品及びサービスが認定範囲として認定されている認証機関は数多くありますから、その中でどの認証機関を選ぶかは、次の事項を考慮するとよいでしょう。

認証機関の選び方

認証・登録費用

- 認証・登録費用の見積りをとり、好ましい認証機関を選ぶ

自業界設立機関

- 自組織の業界が設立した専門性のある認証機関を選ぶ

営業政策

- 輸出目的なら海外の知名度のある認証機関を選ぶ

- 認証機関が行なった自組織が認証取得対象とする製品及びサービスの認定範囲でのこれまでの審査実績を確認し、実績の多い認証機関を選定する
- 認証取得の目的の一つが、海外輸出という営業政策にあるならば、世界的戦略のある知名度の高い海外の認証機関を選定する
- 自組織の業界が設立した認証機関があれば、選定することにより、専門性を活かした審査が期待できる
- 認証・登録料金は、認証機関により異なるので、複数の機関に相見積りをとり、好ましい機関を選定する

◆認証機関の選定は早いほうが望ましい

受審する認証機関を選定するのは、受審対象サイト、組織、製品及びサービス、取得時期など認証取得範囲を決定するまでの早い段階が望ましいです。

早い時期に認証機関を決定することにより、認証取得のためのマスタープラン（大日程計画）に認証機関による第一段階審査、第二段階審査の日程を入れることができ、より具体的な計画を立てることができます。

3-6 認証機関への申請から認証・登録までの手順

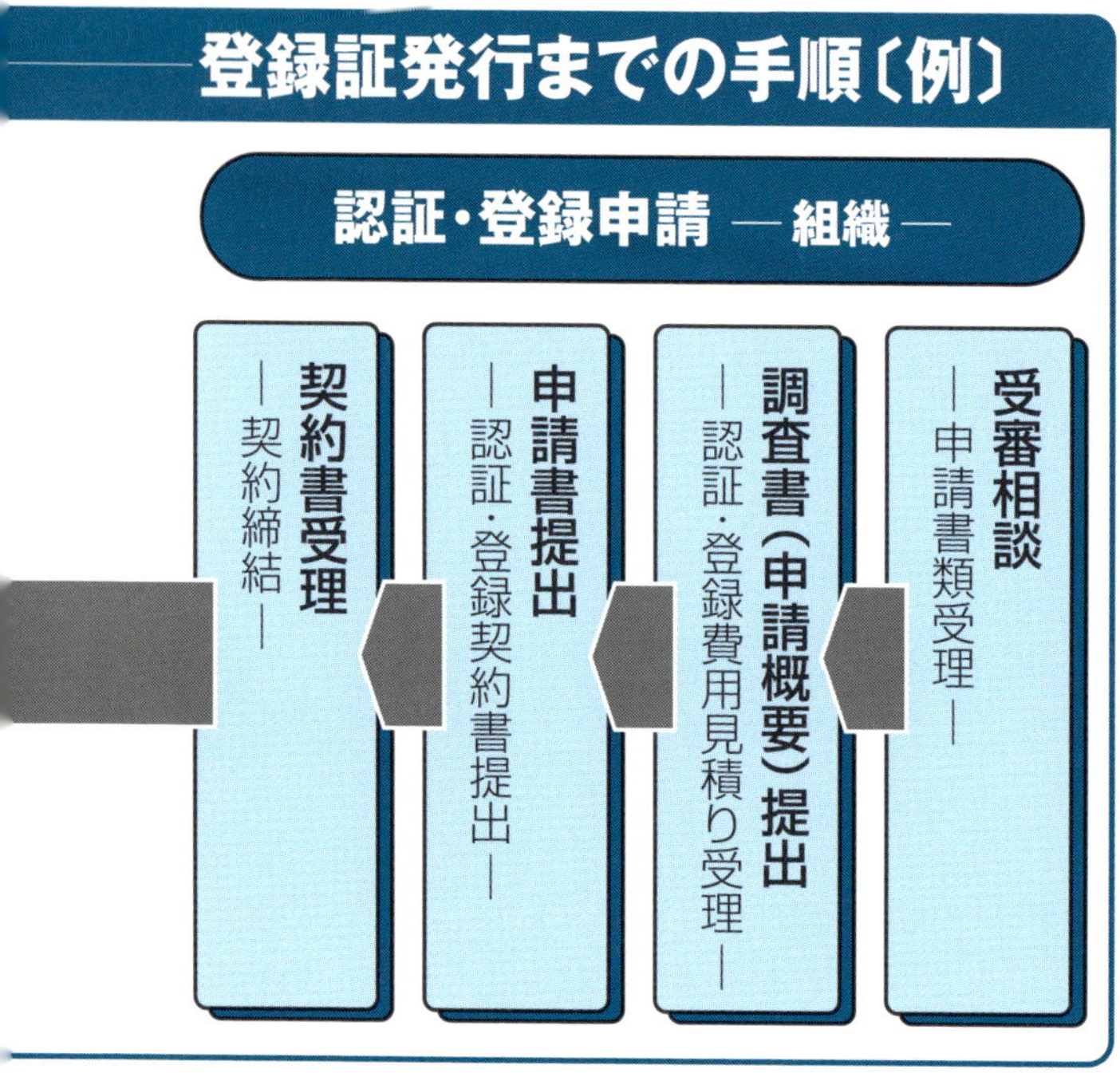

◆まず認証機関へ認証・登録を申請する

認証・登録を行なうための具体的な手順は認証機関によって多少異なりますので、次に例を示します。

組織は認証機関に受審相談をすると、認証・登録申請書の書式や審査説明書、認証・登録費用見積りのための組織の調査書などの情報を入手できます。

組織が認証・登録費用見積りのための調査書にサイト（場所）数、従業員数、環境負荷などを記載し提出すると、認証機関から認証・登録費用見積書が送られてきます。組織は見積金額や認証・登録サービスなどの価値判断をし、好ましい認証機関を選定し（3-5項参照）、申請書及び認証・登録契約書を提出します。

認証機関から申請書受理通知書と契約書一通が送られてきたことにより**契約締結**となります。

組織の申請から認証機関の

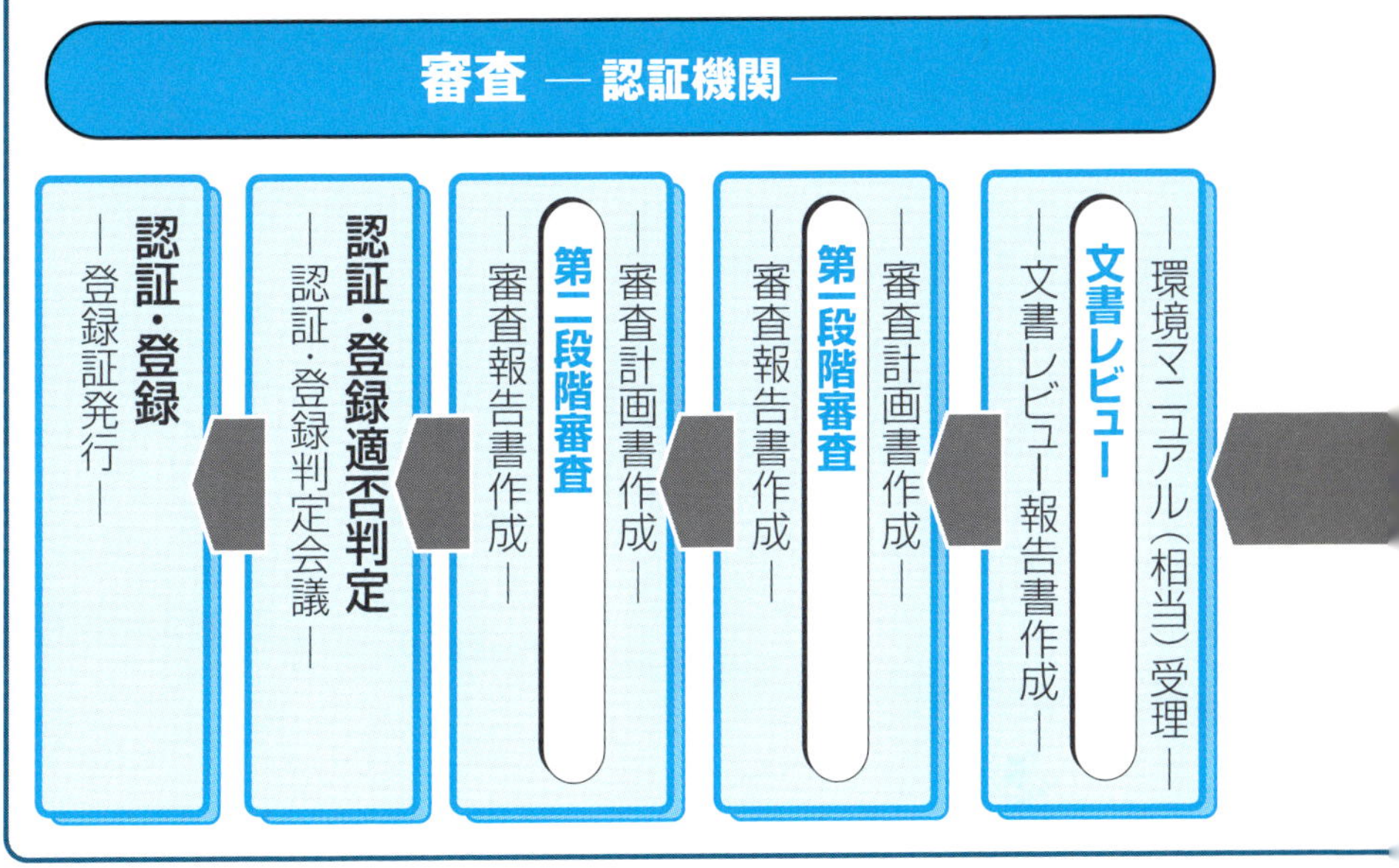

◇審査開始から登録書発行まで

認証機関は、第一段階審査に先立って、文書化されている範囲において、ＩＳＯ１４００１規格に対する適合性を判定するために、組織から提出された環境マネジメントシステム文書（マニュアルに相当する文書）をレビューし、その結果を報告書として組織に送付します。

第一段階審査では、認証機関が組織の環境側面及びそれに伴う環境影響、環境方針及び環境目標の観点から環境マネジメントシステムを理解し、組織の審査受審準備の状況、第二段階審査の計画の立案及び準備のために、組織に赴いて審査をし、結果を報告書にまとめます。

第二段階審査では、認証機関が組織に赴き、組織の環境マネジメントシステムが、審査基準であるＩＳＯ１４００１規格の要求事項に適合しているかを審査します。

審査チームリーダーは、組織の不適合事項に対する是正処置の完了を確認し、審査報告書を作成します。

認証機関は審査報告書に基づき、認証・登録判定会議で、組織の認証・登録の適否を判定します。

認証・登録判定会議で〝**認証・登録可**〟の判定があれば、認証機関は**登録証**（三年間有効）を発行します。

3-7

審査は認証を取得したあとも継続して行なわれる

― 認証・登録とその後の審査 ―

初回認証審査

▲組織の認証・登録▼
- 文書レビュー
- 第一段階審査
- 第二段階審査
- 登録証発行
- 登録マーク・認定マーク使用許可

1年ごと

◆認証機関の審査にはいろいろな種類がある

認証機関が、組織に対して行なう審査には、認証・登録のための初回認証審査と、認証・登録後に行なわれるサーベイランス審査（定期審査）、特別審査、再認証審査（更新審査）があります。

◆初回認証審査は認証・登録を目的に行なう

初回認証審査とは、組織が構築した環境マネジメントシステムがＩＳＯ１４００１規格の要求事項に適合しているか否かを検証し、適合していれば認証・登録することを目的とする最初の審査（3-6項参照）のことです。

◆サーベイランス審査は継続的な適合を検証する

サーベイランス審査（定期審査ともいう）は、登録証

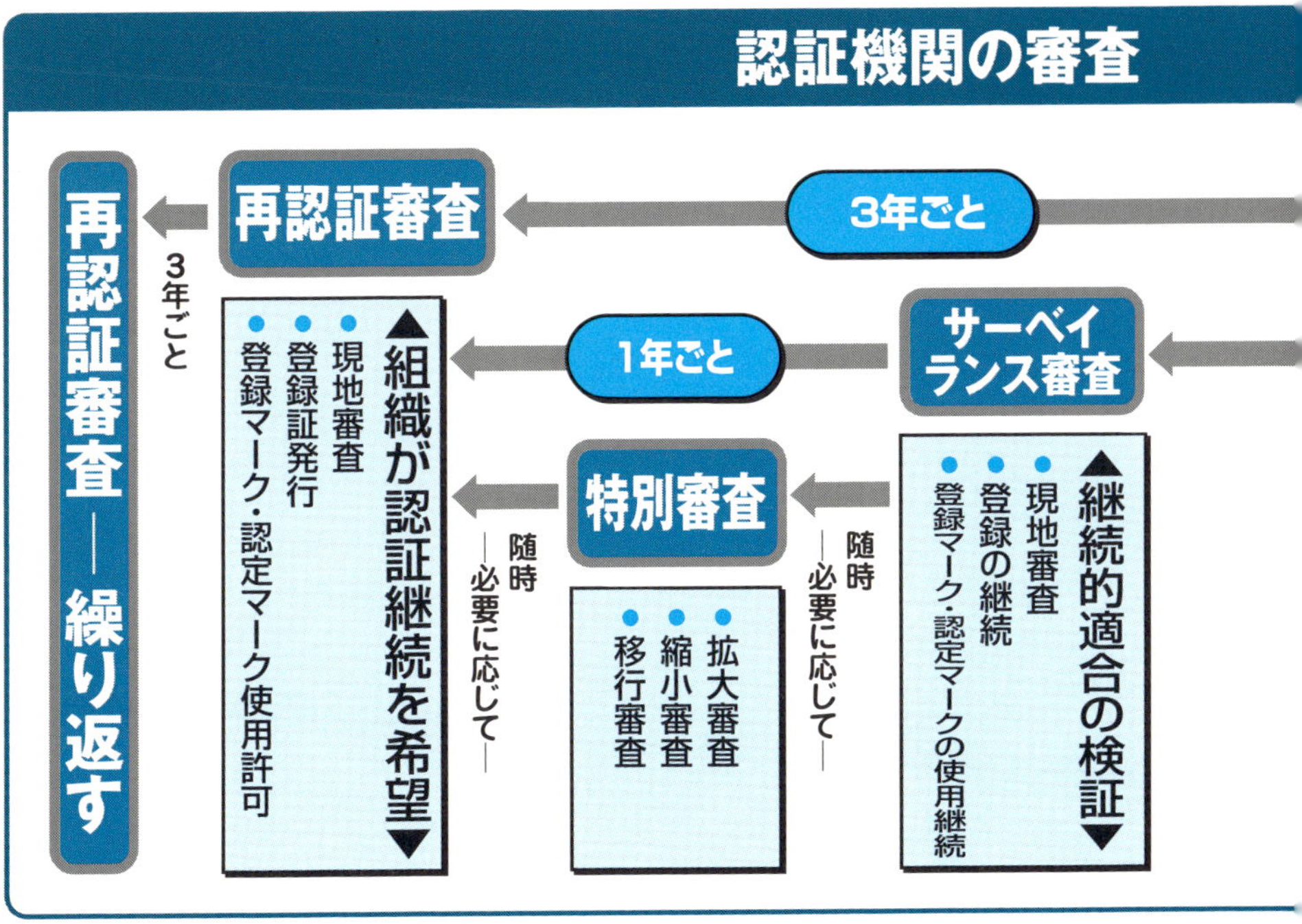

発行日から一年ごとに、次の目的で行ないます。

- 継続的改善を狙いとする計画的活動の進捗状況確認
- 環境マネジメントシステムの継続的な運用
- 苦情の処理及び変更があればそのレビュー
- 前回審査で特定された不適合についてとられた処置のレビュー

◆特別審査は必要に応じて行なう

特別審査は、組織が認証対象範囲の拡大、縮小、変更を希望した場合や環境マネジメントシステムに大きな変更があった場合に行ない、**拡大審査、縮小審査、移行審査**（ＩＳＯ１４００１規格改正）などがあります。

◆再認証審査は三年経過すると行なう

登録証発行から三年経過し、組織が認証の継続を希望するならば、再認証審査（更新審査）を行ないます。

再認証審査は、組織の環境マネジメントシステム全体の包括的で継続した有効性と、過去の実績をレビューし、適合ならば**登録証の書換え**をします。

再認証審査は、三年ごとに繰り返し行なわれます。

3-8

審査員にはこんな資格がある

―審査員補・審査員・主任審査員―

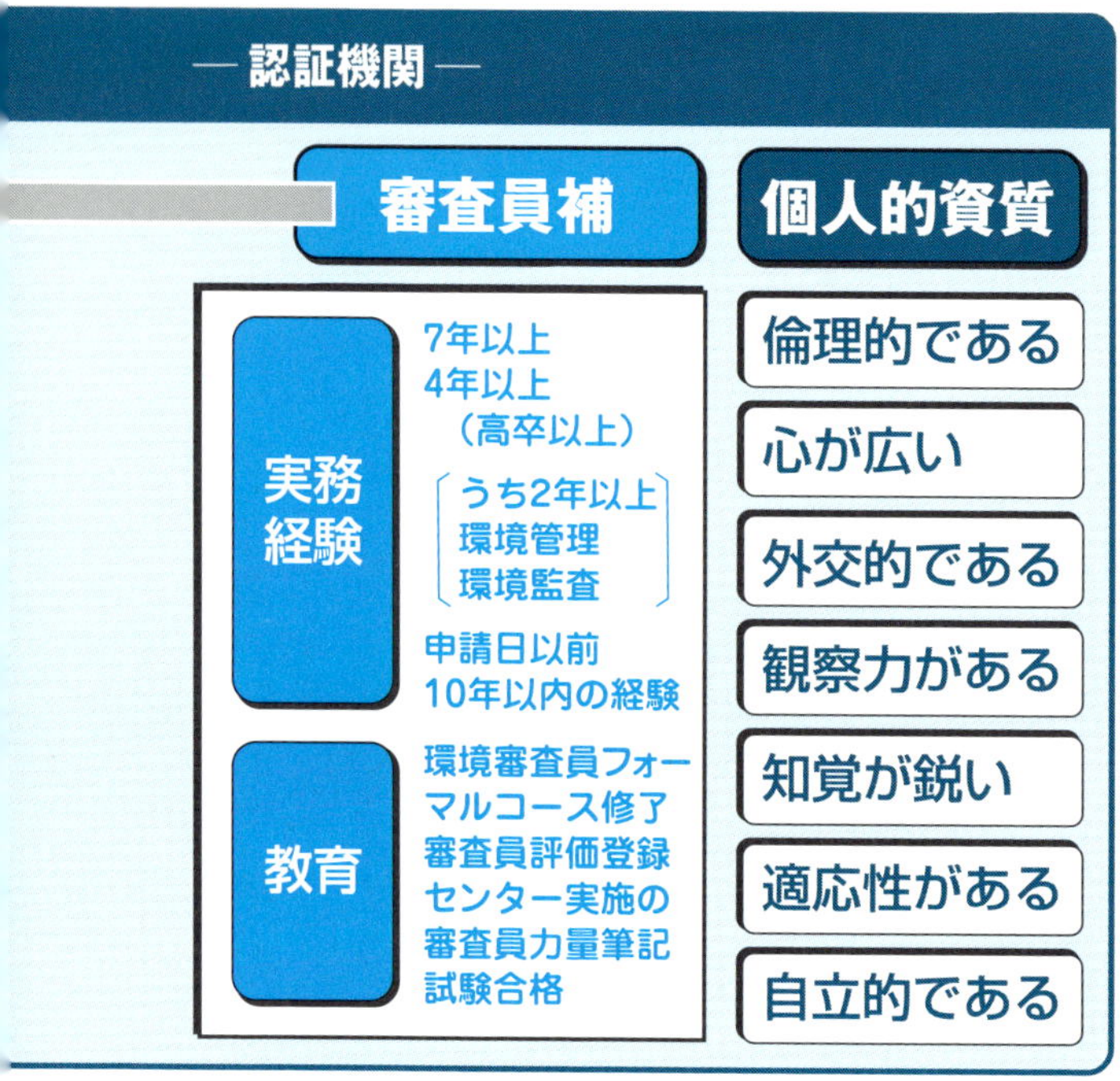

◆審査員に求められる個人的資質

審査員の個人的資質としては、倫理的である、心が広い、外交的である、観察力がある、知覚が鋭い、適応性がある、自立的である、粘り強い、決断力がある、協働的であるなどの資質があることが望ましいといえます。

◆審査員には三つの資格がある

審査員評価登録機関（環境マネジメントシステム審査員評価登録センター・3-9項参照）では、環境マネジメントシステム審査員資格基準・登録手順に基づいて、**審査員補・審査員・主任審査員**とステップアップした資格登録を行ない公開しています。

◆審査員補の資格基準

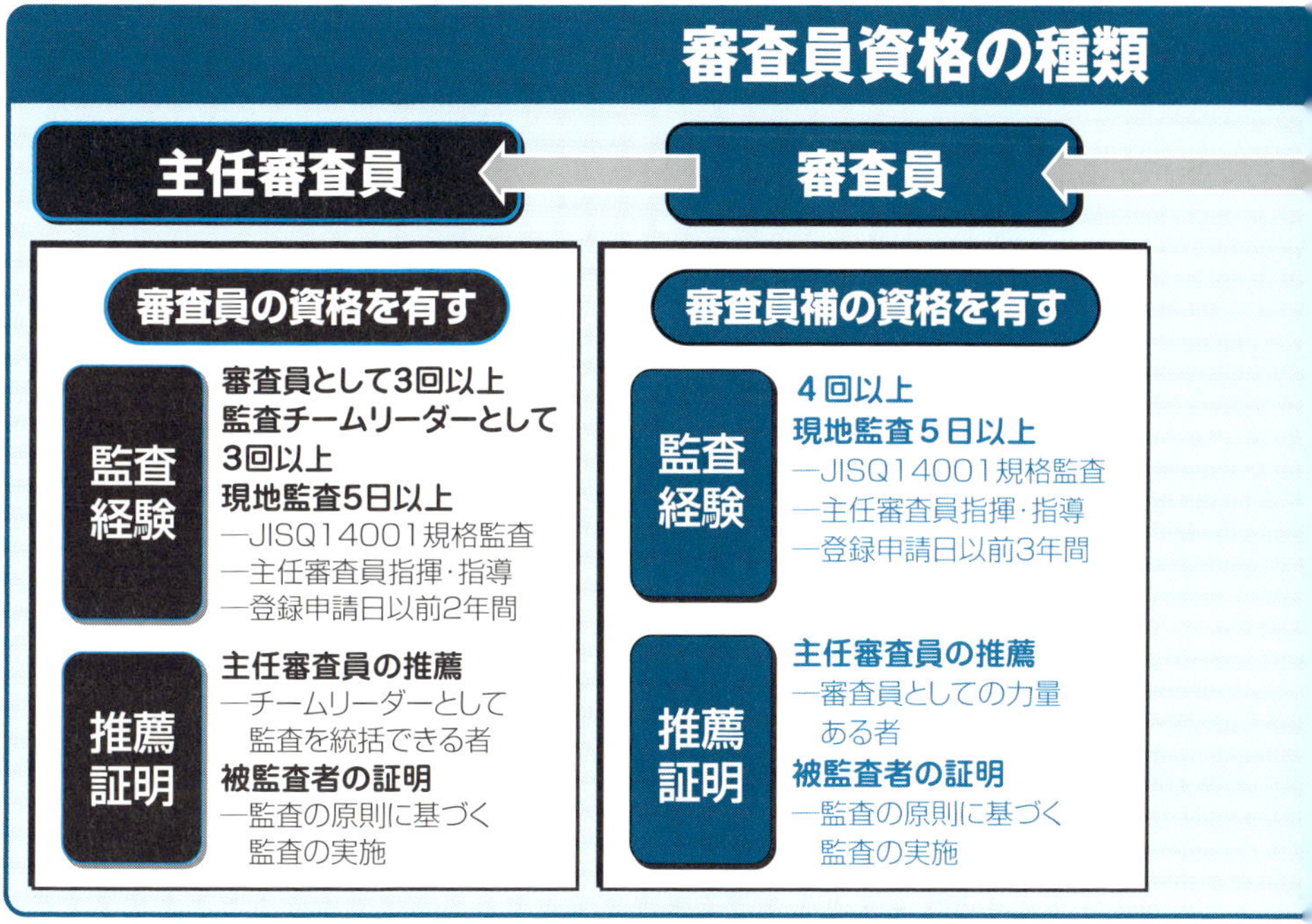

●技術的、管理的又は専門的立場での実務経験を七年（高等学校卒業以上は四年）以上有する。またこの実務経験のうち二年以上は、環境管理、環境監査の実務経験

●環境審査員研修機関が主催する環境審査員フォーマルコースを修了し環境マネジメントシステム審査員評価登録センターが実施する審査員力量筆記試験に合格する

◆審査員の資格基準

●審査員補の資格を有する

●ＪＩＳＱ１４００１規格への適合性監査の全過程に、主任審査員の指揮・指導のもと、登録申請日以前三年間に四回以上、かつ現地監査五日以上審査員として参加し、主任審査員から審査員として推薦される

◆主任審査員の資格基準

●審査員の資格を有する

●ＪＩＳＱ１４００１規格への適合性監査の全過程に、主任審査員の指揮・指導のもと、審査員として三回以上、監査チームリーダーの役割を二年間に三回以上、現地監査五日以上参加しリーダーとして推薦される

3-9 認定機関・審査員評価登録機関

認定機関　日本適合性認定協会

公益財団法人　日本適合性認定協会　―略称：JAB―

住所：〒141-0022　東京都品川区東五反田1-22-1　五反田ANビル3階
電話：03-3442-1213　FAX：03-5475-2780
ホームページアドレス：https://www.jab.or.jp/

審査員評価登録機関　環境マネジメントシステム審査員評価登録センター

一般社団法人　産業環境管理協会
環境マネジメントシステム審査員評価登録センター

住所：〒101-0044　東京都千代田区鍛冶町2-2-1　三井住友銀行神田駅前ビル6階
電話：03-5209-7714　FAX：03-5209-7719
ホームページアドレス：http://www.jemai.or.jp/

審査員評価登録機関　マネジメントシステム審査員評価登録センター

一般財団法人　日本規格協会
マネジメントシステム審査員評価登録センター

住所：〒108-0073　東京都港区三田3-13-12　三田MTビル
電話：03-4231-8590　FAX：03-4231-8685
ホームページアドレス：http://www.jsa.or.jp/

認証制度に関する認定の基準

・JAB-MS100	・JAB-PN100
マネジメントシステム認証機関に対する認定の基準	要員認証機関に対する認定の基準

注：住所、電話、FAX、ホームページアドレスなどの内容が変更になることがあります。

第4章

環境マネジメントシステムの基本を知る

この章の内容

この章では、環境マネジメントシステムとはどういうものかについて説明します。

1. 環境とは、どういうことか
2. 環境マネジメントシステムとはどのような意味か
3. 環境マネジメントシステムの原則
4. 環境マネジメントシステムのプロセスは組織が決める
5. PDCAの管理のサイクル

4-1

環境とは、どういうことか

―汚染の予防を含む四つの環境課題―

◇環境とは組織の活動をとりまくものをいう

環境とは、「大気、水、土地、天然資源、植物、動物、人及びそれらの相互関係を含む、組織の活動をとりまくもの」と定義されています。そして、とりまくものとは、「組織内から、近隣地域、地方及び地球規模のシステムまで広がり得る」としています。

ここでいう環境とは、地球環境の構成要素である無機環境（大気、水、土地、天然資源の一部）と有機環境（植物、動物、人、天然資源の一部）を含む自然環境全体及び景観などの視覚的要素を取り込んで環境としており、最も広い環境の概念といえます。

この天然資源には、大気、水、土地、植物、動物が、資源の枯渇の面から包含されています。

また、騒音や振動などの物理現象は、空気や地盤を介して人への環境影響になります。

◇四つの環境課題が示されている

ISO14001規格には、次の四つの環境課題が示されています。

- 汚染による環境への負荷の増大―汚染の予防
- 資源の非効率的な使用―持続可能な資源の利用
- 気候変動―気候変動の緩和・気候変動への適応
- 生息環境の破壊―生物多様性・生態系の保護

汚染の予防とは、有害な環境影響を低減するために、さまざまな種類の汚染物質又は廃棄物の発生、排出、放出を回避又は管理するためのプロセス、操作、技法、材料、製品、サービス又はエネルギーを個別に又は組み合わせて使用することをいいます。

組織は環境に対し汚染を予防する

環境 ―Environment―

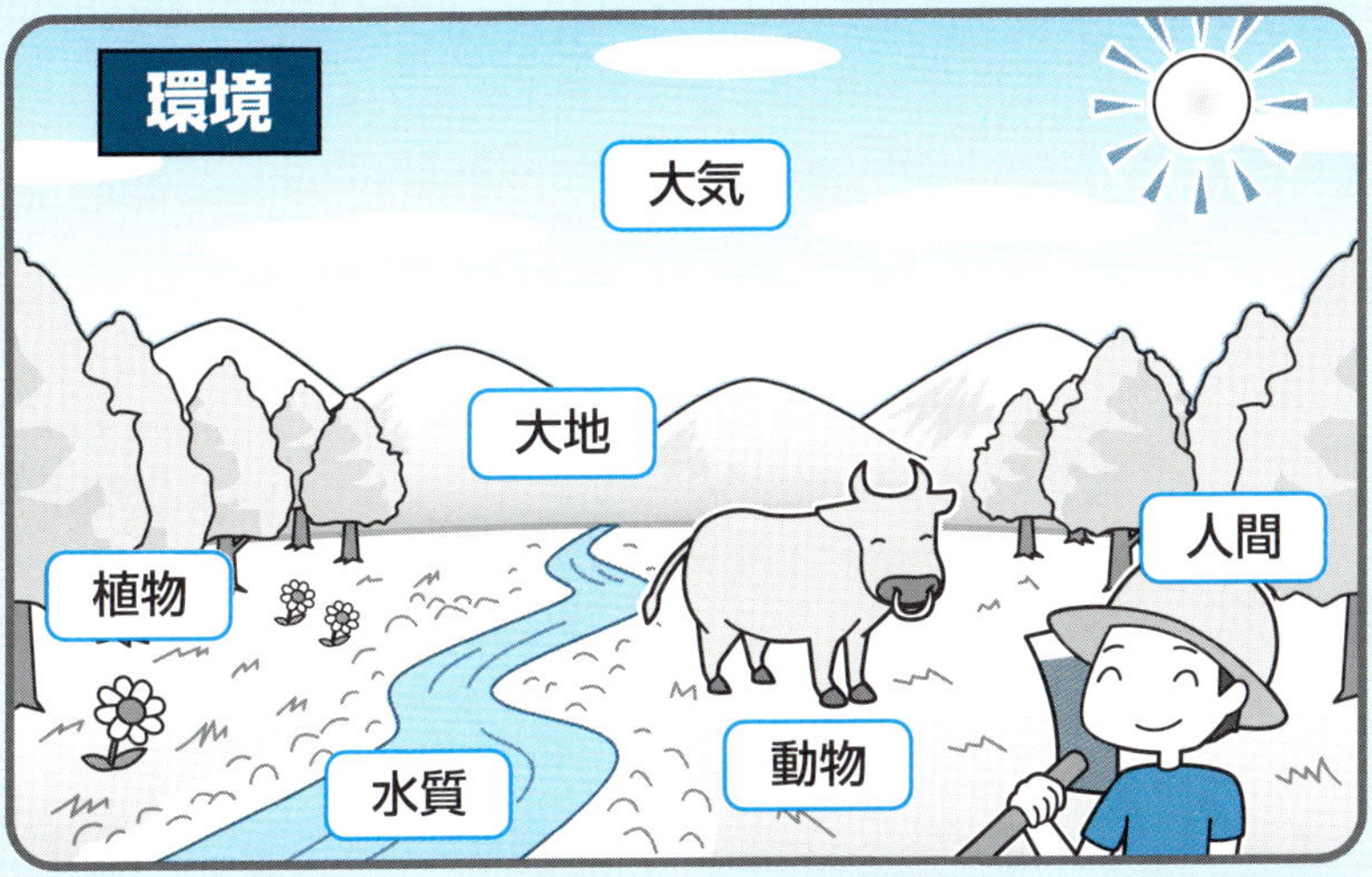

汚染の予防 ―Prevention of Pollution―

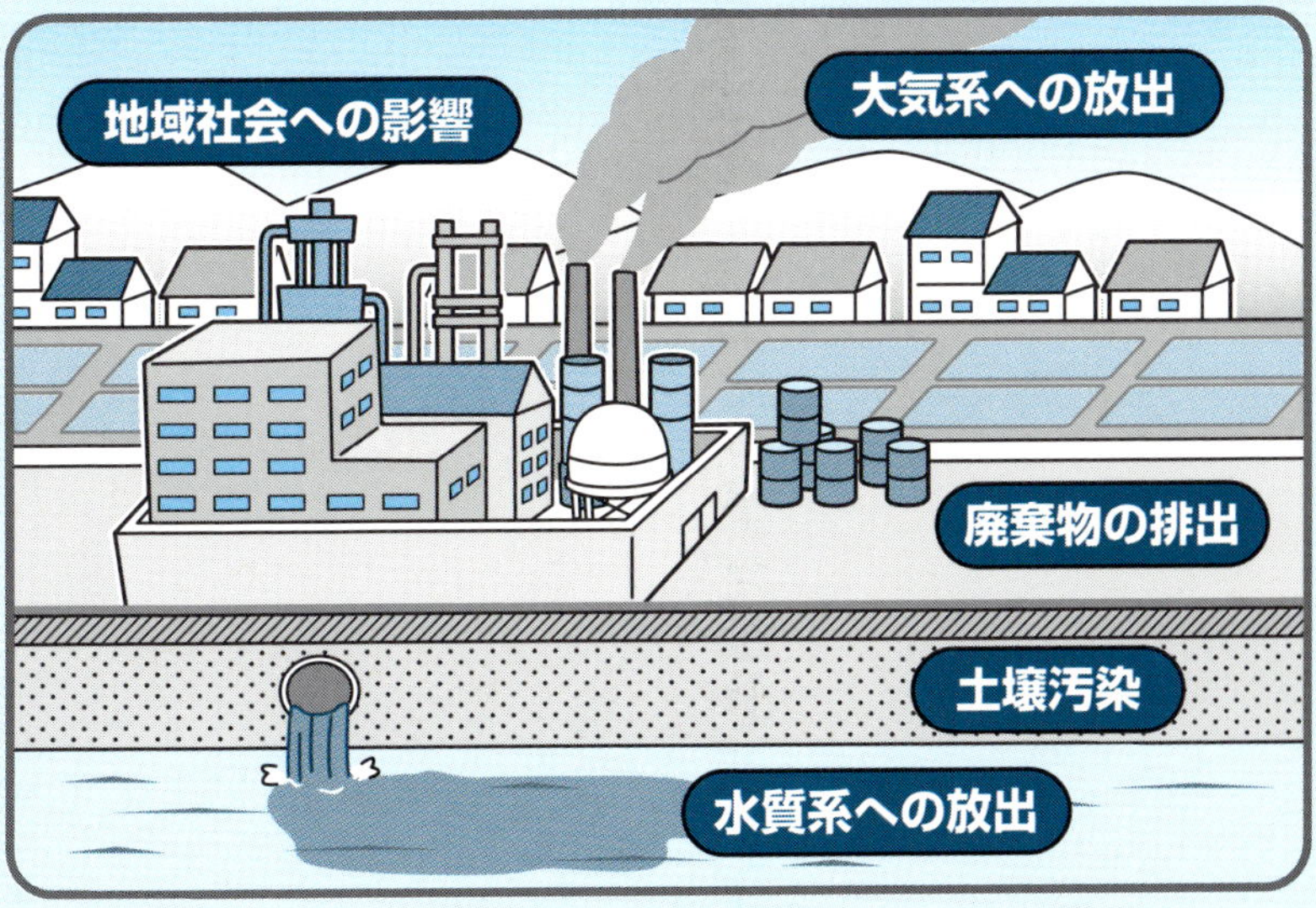

4-2
環境マネジメントシステムとはどのような意味か

◆マネジメントシステムとは

まず、マネジメントとは、組織を指揮し、管理するための調整された活動をいいます。

また、システムとは、相互に関連する又は相互に作用する要素の集まりのことです。

マネジメントシステムとは、方針、目的及びその目的を達成するためのプロセスを確立するための相互に関連する又は相互に作用する組織の一連の要素をいいます。

マネジメントシステムには、組織の構造、役割・責任、計画・運用、パフォーマンス評価、改善が含まれます。

◆環境マネジメントとは

環境マネジメントとは、環境方針を設定し、具体的な環境目標と、それらを達成するための施策を定め、組織的かつ計画的に展開することをいいます。

組織としては、環境マネジメント体制を整備し、法令・規制の的確な順守はもとより、環境負荷の少ない事業運営を図り、近隣住民とのコミュニケーションの充実に努めることです。

◆環境マネジメントシステムとは

環境マネジメントシステムとは、マネジメントシステムの一部で、環境側面をマネジメントし、順守義務を満たし、リスク及び機会に取り組むために用いられるものをいいます。

環境マネジメントシステムにおいては、組織の環境方針、環境目標及びその他の環境パフォーマンス要求事項に対応して、その結果の測定は可能といえます。

環境マネジメントシステム用語の相互関係

環境
— Environment —

- 環境とは、大気、水、土地、天然資源、植物、動物、人及びそれらの相互関係を含む、組織の活動をとりまくものをいう

—とりまくものとは、組織内から近隣地域、地方、地球規模のシステムにまで及ぶ

システム
— System —

- システムとは、相互に関連する、又は相互に作用する要素の集まりをいう

マネジメント　— Management —

- マネジメントとは、組織を指揮し、管理するための調整された活動をいう

マネジメントシステム
— Management System —

- マネジメントシステムとは、方針、目的及びその目的を達成するためのプロセスを確立するための、相互に関連する又は相互に作用する、組織の一連の要素をいう

環境マネジメントシステム
— Environmental Management System —

- 環境マネジメントシステムとは、組織のマネジメントシステムの一部で、環境側面をマネジメントし、順守義務を満たし、リスク及び機会に取り組むために用いられるものをいう

4-3

環境マネジメントシステムの原則

―五つの原則に従って管理する―

◆環境マネジメントシステムの五つの原則

ＩＳＯ１４００１規格に基づく環境マネジメントシステムは、約束及び方針、計画、実施、測定及び評価、見直し及び改善、という五つの原則に従う管理の基本（ＰＤＣＡのサイクル）に沿ったものです（4-5項参照）。

◆原則1―約束及び方針

組織は、環境方針を定め、環境マネジメントシステムに対する約束を確実にすることが望ましい。

―経営者の改善する旨の持続する約束が重要である―

◆原則2―計画

組織は、その環境方針を実行するために計画を策定することが望ましい。

◆原則3―実施

環境マネジメントシステムの効果的な実施のため、組織は、その環境方針、環境目標を達成するために必要な能力及び支援機構を開発することが望ましい。

◆原則4―測定及び評価

組織は、その環境パフォーマンスを測定し、監視し、評価することが望ましい。

◆原則5―見直し及び改善

組織は、全体的な環境パフォーマンスを改善する目的で、その環境マネジメントシステムを見直し、継続的に改善することが望ましい。

―組織内の一人ひとりが環境改善の責任を受け入れる―

ISO14001環境マネジメントシステム五つの原則

原則1
約束及び方針

- 組織は、環境方針を定め、環境マネジメントシステムに対する約束を確実にすることが望ましい

原則2
計画

- 組織は、環境方針を実行するために計画を策定することが望ましい

—環境側面の決定･環境影響の評価—

原則3
実施

- 効果的な実施のため、組織は、その環境方針、環境目標を達成するために必要な能力及び支援機構を開発することが望ましい

原則4
測定及び評価

- 組織は、その環境パフォーマンスを測定し、監視し、評価することが望ましい

原則5
見直し及び改善

- 組織は、全体的な環境パフォーマンスを改善する目的で、その環境マネジメントシステムを見直し、継続的に改善することが望ましい

4-4 環境マネジメントシステムのプロセスは組織が決める

◇要求事項を満たす方法は組織が決める

組織は、ISO14001規格に基づいて、環境マネジメントシステムを構築するにあたり、要求事項に適合することが求められています。―規格では要求事項を「～しなければならない」で示している―

ISO14001規格の要求事項は、組織が何をすべきかを示しており、その要求事項をどのような方法で満たすかは記載していません。

ですから、要求事項をどのようにして満たすのか、また、どこまで突っ込んでやるのかという具体的な方法とレベルは、受審する組織が、自組織の実力をよく勘案して決めることなのです。

また、組織の業種、規模によっても違いますので、その組織に合った方法で決めればよいのです。

◇要求事項と方法とレベルの関係

いま、柳の木の下にいる二匹の蛙に、要求事項として「枝につかまりぶらさがらなければならない」とします。

A蛙は、後足で立って、背伸びをして低い枝につかまり、ぶらさがりました。また、B蛙は、飛び跳ねて高い枝につかまり、ぶらさがったとします。

監査結果は、A蛙・B蛙ともに適合となります。

理由は、枝につかまる方法と枝の高さ（レベル）は、蛙が決めることで、A蛙・B蛙とも要求事項である「枝につかまり、ぶらさがっている」を満たすからです。

A蛙・B蛙どちらがよいかですが、B蛙はあまりにも現状とのギャップが大きいため、継続するには問題があります。A蛙はこれまで蓄積したノウハウの延長上にあり、背伸びし努力しているので、推奨されます。

要求事項を満たす方法とレベルは組織が決める

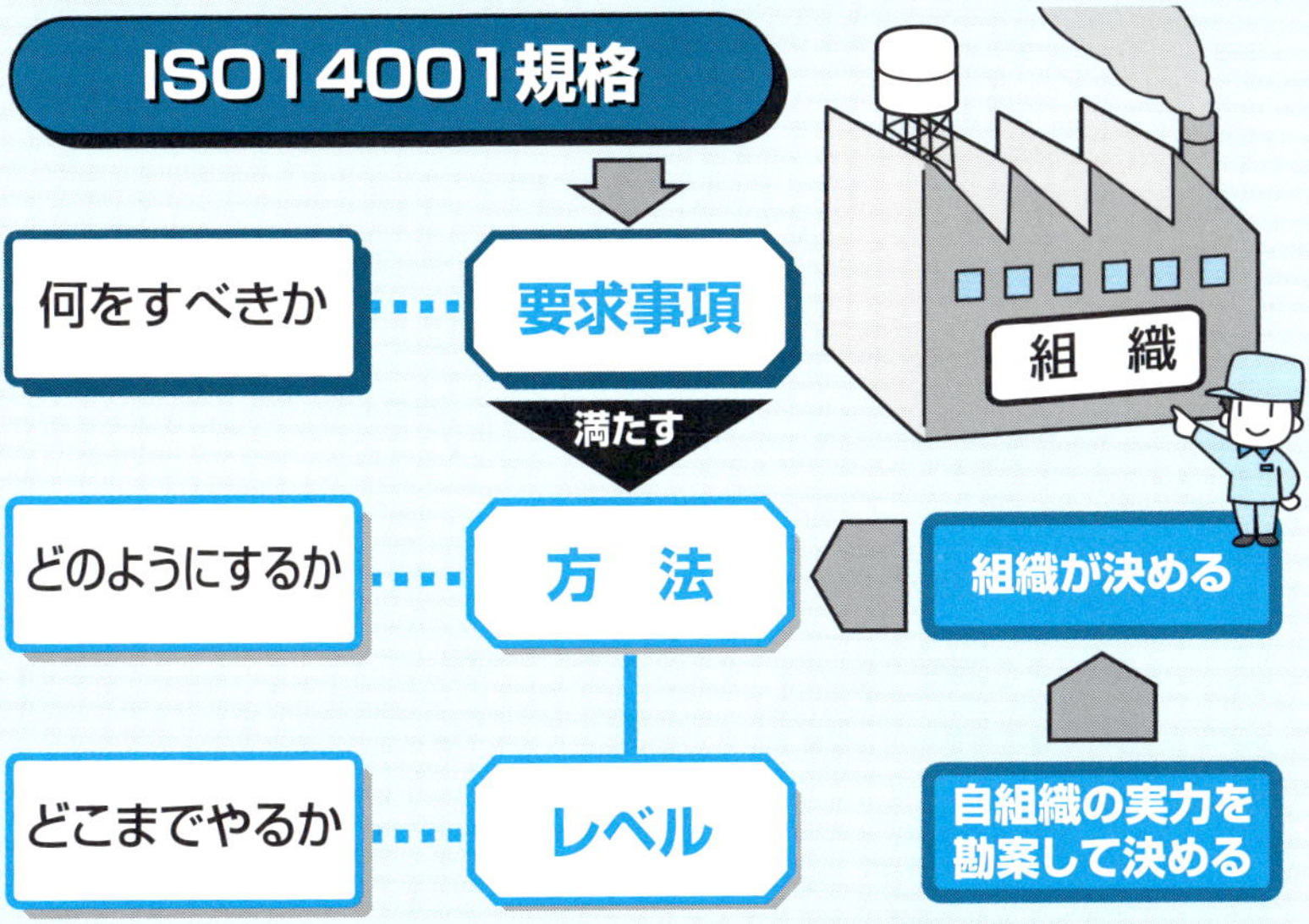

要求事項に対する方法とレベル〔例〕

4-5 PDCAの管理のサイクル

◆**PDCAの管理のサイクル**とは、計画を立て、その計画どおりに実施し、その結果を評価して、計画どおりの結果が得られなければ、原因を究明し、是正処置をとり改善して、次の計画に反映することをいいます。

計画 — **P: Plan《プラン》**
- 目標達成に必要な計画を立てる

実施 — **D: Do《ドゥ》**
- 計画どおりに実施する

評価 — **C: Check《チェック》**
- 実施の結果を測定し、解析して評価確認する

処置 — **A: Act《アクト》**
- 評価の結果が計画に比べて差があれば原因を究明し、必要な是正処置をとる

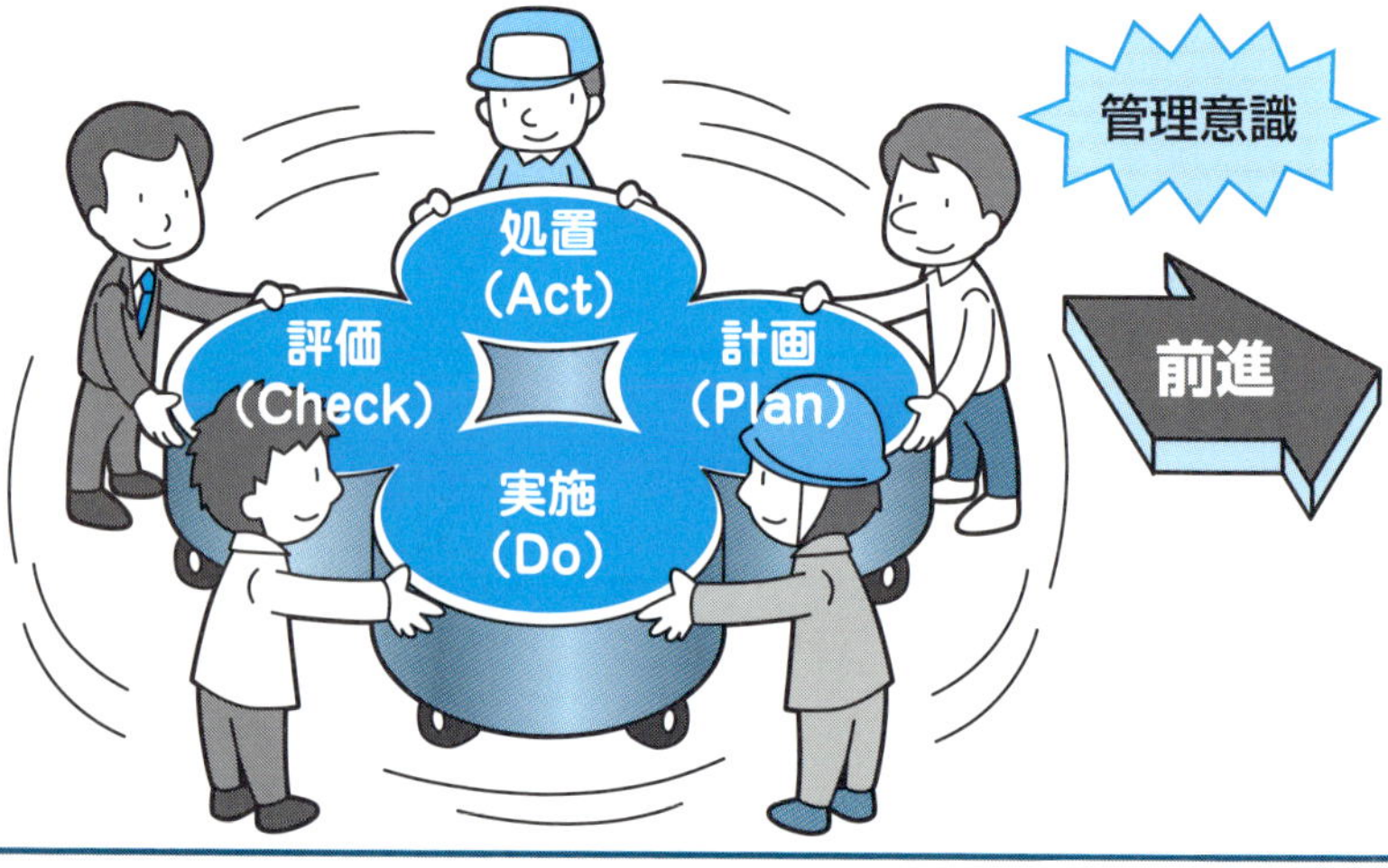

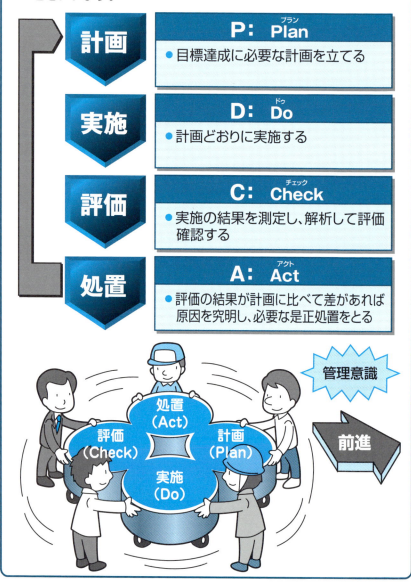

第5章

ISO14000シリーズ規格の基礎知識

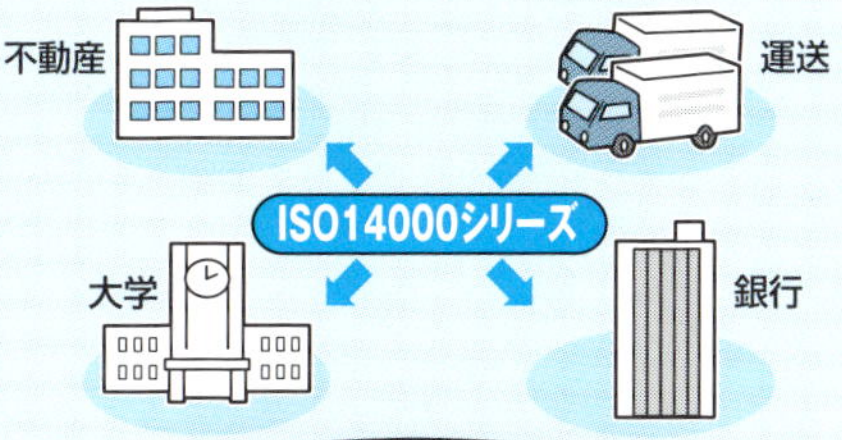

この章の内容

この章では、ISO14000シリーズ規格に関しての基礎的な知識を説明します。

1. ISO14000シリーズ規格にはこんな特徴がある
2. ISO14000シリーズ規格の構成はこうなっている
3. ISO14000シリーズにおける環境マネジメントシステム規格
4. ISO14001規格は認証・登録の審査基準である
5. ISO14004規格は環境マネジメントシステム実施の手引書
6. ISO14050規格は環境関連用語を定義している
7. ISO19011規格は監査について規定している
8. 製品評価としてのライフサイクルアセスメント規格
9. ISO14000シリーズ製品評価としての環境ラベル規格
10. 環境パフォーマンス規格と温室効果ガス規格
11. 温室効果ガスと地球温暖化

5-1

ＩＳＯ１４０００シリーズ規格にはこんな特徴がある

規格の特徴

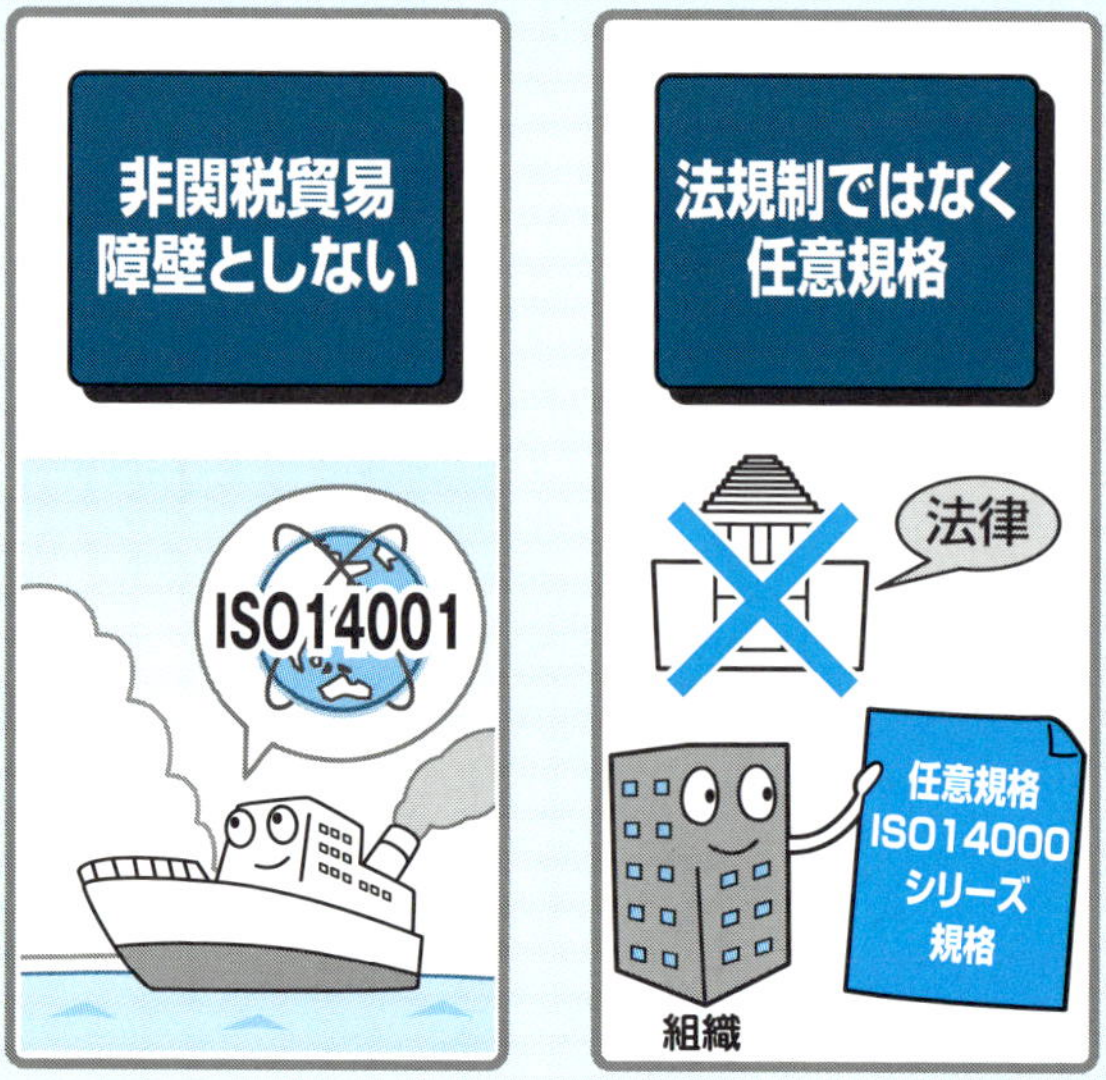

◇法令・規制ではなく任意規格である

ＩＳＯ１４０００シリーズ規格は、法令・規制ではなく、民間の任意規格ですから、それ自体には強制力はなく、規格に準拠するかどうかは、組織の自主的な判断にまかされています。

規格を採用することは、組織による戦略上の決定であって、取組みの目的を明確にすることが重要です。

◇非関税貿易障壁としない

ＩＳＯ１４０００シリーズ規格は、非関税貿易障壁を生み出すことを意図したものではなく、国際的に整合の図られた環境マネジメントシステムの認定制度・認証制度により国際貿易を円滑に推進するためのものです。

―国際貿易では認証取得が優位となる―

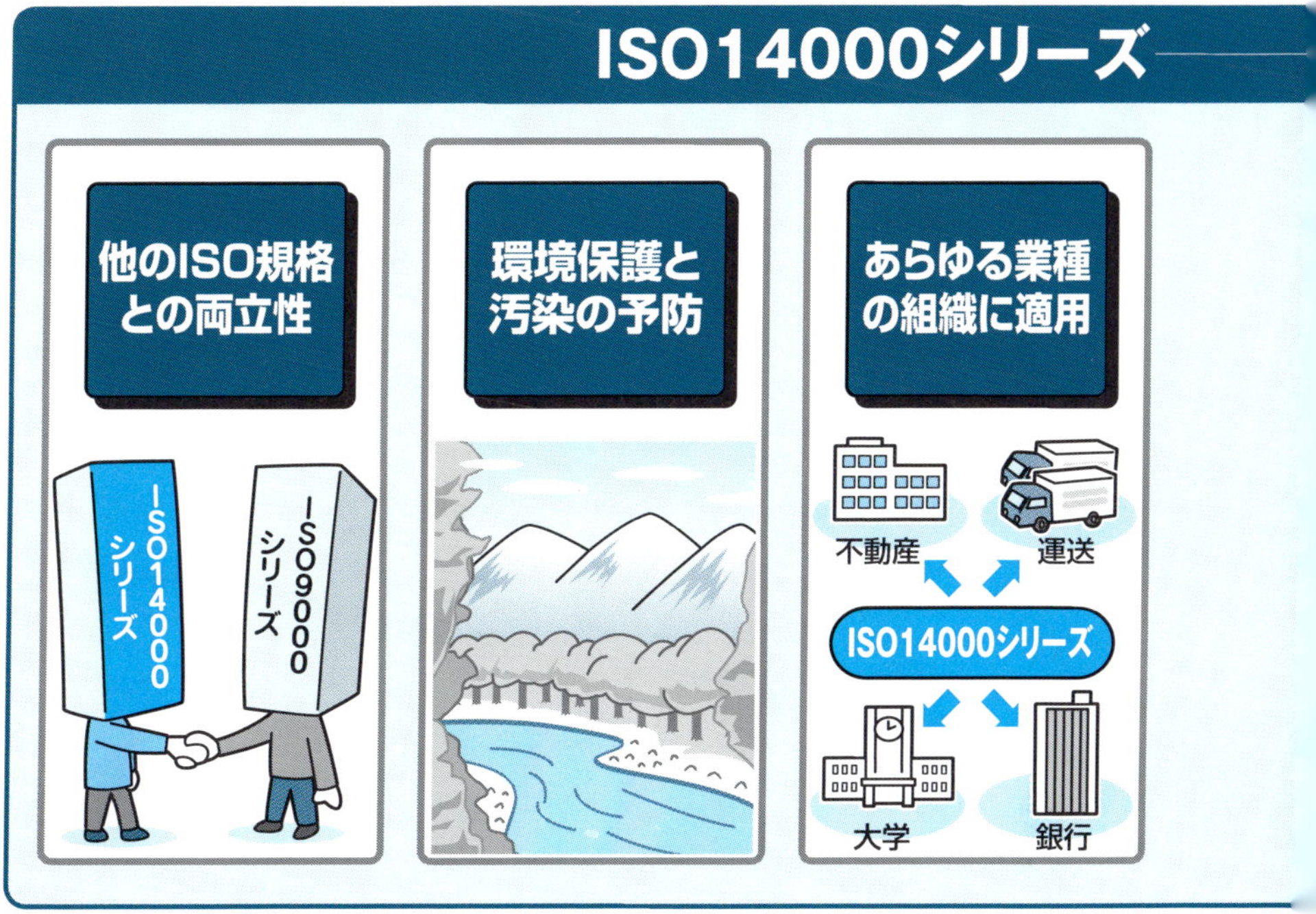

◆あらゆる業種・規模の組織に適用可能である

ＩＳＯ１４０００シリーズ規格は、普遍的なものであり、特定の業種・形態や規模、提供される製品及びサービスに関係なく、あらゆる組織に適用できます。

製造業はもとより、学校、運送業、ホテル、銀行、不動産業、地方自治体などで幅広く取り組まれています。

◆環境保護、汚染の予防などを支える

ＩＳＯ１４０００シリーズ規格の全体的な狙いは、環境保護、汚染の予防、持続可能な資源の利用、気候変動の緩和、自然生息地の回復などを支えることです。

汚染の予防には、発生源の低減又は排除、資源の効率的使用、代替材料の利用、リサイクルなどがあります。

◆他のマネジメントシステム規格と両立する

ＩＳＯ１４００１規格を含めＩＳＯ９００１規格、ＩＳＯ／ＩＥＣ２７００１規格などは、附属書ＳＬ（第６章参照）に基づき、箇条タイトル・箇条順序、細分箇条などを同じにしてあるので、組織において、一緒に適用しても問題なく両立するよう制定してあります。

5-2

ＩＳＯ１４０００シリーズ規格の構成はこうなっている

ISO14000シリーズ規格の構成

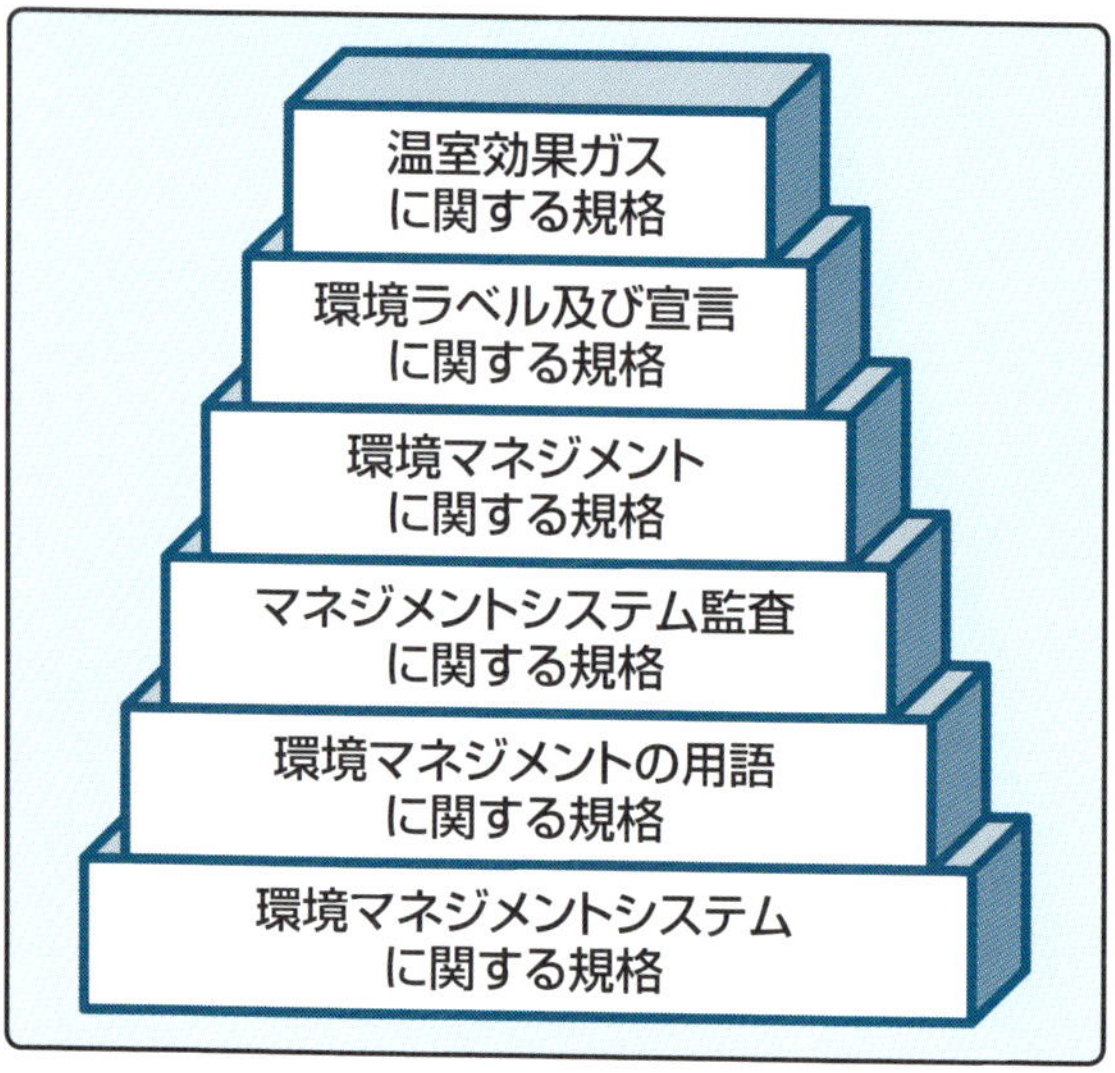

◇ＩＳＯ１４０００シリーズ規格の構成

ＩＳＯ１４０００シリーズ規格は、主に次のような規格により構成されています。

●環境マネジメントシステムに関する規格

環境マネジメントシステムに関する規格には、ＩＳＯ１４００１規格、ＩＳＯ１４００４規格、ＩＳＯ１４００５規格、ＩＳＯ１４００６規格などがあります。

●環境マネジメントの用語に関する規格

環境マネジメントの用語に関する規格には、ＩＳＯ１４０５０規格があります。また、環境関連用語については、ＩＳＯ１４００１規格にも規定されています。

●マネジメントシステム監査に関する規格

マネジメントシステム監査に関する規格には、ＩＳＯ１９０１１規格があります。

環境マネジメントシステムの規格・環境用語規格

規格番号	規格名称
ISO14001 (JISQ14001)	●環境マネジメントシステム ―要求事項及び利用の手引―
ISO14004 (JISQ14004)	●環境マネジメントシステム ―実施の一般指針―
ISO14005 (JISQ14005)	●環境マネジメントシステム ―環境パフォーマンス評価の利用を含む、環境マネジメントシステムの段階的実施の指針―
ISO14006 (JISQ14006)	●環境マネジメントシステム ―エコデザインの導入のための指針―
ISO14050 (JISQ14050)	●環境マネジメント ―用語―

この規格は、環境マネジメントシステムの内部監査（第一者監査）及びサプライヤーについて顧客によって行なわれる監査（第二者監査）に適用されるだけでなく、すべてのＩＳＯ規格関連のマネジメントシステムに関する内部監査、サプライヤーについて顧客によって行なわれる監査に適用されます。

●環境マネジメントに関する規格

環境マネジメントに関する規格には、環境パフォーマンス評価、ライフサイクルアセスメント、製品システムの環境効率評価、土地及び組織の環境アセスメントなどの規格があります。

●環境ラベル及び宣言に関する規格

環境ラベル及び宣言に関する規格には、ＩＳＯ１４０２０規格、ＩＳＯ１４０２１規格、ＩＳＯ１４０２４規格、ＩＳＯ１４０２５規格などがあります。

●温室効果ガスに関する規格

温室効果ガスに関する規格には、ＩＳＯ１４０６４規格、ＩＳＯ１４０６５規格、ＩＳＯ１４０６６規格、ＩＳＯ／ＴＲ１４０６９規格などがあります。

5-3 ISO14000シリーズにおける環境マネジメントシステム規格

◆組織評価での環境マネジメントシステム規格

組織評価規格で主体となるのが、環境マネジメントシステム規格としてのISO14001規格とISO14004規格といえます（5-2項参照）。

ISO14001規格は、環境マネジメントシステムの要求事項及び利用の手引を規定しており、認証制度における唯一の認証・登録の審査基準となっています。

ISO14004規格は、組織が環境マネジメントシステムを実施するための手引（指針）を示しています。

そして、環境マネジメントシステム規格に使用されている用語の定義を規定しているのがISO14050規格です。また、組織のマネジメントシステムの運用を評価するための監査の指針は、ISO19011規格に規定されています。

◆ISO14004規格とは整合する一対の規格

ISO14001規格とISO14004規格は、適用範囲は異なりますが、附属書SLに基づき相互に補完し合うように作成されており、整合性のある一対の環境マネジメントシステム規格として適用できるように、その構成を同じにしています（5-5項参照）。

整合性があるとは、両規格とも用語をISO14050規格により統一しており、規格の箇条構成も同じにして、使いやすいようにしているということです。

ISO14004規格は、整合はしていますが、ISO14001規格の要求事項に関する解釈を提供することではなく、その範囲を超えて、環境マネジメントシステムを実施し、環境パフォーマンスを改善しようとする組織を支援するためのものです。

ISO14001とISO14004は整合性のある一対の規格

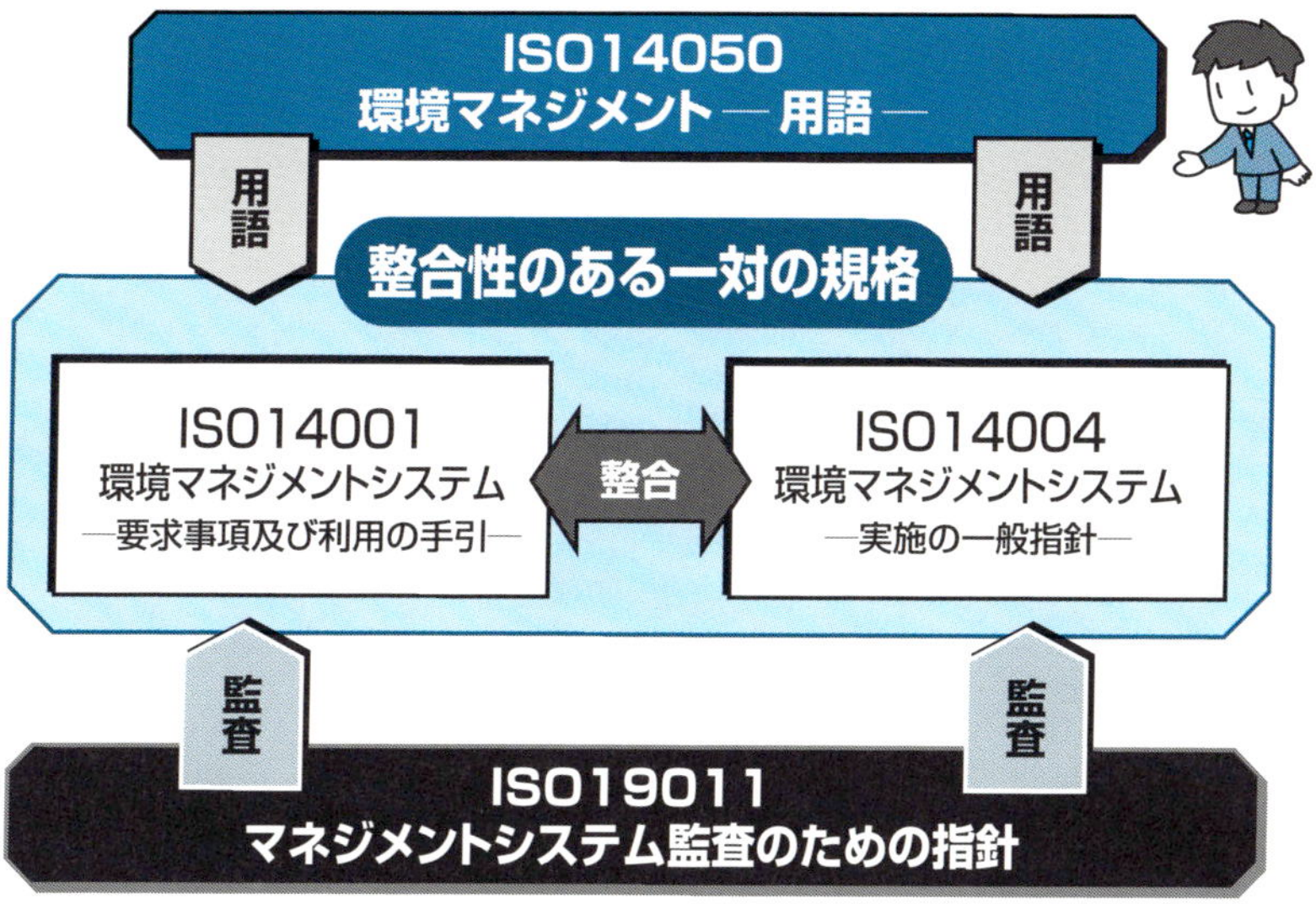

ISO14000シリーズ・環境マネジメントシステム規格

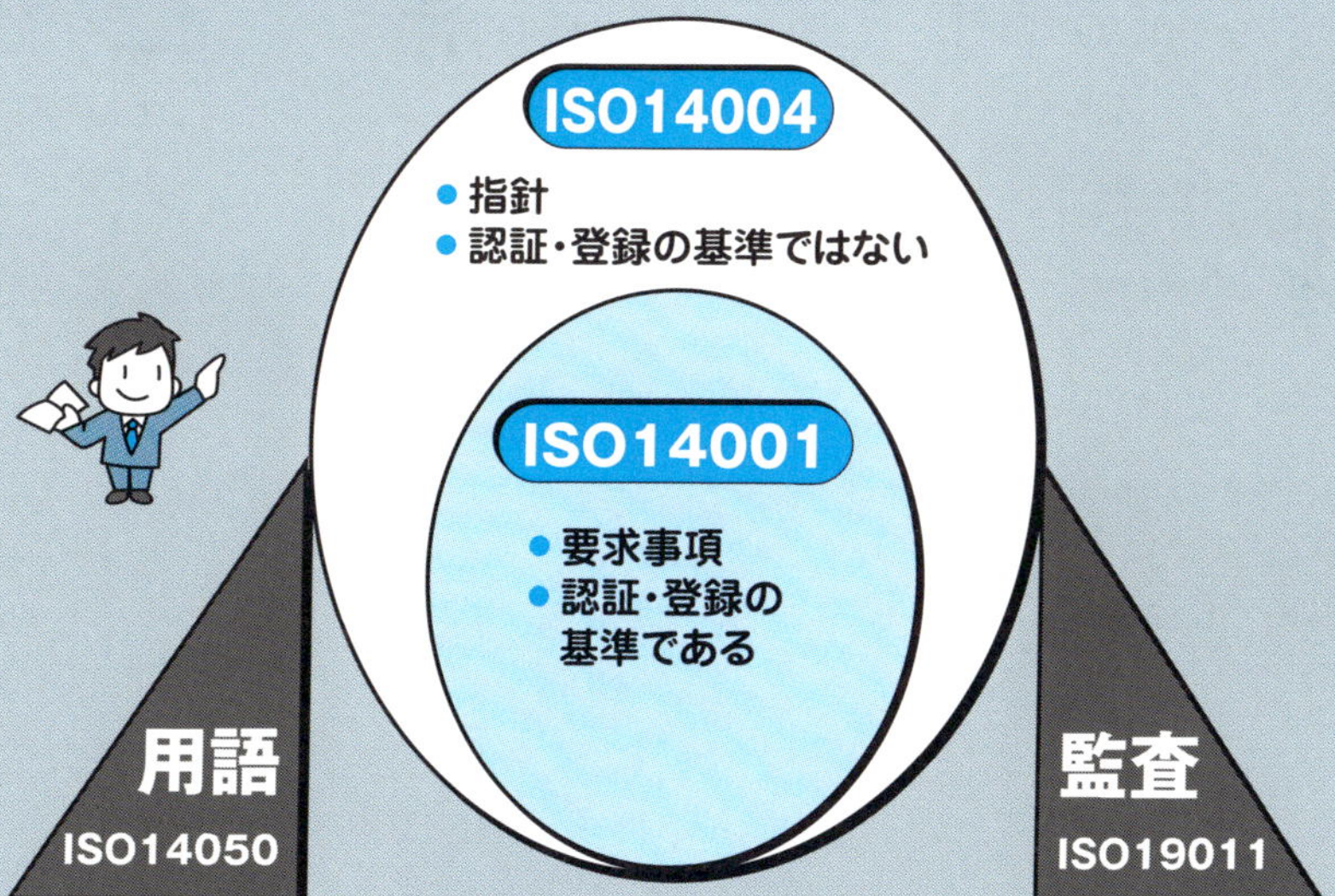

5-4

ISO14001規格は認証・登録の審査基準である

◆環境マネジメントシステムの要求事項を規定

ISO14001規格は、組織が法的要求事項及び著しい環境側面についての情報を考慮に入れた環境方針及び環境目標を設定し、実施することができるように、環境マネジメントシステムの要求事項を規定しています。

◆認証制度における唯一の審査基準

ISO14001規格は、環境マネジメントシステムの認証制度において、組織が認証を取得するに際し、認証機関が行なう審査の唯一の審査基準です。

組織は、ISO14001規格の要求事項に適合することにより、認証を取得することができます。

―適合とは「要求事項を満たす」ことをいう―

◆環境パフォーマンスの規定ではない

ISO14001規格は、環境方針に表明されている、適用可能な順守義務（法的要求事項及び組織が順守するその他の要求事項）の順守、汚染の予防を含む環境保護及び継続的改善に対する約束以上の環境パフォーマンスに関する絶対的要求事項を規定するものではありません。

◆継続的改善を図るしくみを求める

ISO14001規格は、組織の活動、製品及びサービスの環境負荷低減といった環境パフォーマンスの改善を実施する環境マネジメントシステムが継続的に改善されるしくみを構築し運用するよう求めています。

ISO14001規格の特徴

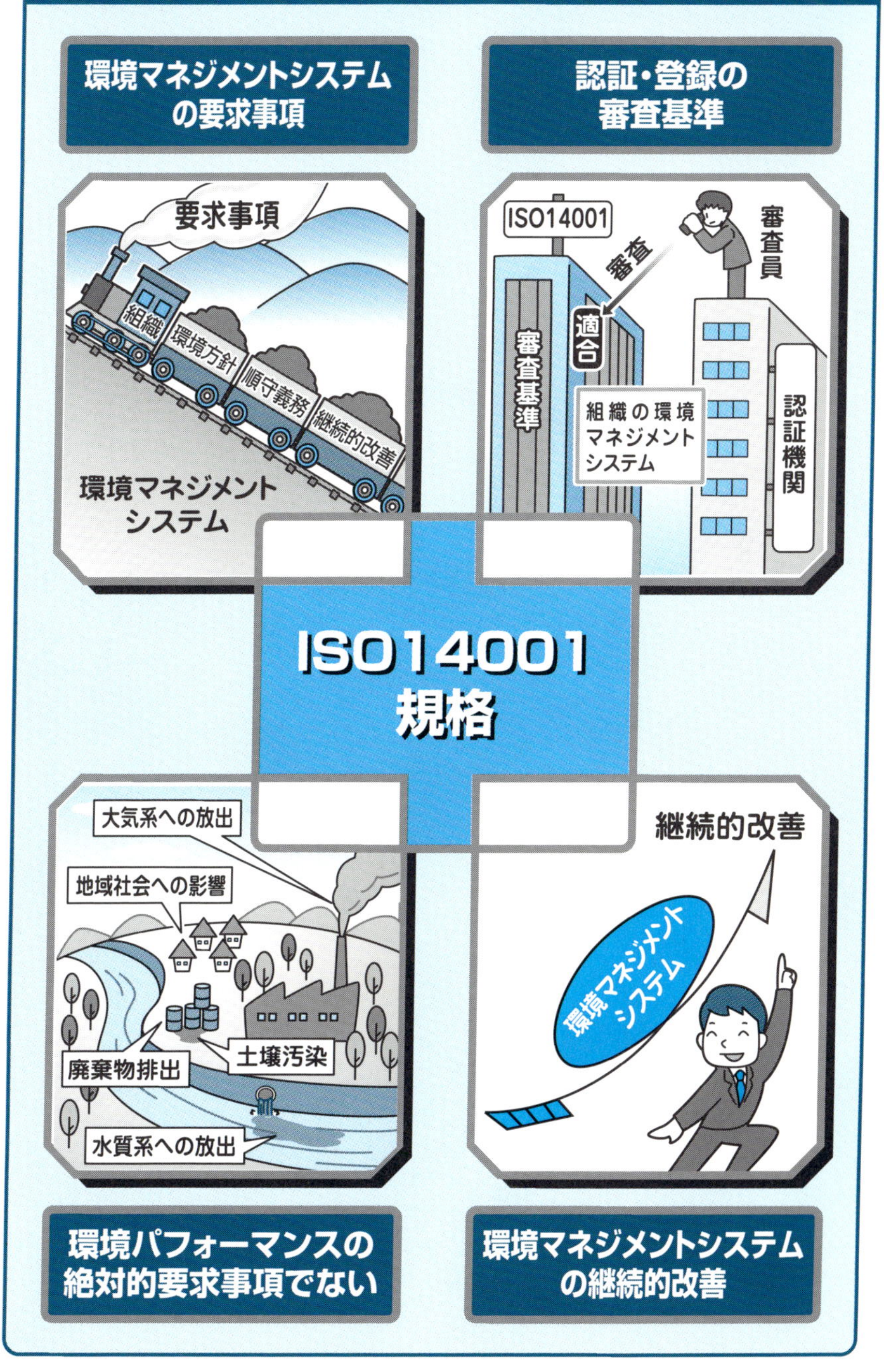
環境マネジメントシステムの要求事項
要求事項
組織
環境方針
順守義務
継続的改善
環境マネジメントシステム
認証・登録の審査基準
ISO14001
審査
審査員
適合
審査基準
組織の環境マネジメントシステム
認証機関
ISO14001規格
大気系への放出
地域社会への影響
廃棄物排出
土壌汚染
水質系への放出
継続的改善
環境マネジメントシステム
環境パフォーマンスの絶対的要求事項でない
環境マネジメントシステムの継続的改善

ISO14004規格は環境マネジメントシステム実施の手引書

◇ISO14004規格の目的

ISO14004規格（環境マネジメントシステム―実施の一般指針）は、環境マネジメントシステムを実施し、改善し、それによって環境パフォーマンスを改善しようとする組織を支援することを目的としています。

―環境マネジメントシステムを確立し、実施し、維持し、改善についての手引を提供する―

◇ISO14004規格の構成

ISO14004規格は、序文、箇条1「適用範囲」、箇条2「引用規格」、箇条3「用語及び定義」、箇条4「組織の状況」、箇条5「リーダーシップ」、箇条6「計画」、箇条7「支援」、箇条8「運用」、箇条9「パフォーマンス評価」、箇条10「改善」から構成されています。

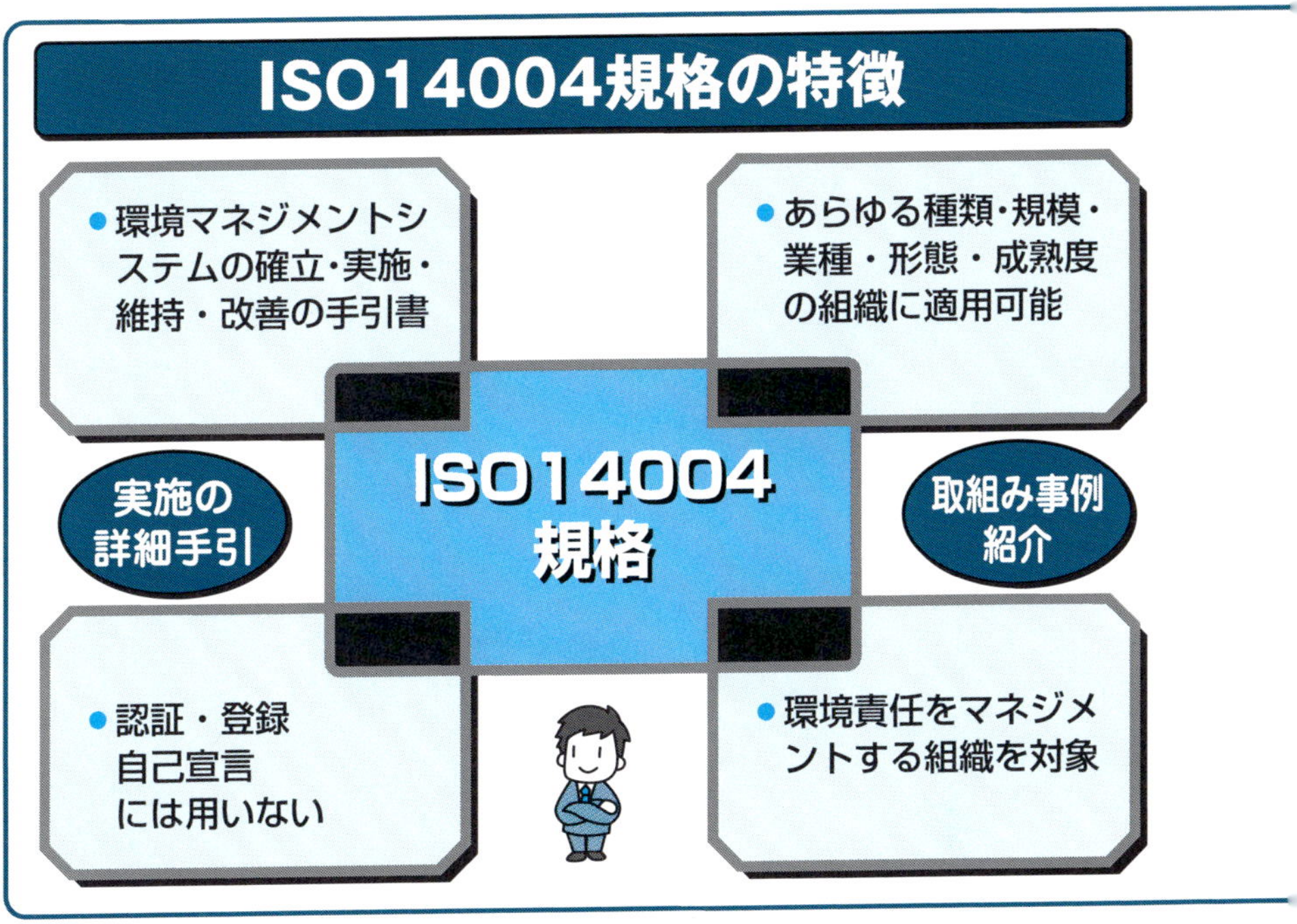

◆ISO14004規格の特徴

この規格は、あらゆる種類、規模、業種・形態、及び成熟度の組織、ならびにあらゆる分野及び地理的場所にある組織に適用できます。

この規格は、持続可能性の環境の柱に寄与する体系的な方法で環境責任をマネジメントする組織を対象としています。

この規格は、効果的な環境マネジメントシステムの実施に関する、詳細で実践的な手引と例示及び取組みを紹介しています。

―ISO14001規格を読んで理解しにくいところがあったら、例示、取組み例を参考にするとよい―

◆認証・登録又は自己宣言には用いない

ISO14004規格は、組織がISO14001規格に基づき環境マネジメントシステムを構築・実施する際の参考事例などを示した手引ですから、組織が認証・登録又は自己宣言をするためには使用しません。

5-6

ＩＳＯ１４０５０規格は環境関連用語を定義している

◆ＩＳＯ１４０５０規格で用語を定義する目的

ＩＳＯ１４０００シリーズ規格は国際規格ですから、各国で利用するにあたって規格に使用されている用語の解釈が国によって異なりますと、運用が違ったものになってしまいます。

また、同じ国でも業種によって用語の解釈が異なると、運用は違ってしまいます。

そこで、どの国、どの業種でも通用する、ＩＳＯ１４０００シリーズ規格に使用されている用語についての共通理解が必要となります。

ＩＳＯ１４０５０規格（環境マネジメント—用語）は、ＩＳＯ１４０００シリーズ規格に使用されている用語を定義することによって、共通の理解を深めるために作成されています。

◆用語はＩＳＯ１４００１規格の理解に不可欠

ＩＳＯ１４０５０規格に規定されている用語は、ＩＳＯ１４００１規格を理解・適用し、環境マネジメントシステムを構築・運用する上で重要です。

◆ＩＳＯ１４０５０規格は次の用語を定義する

- 環境マネジメントに関する一般用語
- 環境マネジメントシステム関連用語
- 妥当性確認、検証及び監査関連用語
- 製品システム関連用語
- ライフサイクルアセスメント関連用語
- 温室効果ガス関連用語
- 環境ラベル及び環境宣言ならびに環境コミュニケーション関連用語

ISO14050規格（用語）に関連する規格

ISO14050規格に規定されている用語の定義

5-7

ISO19011規格は監査について規定している

環境・品質複合監査

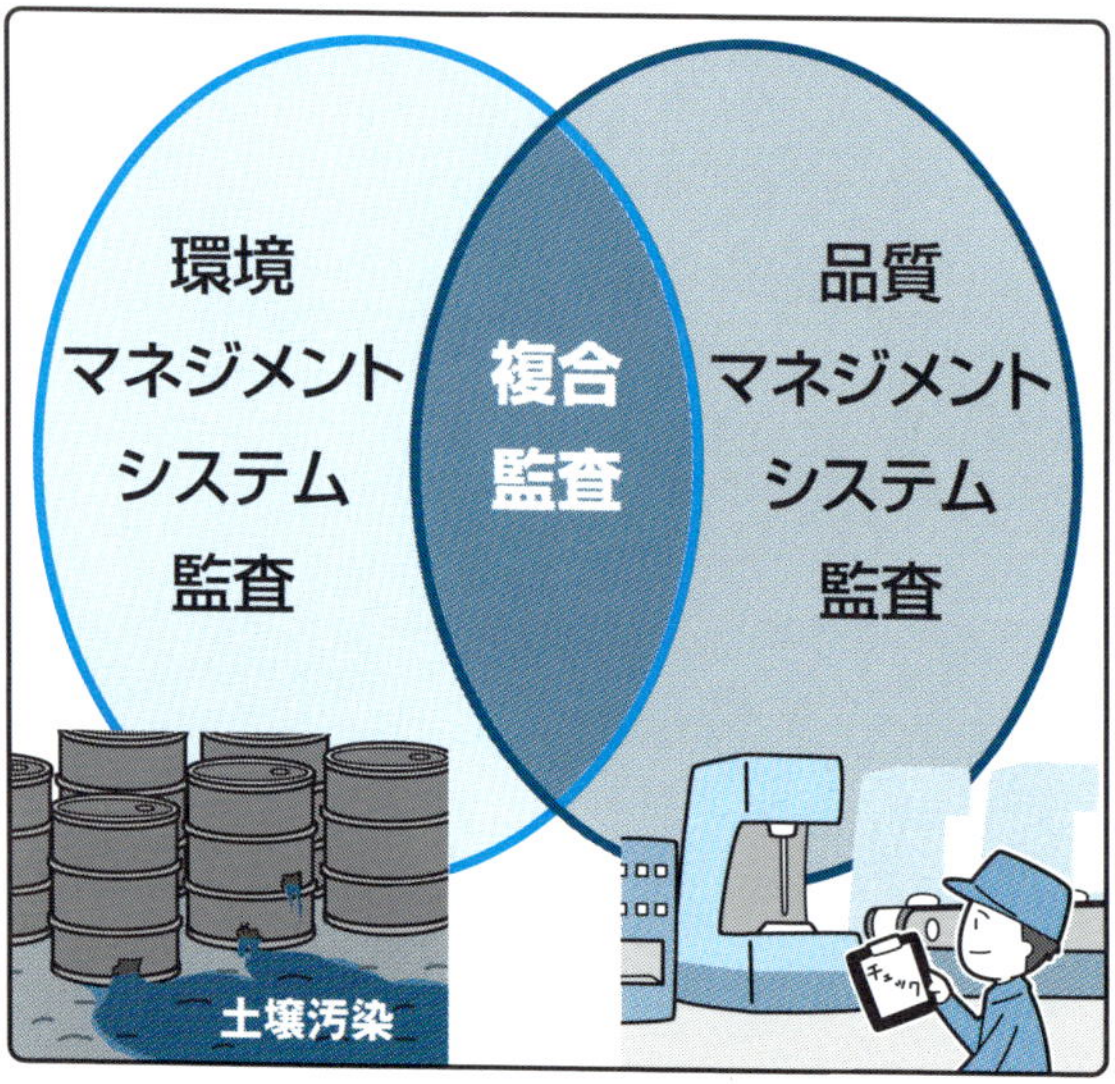

◆ISO19011規格は監査の手引書

ISO19011規格（マネジメントシステム監査のための指針）は、監査の原則、監査プログラムの管理、マネジメントシステム監査の実施ならびに監査員の力量及び評価についての手引を提供することを目的としています。

監査は、組織の環境方針・環境目標の効果的な実施を監視し、検証するマネジメントツールとして重要です。

ISO19011規格は、環境マネジメントシステムを含むすべてのマネジメントシステムの監査に適用され、環境を個別に監査する場合だけでなく、環境と他のマネジメントシステムとの**複合監査**にも用いられます。

◆内部監査・サプライヤー（第二者）監査に用いる

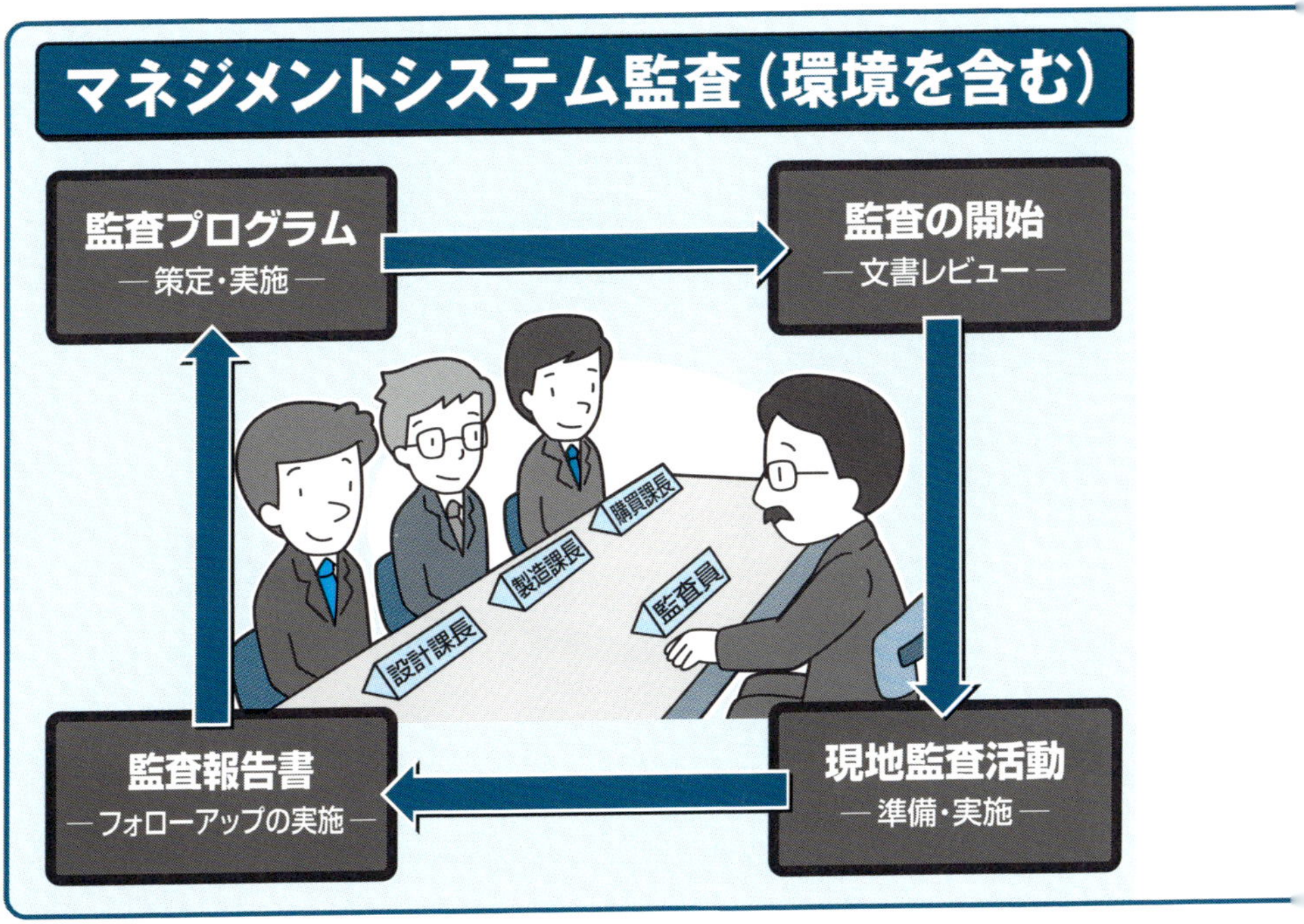

ＩＳＯ１９０１１規格は、サプライヤーについて顧客によって行なわれる第二者監査、また、組織の環境マネジメントシステムの評価の内部監査に用いられます。
―認証機関に対する認定審査はＩＳＯ１７０２１規格―

◆監査プログラムの管理

監査プログラムの管理とは、監査を計画し、手配し、実施するのに必要な活動を監査プログラムとして策定し、この監査プログラムが実施されて、その目的が満たされているかをレビューすることをいいます。

◆監査活動

監査活動は、監査の目的・範囲・基準を明確にし、監査チームを選定し、マネジメントシステムの適合性を判定するために、文書レビューをして監査の開始となります。

監査計画、監査チームへの作業割当など現地監査活動の準備をしたあと、現地監査を実施します。

現地監査終了後、監査所見、監査結論を監査報告書として作成し、不適合に対する是正処置の実施については、必要ならフォローアップします。

5-8 製品評価としてのライフサイクルアセスメント規格

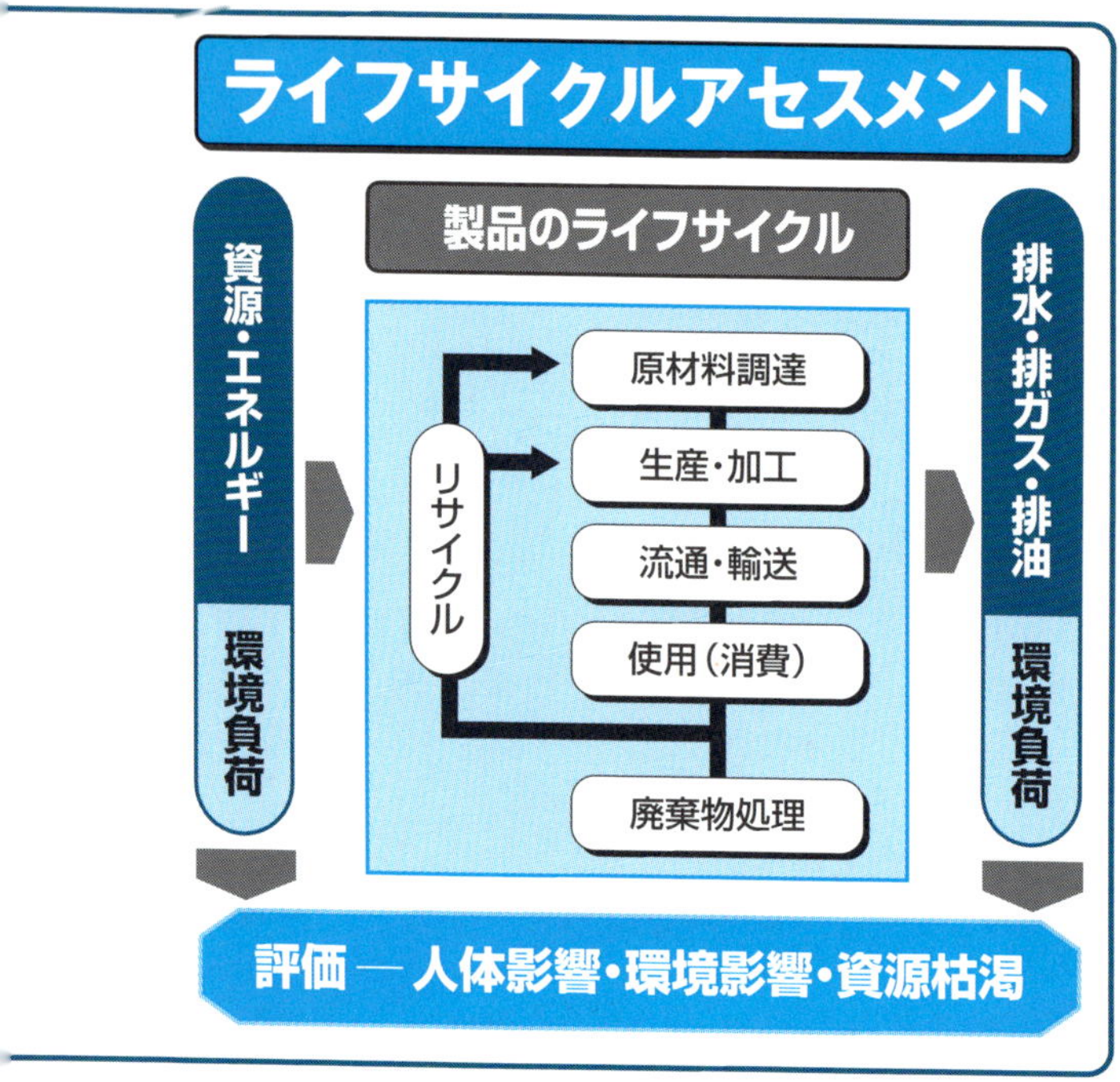

◆ライフサイクルアセスメントとは

ライフサイクルアセスメント（ＬＣＡ）とは、原材料調達から、製品の生産・加工、流通、輸送又は配送（提供）、使用（消費）、廃棄、リサイクルという製品ライフサイクルにおける環境負荷を定量的に分析する手法で、先行的に環境に関する潜在的な負荷を評価することをいいます（２-９項参照）。

製品評価規格としてのライフサイクルアセスメント規格は、製品の製造から販売、使用、廃棄に至るまでに、どの程度環境に負荷を与えるかを、定量的に評価する手法を規定してあります。

◆ライフサイクルアセスメントの規格には次のものがある

ISO14000シリーズ・ライフサイクルアセスメント規格

規格番号	規格名称
ISO14040	・環境マネジメント―ライフサイクルアセスメント―原則及び枠組み―
ISO14044	・環境マネジメント―ライフサイクルアセスメント―要求事項及び指針―
ISO/TR14047	・環境マネジメント―ライフサイクルアセスメント―インパクトアセスメントへのISO14044の適用事例―
ISO/TS14048	・環境マネジメント―ライフサイクルアセスメント―データ記述書式―
ISO/TR14049	・環境マネジメント―目的及び調査範囲の設定ならびにインベントリ分析のISO14044に関する適用事例
ISO/TS14071	・ライフサイクルアセスメント―クリティカルレビューのプロセス及び評価者の力量―ISO14044に関する追加要求事項及び指針―

●ＩＳＯ１４０４０規格

この規格は、製品の環境負荷を、原材料調達段階から廃棄に至るまで各段階ごとに分析し、製品の生涯にわたる環境負荷を求める手法を規定しています。

●ＩＳＯ１４０４４規格

この規格は、ライフサイクルアセスメントに関する要求事項を規定し、指針を提供します。

●ＩＳＯ／ＴＲ１４０４７規格

この規格は、環境影響評価へのＩＳＯ１４０４４規格の適用事例を規定しています。

●ＩＳＯ／ＴＳ１４０４８規格

この規格は、ライフサイクルアセスメント及びライフサイクルインベントリ、分析のデータの記述書式を規定しています。

●ＩＳＯ／ＴＲ１４０４９規格

この規格は、インベントリ分析を実施するための事例を提供するものです。

●ＩＳＯ／ＴＳ１４０７１規格

この規格は、クリティカルレビューのプロセス及び評価者の要求事項及び指針を規定しています。

5-9

ＩＳＯ１４０００シリーズ 製品評価としての環境ラベル規格

◆製品評価規格としての環境ラベル規格

製品評価規格としての環境ラベル規格は、環境に配慮した商品を購入者に選択してもらい、それによって環境の保全を意図する規格です。

環境ラベル規格には、自己宣言に関するもの、第三者認証機関による認証に関するもの、製品環境負荷情報表示に関するものとがあります。

◆環境ラベルとは

環境ラベルとは、製品又はサービスの環境側面を示す主張をいいます（1-7項参照）。

環境ラベルは、製品や包装ラベル、製品説明書、技術報告書、広告、広報などに書かれた、文言、シンボル又は図形・図表の形態をとることができます。

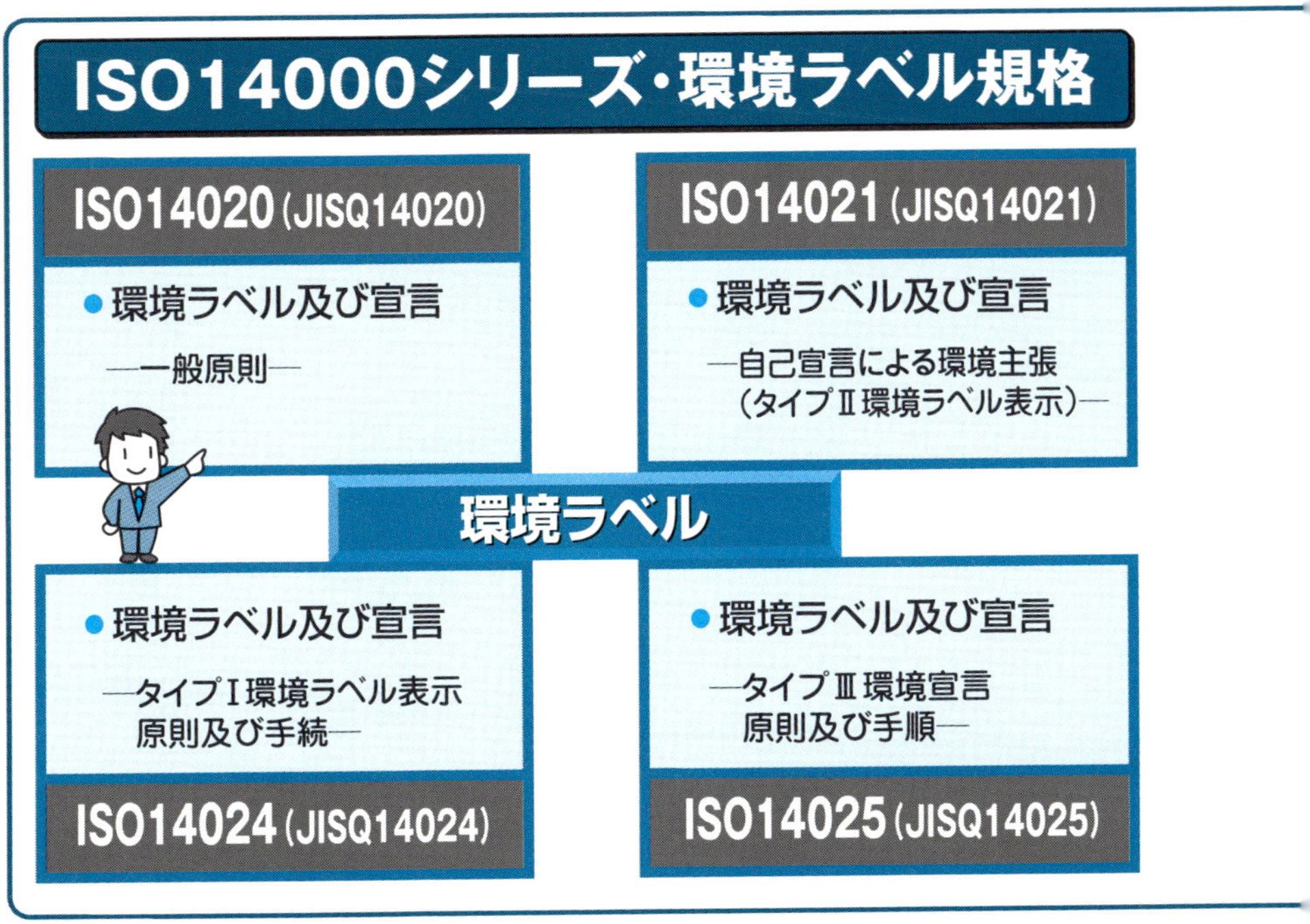

◇環境ラベルに関する規格には次のものがある

●ＩＳＯ１４０２０規格

この規格は、すべての環境ラベル及び宣言の作成と使用についての指導原則を規定しており、国際貿易の障害とならないこと、ライフサイクルアセスメントを考慮すること、透明性を確保することなどを規定しています。

●ＩＳＯ１４０２１規格

この規格は、組織自らが製品やサービスの環境への配慮を主張するもので、リサイクル可能、リサイクル材料、省エネルギーなど一二の項目を規定しています。

●ＩＳＯ１４０２４規格

この規格は、第三者機関が独自の基準に基づいて環境に配慮した製品の認証を行ない、ラベルを貼付するための基準の設定方法や認証方法を規定しています。

●ＩＳＯ１４０２５規格

この規格は、資源消費量、大気汚染量、有害物質使用量などの製品の各環境負荷を定量的に表示し、製品に貼付する手法を規定しています。

—製品環境負荷数値情報を環境ラベルとして提供—

5-10

環境パフォーマンス規格と温室効果ガス規格

環境パフォーマンス規格

規格番号	規格名称
ISO14031（JISQ14031）	環境マネジメント─環境パフォーマンス評価─指針
ISO14064-1（JISQ14064-1）	温室効果ガス─第１部：組織における温室効果ガスの排出量及び吸収量の定量化及び報告のための仕様ならびに手引
ISO14064-2（JISQ14064-2）	温室効果ガス─第２部：プロジェクトにおける温室効果ガスの排出量の削減又は吸収量の増加の定量化、モニタリング及び報告のための仕様ならびに手引

◆環境パフォーマンスに関する規格

● ISO14031規格

この規格は、組織が設定した環境パフォーマンス基準と照らして、組織の過去及び現在の環境パフォーマンスを比較した情報を提供するための指標を使って、実施する内部マネジメントのプロセスを規定しています。

環境パフォーマンスとは、環境側面のマネジメントに関連するパフォーマンス（測定可能な結果）をいい、組織の環境方針、環境目標、又は、その他の基準に対して、指標を用いて測定可能です。

◆温室効果ガスに関する規格

● ISO14064-1規格

この規格は、組織における温室効果ガスの排出量及び

ISO14000シリーズの温室効果ガス規格・

規格番号	規格名称
ISO14064-3 (JISQ14064-3)	温室効果ガス―第３部：温室効果ガスに関する主張の妥当性確認及び検証の仕様ならびに手引
ISO14065 (JISQ14065)	温室効果ガス―認定又は他の承認形式で使用するための温室効果ガスに関する妥当性確認及び検証を行なう機関に対する要求事項
ISO14066 (JISQ14066)	温室効果ガス―温室効果ガスの妥当性確認チーム及び検証チームの力量に対する要求事項
ISO/TR14069	温室効果ガス―組織の温室効果ガス排出量の定量化と報告―ISO14064-1の適用のための手引

吸収量の定量化及び報告のための仕様ならびに手引を規定しています。

●ＩＳＯ１４０６４-２規格

この規格は、プロジェクトにおける温室効果ガスの排出量の削減又は吸収量の増加の定量化、モニタリング及び報告のための仕様ならびに手引を規定しています。

●ＩＳＯ１４０６４-３規格

この規格は、温室効果ガスに関する主張の妥当性確認及び検証の仕様ならびに手引を規定しています。

●ＩＳＯ１４０６５規格

この規格は、認定又は他の承認形式で使用するための温室効果ガスに関する妥当性確認及び検証を行なう機関に対する要求事項を規定しています。

●ＩＳＯ１４０６６規格

この規格は、温室効果ガスの妥当性確認チーム及び検証チームの力量に対する要求事項を規定しています。

●ＩＳＯ／ＴＲ１４０６９規格

この規格は、組織の温室効果ガス排出量の定量化と報告で、ＩＳＯ１４０６４-１の適用のための手引を規定しています。

5-11 温室効果ガスと地球温暖化

温室効果と温室効果ガス

- 地球の大気には、温室効果ガスという気体が含まれています。
これらの気体は、赤外線を吸収し、放出する性質があります。この性質のため、太陽からの光で温められた地球の表面から地球の外に向かう赤外線の多くが、熱として大気に蓄積され、再び地球の表面に戻ってきます。

　この戻ってきた赤外線が、地球の表面付近の大気を温めます。これを"温室効果"といいます。
- 近年見られる、温室効果ガスの大気中の濃度が急激に増加し、地球の平均気温が上昇する現象を"地球温暖化"といいます。
- 温室効果ガスには、二酸化炭素、メタン、一酸化二窒素、フロンガス、水蒸気などがあります。
　二酸化炭素は、主に石炭、石油、天然ガスなどの化石燃料の燃焼で発生します。
　メタンは、湿地や池、水田で枯れた植物が分解する際などに発生します。

温室効果ガス（温室効果）と地球温暖化

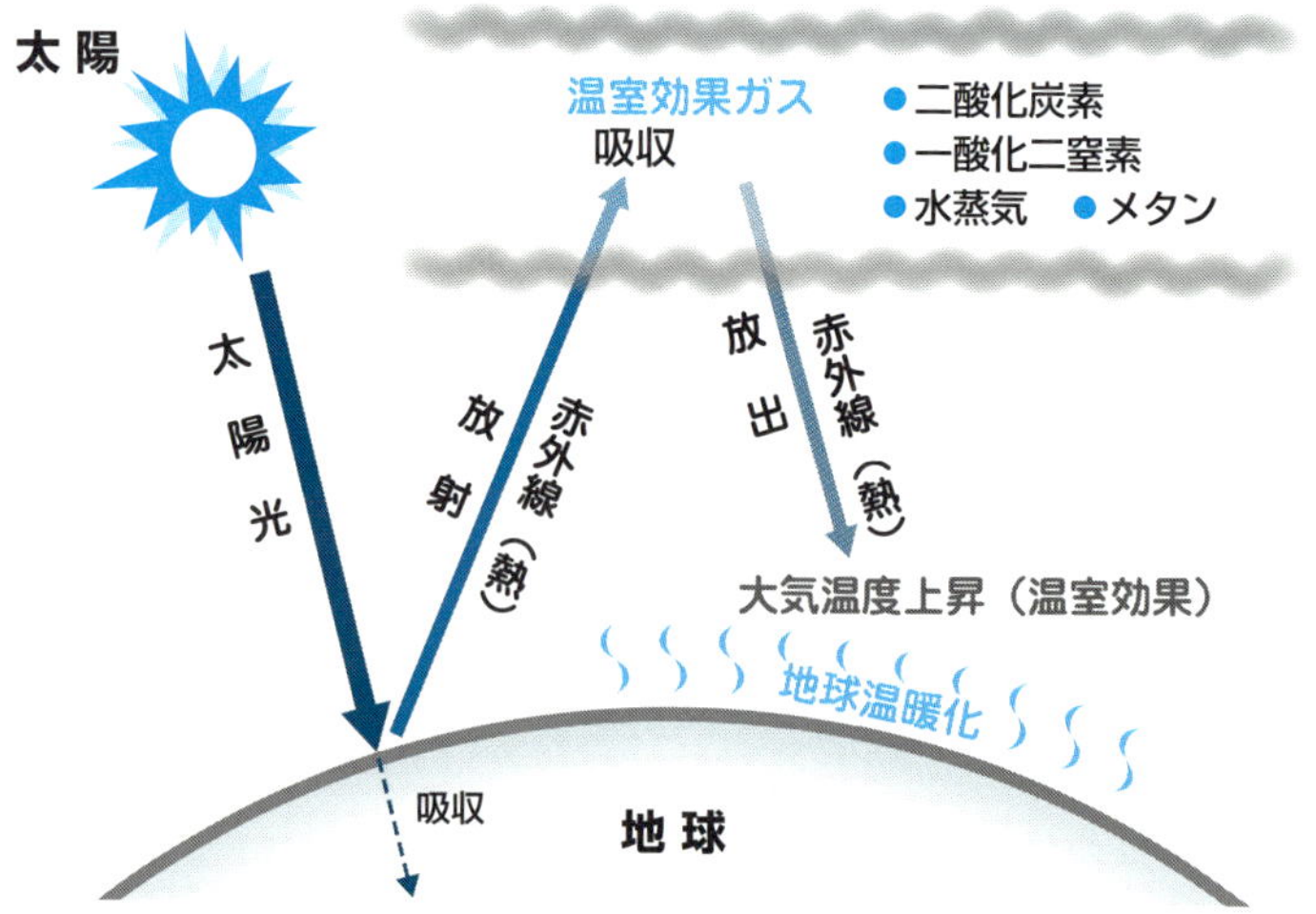

第 6 章

附属書SLは マネジメントシステムの 規格の基礎になる

この章の内容

この章では、すべてのISOマネジメントシステム規格の基礎になる附属書SLについて、解説してあります。

1. 「附属書SL」はなぜ作成されたのか
2. すべてのマネジメントシステム規格は「附属書SL」に基づいて作成される
3. マネジメントシステムの上位構造と用語及び定義
4. ISOマネジメントシステムの共通テキスト

6-1

「附属書ＳＬ」はなぜ作成されたのか

◇「附属書ＳＬ」作成にはどのような背景があったか

マネジメントシステム規格は、品質マネジメントシステム（ＩＳＯ９００１規格）を最初として、環境マネジメントシステム（ＩＳＯ１４００１規格）、情報セキュリティマネジメントシステム（ＩＳＯ／ＩＥＣ２７００１規格）、道路交通安全マネジメントシステム（ＩＳＯ３９００１規格）など多くの規格が、それぞれのテーマごとに独立して規格化されてきました。

その結果、テーマごとに規格の箇条構成が異なり、基本は同じようなマネジメントシステム要素でありながら異なった表現をするようになっている状態でした。

そのため、組織は各テーマごとのマネジメントシステムに個別に対応することになり、マネジメントシステムの横断的な取組みが難しいことが顕在化してきました。組織のマネジメントシステムは、目的別の要素を織り込みながら、全体として一つのマネジメントシステムで運用しているのが現実といえます。

しかし、組織が認証審査に対応するには、目的別に規定されたマネジメントシステム規格に合わせてマネジメントシステムを構築し運用することになりかねません。

そこで、マネジメントシステムで共通化できるところは、共通化しようと、規格構造の共通化、共通部分のテキスト（要求事項）の共通化、共通用語及び定義の共通化を図るために作成されたのが、「附属書ＳＬ（ＡＮＮＥＸ　ＳＬ）」と通称される整合化指針です。

◇「附属書ＳＬ」はどこで規定されているか

マネジメントシステムが整合性がなく独自に規格化されていた

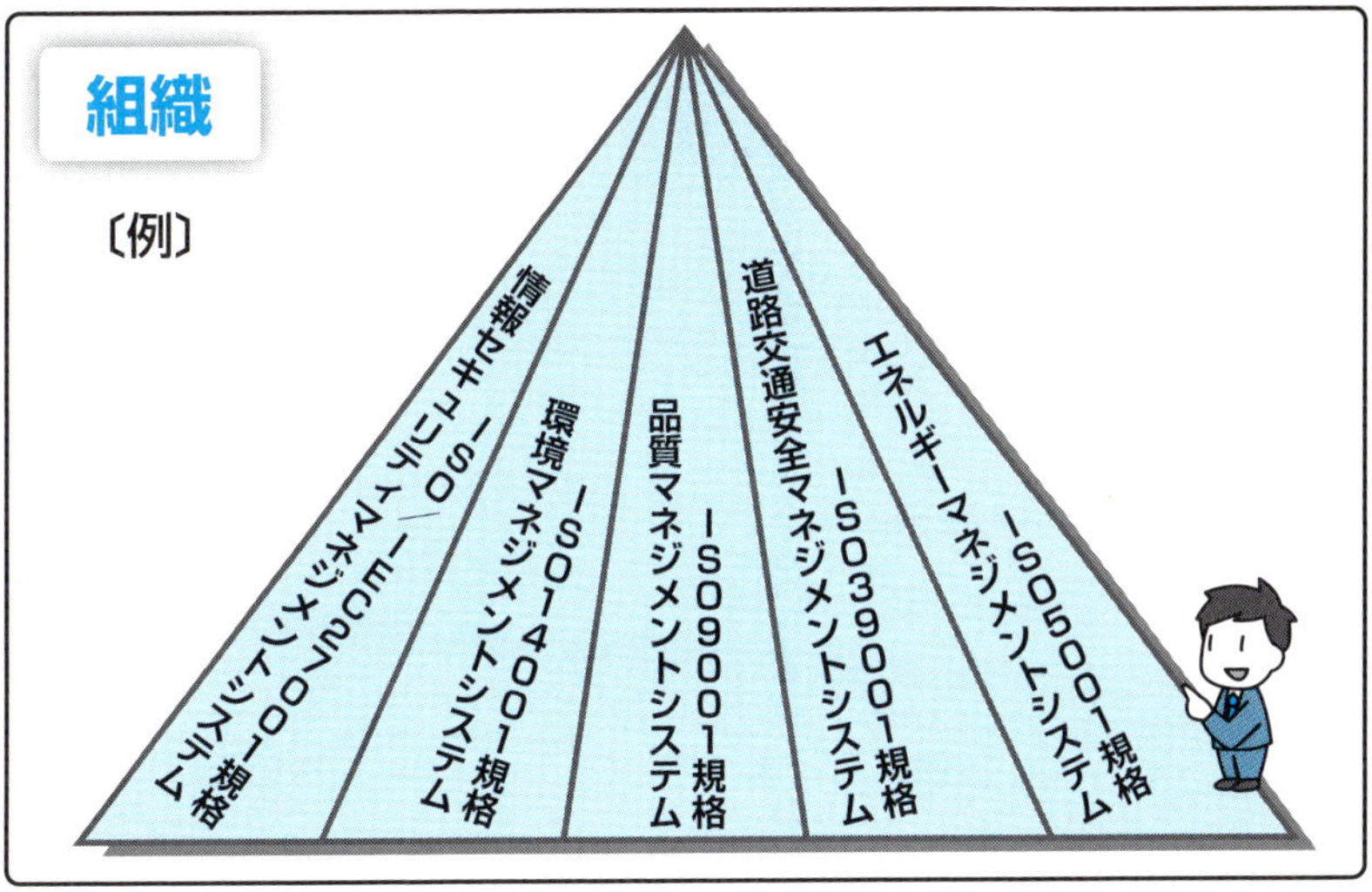

「附属書SL」は、「ISO／IEC専門業務用指針第1部　統合版ISO補足指針―ISO専門手順」の附属書の中のSL項「マネジメントシステム規格の提案」として規定されています。

この附属書のSL項が「**附属書SL**」又は「**ANNEX SL**」といわれています。

SLとは、「ISO／IEC専門業務用指針第1部」のS（Suplement）で始まる附属書項番のアルファベットのL番目ということです。

ISO／IEC専門業務用指針は、国際規格及び他の出版物を作成する上で、従うべき基本的手順を定めた指針です。

◇「附属書SL」は誰が作成したのか

附属書SLはISO（国際標準化機構）の技術管理評議会専門諮問グループの「マネジメントシステム規格に関する合同技術調整グループ」によって作成されました。

この合同技術調整グループには、ISOの専門委員会、プロジェクト委員会、分科委員会の幹事国（議長及び幹事）が参加しました。

6-2 すべてのマネジメントシステム規格は「附属書SL」に基づいて作成される

◆「附属書SL」の目的は何か

附属書SLの目的は、合意形成された、箇条の順序として統一された上位構造（6-3項参照）、要求事項としての共通の中核となる共通用語及び中核となるテキスト（6-4項参照）、ならびに共通用語及び中核となる定義（6-3項参照）を示すことによって、すべてのISOマネジメントシステム規格の一貫性及び整合性を向上させることにあります。

◆「附属書SL」は誰が使用するのか

附属書SLは、ISOマネジメントシステム規格の作成についての指針ですので、これを使用するのは、マネジメントシステム規格の策定に関与するISOの専門委員会、分科委員会、プロジェクト委員会、その他の委員会といえます。

したがって、この指針は、マネジメントシステム規格を利用する、一般組織が使用するものではありません。

しかし、組織が、運用するマネジメントシステム規格がどのような概念に基づいて作成されたのかを知ることは、それを運用する上で有益といえます。

◆「附属書SL」による整合化のメリットは何か

これまでは組織が複数のマネジメントシステムを実施及び運用している場合に、異なるあるいは相反する要求事項、用語及び定義が中にはありました。

そこで、附属書SLは、複数のマネジメントシステムの要求事項を同時に満たす単一のマネジメントシステム（統合マネジメントシステム）を運用することを選択した組織にとっては、特に有益であるといえます。

ISOマネジメントシステム規格は附属書SLに基づき作成する

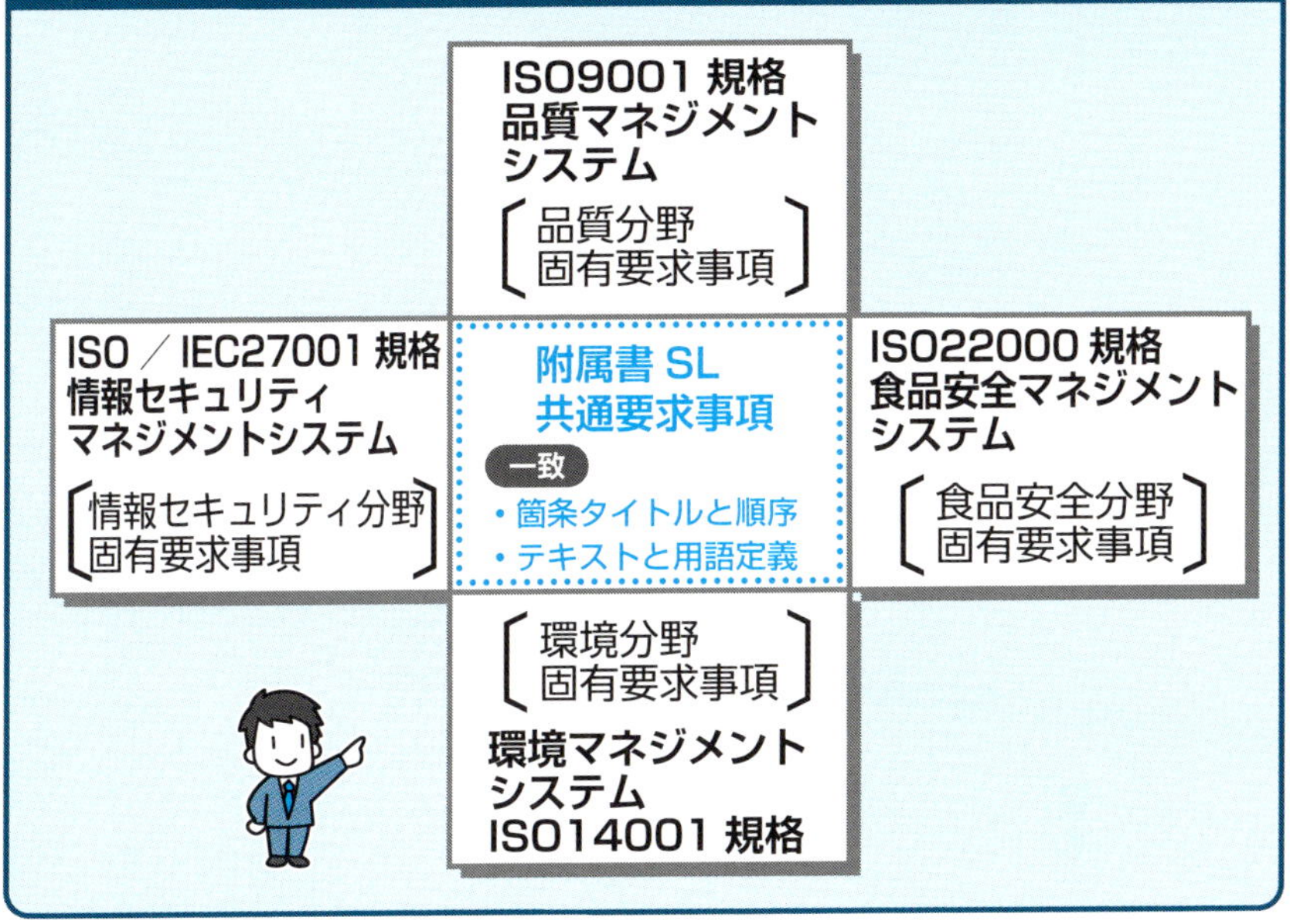

◇「附属書ＳＬ」適用の義務

今後、新規に制定されるすべてのＩＳＯマネジメントシステム規格及び既存のＩＳＯマネジメントシステム規格を改訂する際は、原則として、附属書ＳＬに規定されている、ＩＳＯマネジメントシステムの上位構造、共通の中核となるテキスト（要求事項）、共通用語及び定義に基づいて作成することが義務付けられています。

個別のマネジメントシステム規格には、必要に応じて分野固有の要求事項を追記することが認められています。

分野固有とは、マネジメントシステム規格で扱う具体的な分野である、品質、環境、食品安全などを示します。

◇マネジメントシステム規格整合化のビジョン

ＩＳＯマネジメントシステム規格は、次の事項の一致の促進を通して、整合化のためのビジョンとしています。

●箇条タイトル　●箇条タイトルの順序
●テキスト（要求事項）　●用語・定義

ＩＳＯマネジメントシステム規格間の相違は、個々の適用分野の運用管理において、特別な相違が必要とされる部分についてのみ認められます。

6-3 マネジメントシステムの上位構造と用語及び定義

◆マネジメントシステムの「上位構造」

ＩＳＯの「マネジメントシステム規格に関する合同技術調整グループ」は、ＩＳＯマネジメントシステム規格の整合性を確保するために、規格に関し、次のような箇条構成とすることを規定し、これを上位構造（Hight Level Structure：HLS）と定めています。

上位構造とは、箇条タイトルとその順序をいいます。

箇条１　適用範囲
箇条２　引用規格
箇条３　用語[注1]及び定義[注2]
箇条４　組織の状況
箇条５　リーダーシップ
箇条６　計画
箇条７　支援
箇条８　運用
箇条９　パフォーマンス評価
箇条10　改善

注1―用語とは、固有の対象分野における、一般的概念の言語的名称をいう
注2―定義とは、関連する概念と区別できるような、説明的な記述による、概念の表記をいう

上位構造は、このように箇条1から箇条10の箇条及びタイトルが決められた順序で規定されています。

◆共通用語及び中核となる定義

共通用語及び中核となる定義は、附属書ＳＬの「Appendix 2」に規定されている、次の用語をいいます。

○組織　○利害関係者　○要求事項　○文書化した情報
○マネジメントシステム　○トップマネジメント
○有効性　○方針　○目的　○リスク　○力量　○プロセス
○パフォーマンス　○外部委託する　○監視　○測定
○監査　○適合　○不適合　○是正処置　○継続的改善

附属書SLに規定されている共通用語・定義

マネジメントシステムに関連する共通用語及び定義の概念図

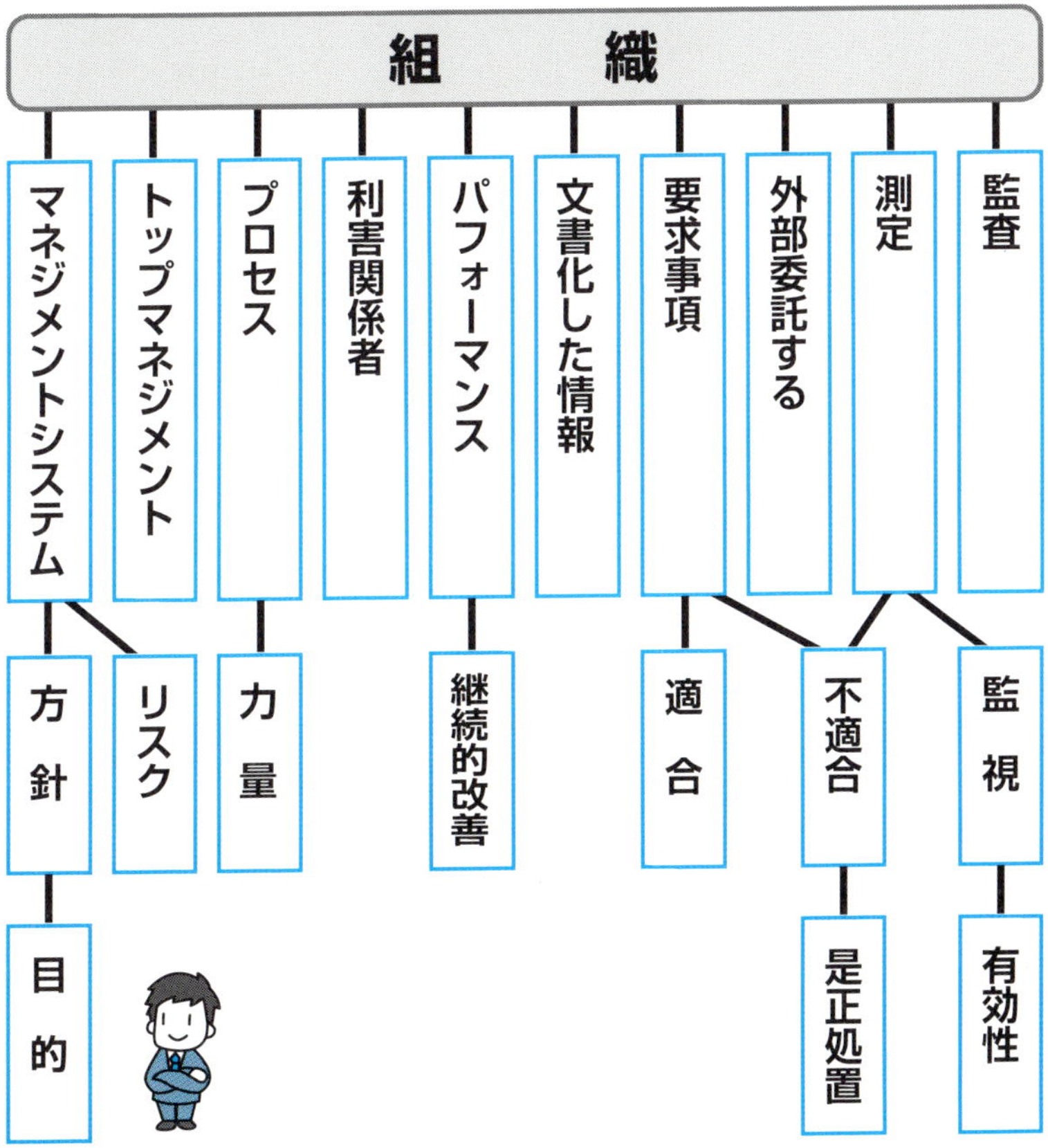

■「附属書SL」が規定する共通用語及び定義

- **用語**とは、ある固有の対象分野における、一般的概念の言語的名称をいいます。
- **定義**とは、用語ではなく、概念を定義するものをいいます。
- **概念**とは、特性の一意的な組合せによってつくられた知識の一つをいいます。
- 「附属書SL」に規定されているマネジメントシステムに関連する共通用語及び定義の概念図を上に示します。
- 附属書SLのAppendix 2に、次に示すマネジメントシステムに関する共通用語及び定義が規定されています。

○組織　○利害関係者　○要求事項
○マネジメントシステム　○文書化した情報
○トップマネジメント　○有効性　○方針
○目的　○リスク　○力量　○プロセス
○パフォーマンス　○外部委託する　○監視
○測定　○監査　○適合　○不適合
○是正処置　○継続的改善

6-4 ＩＳＯマネジメントシステムの共通テキスト

◆共通の中核となるテキストの構成

すべてのＩＳＯマネジメントシステム規格の新規制定／改訂に際して、従うべき共通の中核となるテキスト（要求事項）の構成は、Appendix 2に規定されています。

共通の中核となるテキスト（要求事項）には、上位構造に対し、番号を付した細分箇条及びそのタイトル、ならびにその細分箇条にテキストが記載されています。

共通の中核となるテキスト（要求事項）の構成は、次ページに記載してあります。

共通の中核となるテキスト（要求事項）文の中でＸＸと表記してある部分には、マネジメントシステムの分野固有を示す用語を挿入する必要があります。

用語の例としては、品質、環境、情報セキュリティ、道路交通安全、食品、エネルギーなどがあります。

◆共通の中核となるテキストの内容の主旨

共通の中核となるテキスト（要求事項）は、次に示す主旨で作成されています。

- 相互に依存し合い、全体として機能する一連の要求事項（システムアプローチ）を規定しています。
- どのように達成すべきかではなく、「何を達成すべきか」を規定しています。
- 要求事項を規定しています。
- 要求事項をどのように達成するかについての固有のモデルを指示することも、示唆することもしていません。
- 組織が要求事項を実施する際の並び(Sequence)又は順番(Order)については、何ら前提を含んでいません。
- ある箇条の活動をすべて実施しないと、別の箇条の活動を開始してはならないといった固有の要求もありません。

ISOマネジメントシステム共通テキスト箇条構成
―Appendix 2―

序文
1．適用範囲
2．引用規格
3．用語及び定義
4．組織の状況
　4.1　組織及びその状況の理解
　4.2　利害関係者のニーズ及び期待の理解
　4.3　XXX マネジメントシステムの適用範囲の決定
　4.4　XXX マネジメントシステム
5．リーダーシップ
　5.1　リーダーシップ及びコミットメント
　5.2　方針
　5.3　組織の役割、責任及び権限
6．計画
　6.1　リスク及び機会への取組み
　6.2　XXX 目的及びそれを達成するための計画策定
7．支援
　7.1　資源
　7.2　力量
　7.3　認識
　7.4　コミュニケーション
　7.5　文書化した情報
　　7.5.1　一般
　　7.5.2　作成及び更新
　　7.5.3　文書化した情報の管理
8．運用
　8.1　運用の計画及び管理
9．パフォーマンス評価
　9.1　監視、測定、分析及び評価
　9.2　内部監査
　9.3　マネジメントレビュー
10．改善
　10.1　不適合及び是正処置
　10.2　継続的改善

附属書SL「マネジメントシステム規格の提案」の構成

SL.1　一般
SL.2　妥当性評価を提出する義務
SL.3　妥当性評価が提出されていない場合
SL.4　附属書 SL の適用性
SL.5　用語及び定義
SL.6　一般原則
SL.7　妥当性評価プロセス及び基準
SL.8　MSS の開発プロセス及び構成に関する手引
SL.9　MSS 規格における利用のための上位構造、共通の中核となるテキスト、ならびに共通用語及び中核となる定義
Appendix 1　妥当性の判断基準となる質問事項
Appendix 2　上位構造、共通の中核となるテキスト、共通用語及び中核となる定義
Appendix 3　上位構造、共通の中核となるテキスト、ならびに共通用語及び中核となる定義に関する手引

◇「附属書ＳＬ」の構成

附属書ＳＬ「マネジメントシステム規格の提案」は、1章から9章までの本文と、三つの「Appendix」（別添文書）から構成されています。

- 9章では、マネジメントシステム規格における利用のための上位構造、共通の中核となるテキスト（要求事項）、ならびに共通用語及び定義が規定されています。
- 「Appendix 1」は、「妥当性の判定基準となる質問事項」で、マネジメントシステムの基本事項、市場適合性、両立性、除外などの質問です。
- 「Appendix 2」は、「上位構造（箇条タイトル・順序）、共通の中核となるテキスト（要求事項）、共通用語及び中核となる定義」が詳細に規定されています。
- 「Appendix 3」は、「上位構造、共通の中核となるテキスト、ならびに共通用語及び中核となる定義に関する手引」が規定されています。

特に記載のない限り、「附属書ＳＬ」という用語が使われている場合は、附属書ＳＬの本文の9章、「Appendix 2」及び「Appendix 3」を指します。

第7章

ここでしっかりとISO14001規格の要求事項を理解する

この章の内容

この章では、ISO14001規格の環境マネジメントシステムの要求事項をすべて図解により、やさしく解説してあります。

1. 規格の要求事項を満たすことが、環境マネジメントシステムの意図した成果を達成し、認証を取得し、それを維持するには必要不可欠ですから、しっかりと理解しましょう。
2. 規格の構成に従って、各箇条の表題のテーマごとに、図だけ見ても内容がわかるように解説してあります。
3. 規格の各箇条の原表題の内容が容易に理解できるよう、サブ表題を併記してあります。
4. 規格条文は、原文ではなく、その趣旨を関連する事項とともに解説し、内容が理解できるように工夫してあります。

7-1 ＩＳＯ１４００１規格の構成
―要求事項と利用の手引からなる―

◇ＩＳＯ１４００１規格は「利用の手引」を含む

ＩＳＯ１４００１規格の表題が、「環境マネジメントシステム―要求事項及び利用の手引」とありますように、規格には要求事項のほかに、附属書Ａ（参考）に、この規格の利用の手引があります。

この利用の手引は、規格に示す環境マネジメントシステムの要求事項の誤った解釈を防ぐための説明が示してあり、規格の要求事項と対応し整合しています。

◇ＩＳＯ１４００１規格の構成

ＩＳＯ１４００１規格要求事項の詳細な説明に入る前に、まず、この規格全体の構成を説明しましょう。

ＩＳＯ１４００１規格は、組織が環境保護、順守義務、環境パフォーマンスの向上を含む環境方針を設定し、実施することができるように、環境マネジメントシステムの要求事項を規定しています。

ＩＳＯ１４００１規格は、箇条０「序文」、箇条１「適用範囲」、箇条２「引用規格」、箇条３「用語及び定義」、箇条４「組織の状況」、箇条５「リーダーシップ」、箇条６「計画」、箇条７「支援」、箇条８「運用」、箇条９「パフォーマンス評価」、箇条10「改善」から構成されています。

箇条０「序文」から箇条３「用語及び定義」までは説明で、箇条４「組織の状況」から箇条10「改善」までを要求事項といい、組織は必ず実施することを求められています。

箇条２に「引用規格」と表題がありますが、ＩＳＯ１４００１規格には、引用規格はありません。

ISO14001規格の構成と要求事項

	章	項目	番号	内容
説明	0	序文	0.1	背景
			0.2	環境マネジメントシステムの狙い
			0.3	成功のための要因
			0.4	Plan−Do−Check−Actモデル
			0.5	この規格の内容
	1	適用範囲		適 用 範 囲
	2	引用規格		引 用 規 格
	3	用語及び定義	3.1	組織及びリーダーシップに関する用語
			3.2	計画に関する用語
			3.3	支援及び運用に関する用語
			3.4	パフォーマンス評価及び改善に関する用語
要求事項 ―実施すべきこと―	4	組織の状況	4.1	組織及びその状況の理解
			4.2	利害関係者のニーズ及び期待の理解
			4.3	環境マネジメントシステムの適用範囲の決定
			4.4	環境マネジメントシステム
	5	リーダーシップ	5.1	リーダーシップ及びコミットメント
			5.2	環境方針
			5.3	組織の役割、責任及び権限
	6	計画	6.1	リスク及び機会への取組み
			6.2	環境目標及びそれを達成するための計画策定
	7	支援	7.1	資源
			7.2	力量
			7.3	認識
			7.4	コミュニケーション
			7.5	文書化した情報
	8	運用	8.1	運用の計画及び管理
			8.2	緊急事態への準備及び対応
	9	パフォーマンス評価	9.1	監視、測定、分析及び評価
			9.2	内部監査
			9.3	マネジメントレビュー
	10	改善	10.1	一般
			10.2	不適合及び是正処置
			10.3	継続的改善

0 序文

0・1 背景
―環境保全に社会の期待が高まっている―

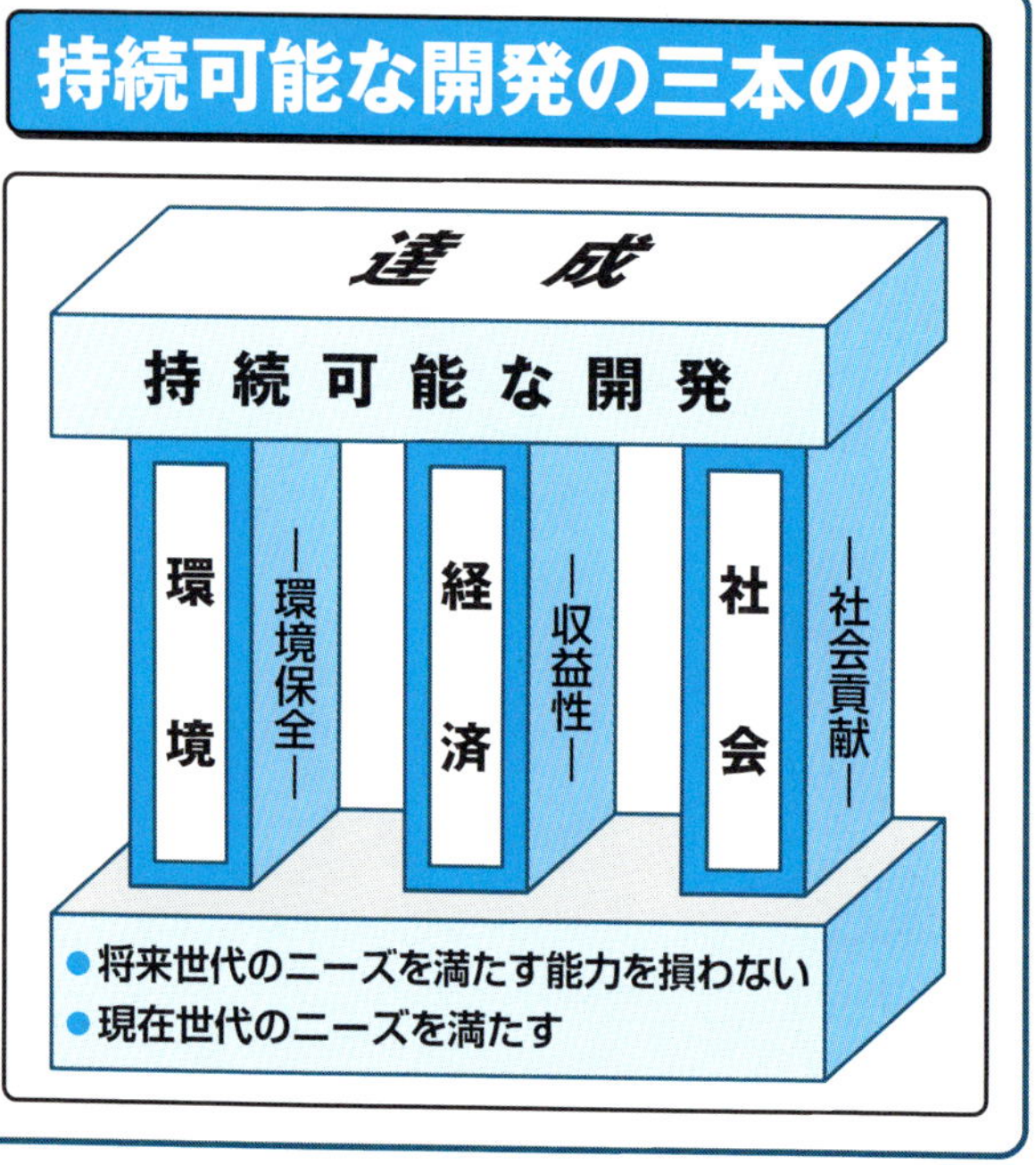

◆環境は持続可能な開発の三本の柱の一つ

将来の世代の人々が自らのニーズを満たす能力を損なうことなく、現在の世代のニーズを満たすために、環境、経済及び社会のバランスを実現することが不可欠であると考えられています。

到達点としての持続可能な開発は、持続可能性の環境、経済及び社会の三本の柱のバランスをとることによって達成されます。

持続可能な開発とは、将来の世代の人々が自らのニーズを満たす能力を損なうことなく、現在の世代のニーズを満たすことをいい、これは国際連合のブルントラント委員会での持続可能な開発の定義です。

三本の柱とは、環境保全の環境的側面、収益などの経済的側面、社会貢献などの社会的側面をいいます。

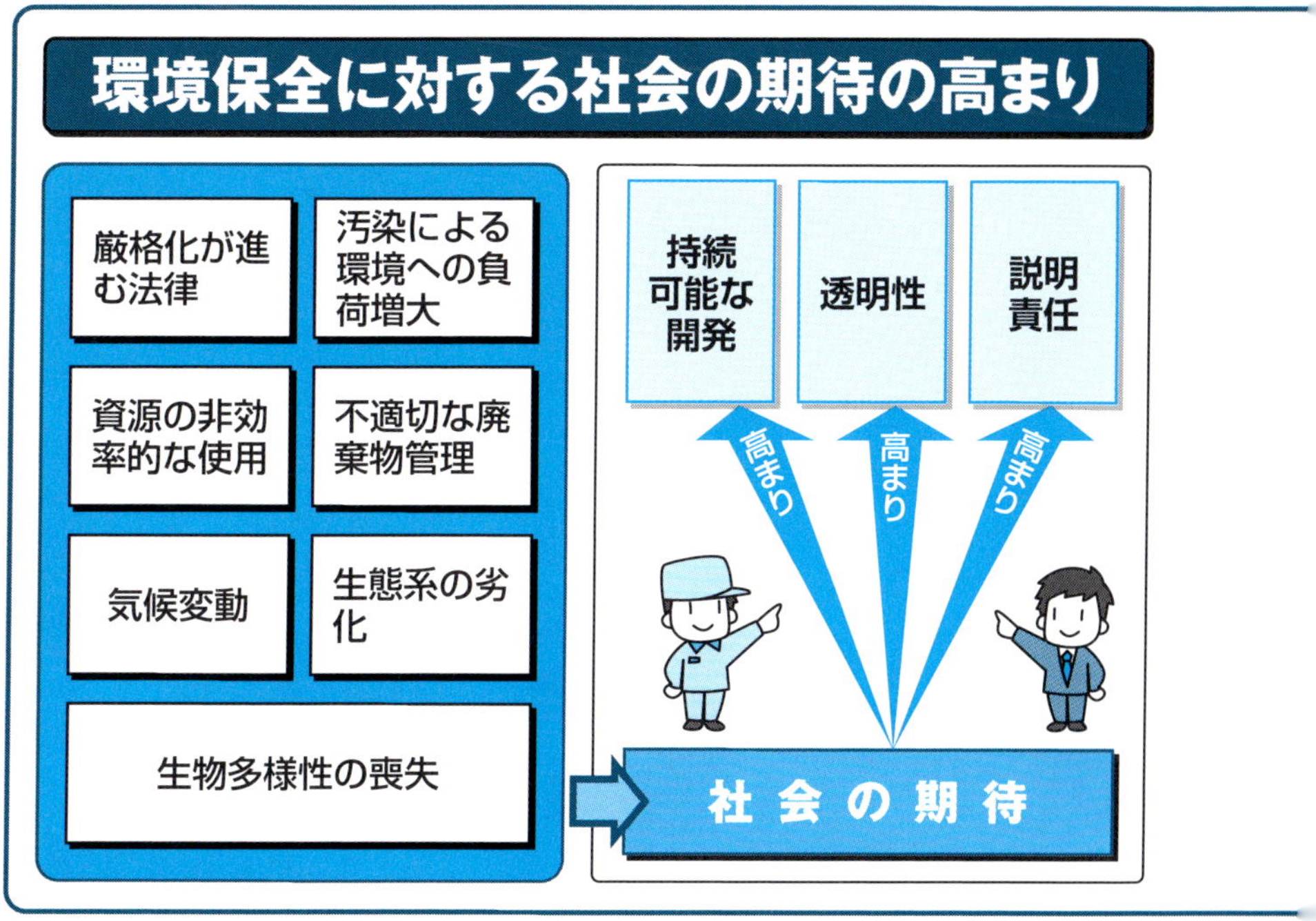

持続可能な開発は、環境、経済、社会の「三本の柱」をバランスさせることによって達成させるということです。

◆環境保全に対する社会の期待は高まっている

厳格化が進む法律、汚染による環境への負荷の増大、資源の非効率的な使用、不適切な廃棄物管理、気候変動、生態系の劣化及び生物多様性の喪失に伴い、持続可能な開発、透明性及び説明責任に対する社会の期待は高まっています。

人的な環境負荷には、廃棄物、公害、土地開発、干拓、人口増加などがあります。

廃棄物管理とは、健康被害や環境影響を防ぐために、適した廃棄物発生抑制、再資源化、最終処分などの統一的な活動をいいます。

◆環境マネジメントの体系的アプローチの採用

組織は、持続可能性の環境の柱に寄与することを目指して、環境マネジメントシステムを実施することによって、環境マネジメントのための体系的なアプローチを採用するようになってきています。

7-3

0・2 環境マネジメントシステムの狙い

◇ISO14001規格の目的

ISO14001規格の目的は、組織が環境に配慮した製品及びサービスを提供することなどにより、社会経済的ニーズとバランスをとりながら、環境を保護し、変化する環境状態に対応するための環境マネジメントシステムの枠組みを、組織に提供することにあります。

ISO14001規格は、組織が、環境マネジメントシステムに関して設定する意図した成果を達成することを可能にする要求事項を規定しています。

◇環境マネジメントの体系的アプローチの必要性

多くの組織は、自らの環境パフォーマンスを評価するために、環境上のレビュー又は監査を実施していますが、組織の環境パフォーマンスが、法令・規制上及び方針上の要求事項を満たすに十分ではないかもしれませんので、組織的に体系化された環境マネジメントシステムを組み込み、実施する必要があります。

◇トップに持続可能な開発関連情報を提供する

環境マネジメントのための体系的なアプローチは、次の事項に取り組むことによって、持続可能な開発に寄与することについて、長期的な成功を築き、事業上の決定を可能にするための情報を、トップマネジメントに提供することができます。

- **有害な環境影響を防止又は緩和することによって、環境を保護する**

組織は、環境に影響を与えているので環境を保護する。

- **組織に対する、環境状態から生じる潜在的で有害な影**

トップマネジメントに提供される情報

- **環境を保護する**
  有害な環境影響を防止又は緩和する
  ―組織から環境への影響―
- **環境の影響を緩和する**
  環境状態からの潜在的で有害な影響
  ―環境から組織への影響―
- **順守義務を満たす**
  法的要求事項、その他の要求事項
- **環境パフォーマンスを向上させる**

- **環境情報を利害関係者に伝達する**
  情報には適用範囲、環境方針を含む
- **ライフサイクル内での環境影響の移行を防ぐ方法を管理する**
  例：外部委託により組織の環境負荷を減らしても外部委託先で生ずるので変わらない
- **市場における組織の位置付けを強化する**
- **環境にも健全な代替策を実施することで財務上及び運用上の便益を実現する**

響を緩和する

組織は、環境から影響を受けるので、それを緩和する。

●組織が順守義務を満たすことを支援する

組織は、法的要求事項、その他の要求事項を順守する。

●環境パフォーマンスを向上させる

トップが環境パフォーマンス改善に主導役割を果たす。

●環境影響は、ライフサイクルの視点で管理する

環境影響が、外部委託などにより、意図せずにライフサイクル内のほかの部分に移行するのを防ぐことができる〝ライフサイクルの視点〟を用いることによって、組織の製品及びサービスの設計、製造、流通、消費及び廃棄の方法を管理するか、この方法に影響を及ぼす。

●市場における組織の位置付けを強化し、環境にも健全な代替策を実施することで、財務上及び運用上の便益を実現する

組織の競争力を強化し、経済上の目標達成を助ける。

●環境情報を関連する利害関係者に伝達する

ISO14001規格は、ほかの規格と同様に、非関税貿易障壁を生み出すため、また組織の法的要求事項を増大、変更させることを意図しておりません。

0・3 成功のための要因

◆トップがシステムの成功を主導する

環境マネジメントシステムの成功は、組織のすべての階層及び機能（部門）のコミットメント（関与）にかかっており、トップマネジメントが、これを主導することにより達成します。

環境マネジメントシステムの成功により、組織は、有害な環境影響を防止又は緩和し、有益な環境影響を増大させるような機会、中でも戦略及び競争力に関連する機会を活用することができます。

戦略とは、長期にわたって、全体的な目標を達成するために、論理的に構成された計画、方法をいいます。

◆環境マネジメントを事業プロセスに統合する

トップマネジメントは、ほかの事業上の優先事項と整合させながら、環境マネジメントを組織の事業プロセス、戦略的な方向性及び意思決定に統合し、環境上のガバナンス（統治システム）を組織の全体的なマネジメントシステムに組み込むことによって、リスク及び機会に効果的に取り組むことができます。

事業プロセスとは、一般的な製造業やサービス業では、組織が顧客の要求事項を満たした製品及びサービスを提供するプロセスをいいます。

◆利害関係者にシステムをもつことを確信させる

組織は、ＩＳＯ１４００１規格をうまく実施していることを示せば、有効な環境マネジメントシステムをもつことを利害関係者に確信させることができますが、この規格採用そのものは最適な環境上の成果の保証ではありません。

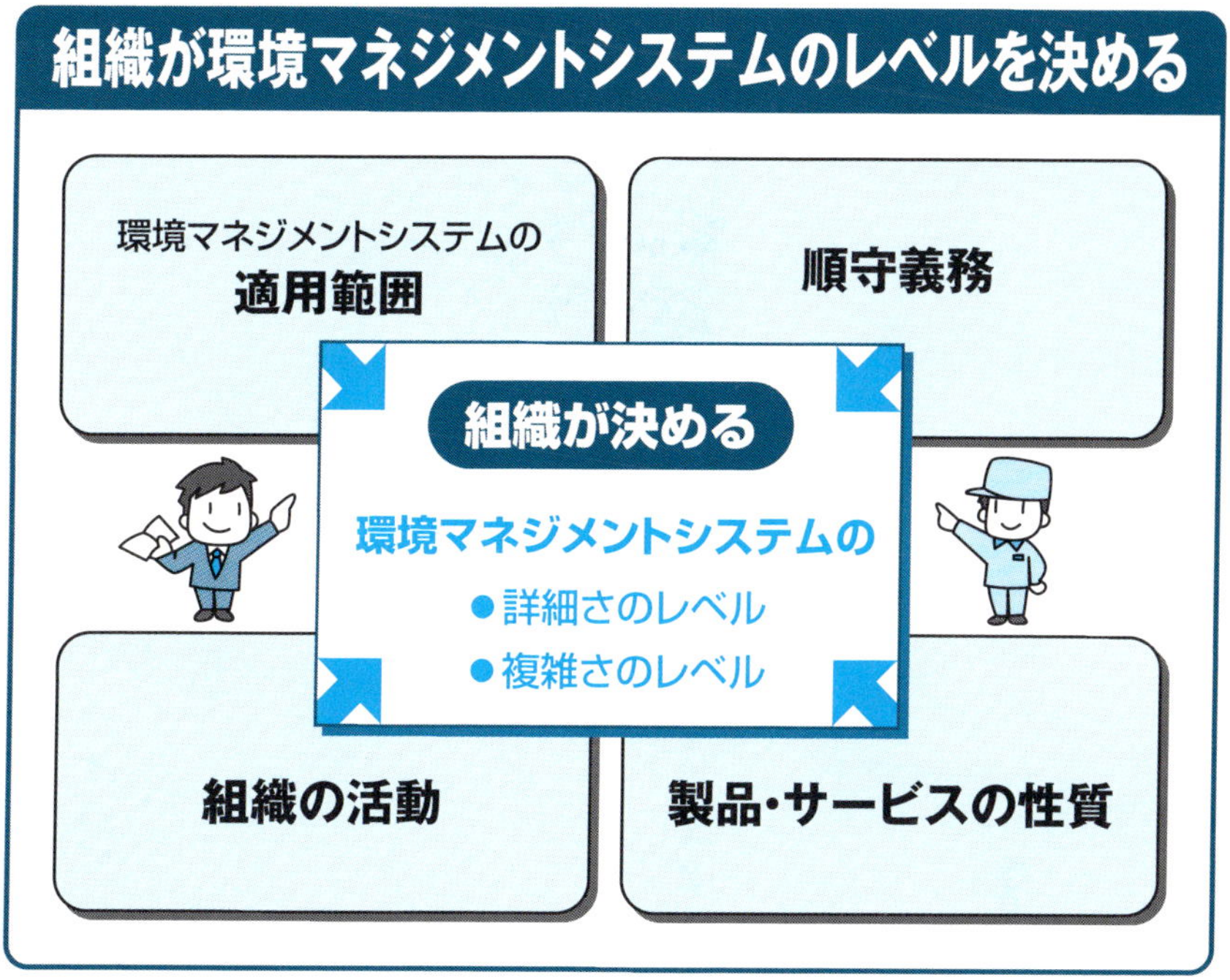

◆規格の適用は組織により異なる

ＩＳＯ１４００１規格の適用は、組織の状況によって、また各組織によって異なります。

二つの組織が、同様の活動を行なっていながら、それぞれの順守義務、環境方針におけるコミットメント（約束）、環境技術及び環境パフォーマンスの到達点が高い、低いと異なる場合であっても、ともにＩＳＯ１４００１規格に適合することがあり得ます。

ＩＳＯ１４００１規格は、特定の環境パフォーマンス基準を規定するものではないからです。

◆環境マネジメントシステムのレベルは組織が決める

環境マネジメントシステムの詳細さ及び複雑さのレベルは、組織の状況、環境マネジメントシステムの適用範囲、順守義務、ならびに組織の活動、製品及びサービスの性質（これらの環境側面及びそれに伴う環境影響を含む）によって異なります。

したがって、環境マネジメントシステムの詳細さ及び複雑さのレベルは、組織が、自らの実力を勘案して、決めることなのです。

7-5

0・4 Plan-Do-Check-Actモデル

PDCAサイクル

● PDCAサイクルは、継続的改善を達成するために行なう、反復的なプロセスをいいます。

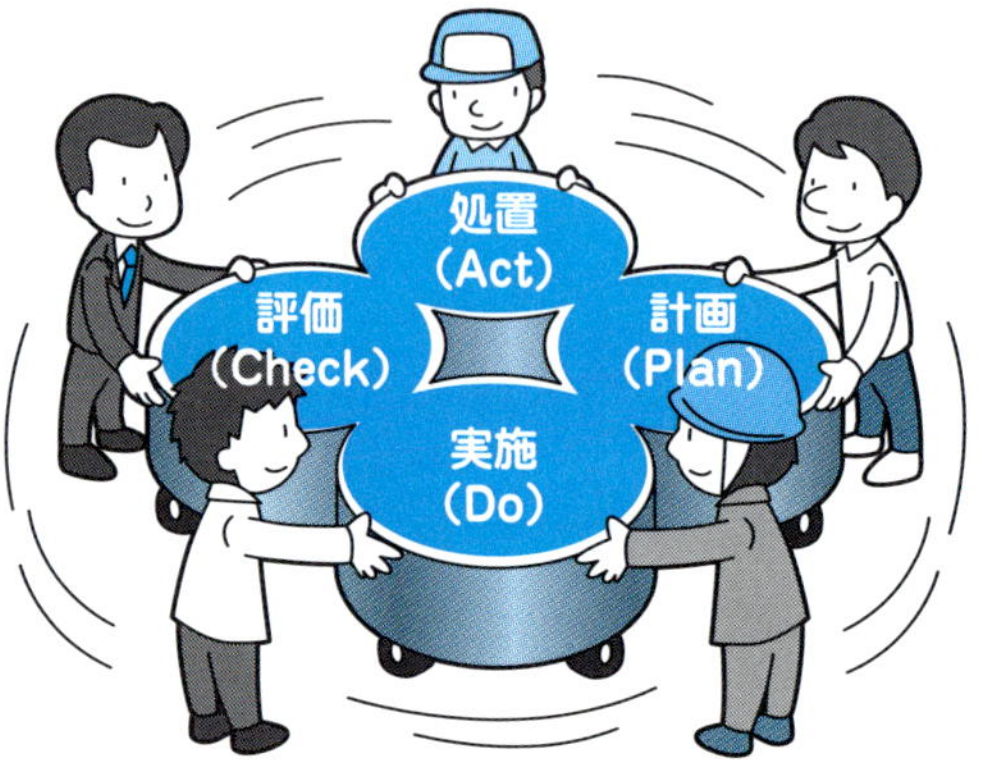

◆規格はPDCAサイクルに基づく

ISO14001規格における環境マネジメントシステムの根底にあるアプローチの基礎は、デミングによって広まったシューハートの**Plan-Do-Check-Act**の、一般にPDCAサイクルで知られる方法論の概念に基づいています（上図参照）。

PDCAサイクルは、環境マネジメントシステムの継続的改善を達成するために、組織が用いる反復的なプロセスを示しています。

PDCAサイクルは、環境マネジメントシステム全体にも、また、個々の要素の各々にも適用できます。

◆PDCAサイクルの意味

ISO14001規格におけるPDCAサイクルの意

PDCAとISO14001規格の枠組みとの関係

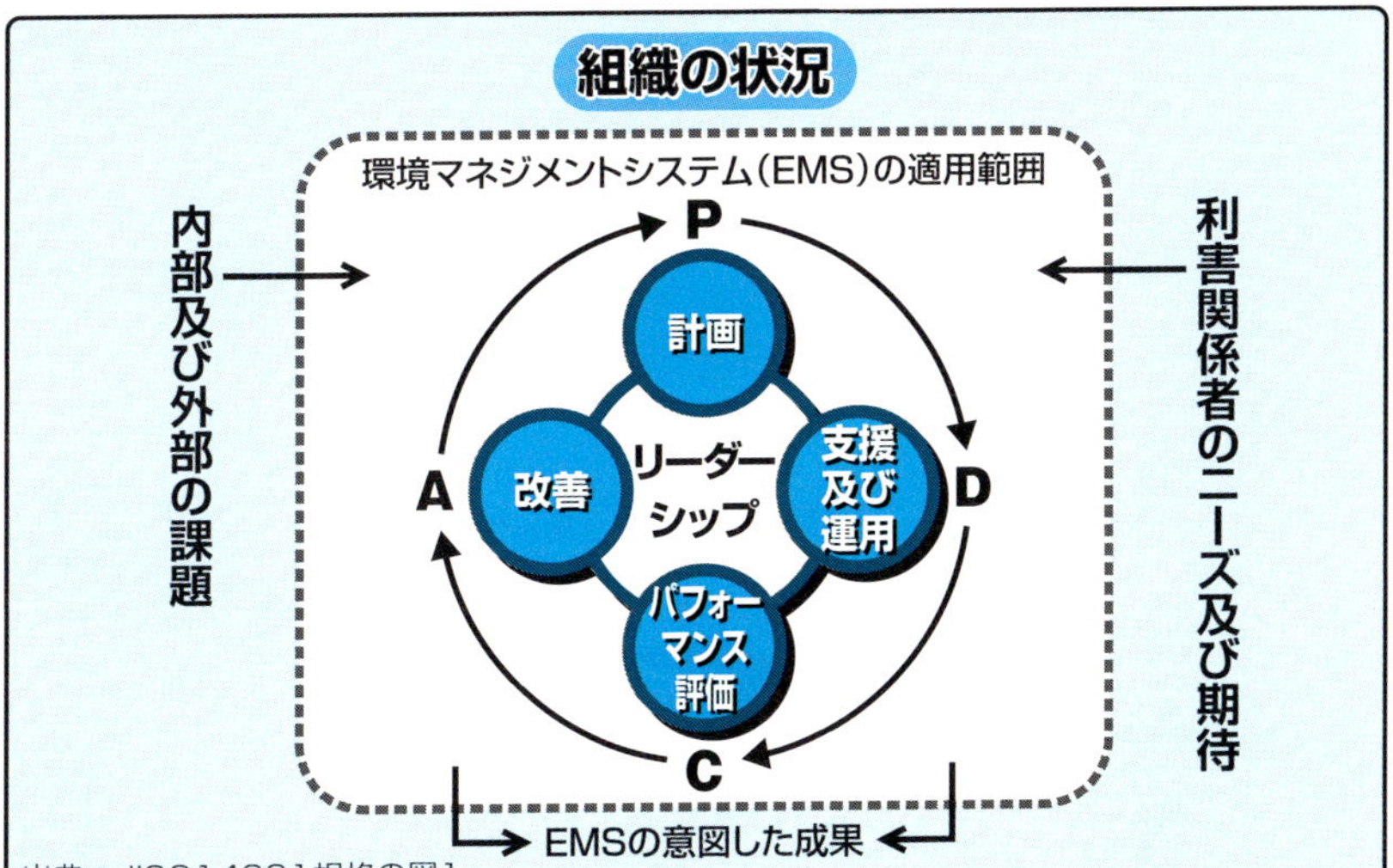

出典：JISQ14001規格の図1

味は、次のとおりです。

●Ｐｌａｎ（計画）　組織の環境方針に沿った結果を出すために必要な環境目標及びプロセスを確立する。

●Ｄｏ（実施）　計画どおりにプロセスを実施する。

●Ｃｈｅｃｋ（評価）　コミットメント（約束）を含む環境方針、環境目標及び運用基準に照らして、プロセスを監視し、測定し、その結果を報告する。

●Ａｃｔ（処置）　継続的に改善するための処置をとる。

◆規格の枠組みとＰＤＣＡサイクルの関係

ＩＳＯ１４００１規格の枠組みは、箇条6「計画」で、環境マネジメントシステムを計画し、箇条7「支援」で、必要な資源を確定し、箇条8「運用」で、製品及びサービス実現の活動を実施し、箇条9「パフォーマンス評価」で実施を監視、測定、分析、評価してチェックし、箇条10「改善」で、環境マネジメントシステムを改善します。

上図は、規格の箇条4から箇条10をＰＤＣＡサイクルとの関係で示しています。この図は、環境マネジメントシステム全体と、そのプロセスに関し、トップマネジメントの関与とリーダーシップを求めています。

7-6

0・5 この規格の内容

◇ISO14001規格は「附属書SL」に適合

ISO14001規格の要求事項は、国際標準化機構（ISO）が、複数のマネジメントシステム規格を実施する利用者の便益のため作成した「附属書SL」（第6章参照）に基づいて、上位構造、共通の中核となるテキスト（要求事項）、共通用語、定義が適用されています。

したがって、ISO14001規格は、「附属書SL」の要求事項に適合しています。

附属書SLとは、国際標準化機構が作成した「ISO／IEC専門業務用指針第1部　統合版ISO補足指針―ISO専門手順」のSで始まる附属書項番のアルファベットのL番目ということです。

上位構造とは、附属書SLの中の箇条タイトルと箇条の順序をいいます。

◇マネジメントシステムの統合化への配慮

ISO14001規格には、品質マネジメント、労働安全衛生マネジメント、エネルギーマネジメント、財務マネジメントなどのほかのマネジメントシステムに固有な要求事項は含まれていません。

しかし、ISO14001規格は、組織が、環境マネジメントシステムをほかのマネジメントシステムの要求事項に統合するために、附属書SLに基づくことによる共通のアプローチをもつとともに、リスクに基づく考え方を用いることができるようになっています。

◇規格との適合を示す評価のタイプは四つある

ISO14001規格は、適合を評価するために用いる要求事項を規定しています。

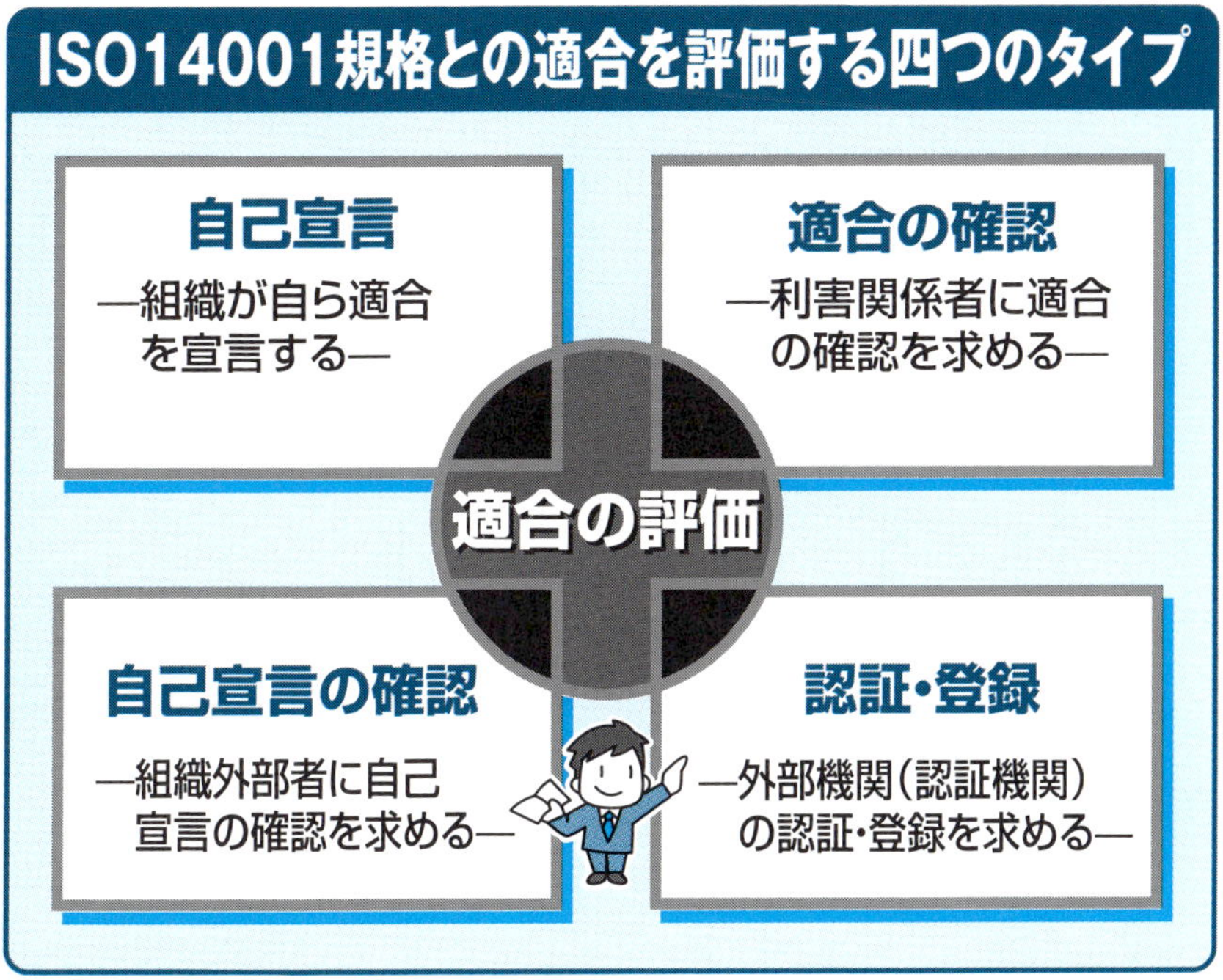
ISO14001規格との適合を評価する四つのタイプ
自己宣言
―組織が自ら適合を宣言する―
適合の確認
―利害関係者に適合の確認を求める―
適合の評価
自己宣言の確認
―組織外部者に自己宣言の確認を求める―
認証・登録
―外部機関（認証機関）の認証・登録を求める―

組織は、次のいずれかの方法により、ＩＳＯ１４００１規格への適合を実証することができます。

❶ **自己宣言**

組織が適合を自分で決定し、自己宣言する。

自己宣言とは、組織がＩＳＯ１４００１規格に適合した環境マネジメントシステムを構築し、自らＩＳＯ１４００１規格への適合を判定し、それを利害関係者や社会に宣言する。

❷ **適合の確認**

組織に対して利害関係をもつ人又はグループ、たとえば、顧客などにＩＳＯ１４００１規格に適合していることの確認を求める。

❸ **自己宣言の確認**

組織の自己宣言について組織外部の人又はグループによる確認を求める。

❹ **認証・登録**

外部機関、たとえば、認証機関による環境マネジメントシステムの認証・登録を求める（第３章参照）。

7-7

1 適用範囲
―どのような組織にも適用できる―

◇ISO14001規格の位置付け

ＩＳＯ１４００１規格は、組織が、しっかりした信頼性のある環境マネジメントシステムを確立し、実施し、改善することにより、環境パフォーマンスを向上させるために用いることができる要求事項を規定しています。

ＩＳＯ１４００１規格は、持続可能性の三本の柱（環境・経済・社会）の一つである環境の柱に寄与するような体系的な方法で、組織の環境責任をマネジメントしようとする組織によって用いられる大局的な視点での位置付けとなっています。

◇意図した成果の達成に役立つ

ＩＳＯ１４００１規格は、組織が、環境、組織自体及び利害関係者に価値をもたらす環境マネジメントシステムの意図した成果の達成に役立つのを理念としています。

環境マネジメントシステムの意図した成果とは、組織が、環境マネジメントシステムの実施によって達成しようとするものであって、組織の環境方針に整合し、最低限、次の三つの事項をいいます。

- 環境パフォーマンスの向上
- 順守義務を満たすこと
- 環境目標の達成

組織は、環境マネジメントシステムについて、規格のほかにも意図した成果を追加設定するとよいでしょう。

◇どのような組織にも適用できる

ＩＳＯ１４００１規格の要求事項は、汎用性がありますので、業種・形態、規模、そして提供する製品及びサ

ISO14001規格の適用範囲
★環境マネジメントシステムの要求事項を規定
―環境パフォーマンスの向上のため―
意図した成果達成
●環境パフォーマンスの向上
●順守義務を満たすこと
●環境目標の達成
★環境責任をマネジメントする組織に適用
―「環境の柱」に寄与するような体制―
★あらゆる組織に適用
―規模・業種・形態・製品・サービスを問わない―
★製品・サービスの環境側面に適用
―特定の環境パフォーマンスの基準は規定しない―

ービスを問わず、どのような組織にも適用できます。

◆組織が決定した環境側面に適用する

ＩＳＯ１４００１規格は、組織がライフサイクルの視点を考慮して管理することができる、又は影響を及ぼすことができると決定した、組織の活動、製品及びサービスの環境側面に適用されます。

また、ＩＳＯ１４００１規格は、特定の環境パフォーマンス基準を規定するものではありません。

◆ＩＳＯ１４００１規格への適合主張の条件

ＩＳＯ１４００１規格は、環境マネジメントシステムを体系的に改善するために、全体又は部分的に適用することができます。

しかし、ＩＳＯ１４００１規格への適合の主張は、すべての要求事項が除外されることなく、組織の環境マネジメントシステムに組み込まれ、満たされていない限り認められません。

したがって、認証取得・維持、そして自己宣言においても要求事項の適用除外は認められないのです。

2 引用規格——この規格には、引用規格はない——
3 用語及び定義

◇引用規格はない

ＩＳＯ１４００１規格は単独で運用できます。

◇なぜ用語の定義が必要なのか

環境マネジメントシステムに関する規格、特にＩＳＯ１４００１規格は、組織の環境マネジメントシステムの認証取得、自己宣言のための唯一の基準です。

ＩＳＯ１４００１規格に示されている用語の解釈が国によって異なりますと、規格は一つでも、運用がまちまちになってしまいます。また、同じ国でも、業種によって用語の解釈が異なっても、同じことになり問題です。

そこで、ＩＳＯ１４００１規格を、どの国のどの業種の組織でも、同じ解釈が得られるように、この箇条３で規格の一部として、用語が定義されているのです。

用語の定義の例

組織

- 自らの目的を達成するため、責任、権限及び相互関係を伴う独自の機能をもつ、個人又は人々の集まりをいう

要求事項

- 明示されている、通常暗黙のうちに了解されている又は義務として要求されている、ニーズ又は期待をいう

環境マネジメントシステム

- マネジメントシステムの一部で、環境側面をマネジメントし、順守義務を満たし、リスク及び機会に取り組むために用いられるものをいう

ISO14001規格（箇条3）に規定されている用語

概念区分		用語
組織及びリーダーシップの用語	3.1.1	マネジメントシステム
	3.1.2	環境マネジメントシステム
	3.1.3	環境方針
	3.1.4	組織
	3.1.5	トップマネジメント
	3.1.6	利害関係者
計画の用語	3.2.1	環境
	3.2.2	環境側面
	3.2.3	環境状態
	3.2.4	環境影響
	3.2.5	目的、目標
	3.2.6	環境目標
	3.2.7	汚染の予防
	3.2.8	要求事項
	3.2.9	順守義務
	3.2.10	リスク
	3.2.11	リスク及び機会
支援及び運用の用語	3.3.1	力量
	3.3.2	文書化した情報
	3.3.3	ライフサイクル
	3.3.4	外部委託する
	3.3.5	プロセス
パフォーマンス評価及び改善の用語	3.4.1	監査
	3.4.2	適合
	3.4.3	不適合
	3.4.4	是正処置
	3.4.5	継続的改善
	3.4.6	有効性
	3.4.7	指標
	3.4.8	監視
	3.4.9	測定
	3.4.10	パフォーマンス
	3.4.11	環境パフォーマンス

したがって、規格を読むときは、勝手に解釈せず用語の定義に基づいて理解することが求められています。

◆用語と定義

用語とは、ある固有の対象分野における、一般的概念の言語の名称をいいます。**定義**とは、一つの概念の意味をはっきりと決めることで、関連する概念と区別できるような説明的な記述による概念の表記をいいます。**概念**とは、特性の一意的な組合せによってつくられる知識の一つをいいます。

◆規格にはどのような用語が定義されているか

ＩＳＯ１４００１規格の箇条３には、三三の用語が定義されています。用語及び定義は、概念の順に配列され、次の四つの概念区分になっています。

●組織及びリーダーシップに関する用語　●計画に関する用語　●支援及び運用に関する用語　●パフォーマンス評価及び改善に関する用語

一般の辞書の定義が、そのまま使える用語は定義されていません。

7-9

4 組織の状況

4・1 組織及びその状況の理解［1］

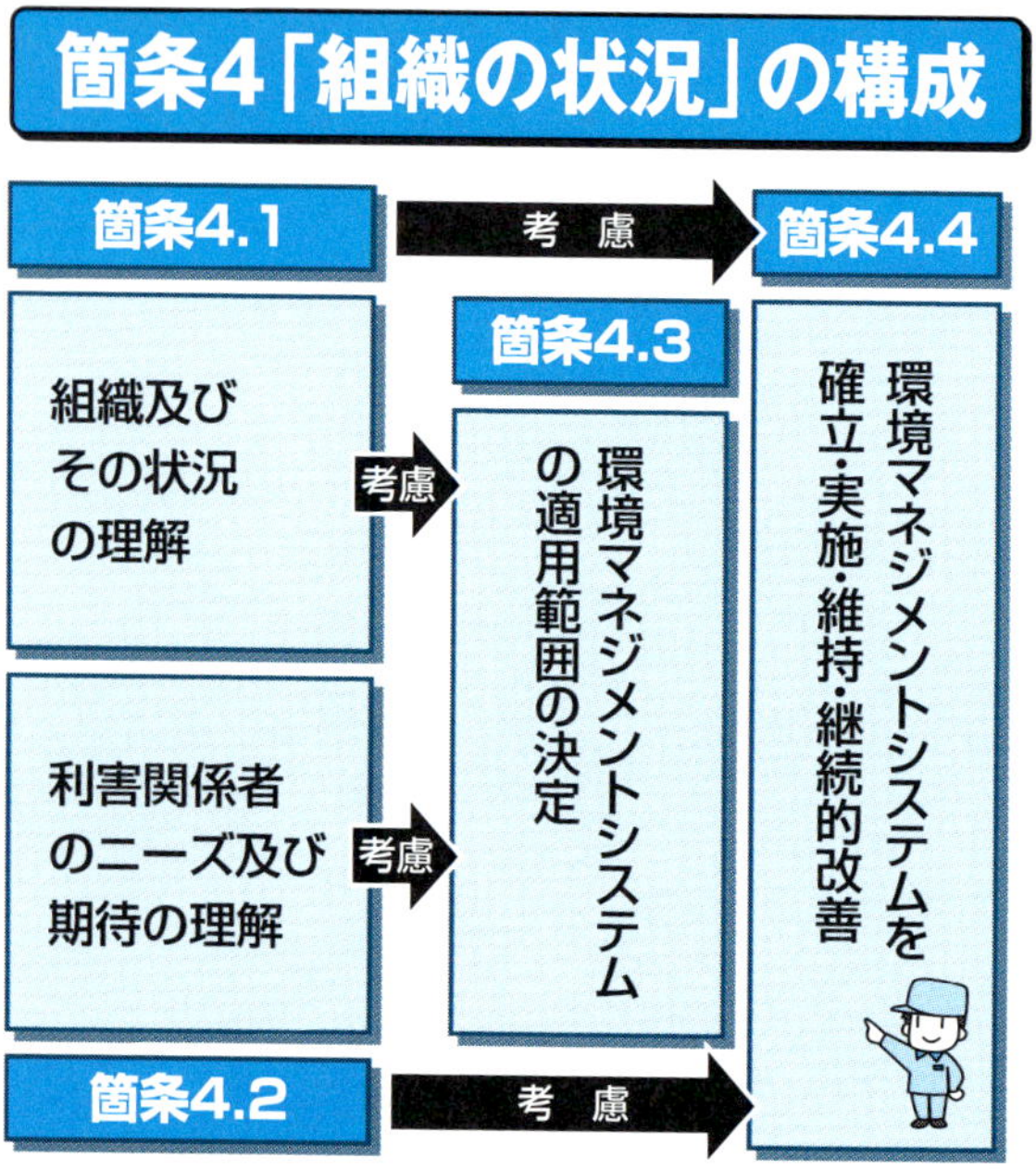

◆箇条4とほかの箇条との関係

箇条4で組織の状況を理解し、箇条5で組織の状況に両立する環境方針を設定し、箇条6でこれらを実現するための環境マネジメントシステムの計画及び環境目標を策定します。そして、箇条8でこれらの要求事項の運用のための管理を決定し、実施して、箇条9のマネジメントレビューで組織の状況の変化をレビューします。

◆箇条4の要求事項の構成

箇条4「組織の状況」では、環境マネジメントシステムを計画するに際して、箇条4・1で組織の外部及び内部の課題を決定し、さらに箇条4・2で利害関係者とそのニーズ及び期待（要求事項）を決定します。

そして、これらの理解で得た知識に基づいて、箇条4・

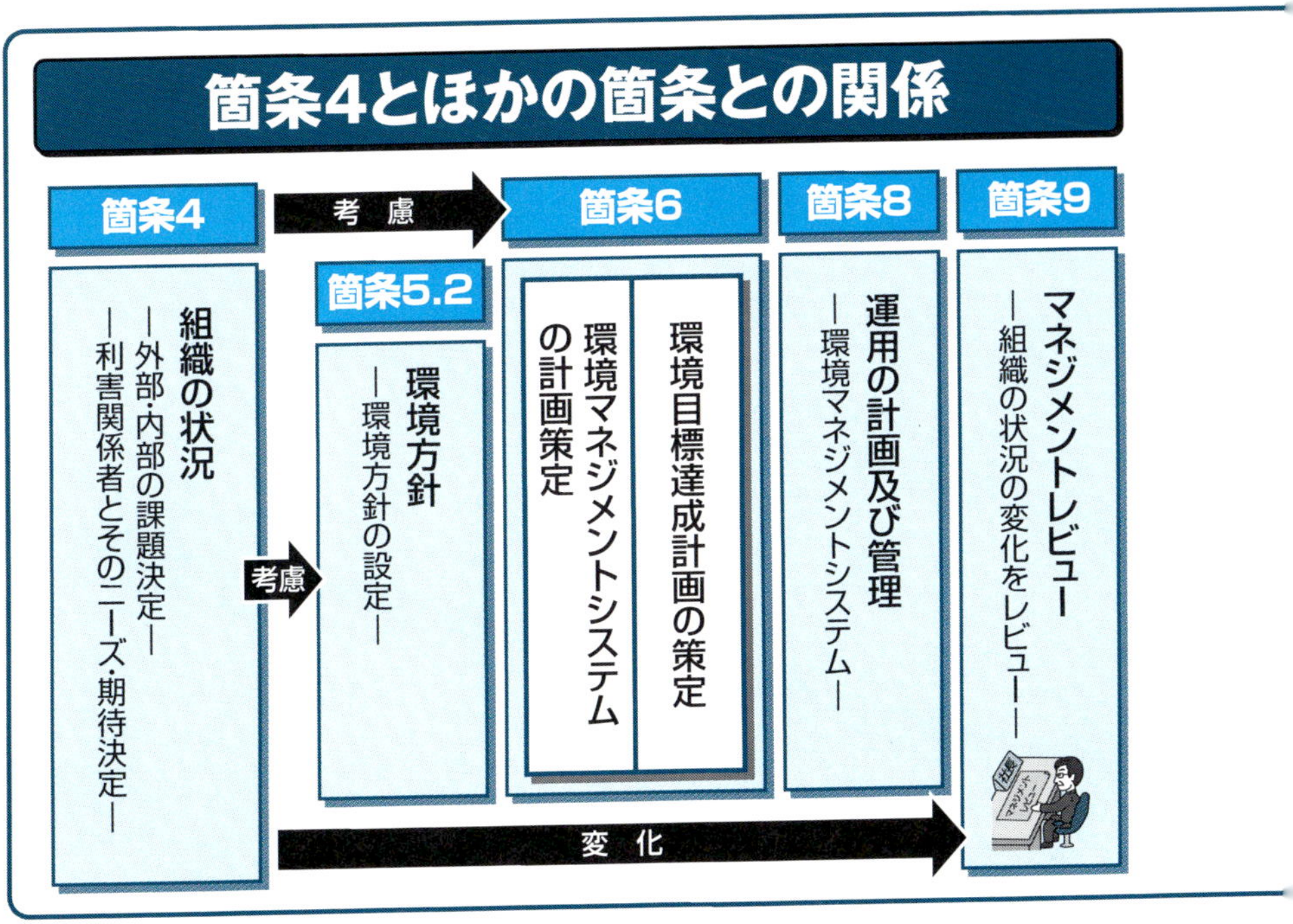

3で組織の環境マネジメントシステムの適用範囲を決定します。

箇条4・4で、組織は、ISO14001規格の要求事項に従って、環境マネジメントシステムを確立し、実施し、維持し、継続的に改善することを求められています。

組織の状況とは、事業環境、組織環境ともいい、組織が、その目標設定及び達成に向けてとるアプローチに影響を及ぼし得る、外部及び内部の課題の組合せをいいます。

◇箇条4・1「組織及びその状況の理解」の要点

箇条4・1では、組織は、**組織の目的**に関連し、かつ、その環境マネジメントシステムの**意図した成果**を達成する**組織の能力に影響**を与える、外部及び内部の**課題**を決定することを求められています。

組織の活動は、単独で行なわれるものではなく、資源の利用可能性、要員の関与など外部及び内部の課題による影響を受けるため、組織の状況を理解することが重要ということです。

―次ページに続く―

4・1 組織及びその状況の理解［2］

―外部及び内部の課題を決定する―

ISO14001規格が要求する課題は、組織全体の課題ではなく、組織の目的、環境マネジメントシステムの意図した成果の達成に影響する課題ということです。

◆組織の目的

組織の目的とは、組織が社会に存在する意義をいい、組織が事業を行なっている目的であって、多くの場合、ビジョン、使命などを通して表現されます。

ビジョンとは、トップマネジメントによって表明され、組織がどうなりたいのかについての願望をいいます。

使命とは、トップマネジメントによって表明された組織の存在目的をいいます。

◆意図した成果

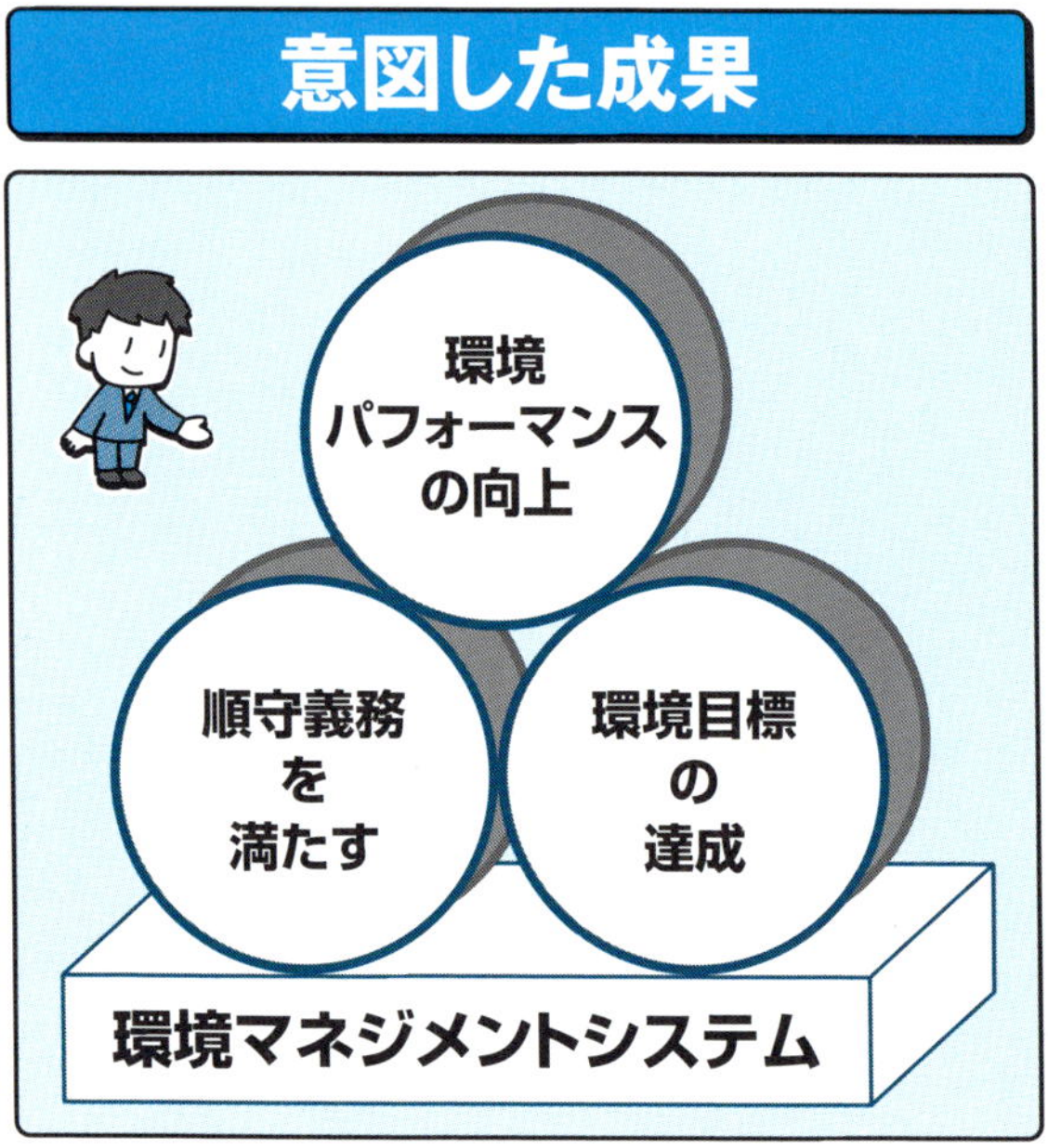

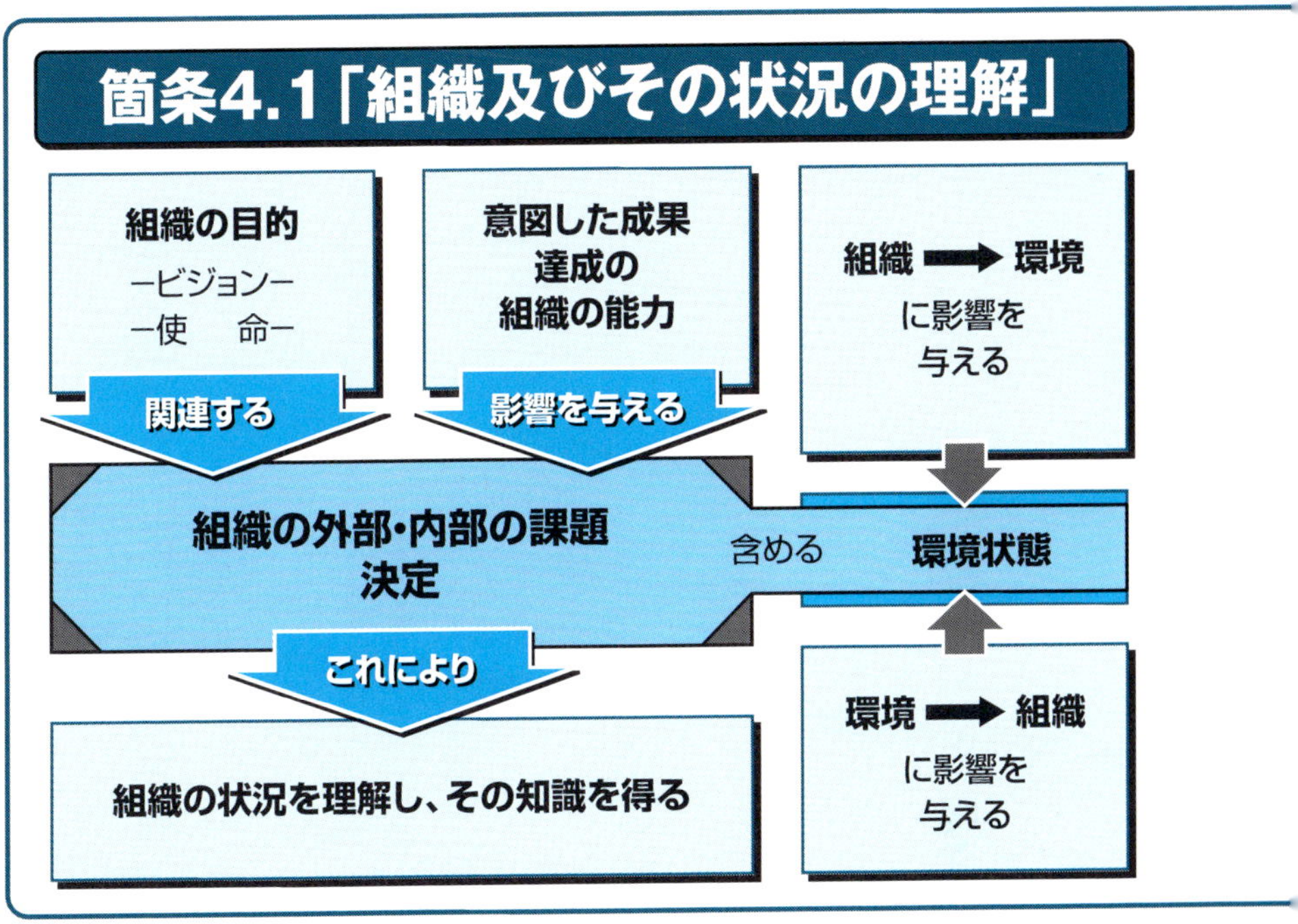

意図した成果という用語は、組織が環境マネジメントシステムの実施によって達成しようと意図（これを行なおうとすること）しているものを意味します。

環境マネジメントシステムの意図した成果は、箇条1「適用範囲」に示されている、**環境パフォーマンスの向上、順守義務を満たすこと、環境目標の達成**です。

◆組織の能力への影響

意図した成果を達成する組織の能力への影響には、自らの環境責任をマネジメントする方法に対して、**好ましくない影響**（脅威）と**好ましい影響**（機会）があります。たとえば、豪雨による水害などの気候変動は、生産拠点の立地など組織の経営に好ましくない影響を与えますが、気候変動の原因となる二酸化炭素を排出しない再生可能エネルギー技術開発の機会ともいえます。

◆課題

課題は、内部的に解決すべき事項、また外部の状況の変化などが、組織に影響を及ぼし、その結果、組織として解決すべき事項をいいます。―次ページに続く―

4・1 組織及びその状況の理解[3]

―課題には環境状態を含める―

課題とは、組織にとって重要な話題、討議又は議論のための問題、又は環境マネジメントシステムに関して設定した意図した成果を達成する組織の能力に影響を与える、変化している周囲の状況をいいます。

課題は、組織又は環境マネジメントシステムに対するリスク及び機会をもたらします。

課題は、組織により状況が異なりますので、その組織固有のものとなります。

◇課題には環境状態を含める

課題には、組織が環境に与える影響と、環境の変化が組織に影響を与える可能性のある環境状態が含まれます。

これは、組織が環境に与える影響を管理するとともに、環境が組織に与える影響を管理し、組織と環境は相互に

環境状態決定の情報源〔例〕

★次に示す情報源を考慮して、環境状態を決定するとよいでしょう。

- 気象情報、地質情報、水理情報、生態情報
- 組織の立地に関する過去の災害情報
- 環境に関する監視データ
- 環境上の結果を伴う緊急事態及び出来事の報告書
- 初期環境レビューの報告書
- 環境に関する許可又は認可申請書

外部及び内部の課題〔例〕

—JISQ14001：2015　A4.1(参考)—

外部の課題

a)気候、大気の質、水質、土地利用、既存の汚染、天然資源の利用可能性及び生物多様性に関連した環境状態で、組織の目的に影響を与える可能性のある、又は環境側面によって影響を受ける可能性のあるもの

b)国際、国内、地方又は近隣地域を問わず、外部の文化、社会、政治、法律、規制、金融、技術、経済、自然及び競争の状況

内部の課題

c)組織の活動、製品及びサービス、戦略的な方向性、文化、能力(すなわち、人々、知識、プロセス及びシステム)などの組織内部の特性又は状況

影響し合っているので双方向で管理するということです。

たとえば、空調用のボイラからの二酸化炭素ガスの排出は地球温暖化に影響し、地球温暖化は組織の空調効率に影響するということです。

環境状態とは、ある特定の時点において決定される、環境の様相又は特性をいいます。たとえば、異常気象の結果として起こる洪水が、汚染の予防のための有害物質の保管という組織活動に影響するなどです。

◇課題は高いレベルでの理解で決定する

組織の外部及び内部の課題は、高いレベルでの概念的な理解を提供することを意図しています。

高いレベルとは、組織での職位の高さをいいます。経営会議、経営計画作成時の事業分析など、経営層の視点で課題を決定し理解することをいいます。

概念的な理解とは、網羅的な情報収集による詳細な分析や評価ではなく、経営戦略的な視点で課題を決定するということです。

7-12

4・2 利害関係者のニーズ及び期待の理解［1］

―関連する利害関係者を決定する―

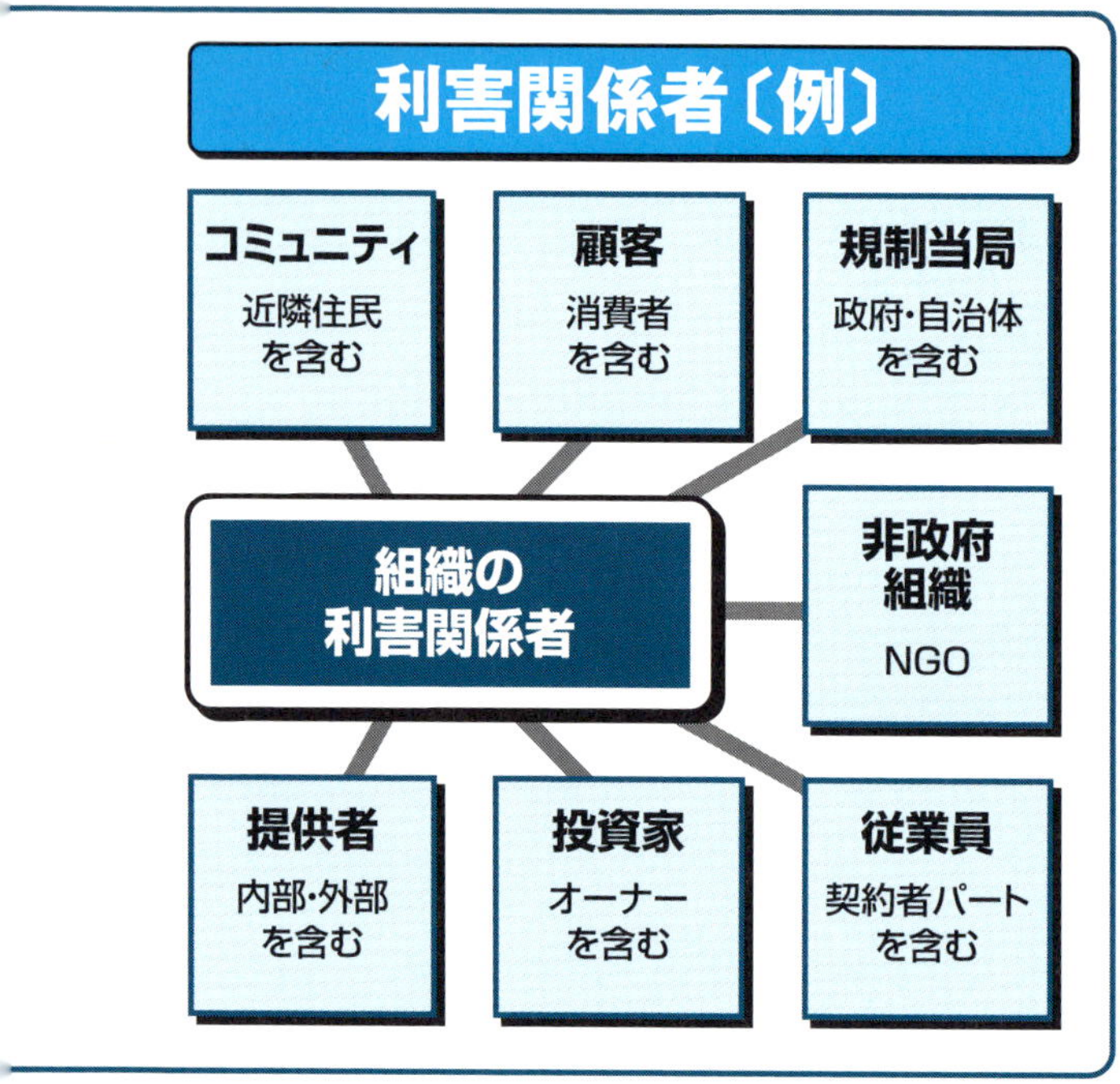

◆箇条4・2の要求事項の要点

組織は、組織の目的に関連し、組織の環境マネジメントシステムの意図した成果を達成する組織の能力に影響を与える**利害関係者**と、その**ニーズ及び期待**（要求事項）、そして、これらのうちから、組織の**順守義務**を決定し、理解して、知識を得ることを求められています。

◆関連する利害関係者を決定する

組織は、環境マネジメントシステムを計画し、実施するにあたり、環境マネジメントシステムに関連する利害関係者を決定する必要があります。

利害関係者とは、ある決定事項もしくは活動に影響を与え得るか、その影響を受け得るか、又はその影響を受けると認識している、個人又は組織をいいます。

規格が求める利害関係者とニーズ・期待・順守義務

利害関係者

- 環境マネジメントシステムに関連する以外の利害関係者

求める利害関係者

- 組織の環境マネジメントシステムに関連する利害関係者

－利害関係者は組織の外部・内部に存在する－

利害関係者のニーズ・期待

- 環境マネジメントシステムに関連する以外のニーズ・期待

求めるニーズ・期待

- 組織の環境マネジメントシステムに関連するニーズ・期待

求める順守義務

- 法令・規制要求事項及び組織が順守するその他の要求事項

組織の状況を理解し、その知識を得る

影響を受けると認識しているとは、その認識が組織に知らされていることをいいます。

利害関係者は、組織の外部又は内部に存在し、具体的には、顧客、コミュニティ、提供者、規制当局、非政府組織（NGO）、投資家、従業員などが該当します。

コミュニティとは、居住地域を同じくし、利害をともにする共同社会である、近隣・町村・都市及び人々をいいます。

箇条4・2では、これらすべてを利害関係者として決定するのではなく、自組織の環境マネジメントシステムを計画・実施し、意図した成果の達成に関連する利害関係者を決定するということです。

決定する利害関係者は、具体的な一人ひとりの利害関係者ではなく、環境マネジメントシステムに関連する総括的な利害関係者の集団をいいます。

◆利害関係者のニーズ及び期待を決定する

組織は、決定した利害関係者の環境マネジメントシステムに関連するニーズ及び期待（要求事項）を決定する必要があります。

―次ページに続く―

4・2 利害関係者のニーズ及び期待の理解[2]

―順守義務を含めニーズ・期待を決定する―

ニーズとは、必要として求めることをいい、期待とは、将来実現するだろうと心待ちにすることをいいます。

ここでの利害関係者のニーズ及び期待は、それぞれ別々に決定し理解してもよく、また一つの概念としての要求事項だと理解してもよいでしょう。

利害関係者のニーズ及び期待は、義務として要求されているもの及び明示されているものだけでなく、通常暗黙のうちに了解されている事項も含めるとよいでしょう。

しかし、利害関係者のニーズ及び期待には、自組織の環境マネジメントシステムに関連しない事項も含まれますので、利害関係者のすべての要求事項（ニーズ及び期待）を、組織の要求事項として考慮する必要はありません。したがって、組織は、利害関係者のニーズ及び期待の中で、組織の目的及び環境マネジメントシステムの意図した成果の達成に関連するニーズ及び期待を決定するということです。

◆順守義務となるニーズ及び期待を決定する

組織は、明確にした利害関係者のニーズ及び期待で得た知識の中から、組織の順守義務とする事項を決定する必要があります。

順守義務とは、組織が順守しなければならない法的要求事項、及び組織が順守しなければならない又は順守することを選んだその他の要求事項をいいます。

組織は、明確にした利害関係者のニーズ及び期待のすべてが、組織の順守すべき義務となる事項ではないので、これらニーズ及び期待の要求事項の中から、義務となる要求事項を含め組織の順守義務とするということです。

利害関係者ならびにそのニーズ及び期待の例
―JISQ14004：2016　4.2.3（参考）―

関係	利害関係者の例	ニーズ及び期待の例
責任	投資家	組織が、投資に影響を与える可能性のあるリスク及び機会をマネジメントすることへの期待
影響	非政府組織（NGO）	非政府組織（NGO）の環境上の到達点を達成するための、組織による協力のニーズ
近接	近隣の人々、コミュニティ	社会的に受け入れられるパフォーマンス、正直さ及び高潔さへの期待
従属	従業員	安全かつ衛生的な環境の中で働くことへの期待
代表	業界会員組織	環境問題に関する協力のニーズ
当局	規制当局 法定機関	法令順守の実証への期待

◆法令・規制要求事項は順守義務に含まれる

利害関係者のニーズ及び期待（要求事項）には、政府、地方自治体などの法令・規制、認可・許可の要求事項のように、強制的になっているニーズ及び期待があります。

◆組織の採用により順守義務となる

法令・規制以外の利害関係者のニーズ及び期待（要求事項）は、組織の自発的取組みの合意、又は採用した事項のみが、組織の要求事項として、順守義務となります。

◆経営者の視点でニーズ及び期待を決定する

利害関係者のニーズ及び期待（要求事項）、そして、順守義務は、高いレベルでの決定が求められています。

高いレベルとは、網羅的な情報収集による詳細な分析を行なうことなく、経営者の視点から経営戦略的なレベルで意思決定を行なうことです。

順守義務の具体的内容は、箇条6・1・3の「順守義務」で決定します。そして、順守義務を含む利害関係者のニーズ及び期待（要求事項）の変化についての情報は、箇条9・3の「マネジメントレビュー」でレビューします。

4・3 環境マネジメントシステムの適用範囲の決定［1］

―適用範囲の物理的境界と組織・機能的境界を決める―

◆箇条4・3の要求事項の要点

箇条4・3では、組織が環境マネジメントシステムを適用する範囲を決定するに際して、考慮すべき事項を規定しています。

◆適用範囲の境界を決める

組織は、環境マネジメントシステムの適用範囲を定めるために、その境界及び適用可能性を決定するよう求められています。

環境マネジメントシステムの適用範囲とは、意図した成果を達成する組織の能力に影響を与える、すべての領域をいい、組織の権限の及ぶ範囲をいいます。

組織が適用範囲を定めるのは、環境マネジメントシステムを適用する境界を明確にするためです。

適用範囲の物理的境界

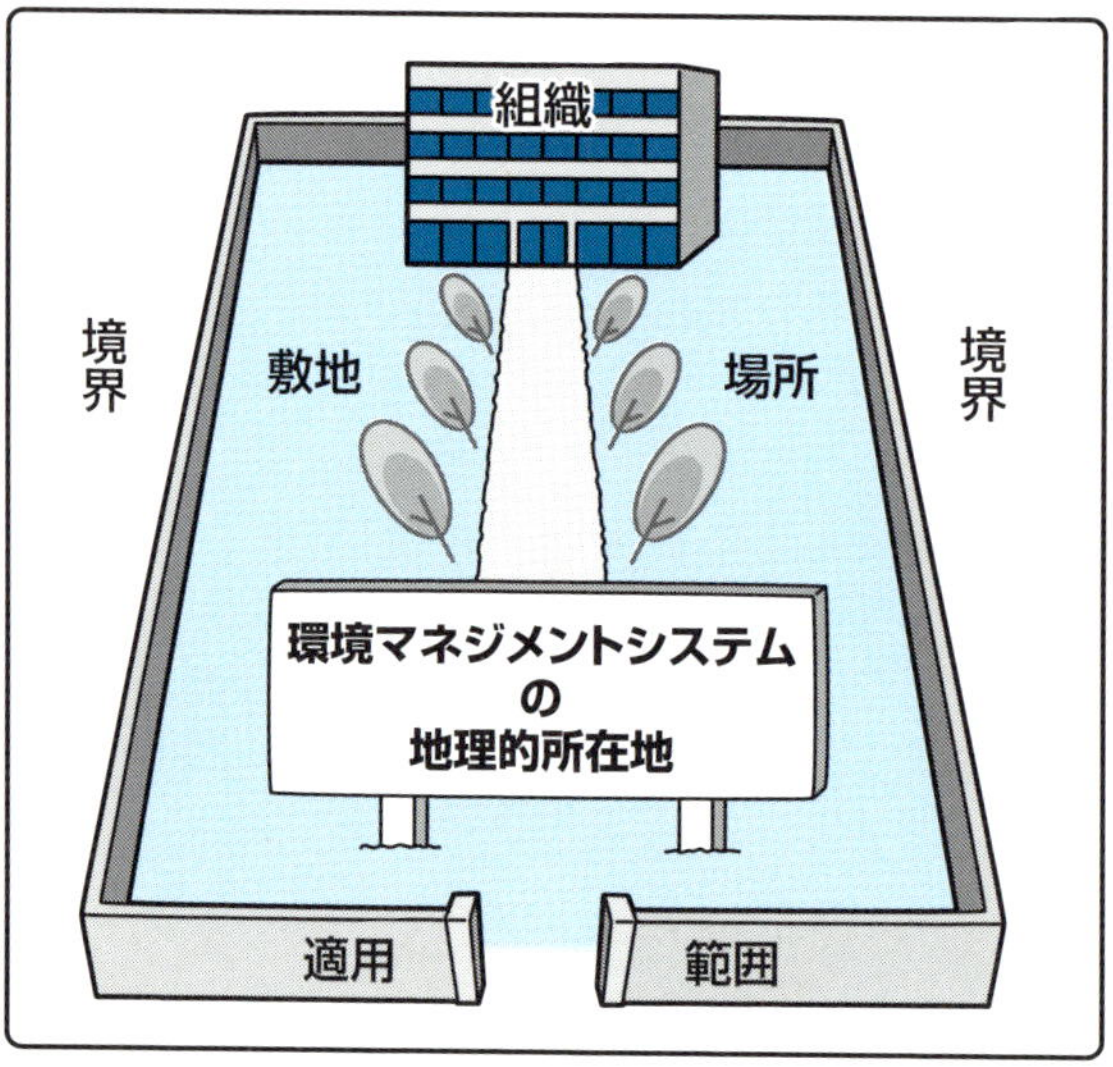

適用範囲の組織・機能的境界

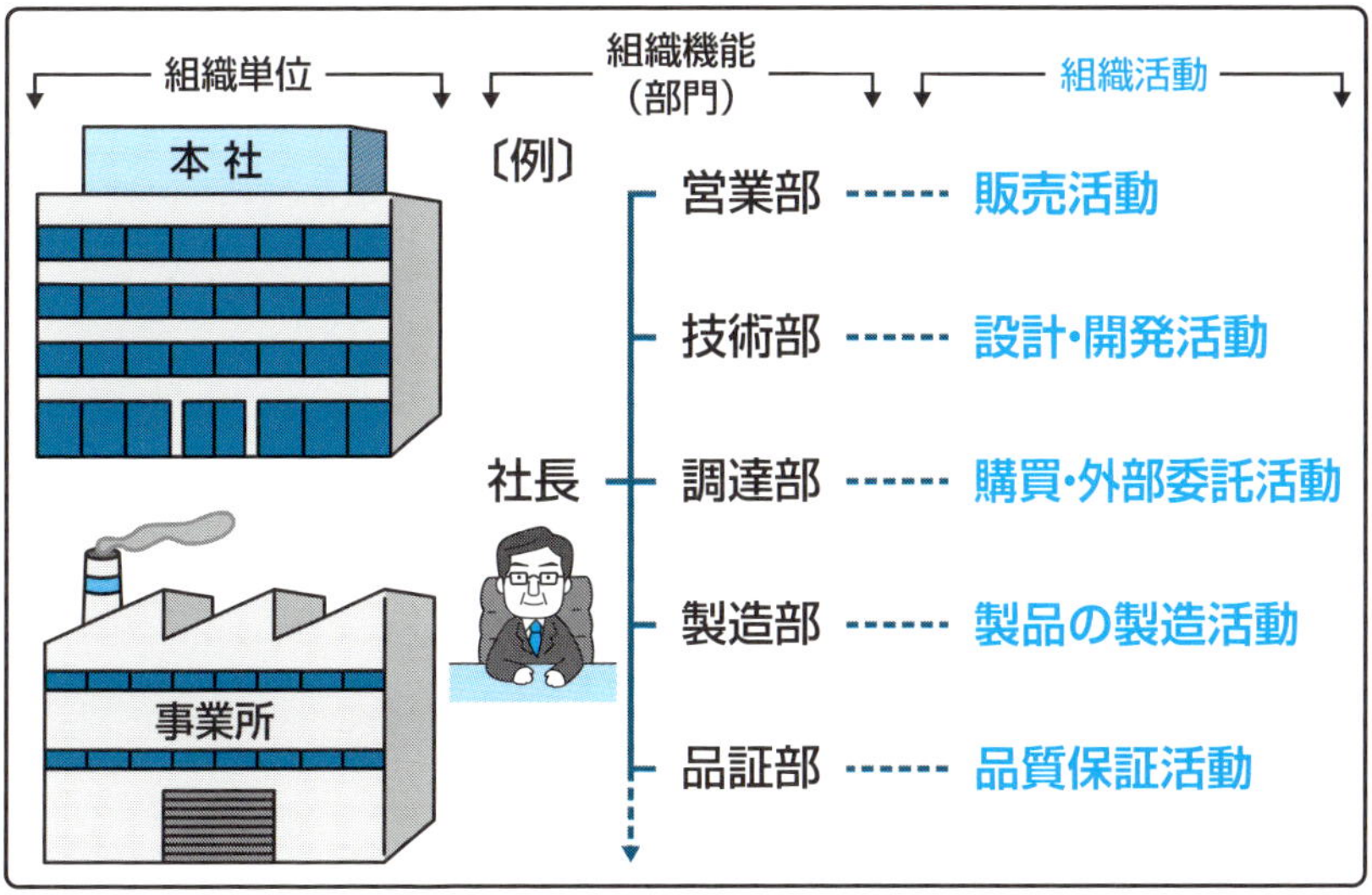

境界とは、組織の管理が及ぶか、及ばないかの境目をいい、適用範囲の境界には、物理的境界と組織・機能的境界とがあります（上図参照）。

適用可能性とは、組織が環境マネジメントシステムの適用をどこまでの範囲にすべきかを調査し、妥当と考えられる範囲に決めることをいいます。

◇適用範囲を決定する五つの考慮事項

環境マネジメントシステムの適用範囲は、組織の裁量で自主的に決定するのですが、組織は、次の五つの事項を考慮して決定することを求められています。

ⓐ 箇条4・1で得た知識

箇条4・1で、組織の能力に影響を与える、外部及び内部の課題を理解し、そのアウトプットとして得た知識（情報）が、環境マネジメントシステムの中で実現できるよう考慮して適用範囲を決定します。

ⓑ 箇条4・2で得た知識

箇条4・2で、組織の能力に影響を与える利害関係者のニーズ及び期待の中での順守義務を確実に果たすよう考慮して適用範囲を決めます。―次ページに続く―

4・3 環境マネジメントシステムの適用範囲の決定［2］

—適用範囲を決定するときの五つの考慮事項—

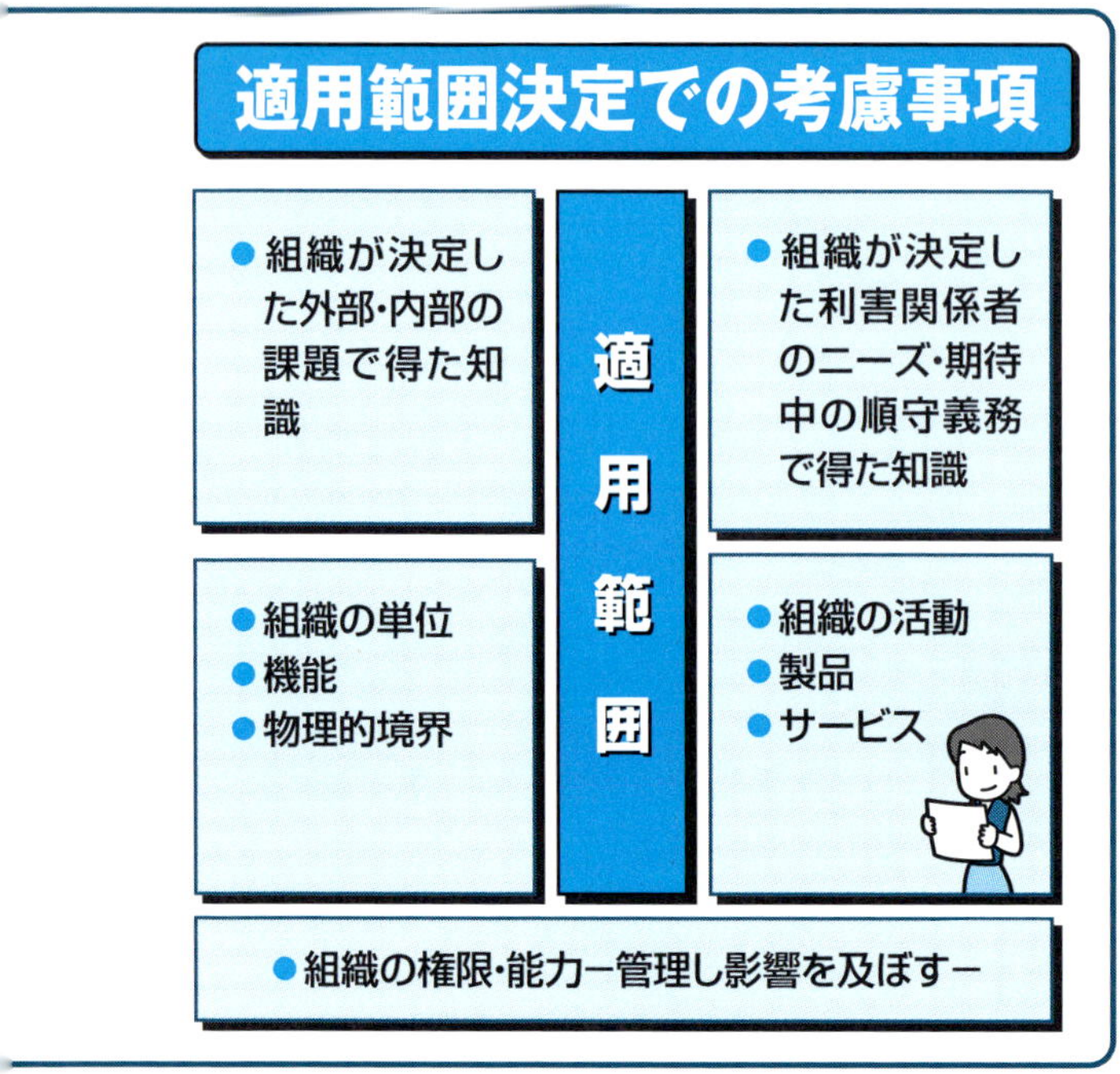

ⓒ 組織の単位、機能及び物理的境界

組織とは、自らの目的を達成するため、責任、権限及び相互関係を伴う独自の機能をもつ、個人又は人々の集まりをいいます。

組織の単位・機能に関する適用範囲の単位としては、環境マネジメントシステムを組織全体に適用するのか、組織の事業所単位に適用するのかということです。

特定の事業所で適用する場合は、その事業所のトップマネジメントが環境マネジメントシステムを確立する権限をもっている必要があります。

法令・規制要求事項（例：廃棄物管理、公害防止管理など）が、従来の事業所単位の規制から組織全体（法人単位）に対する規制に変化しています。したがって、環境マネジメントシステムの実施も、組織全体で取り

管理できる範囲と影響を及ぼす範囲〔例〕

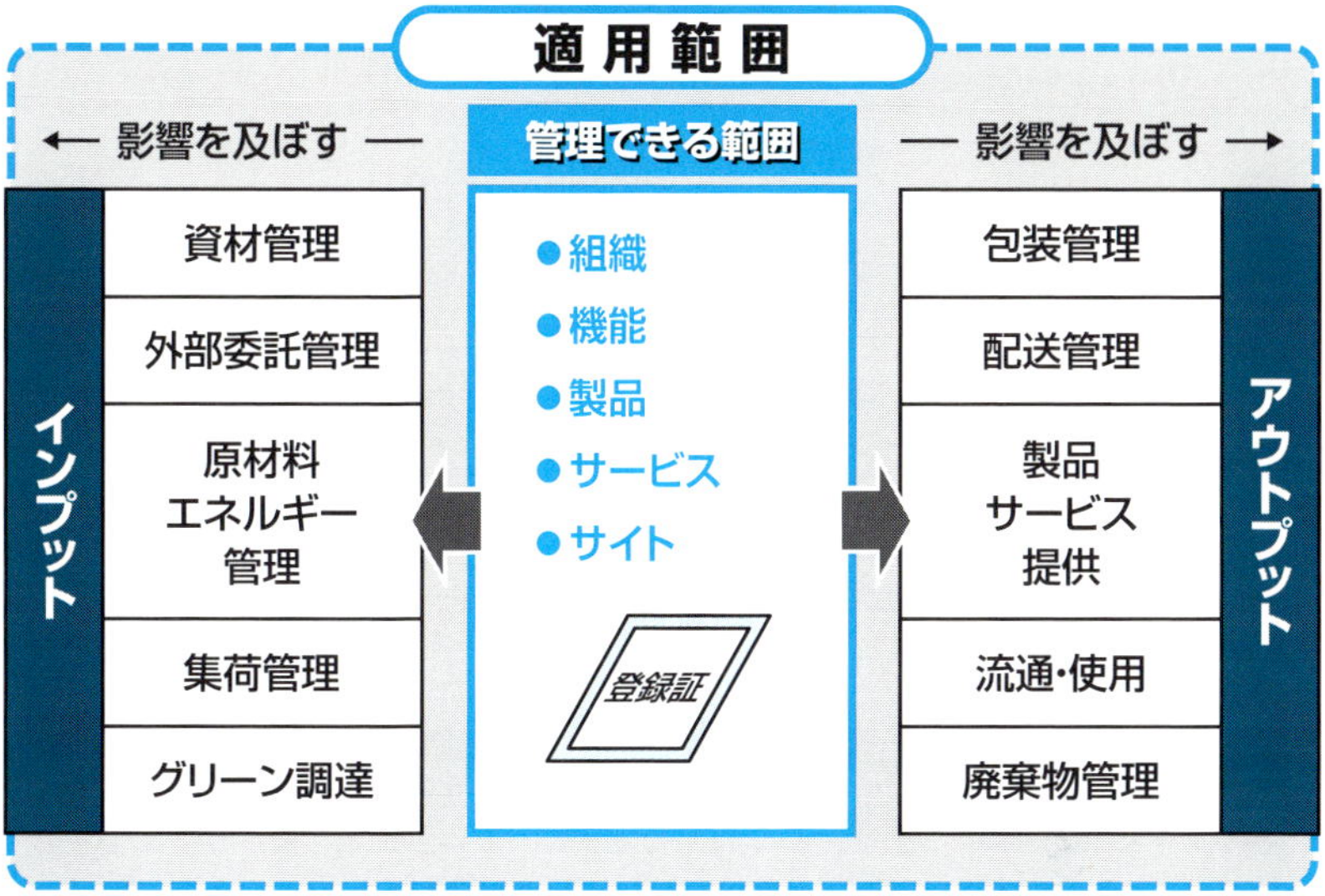

組み、統括的な管理を行なうことが望ましいといえます。

機能とは、組織の指定された部署によって実施される役割をいいます。

物理的境界とは、組織が占有している敷地、場所であって、その地理的な所在地をいいます。

ⓓ 組織の活動、製品及びサービス

組織の活動には、設計・開発、調達、製造・サービス提供などのほかに、敷地外での営業、配送、メンテナンスサービスなども含まれます。

組織の活動は、著しい環境側面をもつ可能性のある活動を含め、また、管理の対象となる製品及びサービスを考慮して、適用範囲を決めるとよいです。

ⓔ 管理し影響を及ぼす、組織の権限及び能力

組織は、外部提供者から提供を受ける製品・サービスについては管理できる側面は少ないですが、組織の製品・サービスの設計で指定する材料・システムを考慮することで影響を及ぼすことができます。

ここで注意することは、この適用範囲は、組織が影響を及ぼす環境側面を含むので、認証機関の認証範囲と異なることがあります。混同しないようにしましょう。

7-16

4・3 環境マネジメントシステムの適用範囲の決定［3］

—適用範囲は文書化した情報として維持する—

適用範囲は組織が決める

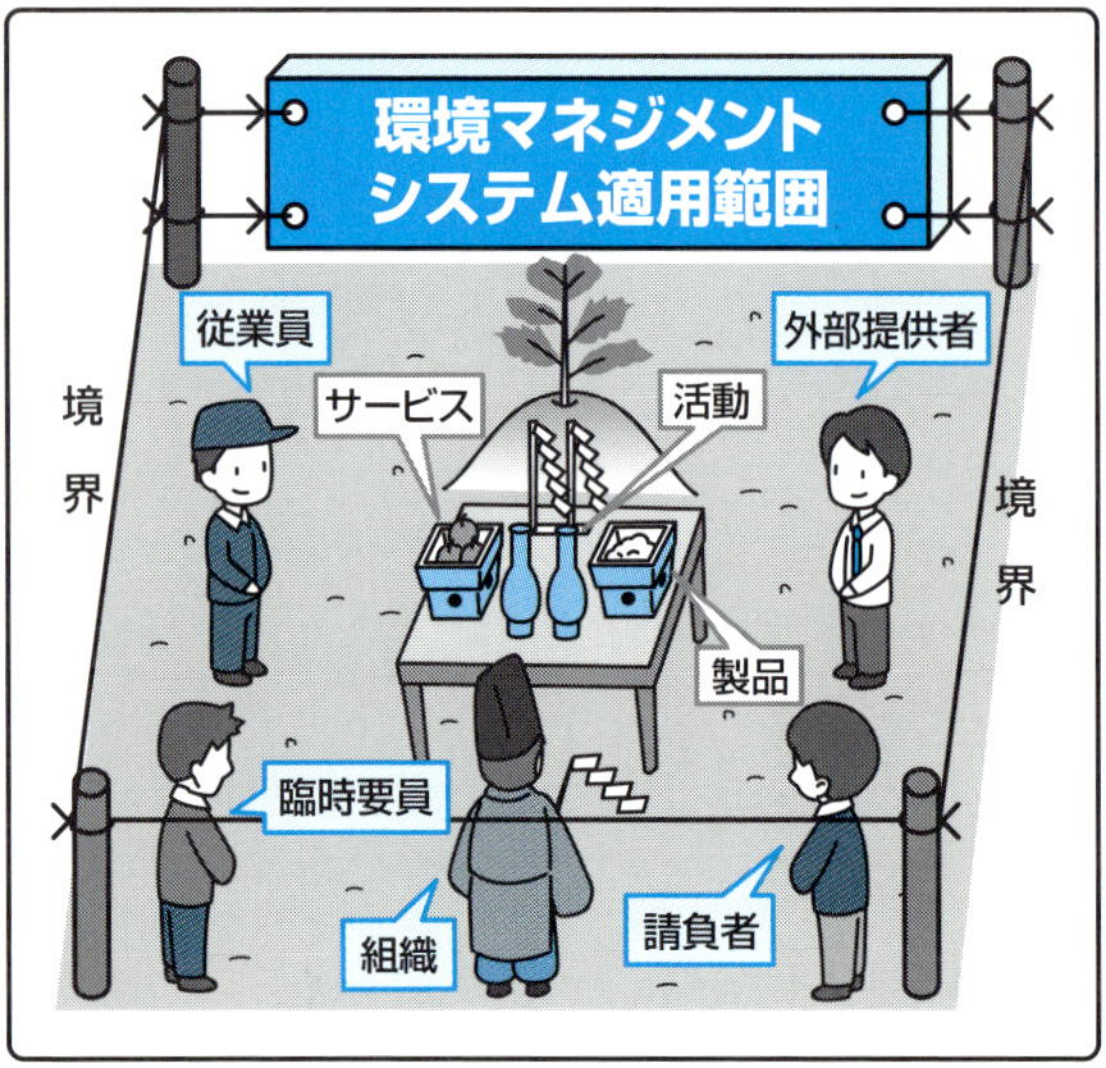

◆環境マネジメントシステムの適用範囲

環境マネジメントシステムの適用範囲とは、適用組織（組織の境界）、その組織の物理的境界であるサイト（場所）、そのサイトにおける対象要員（組織の管理下で働く人）、また、その組織の機能（部門）、それに関連する活動、製品・サービスをいいます。

サイトとは、組織の支配下において活動が営まれている場所をいいます。

組織の管理下で働く人とは、組織の従業員、派遣社員、パート・アルバイトの人、組織が外部委託したプロセスに係る人々をいいます。

◆適用範囲内の活動はすべて適用する

環境マネジメントシステムの適用範囲の決定は、組織

適用範囲は入手可能とする

適用範囲は文書化する

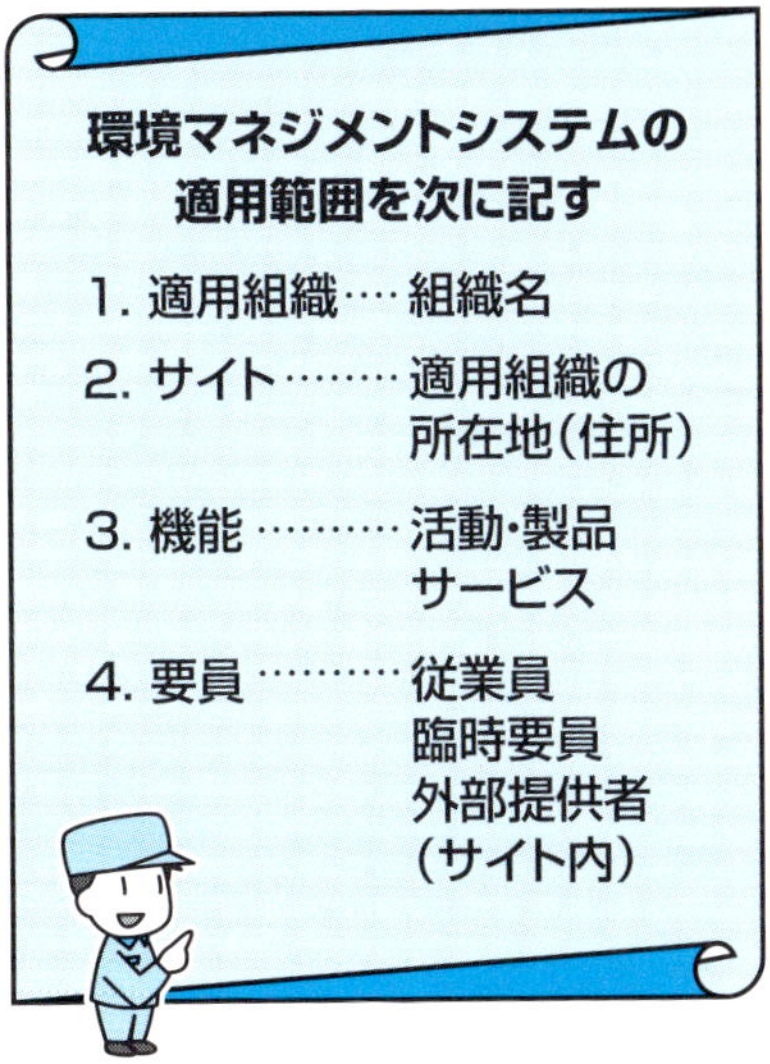

の自主裁量で行なうことですが、一旦、環境マネジメントシステムの適用範囲を決定したならば、その範囲内で実施されているすべての活動、製品及びサービスは、環境マネジメントシステムの管理下に置く必要があります。

◆適用範囲は文書化した情報として維持する

組織は、環境マネジメントシステムの適用範囲を文書化した情報として維持するとともに、利害関係者がこれを入手できるようにすることを求められています。

適用範囲の文書化した情報（文書）は、事実に基づく内容とし、環境マネジメントシステムの組織・機能的境界及び物理的境界（地理的所在地）を記述するとよいでしょう。

組織は、ＩＳＯ１４００１規格への適合を宣言するならば、適用範囲の文書化した情報を利害関係者が入手できるようにする必要があります。

適用範囲の文書化した情報を入手可能にするには、会社案内、ホームページなどに適用範囲を公開するなどの方法があります。認証を取得している組織では、認証機関の**登録証**を添付するのもよいでしょう。

7-17

4・4 環境マネジメントシステム［1］

―環境マネジメントシステムを確立する―

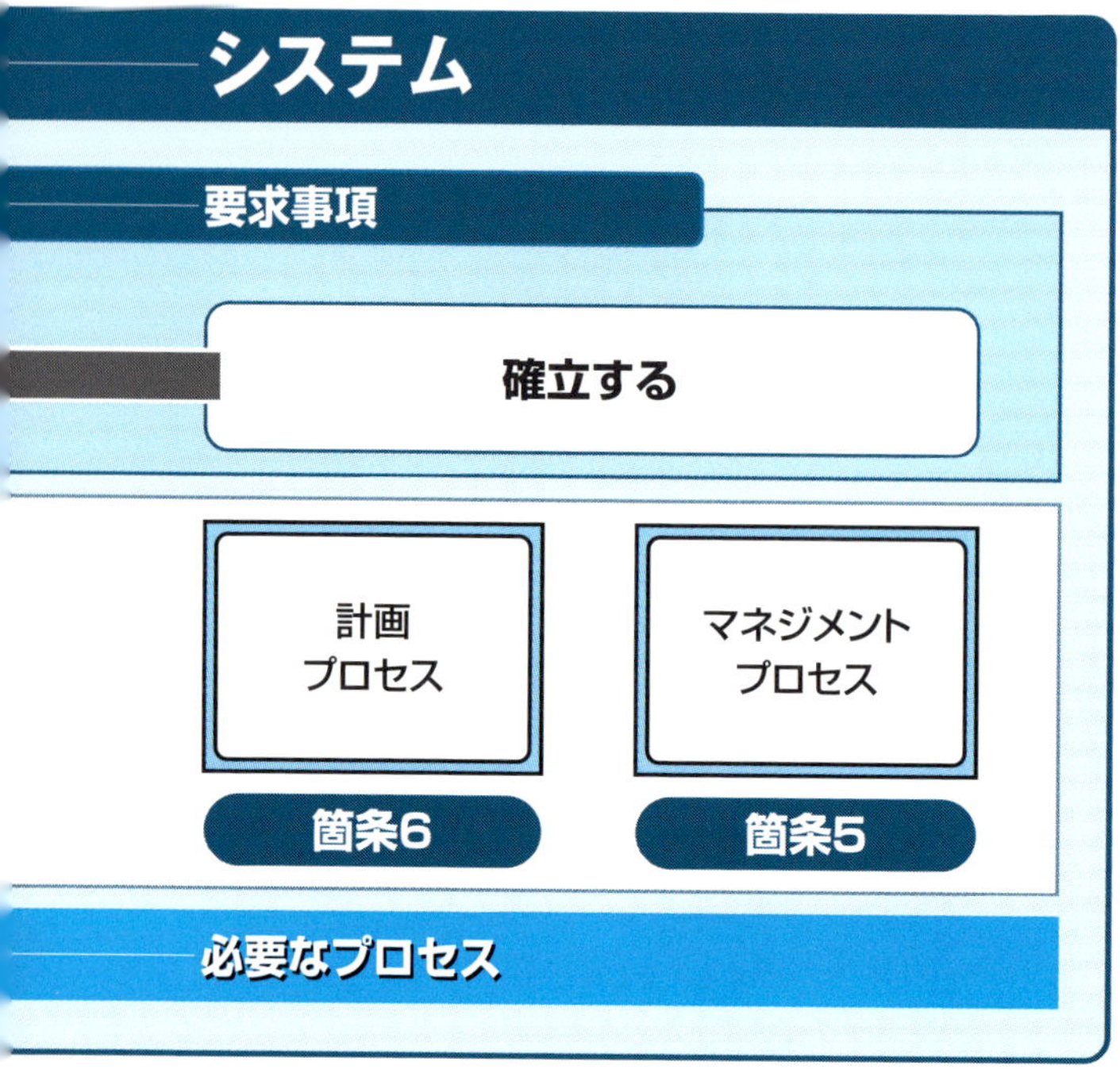

◆箇条4・4の要求事項の要点

箇条4・4は、ISO14001規格の要求事項に適合し、有効な環境マネジメントシステムを構築するために、必要なプロセスの作成を包括的に求めています。

◆環境マネジメントシステムとは

環境マネジメントシステムとは、マネジメントシステムの一部で、環境側面をマネジメントし、順守義務を満たし、リスク及び機会に取り組むために用いられるものをいいます。

マネジメントシステムとは、方針、目的及びその目的を達成するためのプロセスを確立するための、相互に関連する又は相互に作用する、組織の一連の要素をいいます。

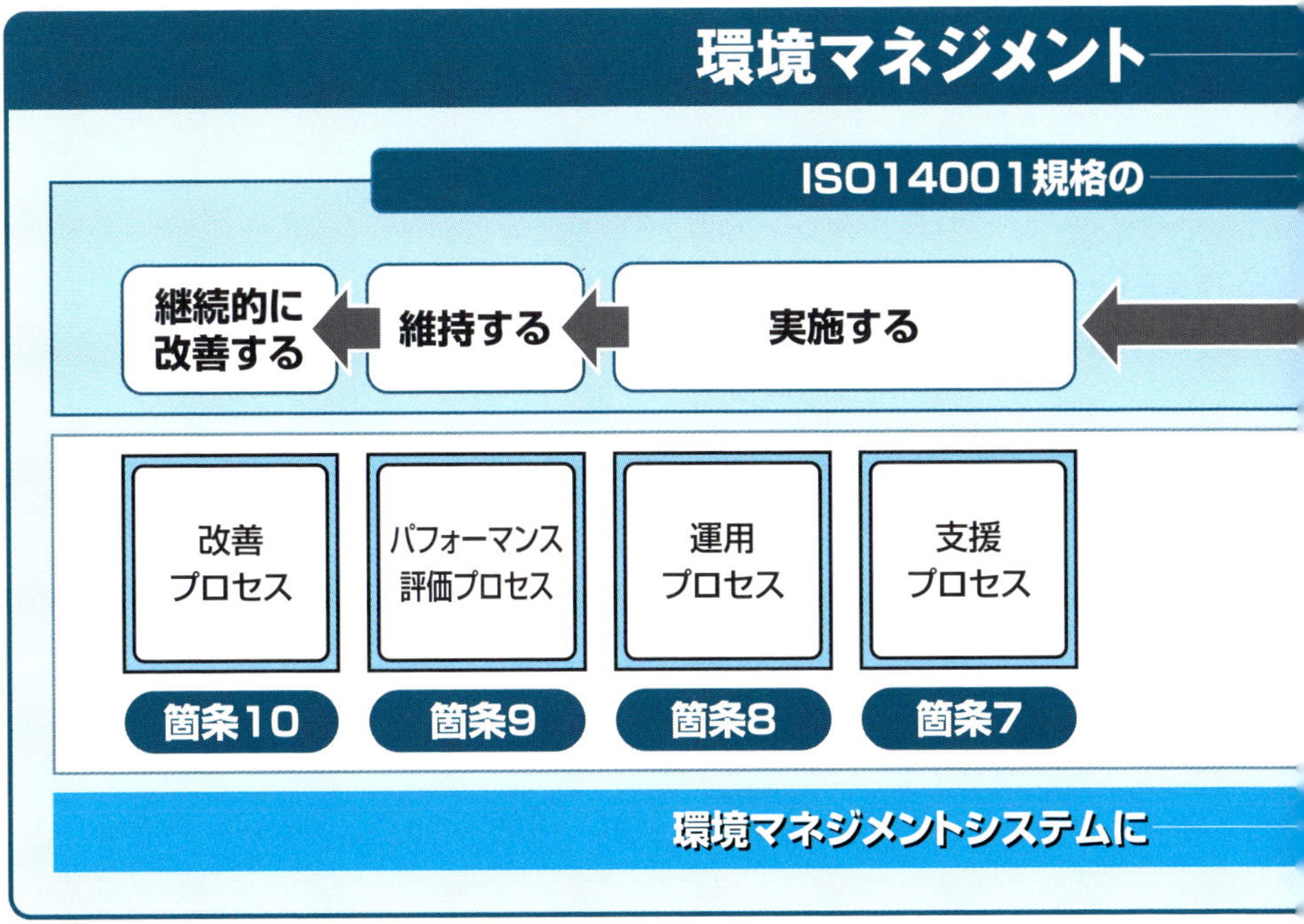

◆環境マネジメントシステムを確立する

組織は、環境パフォーマンスの向上を含む、意図した成果を達成するため、ISO14001規格の要求事項に従って、必要なプロセス及びそれらの相互作用を含む環境マネジメントシステムを確立し、実施し、維持し、継続的に改善することを求められています。

ISO14001規格の要求事項でプロセスの確立が明示されているのは、箇条6・1「リスク及び機会への取組み」の6・1・1「一般」、箇条7・4「コミュニケーション」の7・4・1「一般」、箇条8・1の「運用の計画及び管理」、箇条8・2の「緊急事態への準備及び対応」、箇条9・1・2の「順守評価」です。

確立するとは、環境マネジメントシステムを実施できるよう準備、構築することをいいます。

実施するとは、構築した環境マネジメントシステムを実際に行なうことをいいます。

維持するとは、環境マネジメントシステムを同じ状態に保つために処置をとることをいいます。

継続的に改善するとは、結果である環境パフォーマンスを継続的に向上させることをいいます。

7-18

4・4 環境マネジメントシステム[2]

―箇条4・4はすべての箇条に適用される―

◆箇条4・4はほかの箇条にも適用される

箇条4・4は、包括的な要求事項ですので、ISO14001規格のほかのすべての箇条に適用されます。

ISO14001規格の各箇条の要求事項に、明示されていなくても、その箇条の要求事項に必要なプロセス及びそれらの相互作用を含めた環境マネジメントシステムを確立し、実施し、維持し、継続的に改善することを要求しています。

◆意図した成果

環境マネジメントシステムの意図した成果には、環境パフォーマンスの向上のほかに、順守義務を満たすこと、環境目標を達成することが含まれます。

環境パフォーマンスとは、環境側面のマネジメントに

プロセス ―Process―

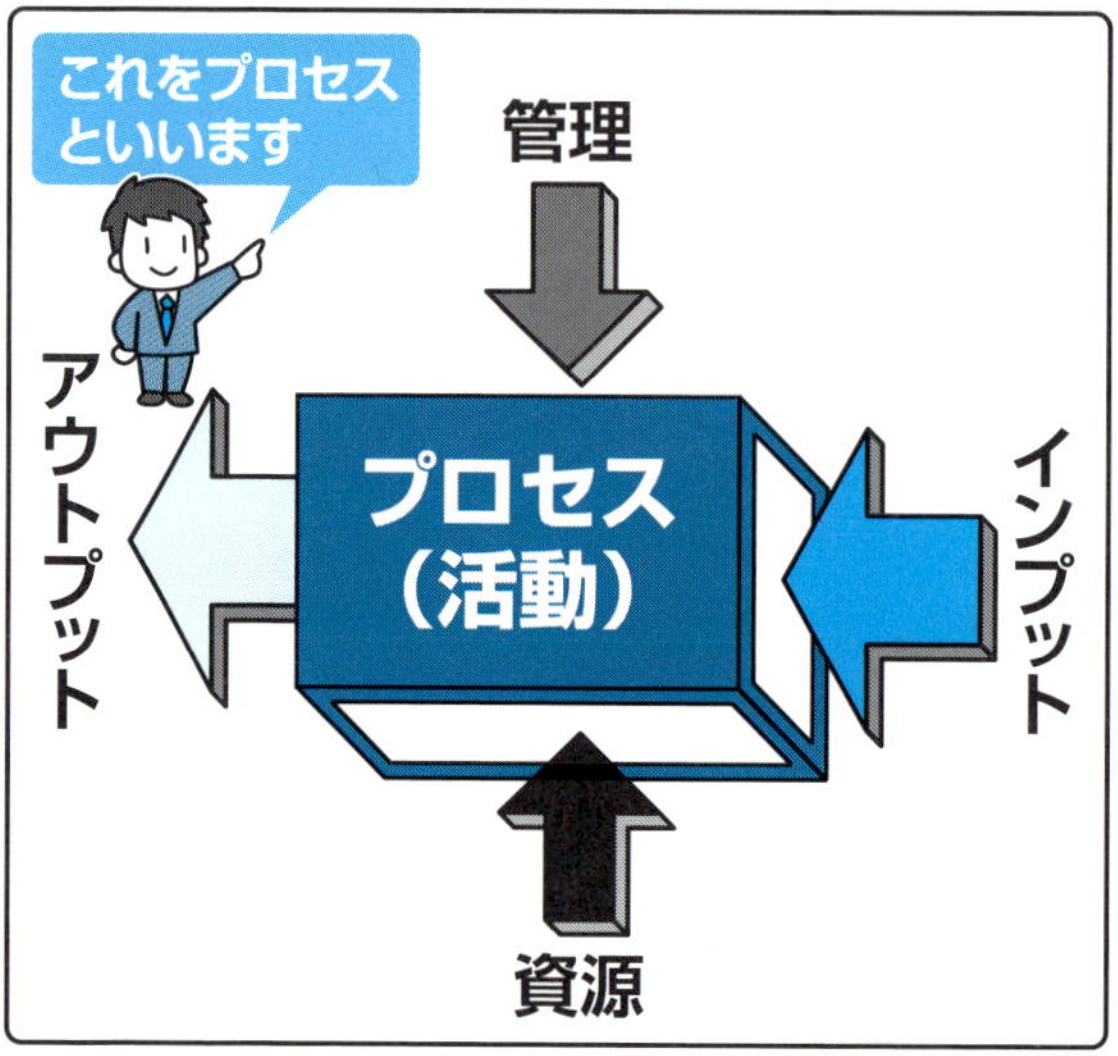

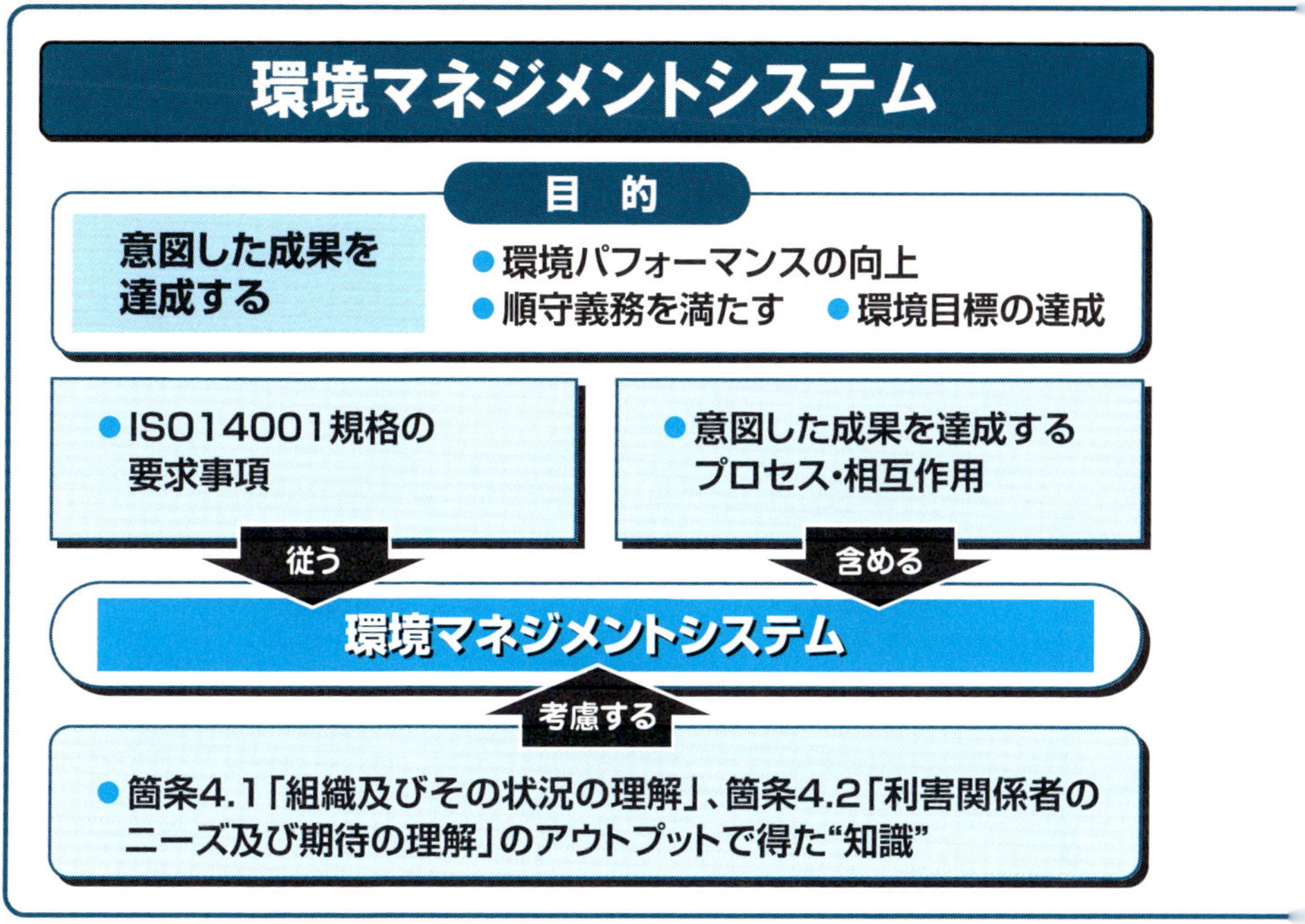
環境マネジメントシステム
目　的
意図した成果を達成する
●環境パフォーマンスの向上
●順守義務を満たす　●環境目標の達成
●ISO14001規格の要求事項
●意図した成果を達成するプロセス・相互作用
従う
含める
環境マネジメントシステム
考慮する
●箇条4.1「組織及びその状況の理解」、箇条4.2「利害関係者のニーズ及び期待の理解」のアウトプットで得た“知識”

関連するパフォーマンス（測定可能な結果）をいいます。

◆必要なプロセス

必要なプロセスとは、環境マネジメントシステムの意図した成果を達成するためのプロセスをいいます。

必要なプロセスには、マネジメントのプロセス、計画のプロセス、支援のプロセス、運用のプロセス、パフォーマンス評価のプロセス、改善のプロセスが含まれます。

プロセスとはインプットをアウトプットに変換する相互に関連する又は相互に作用する一連の活動をいいます。

◆箇条4・4と箇条4・1、箇条4・2の関係

組織は、環境マネジメントシステムを確立し、維持するとき、組織の状況に関する箇条4・1で決定した外部及び内部の課題、及び箇条4・2の順守義務を含む利害関係者のニーズ及び期待（要求事項）で決定し、理解した知識を考慮することを求められています。

箇条4・1及び箇条4・2の組織の状況で得た知識は、環境マネジメントシステムを計画し、運用するための基礎となるということです。

7-19

5 リーダーシップ

5・1 リーダーシップ及びコミットメント【1】

◆箇条5の要求事項の構成

箇条5では、トップマネジメントのリーダーシップ、コミットメントの実証、組織の状況と両立する環境方針の設定、組織内の責任及び権限の明確化など、トップマネジメントが、環境マネジメントシステムの意図した成果を達成するための要求事項が規定されています。

◆箇条5・1の要求事項の要点

箇条5・1では、トップマネジメントが、環境マネジメントシステムに関して、自身が果たすべき役割と責任が規定されています。

◆トップマネジメントが求められる責任

トップマネジメントは、環境マネジメントシステムに関するリーダーシップ及びコミットメントを実証するよう求められています。

トップマネジメントとは、最高位で組織を指揮し、管理する個人又は人々の集まりをいいます。

リーダーシップとは、目的及び目指す方向を一致させ、人々が組織の環境目標の達成に積極的に参加している状況をつくり出すことをいいます。

コミットメントとは、関与、約束などを意味します。

ここでのコミットメントとは、トップマネジメントが、環境マネジメントシステムの計画、実施及び改善に深く関与すること、ならびにその状態をいいます。

実証するとは、証拠を示すなどして、トップマネジメントの関与がわかるようにすることです。

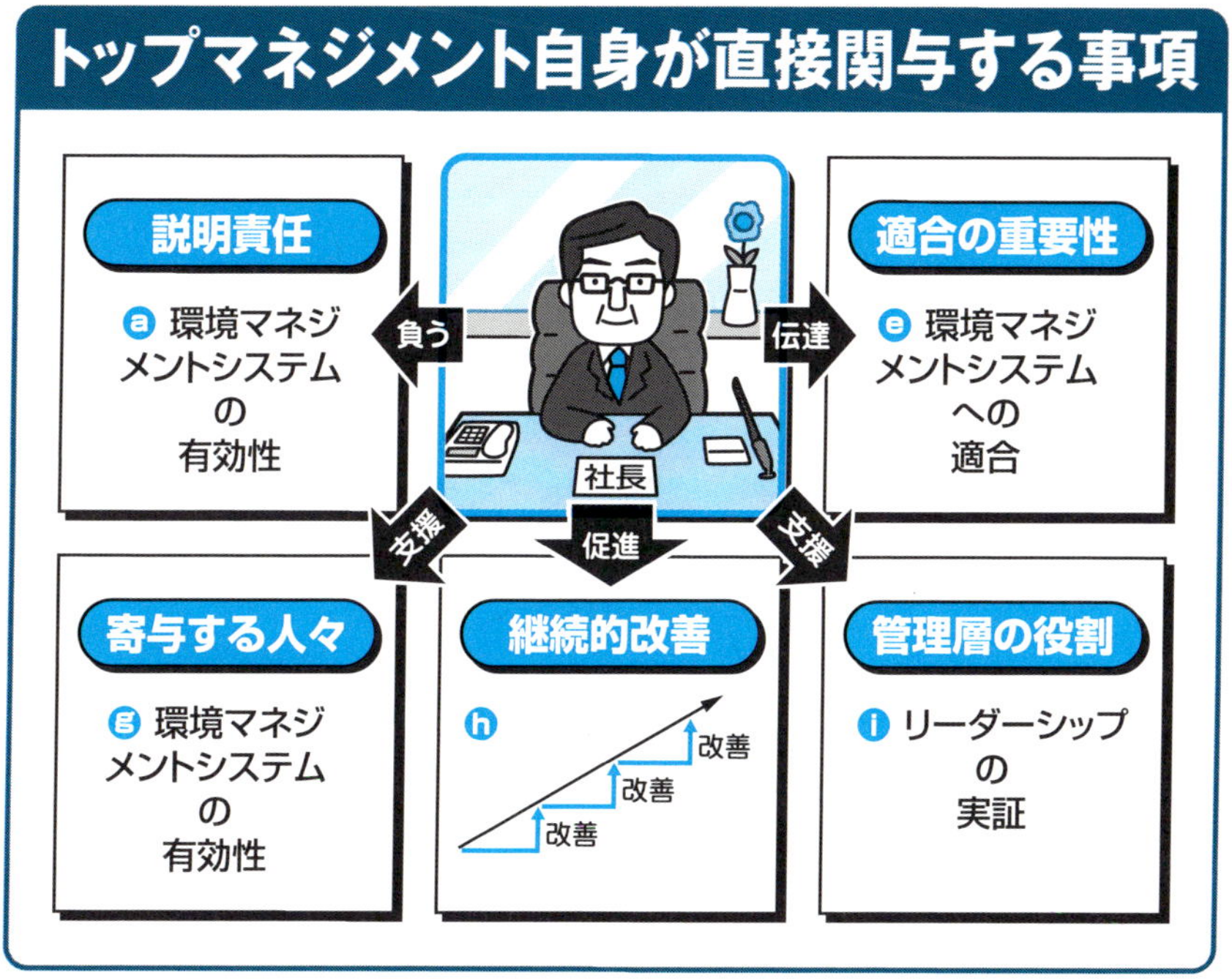

◇トップのリーダーシップ・関与の実証事項

トップマネジメントは、次のⓐからⓘの九事項によって、環境マネジメントシステムに関するリーダーシップ及びコミットメント（関与）を実証する必要があります。九事項のうち、ⓐ、ⓔ、ⓖ、ⓗ、ⓘは、トップマネジメントが自ら実施し、ⓑ、ⓒ、ⓓ、ⓕは、要求事項に〝確実にする〟とあるのでほかの人に責任を委譲できます。

確実にするとは、トップマネジメントが、自ら実施しなくても、実施の責任をほかの人に委譲できますが、その実施を確認して最終的に責任をもつことをいいます。

ⓐ 説明責任を負う

トップマネジメントは、環境マネジメントシステムの有効性に説明責任を負うことで、リーダーシップ及び関与を実証する必要があります。

有効性とは、計画した活動を実行し、計画した結果を達成した程度をいいます。

ここで、計画した結果とは、意図した成果（環境パフォーマンスの向上、順守義務を満たす、環境目標の達成）をいいます。

―次ページに続く―

7-20

5・1 リーダーシップ及びコミットメント［2］

―トップマネジメントはリーダーシップ・関与を実証する―

環境マネジメントシステムの有効性とは、組織が環境マネジメントシステムに関して計画した活動を実施したことにより、環境パフォーマンスが向上し、順守義務が満たされ、環境目標が達成された程度をいいます。

説明責任とは、決定及び活動に関して、組織の統治機関、規制当局及びより広義には、その利害関係者に対して、責任のある対応のとれる状態をいいます。

トップマネジメントは、環境マネジメントシステムの有効性に関し、最終的な責任を負うこと、そして、その結果について利害関係者に説明する責任があるということです。―説明責任はほかの人に委譲できない―

ⓑ 環境方針、環境目標を確立する

トップマネジメントは、環境方針及び環境目標を確立し、それらが組織の戦略的な方向性及び組織の状況と両立することを確実にすることによって、リーダーシップ及び関与を実証する必要があります。

組織の戦略的な方向性とは、高いレベル／包括的な組織の目指すところをいい、組織の目的を達成するための中長期経営計画、中期目標などに表示され、年次計画、月次目標に展開されることがあります。

環境方針、環境目標は、箇条4・4での「環境マネジメントシステムを確立し、維持するとき、箇条4・1及び箇条4・2の組織の状況で得た知識を考慮する」ことを実施できる内容にします。

両立するとは、問題なく、矛盾のない状態であることをいいます。

ⓒ 事業プロセスへ統合する

トップマネジメントは、組織の事業プロセスへの環

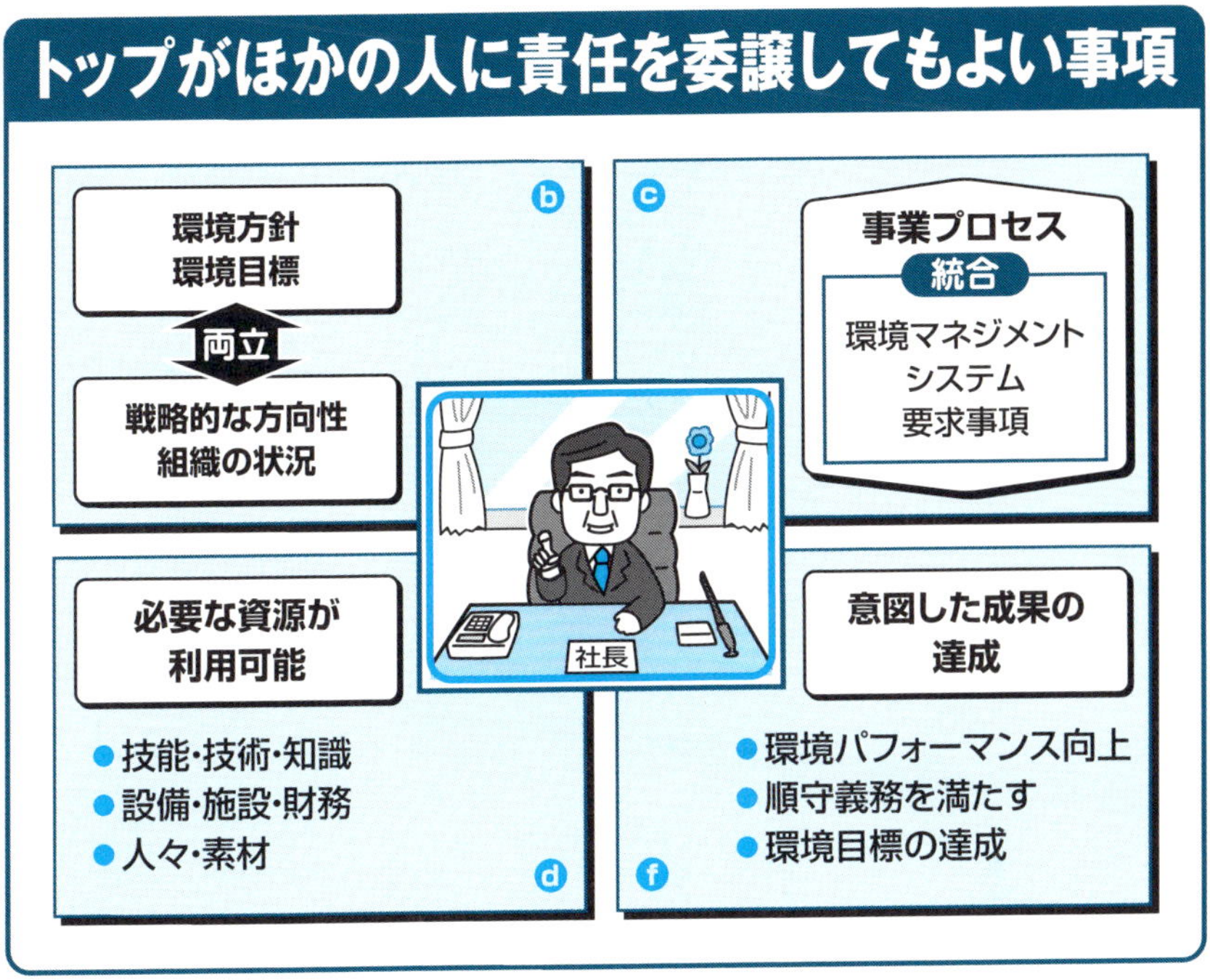

境マネジメントシステム要求事項の統合を**確実にする**ことによって、リーダーシップ及び関与を実証する必要があります。

ＩＳＯ１４００１規格において**事業**とは、組織の存在の目的の中核となる活動をいいます。

事業プロセスとは、一般的な製造業、サービス業では、組織が顧客の要求事項を満たした製品、サービスを提供するプロセスをいいます。

統合とは、組織の根幹である日常行なっている事業プロセスに、環境マネジメントシステムの要求事項を組み込み、一体化して、乖離せず運用することです。

d 資源が利用可能である

トップマネジメントは、環境マネジメントシステムに必要な資源が、利用可能であることを**確実にする**ことによって、リーダーシップ及び関与を実証する必要があります。

トップマネジメントは、箇条7・1の「資源」に示されている環境マネジメントに必要な資源を該当する部門に割り当てられるようにしくみをつくります。

―次ページに続く―

5・1 リーダーシップ及びコミットメント［3］

―事業プロセスへの環境マネジメントシステムの統合―

資源には、人々、専門的な技能、技術、知識などの人的資源、素材、エネルギー、設備、施設、財務などが含まれます。

e 要求事項への適合の重要性を伝達する

トップマネジメントは、自ら有効な環境マネジメントへの適合及び環境マネジメントシステムの要求事項への適合の重要性を伝達することによって、リーダーシップ及び関与を実証する必要があります。

環境マネジメントとは、組織が自らの環境設計及び目的を考慮して、自らの活動、製品又はサービスが、環境に及ぼす影響に関する管理活動をいいます。

要求事項への適合の重要性は、教育やコミュニケーションにより伝達するとよいでしょう。

f 意図した成果を達成する

トップマネジメントは、環境マネジメントシステムが意図した成果を達成することを確実にすることによりリーダーシップ及び関与を実証する必要があります。

トップマネジメントは、環境マネジメントシステムの活動を活性化することにより、意図した成果（環境パフォーマンスの向上、順守義務を満たす、環境目標の達成）を実現できるような状況（しくみ）にすることです。

g 人々を指揮し支援する

トップマネジメントは、組織のすべての部門及び階層の人々に対して、環境マネジメントシステムの有効性に寄与（貢献）するよう指揮し、支援することで、リーダーシップ及び関与を実証する必要があります。

環境マネジメントシステムの有効性とは、意図した

環境マネジメントシステムの事業プロセスへの統合〔例〕

- 環境マネジメントシステムの意図した成果、環境目標を組織のビジョン、戦略に組み込む。
- 環境パフォーマンス指標を部門、従業員の評価を含む事業パフォーマンスに組み込む。
- 環境マネジメントシステムの責任を、組織の職務分掌規定に組み込む。
- 環境に関する基準を製品・サービスの設計・調達プロセスに組み込む。

成果が達成された程度をいい、その達成は、組織のすべての人々の積極的な参画で得られるということです。

トップマネジメントは、作業環境、設備、資金などを提供し支援するとよいでしょう。

h 継続的改善を促進する

トップマネジメントは、組織のために働くすべての人々に対して、継続的改善に積極的に取り組むよう、マネジメントレビュー、各会議体を通して指示し、促進することによって、リーダーシップ及び関与を実証する必要があります。

継続的改善とは、パフォーマンスを向上するために繰り返し行なわれる活動をいいます。

i 管理層の役割を支援する

トップマネジメントは、管理層が環境マネジメントシステム要求事項の実施、目標の達成に向けて、自己の責任範囲内において、リーダーシップを実証するよう、その役割を支援することによって、トップマネジメントのリーダーシップ及び関与を実証することです。

それには、管理層の責任・権限を明確にし、役割が発揮できるような体制にするとよいでしょう。

5・2 環境方針［1］

―トップマネジメントは環境方針を確立する―

◆箇条5・2の要求事項の要点

箇条5・2では、トップマネジメントが、環境方針を策定するにあたって、環境保護、順守義務を満たす、継続的改善の三つのコミットメント（約束）を満たすこと、そして、環境方針の取扱いについて規定しています。

◆環境方針を確立する

トップマネジメントは、組織の環境マネジメントシステムの定められた適用範囲の中で、環境方針を確立し、実施し、維持することを求められています。

環境方針とは、トップマネジメントによって正式に表明された、環境パフォーマンスに関する、組織の意図及び方向付けをいいます。

環境方針は、環境に関する組織の戦略的な方向性を定

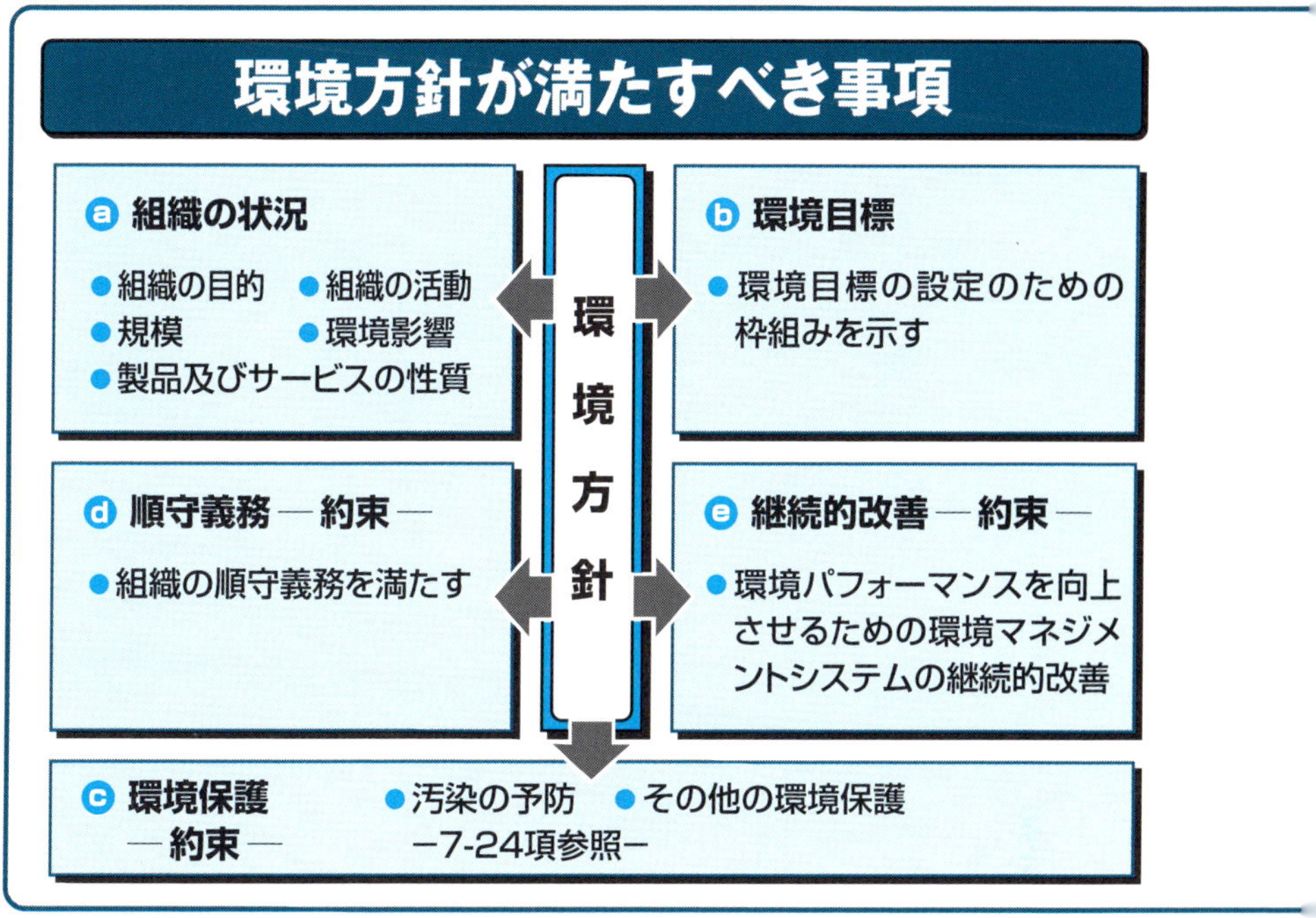
環境方針が満たすべき事項
a 組織の状況
●組織の目的 ●組織の活動
●規模 ●環境影響
●製品及びサービスの性質
b 環境目標
●環境目標の設定のための枠組みを示す
環境方針
d 順守義務 ― 約束 ―
●組織の順守義務を満たす
e 継続的改善 ― 約束 ―
●環境パフォーマンスを向上させるための環境マネジメントシステムの継続的改善
c 環境保護 ― 約束 ―
●汚染の予防 ●その他の環境保護
―7-24項参照―

め、また組織に要求される環境責任及び環境パフォーマンスのレベルを定めるものであって、組織の環境に関する行動の原則を確立するものです。

環境方針は、経営理念、経営方針などの組織の総合的な方針と整合している必要があります。

組織は、箇条4・3で自由裁量で決めた適用範囲の中で、環境方針の実現に責任をもつ必要があります。

◆環境方針に求められる五つの事項

ⓐ 組織の状況に適切である

環境方針は、組織の目的、ならびに組織の活動、製品及びサービスの性質、規模及び環境影響を含む組織の状況に対して適切である必要があります。

たとえば、多量の化学物質を用いて化学製品の生産活動を行なっている大規模な組織が、紙・ゴミ・電気の削減のみを環境方針に挙げるのは、組織の目的・活動・製品の性質、規模、環境影響、そして利害関係者のニーズ・期待に対して適切でないということです。

適切でないとは、目的に対して内容がよくあてはまっていないということです。

—次ページに続く—

5・2 環境方針［2］

―環境方針には汚染の予防を含める―

環境方針に含める環境保護

汚染の予防

- 発生源の低減・排除
- 資源の効率的な使用
- 代替材料の利用
- 代替エネルギーの利用
- プロセス、製品、サービスの変更
- 再利用
- 回収
- 再生又は処理
- リサイクル

環境影響とは、有害か有益かを問わず、全体的に又は部分的に組織の環境側面から生じる、環境に対する変化をいいます。また組織の状況とは、箇条4・1及び4・2で決定した外部及び内部の課題、利害関係者のニーズ及び期待から得た知識（情報）をいいます。

ⓑ 環境目標の設定のための枠組みを示す

環境方針には、環境目標の設定のための枠組みを示す必要があります。

環境目標とは、組織が設定する、環境方針と整合のとれた目標（達成する結果）をいいます。

環境目標の設定のための枠組みとは、環境目標設定の基本を示し、組織内において、どのように環境目標を設定すればよいのか、その方向性がわかるような内容に、環境方針を定めるということです。

組織がコミットメントを選択できる環境保護 ―環境方針―

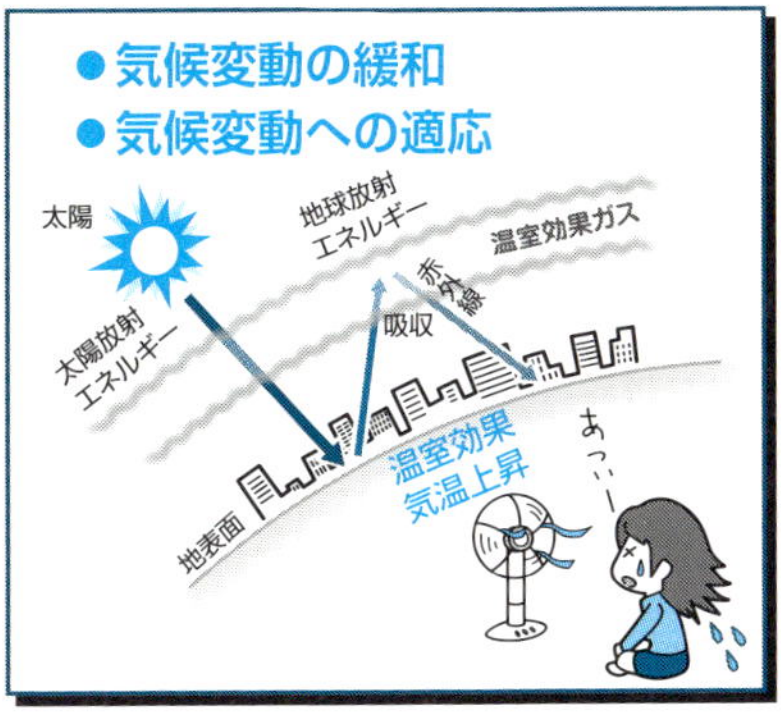

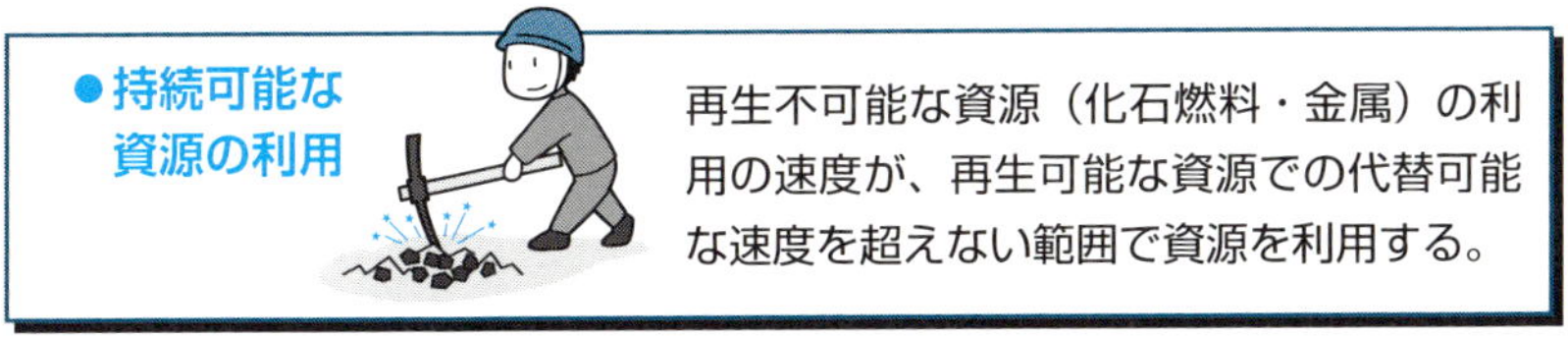

Ⓒ 環境保護に対するコミットメント

環境方針には、汚染の予防、及び組織の状況に関連するその他の固有なコミットメントを含む、環境保護に対するコミットメントを含める必要があります。

汚染の予防は、すべての組織の環境方針に含める必要がありますが、その他のコミットメント（約束）は、「組織の状況に関連する固有な」とありますので、組織の業種・形態、製品・サービスの性質などによって異なることから、組織が選択して適用するということです。

環境保護に対するその他の固有なコミットメント（約束）には、箇条5・2の注記に、持続可能な資源の利用、気候変動の緩和及び気候変動への適用、ならびに生物多様性及び生態系の保護を含み得るとされ、その課題が示されています。

● 汚染の予防

汚染の予防とは、有害な環境影響を低減するために、さまざまな種類の汚染物質又は廃棄物の発生、排出又は放出を回避、低減又は管理するためのプロセス、操作、技法、材料、製品、サービス又はエネルギーを使用することをいいます。

―次ページに続く―

5・2 環境方針［3］

―組織の状況により含める環境保護課題―

汚染の予防には、発生源の低減、排除及びプロセス、製品・サービスの変更、資源の効果的な使用、代替材料及び代替エネルギーの利用、再利用、回収、リサイクル、再生又は処理が含まれます。

●持続可能な資源の利用

持続可能な資源の利用とは、自然による補填の速度を超えない又は同等の範囲で、資源を利用することです。

組織は、電気、燃料及び加工材料、ならびに土地及び水の利用に責任をもち、革新的技術を使用し、持続可能で再生可能な資源での代替可能な速度を超えない範囲で、再生不可能な資源（化石燃料、金属、鉱物など）を利用することで、長期間にわたって資源の持続可能性を維持する必要があります。

環境保護の実施〔例〕

化石燃料の使用効率改善	気候変動への負担低減
・使用量の削減 ・再利用 ・リサイクル	・温室効果ガス排出回避 排出量削減

・現場での資材・材料使用の効率化
・検証済み資材・材料の購入

生物多様性、生息地、生態系の保護

「汚染の予防」の段階的取組み〔例〕

発生源の低減・排除	●環境配慮設計 ●プロセス・製品・技術の変更 ●材料の代替使用 ●エネルギー・資源の節約
再利用・リサイクル	●施設内での材料の再利用・リサイクル ●敷地外での材料の再利用・リサイクル
回収・処理	●敷地内外での廃棄物の回収、排出処理 ●敷地内外での排出物の処理 ー環境影響低減のためー
管理方式	●焼却（許可されている場合） ●管理されている処分

●気候変動の緩和及び気候変動の適応

気候変動とは、さまざまな時間スケールにおける気温、降水量、雲などの変化をいいます。

環境問題では、気候変動は地球の表面温度が長期的に上昇する現象、すなわち地球温暖化とその影響を包括的に示します。

気候変動の要因である二酸化炭素、メタン、亜酸化窒素などの温室効果ガスの排出は、すべての組織に直接的又は間接的に何らかの責任があります。

組織は、温室効果ガス排出の抑制による緩和及び気候変動に適応するための対策が求められます。

●生物多様性及び生態系の保護

生物多様性とは、生態系・生物群系又は地球全体に多様な生物が存在していることをいいます。

生態系とは、ある地域に生息するすべての生物群集とそれを取り巻く環境とを包括した全体をいいます。

組織は、環境を保護し、生物多様性及び生態系が提供するさまざまな機能及びサービス（食糧、水、土壌形成）を回復するように行動する責任があります。

―次ページに続く―

5・2 環境方針［4］

―環境方針は文書化し伝達し入手可能とする―

環境方針の文書化した情報〔例〕

環境方針

製品のライフサイクルすべての段階において、環境への影響を予測評価し、環境保護に努める

- 環境汚染物質の排出を抑制し汚染の予防に努める
- 温室効果ガスの排出量を削減し地球温暖化防止に努める

環境マネジメントの充実に努め、継続的に環境改善に努める

⋮

20XX年○月△日

社長　管京穂善　㊞

ⓓ 組織の順守義務を満たす

利害関係者の順守義務、特に適用される法的要求事項を満たすことへのニーズ・期待が高いことから、環境方針には、組織が順守義務を満たすことへのコミットメント（約束）を含める必要があります。

順守義務には、箇条4・2の利害関係者のニーズ・期待のうち、組織の順守義務となるものを含みます。

順守義務とは、組織が順守しなければならない法的要求事項及び組織が順守しなければならない又は順守することを選んだその他の要求事項をいいます。

ⓔ 継続的改善

環境方針には、環境パフォーマンスを向上させるための環境マネジメントシステムの継続的改善へのコミットメント（約束）を含める必要があります。

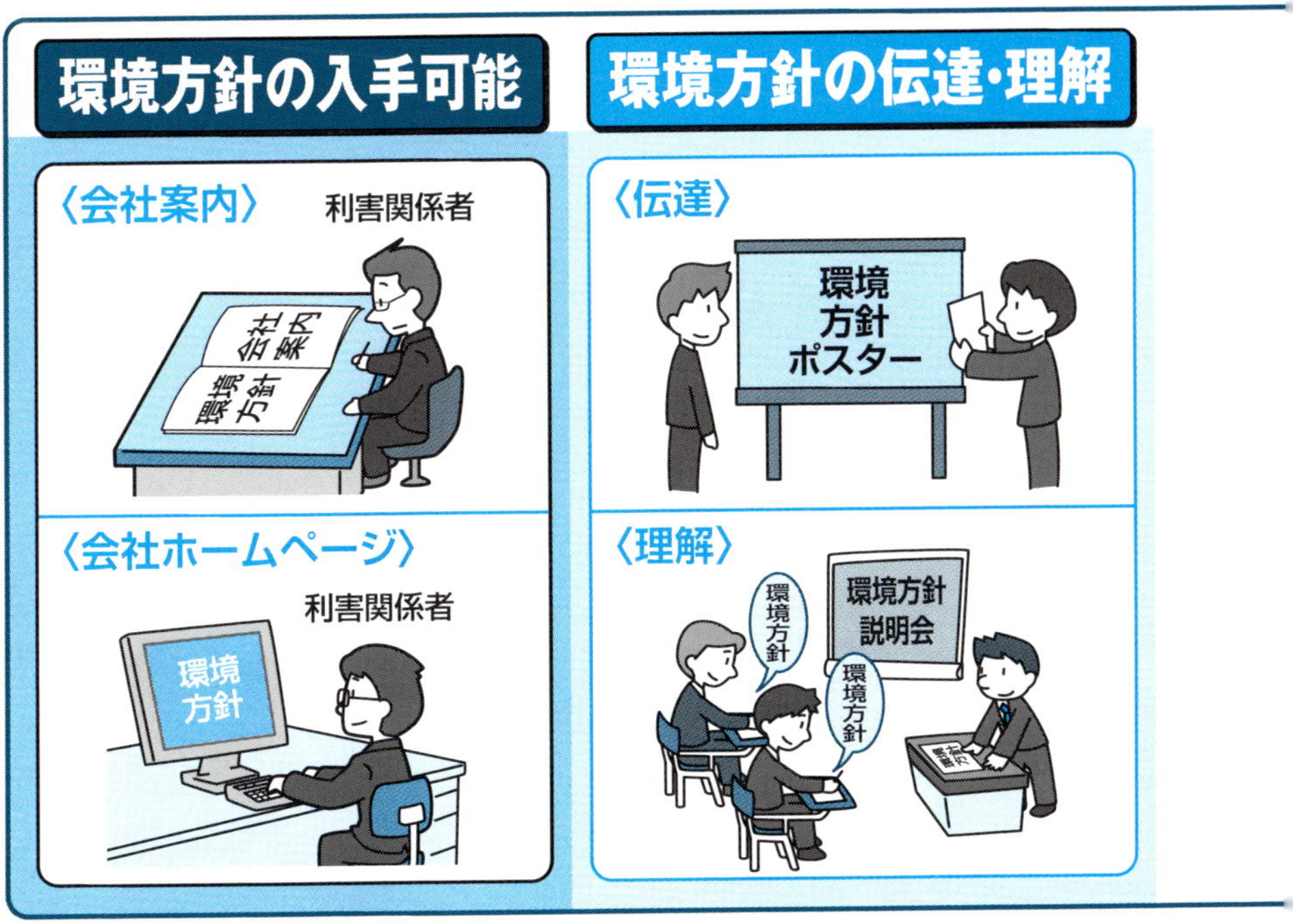

◆環境方針の取扱い

環境方針は、次の事項を満たす必要があります。

●文書化した情報を維持する

環境方針は、文書化した情報を維持する、つまり、文書として作成しておくことにより、環境方針が継続的に存在し、利用可能な状態になります。

●組織内に伝達する

組織の人々に環境方針を伝達するには、たとえば、環境方針ポスターの掲示、環境方針カードの携帯、社内ネットワークへの登録、環境方針説明会を設け、直接説明するなどがあります。

●利害関係者が入手可能である

環境方針は、組織内だけでなく、製品及びサービスを提供する顧客、共存共栄を図る外部提供者を含む利害関係者にも入手可能とし、組織が信頼を得る手段の一つとします。

環境方針を利害関係者にも入手可能にするには、組織のホームページ、会社案内に掲載するなどがあります。また、利害関係者からの要請に応じて、そのつど配付してもよいでしょう。

7-26

5・3 組織の役割、責任及び権限［1］

—トップマネジメントは責任・権限を割り当てる—

責任・権限を割り当て伝達する

役割	責任・権限
パフォーマンス監視	環境管理者
要求事項に適合	組織の管理下で働くすべての人
継続的改善促進	すべての管理者

◆箇条5・3の要求事項の要点

箇条5・3では、環境マネジメントシステムに関連する役割に対して、その責任と権限を割り当て、伝達することをトップマネジメントに求めています。

◆組織の役割に責任・権限を割り当てる

トップマネジメントは、関連する役割に対して、責任及び権限が割り当てられ、組織内に伝達されることを**確実にする**必要があります。

トップマネジメントは、環境マネジメントシステムが、有効に実施されるために、環境マネジメントシステムに関連し影響を与える業務を行なう組織の管理下で働く人々の役割に対して、責任及び権限を割り当てる必要があるということです。

特定の役割に対して責任・権限を割り当てる

条文に「確実にする」とありますので、最終責任はトップマネジメントにありますが、その実務は委譲することができます。

割り当てた責任及び権限を伝達・理解させる方法の例としては、職務分掌規定又は環境マニュアル（組織が自主的に作成した場合）などに責任・権限を明記するか、個別に質疑応答を含めて説明するとよいでしょう。

組織の管理下で働く人々は、責任・権限を理解することにより、自らの業務を有効に遂行することができます。

組織とは、自らの目的を達成するため、責任、権限及び相互関係を伴う独自の機能をもつ、個人又は人々の集まりをいいます。

責任とは、履行しなくてはならないものとして、課せられた任務又は義務をいいます。

―責任は引き受けてなすべき任務―

権限とは、任務を遂行するために付与された業務上行なうことができる範囲をいいます。

―権限は、職務を行ない得る範囲―

―次ページに続く―

5・3 組織の役割、責任及び権限[2]

―特定の役割に責任・権限を割り当てる―

◆特定の役割に対し責任・権限を割り当てる

トップマネジメントは、次のⓐ、ⓑの特定の役割に対して、責任及び権限を割り当てる必要があります。

ⓐ 環境マネジメントシステムが、ISO14001規格の要求事項に適合することを確実にする

環境マネジメントシステムが、ISO14001規格への適合を総括する役割についての責任及び権限は、個人に割り当てることも、また複数の人達に分担して割り当ててもよいとされています。

環境マネジメントシステムが、ISO14001規格に適合していることの実証は、箇条9・2の「内部監査」の要求事項に基づいて行なうとよいでしょう。

ⓑ 環境パフォーマンスを含む環境マネジメントシステムのパフォーマンスをトップマネジメントに報告する

環境マネジメントシステムの責任の例

責任をもつ人	環境責任の例
トップマネジメント 最高経営責任者	●全体的な方向を確立する ●環境方針を策定する ●環境マネジメントシステム運用のレビュー
環境管理者	●全体的な環境マネジメントシステムのパフォーマンスを監視する
該当する管理者	●環境目標及び実施計画を策定する
すべての管理者	●順守義務の順守を確実にする ●継続的改善を促進する
組織で働く人、組織のために働く人	●環境マネジメントシステム要求事項に適合する

トップマネジメントにパフォーマンスを報告する役割の責任及び権限は、個人又は複数の人に分担して割り当ててもよいとされています。

環境マネジメントシステムのパフォーマンスの報告は、箇条9・3の「マネジメントレビュー」の要求事項に基づいて行なうとよいでしょう。

しかし、環境に関するパフォーマンスは、トップマネジメントの重要な関心事ですので、必要に応じて各種会議体又は個別に報告することが望ましいといえます。

環境パフォーマンスとは、環境側面のマネジメントに関連するパフォーマンス（測定可能な結果）をいいます。

◇組織が管理責任者を置くかを決める

ＩＳＯ１４００１規格では管理責任者という名称は、明示されていませんが、ⓐとⓑの役割を、管理責任者として責任及び権限を割り当てるかは、組織が決めることです。

管理責任者は、十分な力量、認識がある人が望ましく、また、中小組織では、トップマネジメント自身が、その役割を担ってもよいでしょう。

7-28

6 計画
6・1 リスク及び機会への取組み
6・1・1 一般 [1]

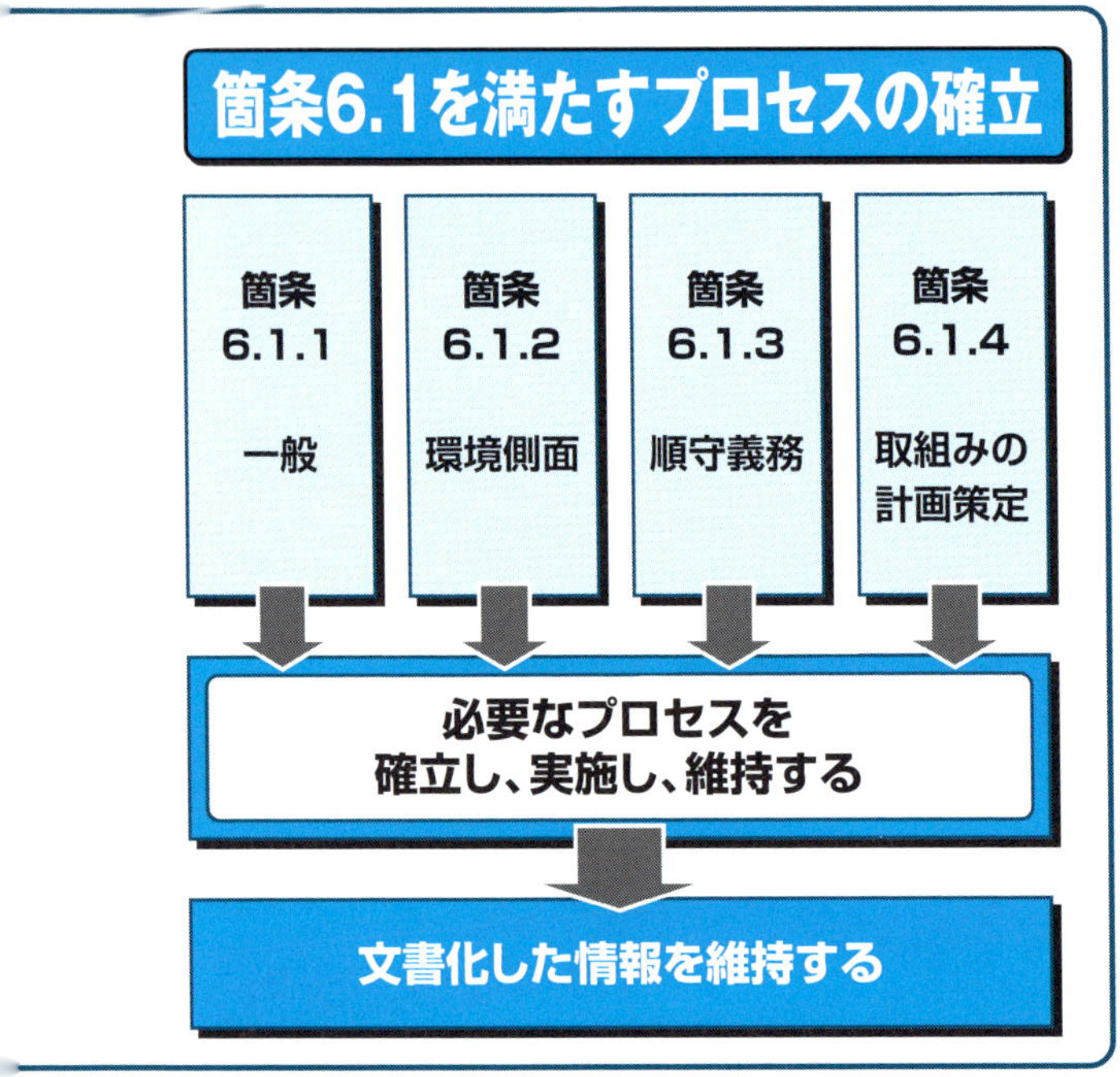

◆箇条6の要求事項の構成

箇条6では、PDCAサイクルにおける計画段階の位置付けとして、環境マネジメントシステムを計画するにあたって、取り組む必要があるリスク及び機会を決定し、環境目標を達成するための取組みの計画を策定することを求めています。

◆箇条6・1・1の要求事項の要点

箇条6・1・1では、箇条6・1に規定する要求事項を満たすために必要なプロセスを確立し、環境マネジメントシステムの計画策定にあたって考慮すべき事項、そして取り組む必要のあるリスク及び機会の決定、その文書化した情報の維持を求めています。

環境に関連する「リスク及び機会」〔例〕

JISQ14001：2015　A.6.1.1（参考）

a）労働者間の識字又は言葉の壁によって現地の業務手順を理解できないことによる、環境への流出
b）組織の構内に影響を与え得る、気候変動による洪水の増加
c）経済的制約による、有効な環境マネジメントシステムを維持するための利用可能な資源の欠如
d）大気の質を改善し得る、政府の助成を利用した新しい技術の導入
e）排出管理設備を運用する組織の能力に影響を与え得る、干ばつ期における水不足

JISQ14004：2016　6.1.1（参考）

- 著しい環境側面、たとえば、汚染の事態によって、著しい環境側面をマネジメントする組織の能力に疑念が生じ、それによって信ぴょう性が弱まるような場合
- 組織の規模の急速な拡張を、それに釣り合う熟練した従業員を増加させずに行なうよう求める、顧客のニーズ。これは環境上の害をもたらす間違いを起こす可能性につながり得る
- 汚染物排出を低減できる制御装置などの、新規の技術の特定

◇「リスク及び機会」とは

リスク及び機会とは、潜在的で有害な影響（脅威）及び潜在的で有益な影響（機会）をいいます。
「リスク及び機会」と一つの用語として定義されており、次の二つの概念が含まれています。

- 内部に潜み隠れたまま（潜在的）であるが、組織に対して有害な影響を及ぼす恐れ（脅威）をもたらすものであるということです（リスク）。
- 内部に潜み隠れたまま（潜在的）であるが、組織に有益な成果をもたらす好ましい条件や状況があるということです（機会）。

◇箇条6・1要求事項のプロセスを確立する

組織は、箇条6・1・1「一般」、箇条6・1・2「環境側面」、箇条6・1・3「順守義務」、そして箇条6・1・4「取組みの計画策定」に規定されている、それぞれの要求事項を満たす必要があるプロセスを確立し、実施し、維持することを求められています。

プロセスとは、インプットをアウトプットに変換する相互に関連する又は相互に作用する一連の活動をいいます。

7-29

6・1・1 一般［2］

―環境マネジメントシステム計画策定時の考慮事項―

◆システム計画策定時に考慮する事項

組織は、環境マネジメントシステムの意図した成果を達成し、望ましくない組織への影響を防止又は低減し、継続的改善を行なうよう求められています。

そこで、組織は環境マネジメントシステムの計画を策定するとき、次のⓐ、ⓑ、ⓒを考慮する必要があります。

ⓐ 箇条4・1に規定する課題

箇条4・1で決定した「環境マネジメントシステムの意図した成果を達成する組織の能力に影響を与える外部及び内部の課題で得た知識（情報）」を考慮します。

課題には、組織から影響を受ける環境状態又は組織に影響を与える可能性がある環境状態を含みます。

ⓑ 箇条4・2に規定する要求事項

箇条4・2で決定した「利害関係者の関連するニー

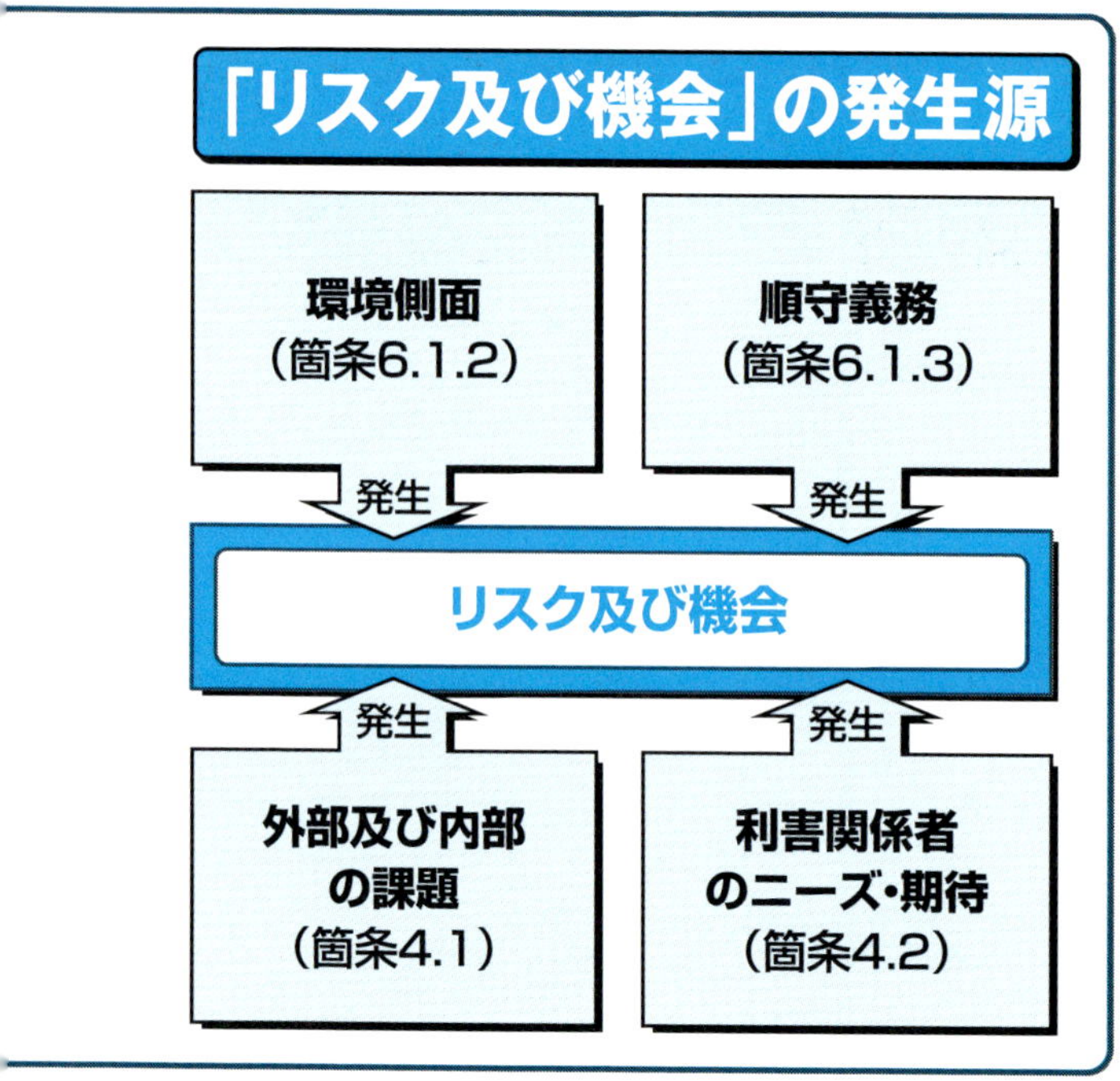

活動に伴う取組みに必要な「リスク及び機会」
例:油燃焼ボイラの運転 ―JISQ14004:2016 附属書A(参考)―

環境側面	リスク及び機会	取組み計画策定
燃料油の使用	●リスク ―燃料油が入手不可能 ―燃料油のコストの増加 ●機会 ―ボイラの熱源の太陽エネルギーへの代替 ―運転コストの消滅	●財務部門から燃料価格を監視し、将来のコストシナリオとの比較を行ない、費用効果分析を行なう ●ボイラの熱源を太陽エネルギーに代替する環境目標を確立する
温水の排出	●機会 ―温排水からの熱回収 ―運転コストの削減	●熱回収システムの導入のための環境目標を確立する
温室効果ガスの排出	●リスク ―順守義務を満たしていない ―罰金の可能性 ●排出の低減(機会)	●順守義務を満たすことを確実にするための運用管理を実施する ●排出低減装置を設置するための環境目標を確立する

ズ及び期待から得た知識(情報)」を考慮します。

ニーズ及び期待には、組織が採用した順守義務を含みます。

ⓒ 環境マネジメントシステムの適用範囲

箇条4・3で決定した「環境マネジメントの適用範囲」を考慮します。

組織は、これらを考慮して環境マネジメントシステムを経営上の視点、戦略的なレベルで計画するとよいです。

ここで策定した戦略的なレベルの計画は、箇条8・1の「運用の計画及び管理」で、達成するための実施計画として展開し、事業プロセスに統合し、実施されます。

◇取り組む必要のある「リスク及び機会」を決定する

組織は、環境側面、順守義務ならびに箇条4・1の外部及び内部の課題、箇条4・2の利害関係者のニーズ及び期待の理解に関連する、取り組む必要があるリスク及び機会の決定を求められています(前ページ上欄参照)。

リスク及び機会の発生源には、次の❶、❷、❸の三つがあり、これらから生ずる、取り組む必要がある「リスク及び機会」を決定することです。―次ページに続く―

7-30

6・1・1 一般[3]

―取組み目的に該当する「リスク及び機会」を決定する―

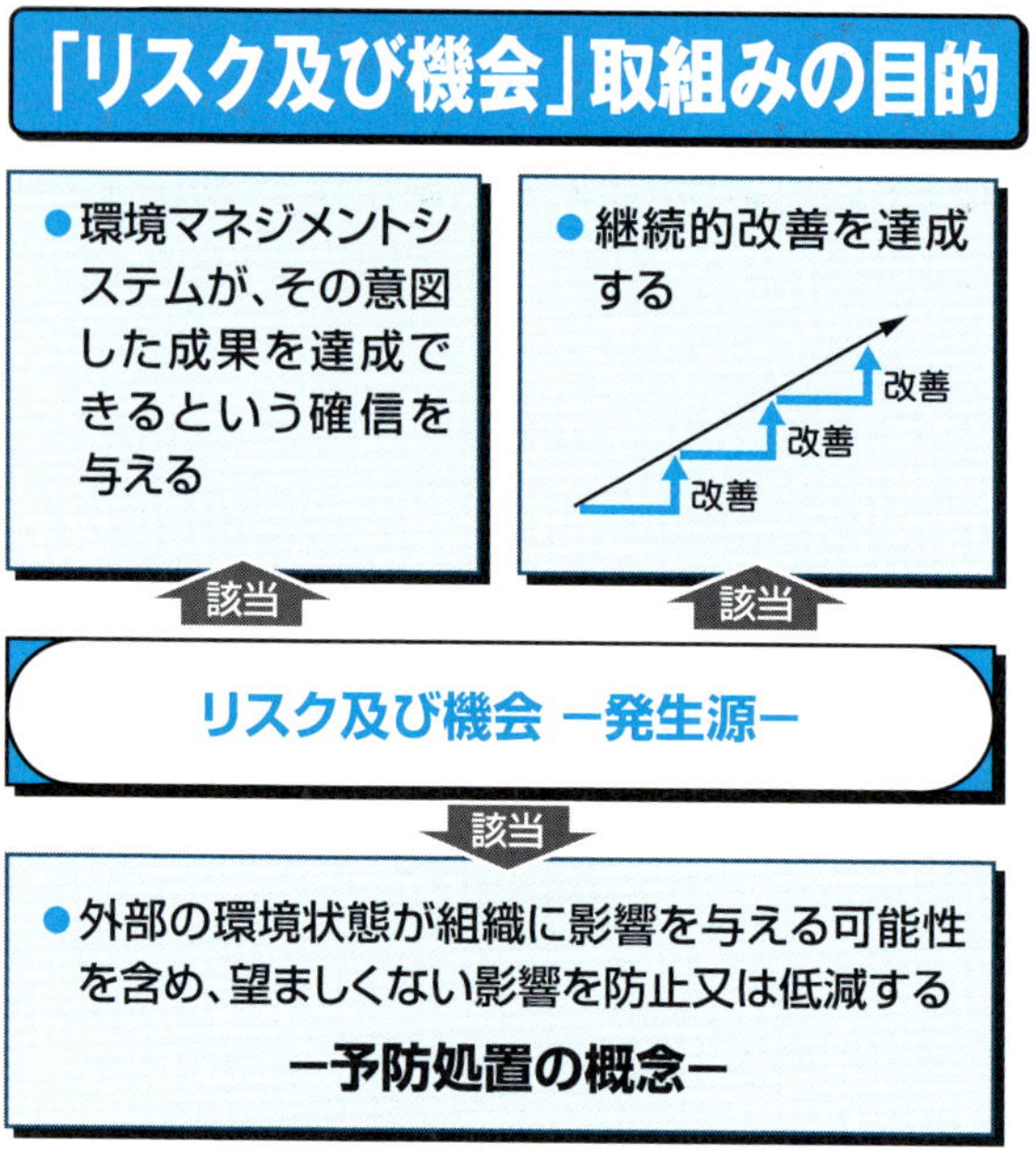

❶ **環境側面**

環境側面では有害な環境影響、有益な環境影響に関連する「リスク及び機会」を決定します。

❷ **順守義務**

順守義務では、法令違反による社会的信用の失墜や行政処分（リスク）などがあり、順守義務を超えた自主基準の設定、活動（たとえば近隣のボランティア清掃）などによる組織の評判の高まり（機会）があります。

❸ **箇条4・1の課題、箇条4・2のニーズ・期待**

箇条4・1の外部及び内部の課題、利害関係者の順守義務を含むニーズ及び機会は、経営上の高いレベルのものであることから、これらを発生源とする、リスク及び機会も経営的な視点で決定するとよいでしょう。

それでは、何のためにリスク及び機会に取り組む必要

取り組む必要のある「リスク及び機会」の決定

「リスク及び機会」取組みの目的

- 環境マネジメントシステムの意図した成果の達成
- 望ましくない影響の防止・低減
- 継続的改善の達成

↓

「リスク及び機会」の発生要因

箇条4.1	箇条4.2	箇条6.1.2	箇条6.1.3
● 組織外部・内部の課題	● 利害関係者のニーズ	● 環境側面	● 順守義務

↓

取り組む必要のある「リスク及び機会」を決定する

があるのかというと、次の❶、❷、❸の三つの目的のために関係するリスク及び機会を決定するのです。

❶ 環境マネジメントシステムが、その意図した成果を達成できるという確信を与える

環境マネジメントシステムの意図した成果である環境パフォーマンスの向上、順守義務を満たす、環境目標を達成するために取り組む必要がある「リスク及び機会」なのかを決定します。

組織に有益な成果をもたらす好ましい条件や状況は、よい機会なので、環境マネジメントシステムの計画段階で取組みを決めておくということです。

❷ 外部の環境状態が組織に影響を与える可能性を含め、望ましくない影響を防止又は低減する

組織に望ましくない影響を及ぼす恐れ（脅威）は、不確かさがありますが、将来起こり得る事態に備えて、環境マネジメントシステムの計画段階で取り組む必要があるのかを決定するのです。

望ましくない影響の防止・低減は予防処置の概念であり、環境マネジメントシステムの計画段階で、事前に予防処置を組み込むことです。——次ページに続く——

6.1.1 一般[4]
―潜在的な緊急事態を決定する―

❸ **継続的改善を達成する**

継続的改善を達成するために、取り組む必要のあるリスク及び機会なのかを決定します。

取り組む必要がある継続的改善には、望ましくない影響を防止するための事項と、望ましい影響を増大するための事項があります。

リスク及び機会の発生源である、組織の環境側面、順守義務、外部及び内部の課題、ニーズ及び期待のそれぞれが、❶、❷、❸のどの状態のリスク及び機会に該当するかを評価して決定するということです。

◆リスク及び機会の決定の仕方

組織が、取り組む必要があるリスク及び機会を決定するときのアプローチの例を示します。

●環境側面、順守義務ならびに外部・内部の課題及び利害関係者のニーズ・期待を決定し、続いてその各々について前述した❶、❷、❸のどの状態に取り組む必要のある関連するリスク及び機会なのかを決定する。

●前述した❶、❷、❸のどの状態に取り組む必要のあるリスク及び機会なのかの決定を、著しい環境側面、順守義務ならびに外部・内部の課題及び利害関係者のニーズ・期待の決定のプロセスに組み込み決定する。

リスク及び機会を決定する方法は、組織の活動の状況に応じて、単純な定性的なプロセス、又は完全な定量的評価（たとえば、原因別にリスク、機会を洗い出し、評価基準に基づく決定）があります。

単純な定性的なプロセスには、トップマネジメントが決める、経営会議で決めるなどがあります。

潜在的な緊急事態決定時の考慮事項〔例〕

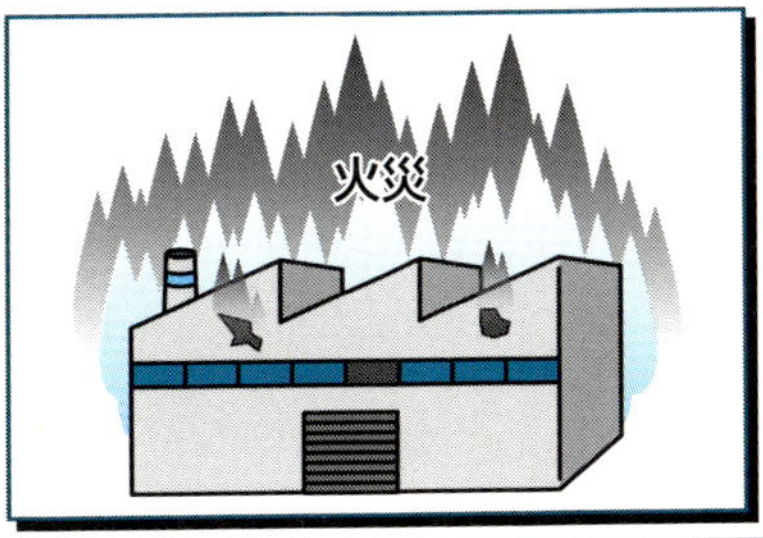

- 最も起こりやすい緊急事態の種類・規模
- 現場ハザードの性質
  — 可燃性液体、圧縮タンク、貯蔵タンク —
- 近接した施設で緊急事態発生の可能性
  — プラント、道路、鉄道 —

◇潜在的な緊急事態を決定する

組織は、環境マネジメントシステムの適用範囲の中で、環境影響を与える可能性のあるものを含め、潜在的な緊急事態を決定することを求められています。

緊急事態の決定が要求されており、これに対する緊急事態への準備及び対応に関する要求事項は、箇条8・2で規定されています。

緊急事態とは、顕在した又は潜在的な結果を緩和するために、即時の対応を必要とする計画していない又は予期しない事象をいいます。

緊急事態の例としては、火災、爆発、有害物質の漏洩、排出、暴風雨、台風、津波、山崩れなどがあります。

◇文書化した情報を維持する

組織が取り組むと決定したリスク及び機会の内容を文書にするとよいでしょう。

環境側面、順守義務、課題・ニーズ及び期待のそれぞれについて、リスク及び機会を決定するプロセス、そして、その取組みの計画を策定するプロセスを、必要な程度で文書にするとよいでしょう。

7-32

6・1・2 環境側面［1］

―環境側面を決定する―

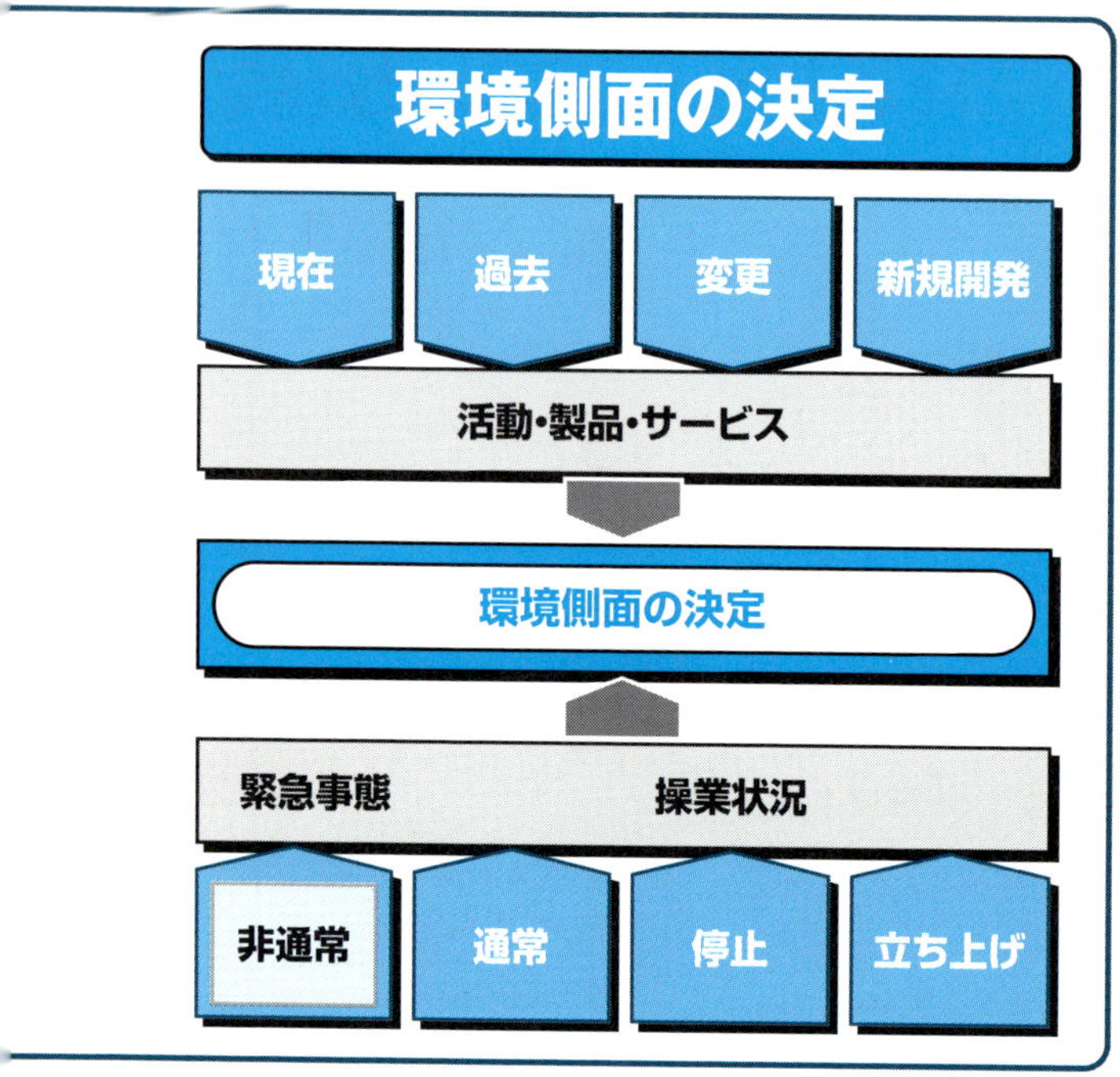

◇箇条6・1・2の要求事項の要点

箇条6・1・2では、組織の活動、製品及びサービスについて、環境側面とそれに伴う環境影響を決定し、その中から著しさの評価基準を用いて、著しい環境側面を決定することを求めています。

◇環境側面とはどういうことか

有効な環境マネジメントシステムを確立するには、組織が環境とどのように関係しているかを理解することから始まります。

そこで、環境と相互に作用する、又は相互に作用する可能性のある、組織の活動又は製品又はサービスの要素を環境側面といいます。

環境側面には、騒音の発生、放出、排出、材料の使用・

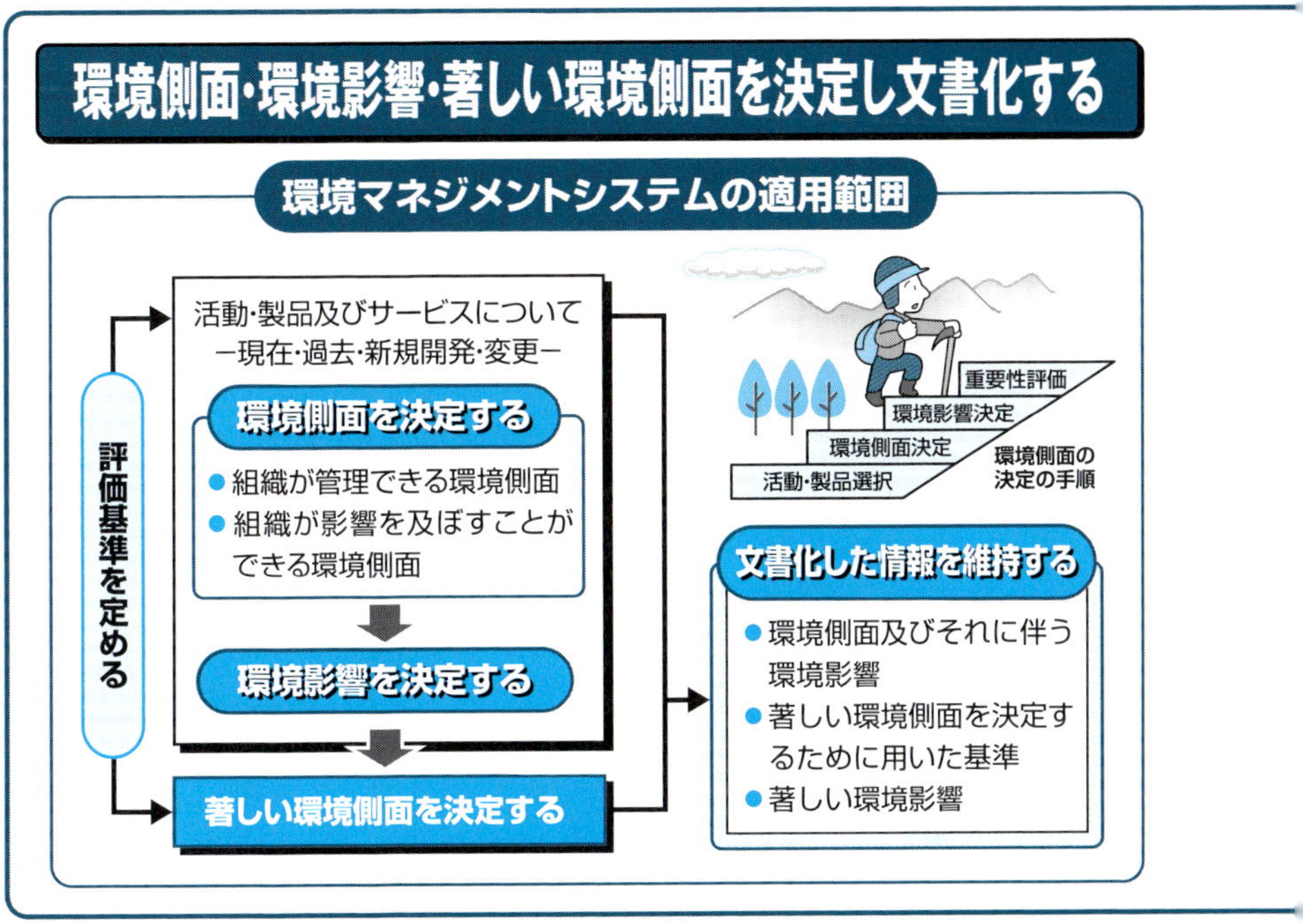

再利用などがあります。

◇環境側面を決定する

組織は、環境マネジメントシステムの定められた適用範囲の中で、ライフサイクルの視点を考慮し、組織の活動、製品及びサービスについて、組織が管理できる環境側面及び組織が影響を及ぼすことができる環境側面、ならびにそれらに伴う環境影響を決定することを求められています。

◇ライフサイクルの視点を考慮する

ライフサイクルの視点を考慮するとは、詳細なライフサイクルマネジメントではなく、組織の製品及びサービスのライフサイクルの各段階における組織の管理及び影響を考慮するということです。

製品又はサービスのライフサイクルの段階には、原材料の取得、設計、生産、輸送又は配送（提供）、使用、使用後の処理及び最終処分が含まれます（2-9項参照）。

7-33

6・1・2 環境側面［2］
―組織が管理・影響を及ぼす環境側面を決定する―

◆**組織が管理できる環境側面を決定する**

組織が管理できる環境側面とは、組織が直接管理できる環境側面をいいます。

組織内での活動は、基本的には管理できます。たとえば工場での製造プロセスの環境側面、廃棄物の分別回収、エネルギー使用量の削減などがあります。

◆**組織が影響を及ぼすことができる環境側面を決定する**

組織が影響を及ぼすことができる環境側面には、組織が外部提供者から提供される原材料、部品などの物品及びサービス（外部委託を含む）に関係する環境側面と、組織が顧客に提供する製品及びサービスに関係する環境側面があります。

外部提供者からの物品に関しては、たとえば設計部門が自製品の投入材料を変更することによって、環境側面に影響を及ぼすことができます。

また、顧客に提供する製品に関しては、使用者に適切な取扱い及び廃棄の方法を実施可能な範囲で伝えることで、組織は環境側面に影響を及ぼすことができます。

どこまでを影響を及ぼすことができる環境側面にするかは、組織の自由裁量で決めることです。

◆**環境側面に伴う環境影響を決定する**

組織は、活動、製品及びサービスで生ずる環境側面に伴う環境影響を決定することを求められています。

組織における活動、製品、サービスは、環境に対して何らかの影響を与えています。

―次々ページに続く―

組織が管理できる側面・影響を及ぼすことができる側面

製造業

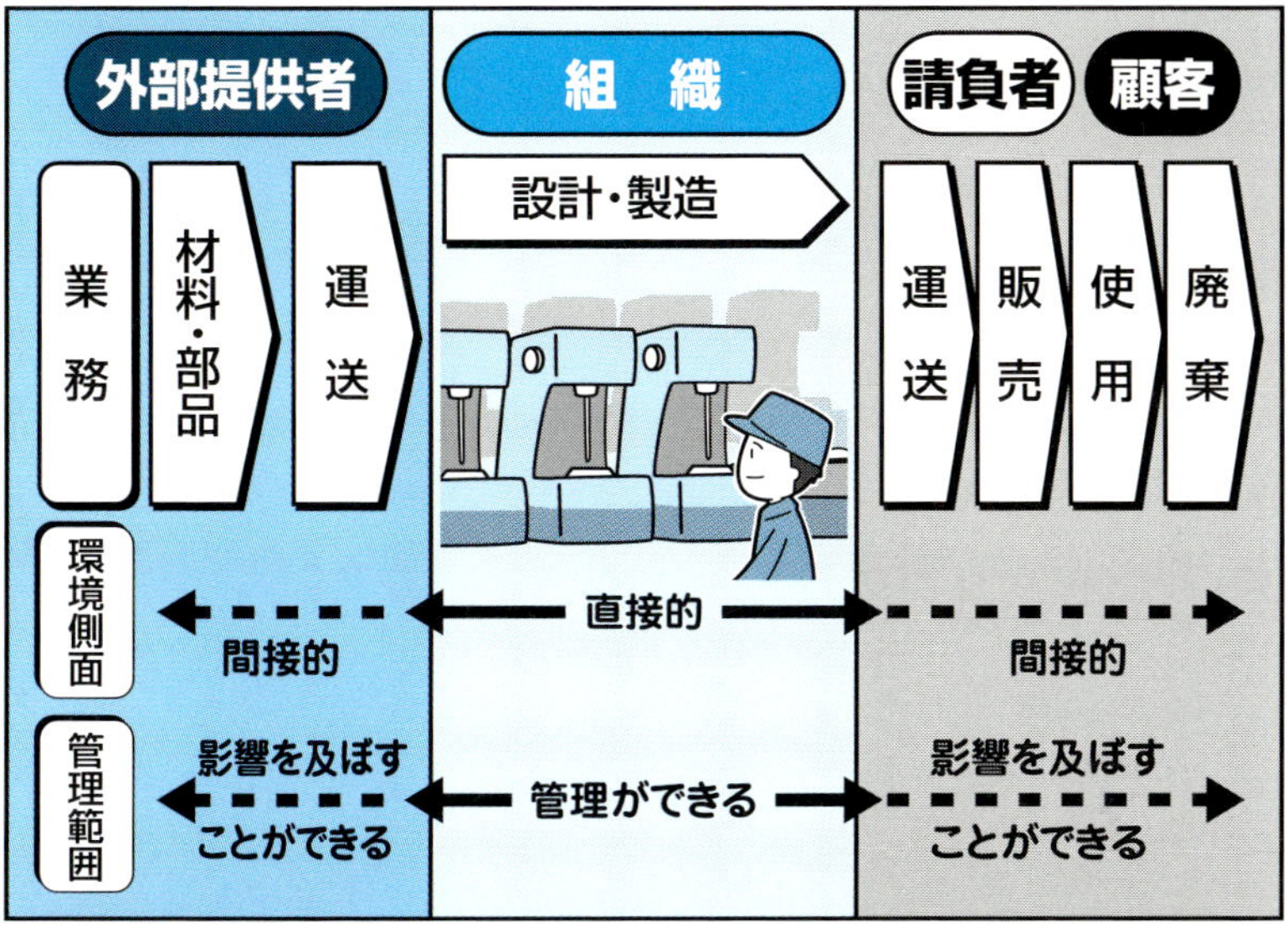

業　種	管理できる側面	影響を及ぼすことができる側面
建設業 	● 建設廃棄物 ● 振動、騒音発生 	● 景観 ● 請負者の環境パフォーマンス 
病　院 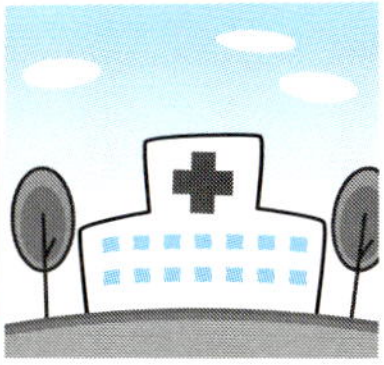	● 医療廃棄物 ● 省エネ、省資源 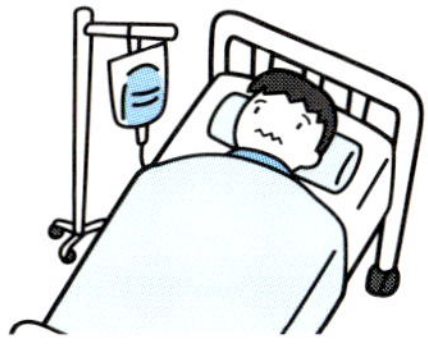	● 廃棄物処理業者の環境パフォーマンス 

6・1・2 環境側面［3］
―環境側面に伴う環境影響を決定する―

組織が環境に与える影響は、原材料の入手、輸送から、使用及び廃棄までのライフサイクルの個々の、あるいはすべての段階での環境側面で生じているかもしれません。

そこで、有害か有益かを問わず、全体的に又は部分的に組織の環境側面から生ずる、環境に対する変化を**環境影響**といいます。

たとえば、大気汚染及び天然資源の枯渇は有害な影響であり、水質又は土壌の質の改善は有益な影響といえます。

環境側面と環境影響は、**原因**（側面）と**結果**（影響）という一種の因果関係にあります。

たとえば、車の保守という活動でエンジンを始動すると排気ガスが放出されることが環境側面です。排気ガスが原因で結果として大気汚染になるのが環境影響です。

環境影響は、組織内部、近隣、地方、大きくは地球規模で起こり、直接的、間接的又は性質上累積的なものでもあります。

◆環境側面を決定するときの考慮事項

組織は、環境側面を決定するとき、次のⓐ、ⓑの事項を考慮に入れることを求められています。

ⓐ 変更

環境側面の決定は、変更を考慮に入れて行ないます。この際、計画した又は新規の開発、新規の又は変更された活動、製品及びサービスを含めます。

過去・現在及び新規開発・変更の活動、製品及びサービスによる有害物質の使用により土壌汚染、地下水汚染という有害な環境影響の生ずる可能性があるかを考慮に入れるということです。

―次々ページへ続く―

活動・製品・サービスの環境側面と環境影響〔例〕

6・1・2 環境側面[4]

―著しい環境側面を決定する―

また、活動・製品及びサービスの変更は、それによる環境影響の程度に不確かさを伴うので、**リスク及び機会**という視点で考慮に入れるということです。

ⓑ 緊急事態

環境側面の決定は、過去の操業状況、非通常の状況、立ち上げ及び停止状況、ならびに箇条6・1・1で決定した合理的に予見できる潜在的な環境に対する緊急事態を考慮に入れることです。

緊急事態とは、もし対応しなければ最終的に、組織又は環境にとって、有害な結果につながる可能性がある望ましくない事象をいいます。

◆著しい環境側面を決定する

組織は、設定した基準を用いて、著しい環境影響を与

著しい環境側面決定のステップ

ステップ	
1	活動・製品・サービスを選定する
2	環境側面を決定する
3	環境影響を決定する
4	環境影響の重大性を評価する
5	著しい環境側面を決定する

活動・製品・サービスに伴う環境側面及び環境影響〔例〕
―JISQ14004：2016　附属書A（参考）―

【製品:エアコン】

活　動	環境側面	環境影響
消費者による装置の運転 	電気の使用（組織が側面に“影響を及ぼす”ことができ得る）	再生不可能な天然資源の枯渇
	冷媒の使用	エアコンのシステムに漏洩があった場合の地球温暖化及び潜在的なオゾン層破壊
	固形廃棄物の発生（組織が側面に“影響を及ぼす”ことができ得る）	埋立て処分する廃棄物の増加

える又は与える可能性のある側面、すなわち著しい環境側面を決定することを求められています。

組織における活動、製品及びサービスは、環境に対して、何らかの影響を与えるので、その環境側面のすべてに対応することは難しいといえます。

そこで、決定した環境側面の中から、引き起こされる環境影響が相対的に大きいものを**著しい環境側面**として決定し、組織がしっかりと管理するということです。

著しい環境側面を決定する環境影響評価は、次のステップで行なうとよいでしょう。

- 活動・製品・サービスを選定する
- その活動・製品・サービスの環境側面を決定する
- 環境側面に伴う環境影響を決定する
- 環境影響の著しさを評価し著しい環境側面を決定する

◆著しい環境側面の評価基準を決定する

何をもって著しさの評価基準とするかは、組織の自主裁量で決めることですが、矛盾がなく、一貫した結果が出せ、再現性が得られるようにするとよいでしょう。

―次ページに続く―

6.1.2 環境側面[5]

―著しい環境側面の評価基準を決定する―

環境側面決定時の考慮事項
―JISQ14004：2016　6.1.2.3（参考）―

環境側面を決定するとき、次の事項を考慮する。

- 大気への排出
- 水への排出
- 土地への排出
- 原材料及び天然資源の使用
- エネルギーの使用
- 排出エネルギー
  例：熱、放射、振動（騒音）、光
- 廃棄物及び／又は副産物の発生
- 空間の使用
  例：階段・ホールの吹き抜け空間使用の省エネ設計

著しい環境側面の評価基準の例を次に示します。

- 環境側面（たとえば、種類、規模、頻度）に関連するもの、環境影響（たとえば、規模、深刻度、継続時間）に関連するものがあります。
- 発生の起こりやすさ（発生確率、頻度）と、その結果（深刻度、強度）との組合せに基づくものがあります。
- 著しさを定める場合、何らかの尺度又は順位を用いるとよいです。たとえば、高い・普通・低い・無視してよいなどです。著しい環境側面の評価基準の具体的例は、本書の8-11項・8-12項に示してあります。

◆著しい環境側面を伝達する

組織は、必要に応じて、著しい環境側面の情報を共有化するため、組織の種々の階層及び機能（部門）に著し

環境側面・環境影響決定の利用可能情報源
― JISQ14004：2016　6.1.2.4（参考）―

- 廃棄物リスト
- 有害物質リスト
- 監視データ
- 調達データ
- 製品開発データ
- 安全データシート
- 前回までの監査報告書
- 初期環境レビュー報告書
- 技術データ報告書
- 緊急事態の報告書
- 順守義務
- 製品仕様書
- 品質及び製品計画書
- 発表済みの分析結果もしくは研究書
- 環境に関する許可・認可申請書
- 利害関係者の見解・要請又は合意
- ライフサイクルアセスメントなどのアセスメント又はレビュー報告書

い環境側面を伝達することを求められています。

伝達は、箇条7・4の「コミュニケーション」の要求事項に基づいて行なうとよいでしょう。

◆文書化した情報を維持する

組織は、次に関する文書化した情報（文書）を維持することを求められています。

- 環境側面及びそれに伴う環境影響
- 著しい環境側面を決定するために用いた基準
- 著しい環境側面

文書化した情報（文書）の例としては、環境側面決定プロセス、環境影響評価プロセス、環境評価基準、著しい環境側面決定プロセスなどがあります。

実施した結果の情報としては、環境側面特定表、環境影響評価表、著しい環境側面登録表などがあります。

文書化した情報を最新にするためには、定期的に、そして状況が変化したときにレビューし、更新するとよいでしょう。

そのためには、情報をリスト、登録簿、データベースなどの形式で維持するとよいでしょう。

7-37

6・1・3 順守義務［1］
─組織は環境側面に関する順守義務を決める─

◇箇条6・1・3の要求事項の要点

箇条6・1・3では、組織が順守義務の内容を決定し、それをどう適用するかの決定について規定されています。

◇組織は順守義務を決定する

組織は、組織の環境側面に関する順守義務を決定し、参照することを求められています（7-38・39項参照）。

組織は、箇条4・2で決定した順守義務のうち、環境側面に関する順守義務を含め決定するということです。

参照するとは、決定した環境側面に関する順守義務要求事項を組織の人が入手できるようにすることです。

◇順守義務の組織への適用を決める

組織は、決定した順守義務を組織に、どのように適用するかの決定を求められています。

たとえば、規制の基準値、届出、報告内容、監視・測定の内容、頻度、記録など具体的に決めるとよいでしょう。

◇順守義務を考慮に入れたシステムを確立する

組織は、環境マネジメントシステムを確立し、実施し、維持し、継続的に改善するときに、順守義務を考慮に入れる（次ページ該当要求事項参照）ことを求められています。

◇文書化した情報を維持する

順守義務に関する文書化した情報は、登録簿又はリストに、順守義務の概要、順守義務をどう組織の環境側面に適用するのか、利害関係者の関連する要求事項と関係するのかを含め、文書として維持するとよいでしょう。

「順守義務」に関する該当する要求事項
—箇条6.1.3「順守義務」を含む—

箇条	順守義務に関する要求事項
4.2 c） 利害関係者のニーズ及び期待の理解	●それらのニーズ及び期待のうち、組織の**順守義務**となるもの
4.3 b） 環境マネジメントシステムの適用範囲の決定	●4.2に規定する**順守義務**
5.2 d） 環境方針	●組織の**順守義務**を満たすことへのコミットメントを含む
6.1.1 （リスク及び機会への取組み）一般	●**順守義務**に関連するリスク及び機会を決定しなければならない
6.1.4 a)2) 取組みの計画策定	●**順守義務**
6.2.1 環境目標	●組織は、組織の著しい環境側面及び関連する**順守義務**を考慮に入れ、環境目標を確立しなければならない
7.2 a） 力量	●組織の環境パフォーマンスに影響を与える業務、及び**順守義務**を満たす組織の能力に必要な力量を決定する
7.3 d） 認識	●組織の**順守義務**を満たさないことを含む、環境マネジメントシステム要求事項に適合しないことの意味
7.4.1 （コミュニケーション）一般	●**順守義務**を考慮に入れる
7.4.3 外部コミュニケーション	●**順守義務**による要求に従って、外部コミュニケーションを行なわなければならない
7.5.1 注記 （文書化した情報）一般	●**順守義務**を満たしていることを実証する必要性
9.1.2 順守評価 a） b） c）	●組織は、**順守義務**を満たしていることを評価するために必要なプロセスを確立し、実施し、維持しなければならない ●**順守**を評価する頻度を決定する ●**順守**を評価し、必要な場合には、処置をとる ●**順守状況**に関する知識及び理解を維持する
9.3 b)2) マネジメントレビュー d)3)	●**順守義務**を含む、利害関係者のニーズ及び期待 ●**順守義務**を満たすこと

7-38

6・1・3 順守義務［2］
――環境側面に関する法的要求事項――

◆順守義務には二つの要求事項がある

順守義務とは、組織が順守しなければならない法的要求事項、及び組織が順守しなければならない又は順守することを選んだその他の要求事項をいいます。

順守義務には法的要求事項と組織が順守するその他の要求事項（7-39項参照）があるということです。

◆環境側面に関する法的要求事項

組織の環境側面に関連する強制的な法的要求事項には、適用可能な場合、次が含まれます。

ⓐ 政府機関又はその他の関連当局からの要求事項
ⓑ 国際的な、国及び近隣地域の法令及び規制
ⓒ 許可、認可又はその他の承認の形式において規定される要求事項
ⓓ 規制当局による命令、規則又は指針
ⓔ 裁判所又は行政審判所の判決

―ISO14001：2015 附属書A6・1・3参考―

◆環境基本法のもとに個別法がある

日本の環境政策の基本的な方向を示すことを目的としたのが、環境基本法です。

これに対し、各行政分野ごとの個別の行政目的を遂行するために規定された法律が、大気汚染防止法、水質汚濁防止法など規制処置を具体的に定めた個別法です。

これら法律の細部については、施行令、施行規則、省令、通達、告示などがあります。

環境側面への適用としては、環境法のほかに消防法、高圧ガス保安法などがあります（次々ページ参照）。

環境関連法令・規制〔例〕

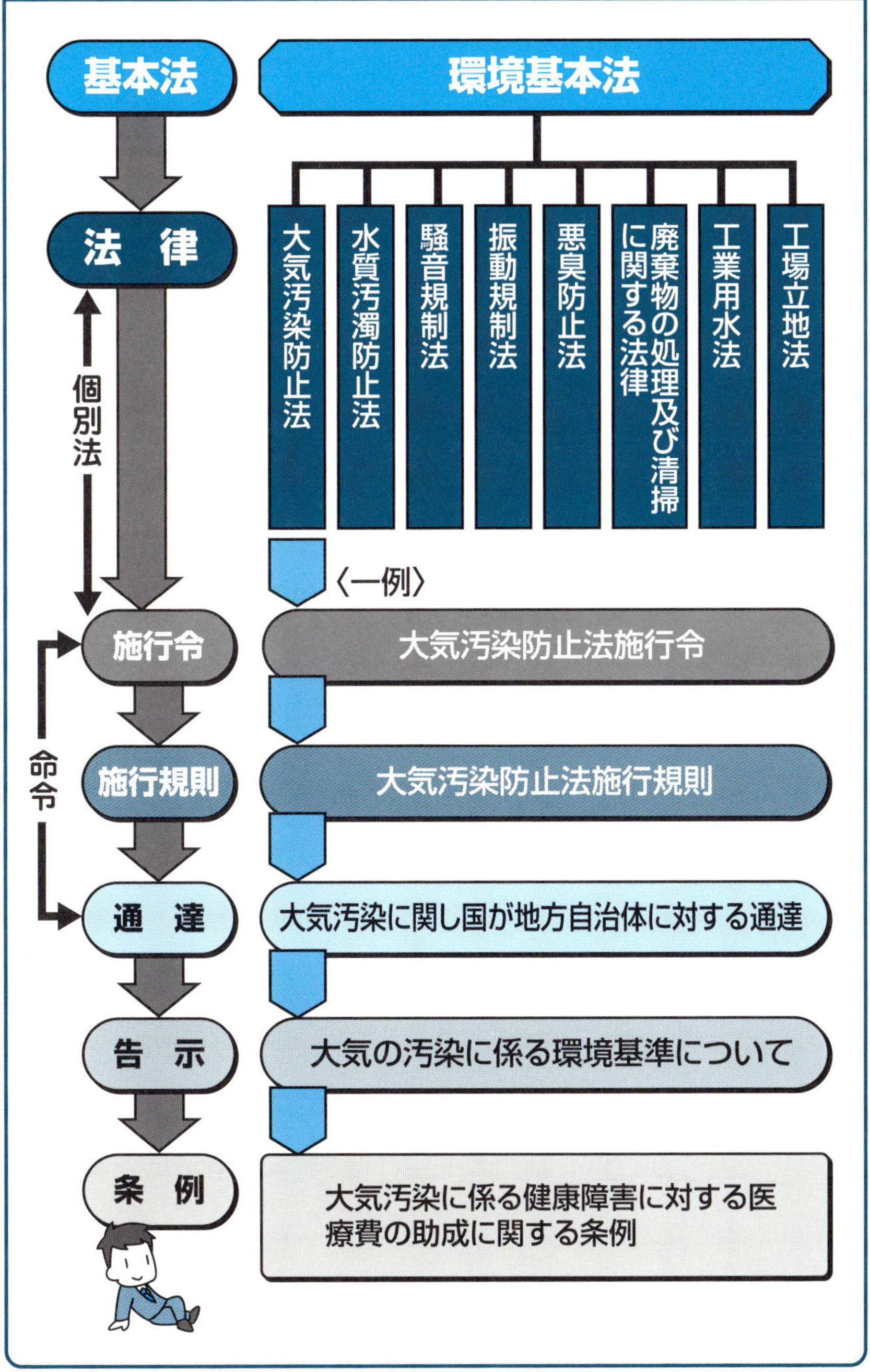

基本法
環境基本法
法　律
大気汚染防止法
水質汚濁防止法
騒音規制法
振動規制法
悪臭防止法
廃棄物の処理及び清掃に関する法律
工業用水法
工場立地法
個別法
〈一例〉
施行令
大気汚染防止法施行令
命令
施行規則
大気汚染防止法施行規則
通　達
大気汚染に関し国が地方自治体に対する通達
告　示
大気の汚染に係る環境基準について
条　例
大気汚染に係る健康障害に対する医療費の助成に関する条例

環境関連法律〔例〕

区分	法律名
環境一般	●環境基本法　●環境影響評価法 ●特定工場における公害防止組織の整備に関する法律
自然環境	●自然環境保全法　●自然公園法　●都市公園法 ●文化財保護法　●森林法　●生産緑地法 ●海岸法　●首都圏近郊緑地保全法 ●絶滅のおそれのある野生動植物の種の保存に関する法律
水質汚濁	●水質汚濁防止法　●下水道法　●浄化槽法 ●水道法　●瀬戸内海環境保全特別措置法 ●湖沼水質保全特別措置法　●河川法
大気汚染	●大気汚染防止法　●道路交通法　●道路運送車両法 ●自動車から排出される窒素酸化物及び粒子状物質の特定地域における総量の削減等に関する特別措置法 ●特定物質の規制等によるオゾン層の保護に関する法律
化学物質	●高圧ガス保安法　●消防法　●労働安全衛生法 ●食品衛生法　●毒物及び劇物取締法 ●化学物質の審査及び製造等の規制に関する法律 ●有害物質を含有する家庭用品の規制に関する法律
土壌汚染	●農薬取締法　●工業用水法　●工業用水道事業法 ●電気事業法　●農用地の土壌の汚染防止等に関する法律 ●建築物用地下水の採取の規制に関する法律

環境関連法律〔例〕

区分	法律名
廃棄物	●廃棄物の処理及び清掃に関する法律 ●特定有害廃棄物等の輸出入等の規制に関する法律 ●資源の有効な利用の促進に関する法律（リサイクル法） ●エネルギー等の使用の合理化及び資源の有効な利用に関する事業活動の促進に関する臨時措置法 ●容器包装に係る分別収集及び再商品化の促進等に関する法律
エネルギー	●エネルギーの使用の合理化等に関する法律（省エネ法） ●エネルギー需給構造高度化のための関係法律の整備に関する法律 ●非化石エネルギーの開発及び導入の促進に関する法律
生活環境	●騒音規制法　●悪臭防止法　●振動規制法 ●幹線道路の沿道の整備に関する法律　●航空法 ●防衛施設周辺の生活環境の整備等に関する法律
公害救済	●人の健康に係る公害犯罪の処罰に関する法律 ●公害健康被害の補償等に関する法律 ●公害防止事業費事業者負担法　●鉱業法 ●公害紛争処理法　●公害等調整委員会設置法
土地・都市	●土地基本法　●工場立地法　●国土利用計画法 ●土地区画整理法　●都市計画法　●国土形成計画法 ●都市緑地法　●建築基準法　●港湾法

7-39

6.1.3 順守義務[3]
―組織が順守するその他の要求事項―

◆組織が順守するその他の要求事項

組織が順守しなければならない、又は順守することを選んだその他の要求事項とは、法的要求事項以外の組織の環境側面に関連するその他の要求事項をいいます。

その他の要求事項の例を次に示しますので、適用可能ならば順守するとよいでしょう。

- 公的機関との合意
- 規制以外の指針―環境省の環境報告ガイドライン
- 業界団体の要求事項―経団連自主行動計画
- 地域社会グループ・ＮＧＯとの合意―地域住民との同意事項、工業団地との協定、賃借ビルの使用規則
- 顧客との合意―顧客からのグリーン調達基準
- 親組織の環境コミットメント―親組織の環境方針
- 自発的な環境ラベル―グリーンマーク・エコマーク
- 組織との契約上の取決めによって生じる義務
- 組織の要求事項・環境コミットメント
- 自発的な原則又は行動規範―ＣＳＲ（企業の社会的責任）に関する事項、組織が定める自主基準

◆順守義務“参照”のための情報源

順守義務の要求事項を得る情報源の例を次に示します。

- 法令に関しては、総務省の「法令データ提供システム（電子政府総合窓口ｅ-ＧＯＶ〔イーガブ〕）」で得られる
- 条例に関しては、各自治体のホームページを参照する
- 業界規範は、各工業会のホームページで入手でき、参照できることが多い
- 専門業者からの加除式法令集の配付、環境関連情報誌及び書籍、顧客からの情報

組織が順守するその他の要求事項

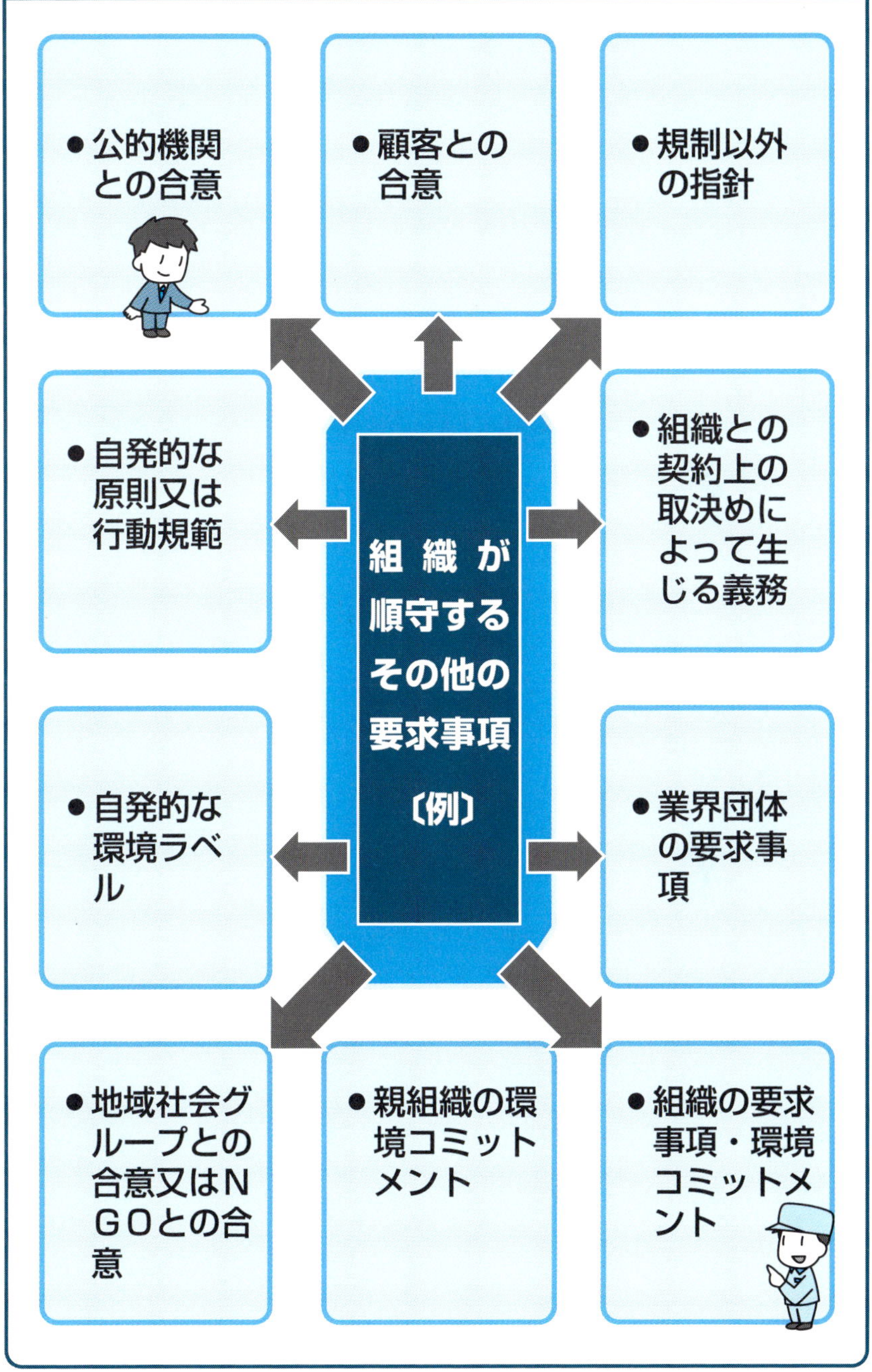

6.1.4 取組みの計画策定［1］

—取組みの計画を策定する—

「リスク及び機会」に関連する要求事項
—箇条6.1「リスク及び機会への取組み」を含む—

箇条6.2.1 環境目標	**「リスク及び機会」**を考慮して環境目標を確立する
箇条8.1 運用の計画及び管理	**6.1**及び**6.2**で特定した取組みを実施するために必要なプロセスを確立し、実施し、管理し、維持する
箇条8.2 緊急事態への準備及び対応	**6.1.1**で特定した潜在的な緊急事態への準備及び対応のために必要なプロセスを確立し、実施し、維持する
箇条9.2.2 内部監査プログラム	監査プログラム確立時に**環境上の重要性**を考慮に入れる
箇条9.3 b)4) マネジメントレビュー	**「リスク及び機会」**の変化を考慮する

◇箇条6・1・4の要求事項の要点

箇条6・1・4では、リスク及び機会、著しい環境側面、順守義務への取組みの計画と、取組みの方法及び評価方法の計画の策定を求めています。

これらは、経営上の視点での高いレベルで、事業プロセスへの統合を計画し、箇条8・1の「運用の計画及び管理」で、それを達成するための実務計画を策定し、実施します。

◇取組みの計画を策定する

組織は、環境マネジメントシステムの意図した成果を達成するために、箇条6・1・1で決定したリスク及び機会、箇条6・1・2での著しい環境側面、箇条6・1・3の順守義務に対して、環境マネジメントシステムの中で、

環境側面に関係する「リスク及び機会」と取組み計画〔例〕

例：製品及びサービスの輸送及び流通　―JISQ14004：2016　附属書A（参考）―

活動	環境側面	リスク及び機会	取組み計画策定
運送機器の運転	燃料の使用	●リスク ―燃料の利用可能性 ―燃料コストの増加	●燃料の使用を削減するための環境目標を確立する
	NOxの排出	●リスク ―より厳格な燃料排出基準導入	●排出削減方法の研究をする
	騒音の発生	●リスク ―組織のイメージの悪化	●ドライバーの教育訓練を提供する ●厳格な運転時間を課す
運転機器のメンテナンス	油性廃棄物の排出	●リスク ―清掃・浄化コスト ●機会 ―油性廃棄物のリサイクル	●廃棄物管理に関する運用プロセスを策定する ●電動車両に切替を検討する
包装	包装材料の引取り	●機会 ―依頼者との関係の改善	●契約交渉の一部として、サービスを促進する

取組みの計画を策定することを求められています。

組織の活動・製品及びサービスに関して決定した著しい環境側面、順守義務に対して、取り組む必要があるリスク及び機会のそれぞれについて取組みのための計画を策定することです。

その例を上欄と次々ページ上欄に示します。

また、箇条6・1・1で決定した環境側面、順守義務、外部・内部の課題、利害関係者のニーズ・期待に関連するリスク及び機会が、環境マネジメントシステムの意図した成果の達成に、どのような影響を与えるかを考慮し、それぞれについて、取組みの対応を決定するとよいでしょう。

リスク及び機会への取組みには、次のような対応の仕方があります。

リスクを回避する、ある機会を追求するためにそのリスクを取る、リスク源を除去する、起こりやすさ、もしくは結果を変える、リスクを共有する、情報に基づいた意思決定によってリスクを保有するなどです。

7-41

6・1・4 取組みの計画策定［2］

―取組みを事業プロセスに統合する―

また、取組みのために、資源（箇条7・1）を提供する、組織の管理下で働く人々の力量（箇条7・2）を向上し、認識（箇条7・3）を高める、コミュニケーション（箇条7・4）を行なう、文書化した情報（箇条7・5）の管理などについても、必要な取組みを配慮するとよいでしょう。

そして、取組みの実施に関する資金については、財務マネジメントによることになります。

◇取組みの有効性評価の方法を決定する

組織は、著しい環境側面、順守義務、リスク及び機会への取組みの有効性を評価（箇条9・1参照）するしくみの計画を策定することを求められています。

取組みの有効性の評価は、環境マネジメントシステムのプロセスの監視、測定、分析、評価の一部として取り扱われるのが一般的でしょう。

◇取組みを事業プロセスに統合

組織は、著しい環境側面、順守義務、リスク及び機会に対する取組みを、環境マネジメントシステムのプロセス（箇条6・2、箇条7、箇条8及び箇条9・1参照）又は他の事業プロセスへ統合し実施することを求められています。

統合とは、これらの取組みを環境マネジメントシステムのプロセス又は他の事業プロセスへ、それぞれ振り分けることです。

取組みの振り分け先としては、環境目標（箇条6・2）に設定して改善活動を進めるのか、運用の計画及び管理（箇条8・1）で管理するのか、緊急事態への準備及び対応（箇条8・2）の対象として管理するのか、それぞれの規定する要求事項に従って決定します。

順守義務に関係する「リスク及び機会」と取組み計画〔例〕
―JISQ14004：2016　附属書A（参考）―

順守義務	リスク及び機会	取組み計画策定
新しい法的要求事項	● リスク 新しい又は変化する順守義務の特定及び順守における不備は、組織の評判を害し得るほか、罰金につながり得る	● 規制動向の監視が、新しい要求事項の特定を改善するために有効であることを確実にするための管理プロセスを策定する
規制当局が要求する情報	● リスク 対応の不備もしくは遅延又は不正確な対応は、規制当局からの調査の拡大につながり得る ● 機会 適切な時期に、主体的に行なわれ、かつ、透明性のあるコミュニケーションは、組織と規制当局との関係を強化し得る	● 報告時期を含む、規制当局員からのコミュニケーションの受付け及び対応のためのより有効なコミュニケーションプロセスを策定する ● コミュニケーションの適時性及び透明性を改善するための推奨を行なう内部監査プログラムを適用し、必要に応じて、コミュニケーションプロセスの継続的改善のための処置をとる

において、箇条9・1の「監視、測定、分析及び評価」で評価し、箇条9・2の「内部監査」で監査し、箇条9・3の「マネジメントレビュー」で、その変化を含めて、レビューするなどが含まれます。

実施した取組みの有効性を評価するには、統計的手法、監視及び測定の結果と期待されているパフォーマンスレベルとの比較などの方法が含まれます。

◇取組みを計画するときの考慮事項

組織は、これらの取組みを経営上の視点から計画するとき、技術上の選択肢、ならびに財務上、運用上及び事業上の要求事項を考慮することを求められています。

技術上の選択肢を検討する際には、経済的に実行可能であり、費用対効果があり、かつ適切と判断される場合には、最良利用可能技法の使用も考慮するとよいでしょう。

最良利用可能技法とは、自組織で経済的に一番よい技術が望ましく、環境関連に対する過大な投資により、組織が財政的に負担を背負わないよう、その費用対効果を考慮するということです。

7-42

6・2 環境目標及びそれを達成するための計画策定

6・2・1 環境目標［1］

環境目標を確立する

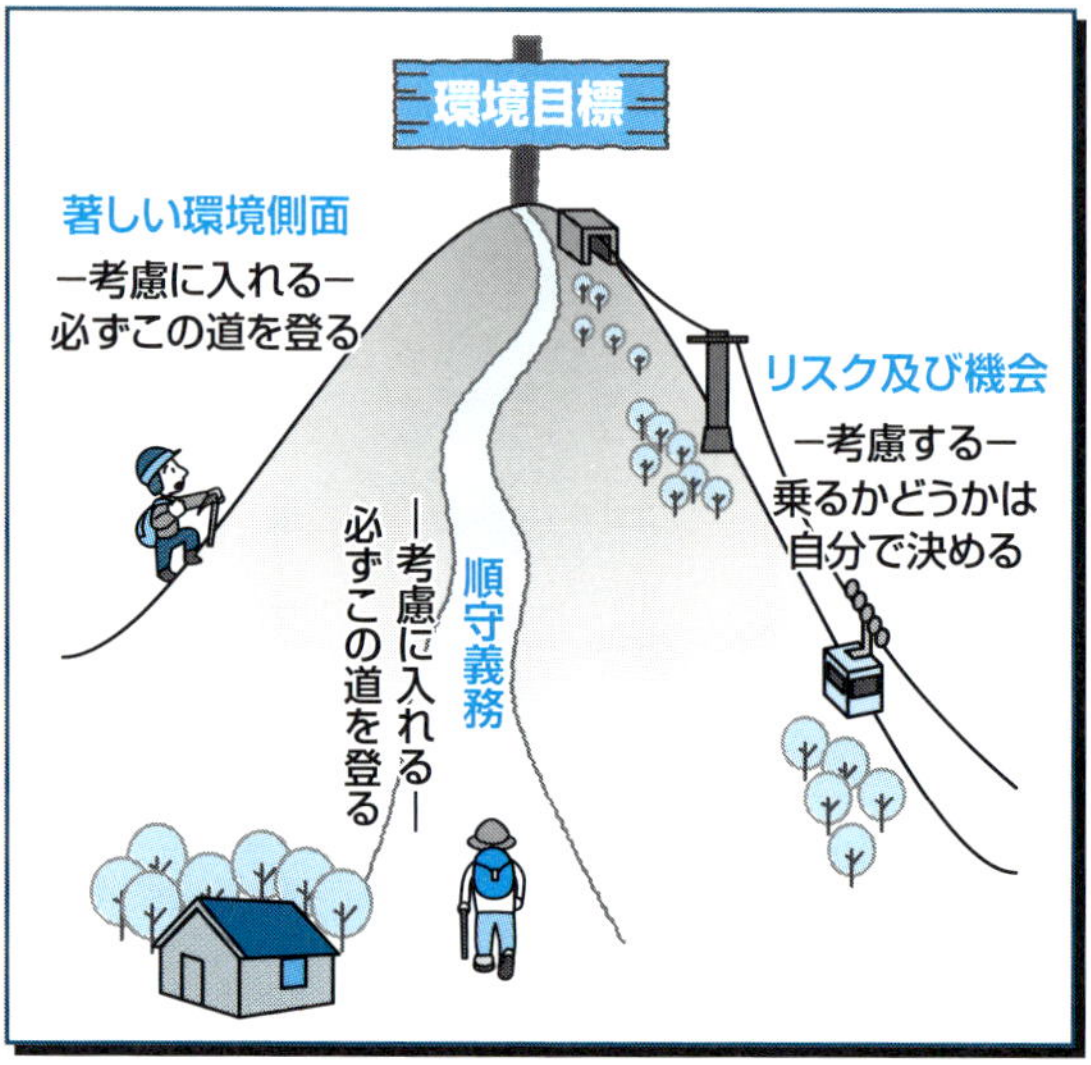

◆箇条6・2の要求事項の要点

箇条6・2では、環境方針と整合し、組織の戦略的方向と両立した環境目標を設定し、それを達成するための取組みの計画策定を求めています。

◆環境目標を確立する

組織は、「組織の著しい環境側面及び関連する順守義務を考慮に入れ、リスク及び機会を考慮し、関連する機能及び階層において、環境目標を確立すること」を求められています。

組織は、箇条6・1・4の「取組みの計画策定」で決定した著しい環境側面、順守義務、箇条6・1・1で決定したリスク及び機会に含まれる個々の課題について、その中から環境目標として取り組む必要がある課題を具体的

環境目標は測定可能とする

測定可能 —例—

- → 使用される原材料の量又は使用率
- → エネルギーの量又は使用率
- → 製品の単位量あたりの発生廃棄物量
- → 廃棄物のリサイクル率
- → 包装材料のリサイクル率
- → 製品の単位量当たりのサービス運送距離
- → 環境事故の件数（件／年）

に決定することです。

著しい環境側面、順守義務は**考慮に入れる**とあるので、それぞれの課題についてよく考えて優先順位の高いものを必ず環境目標に組み入れます。

リスク及び機会は**考慮する**とあるので、課題について考えて環境目標に組み入れるかは組織が判断します。

環境目標とは、組織が設定する、環境方針と整合のとれた目標（達成する結果）をいいます。

機能とは、組織の指定された部署（部門）において、実施される役割をいい、**階層**とは職階をいいます。

関連するとあるので環境目標は、著しい環境側面、順守義務、リスク及び機会に関連する機能及び階層で設定します。

確立するとは、環境目標を設定し、設定した環境目標を達成できる状況にすることです。

環境目標は、たとえば、組織全体に適用する戦略的な目標、それに基づく事業所ごとの業務内容に則した戦術的な目標、そして、事業所内各部門が実施する運用レベルの目標に展開するとよいでしょう。

—次ページに続く—

6・2・1 環境目標［2］

—環境目標が満たすべき事項—

環境目標は機能（部門）・階層で設定する

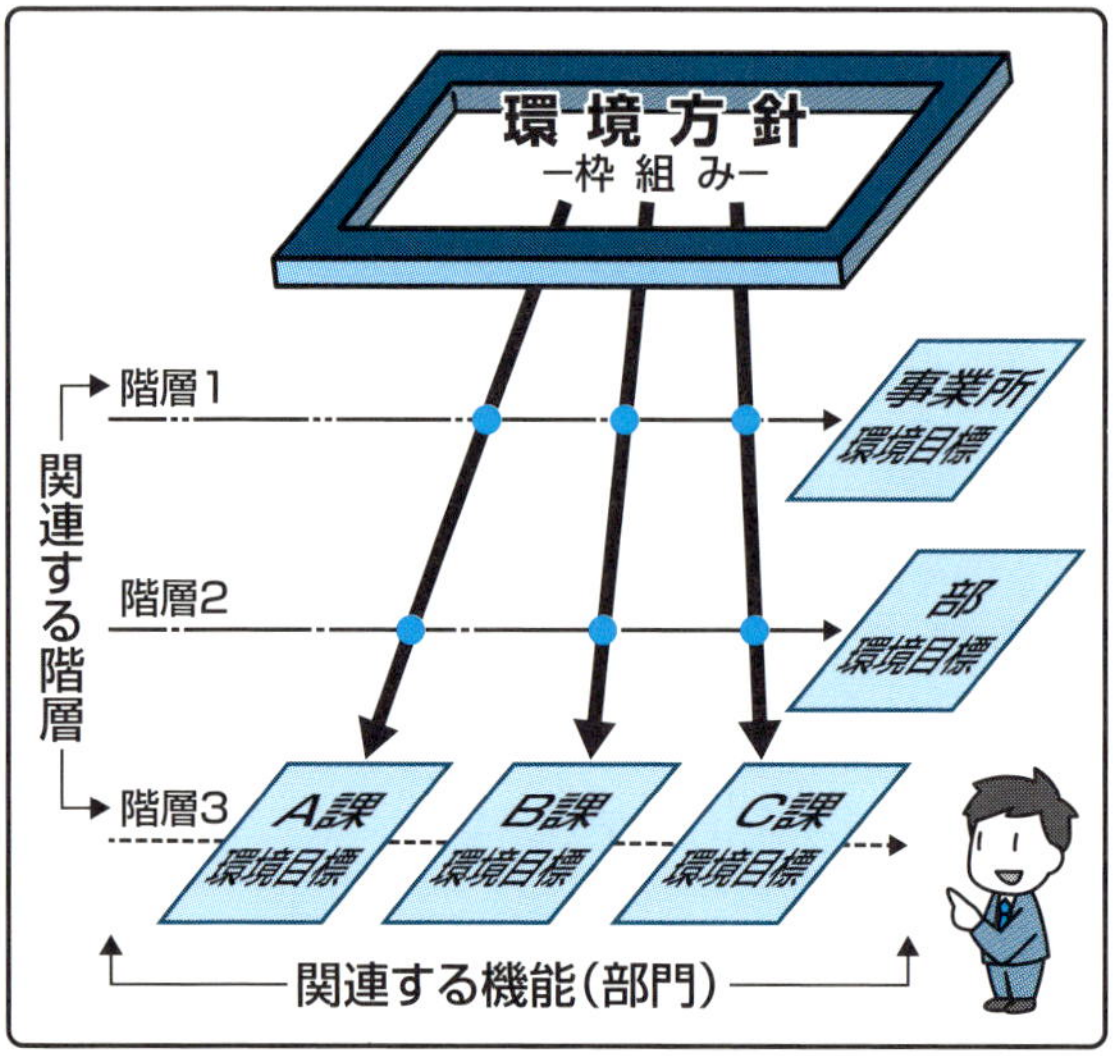

◆環境目標が満たすべき事項

環境目標は、次の事項を満たすことを求められています。

ⓐ **環境方針と整合している**

環境方針と整合しているとは、環境目標が汚染の予防を含む環境保護、順守義務を満たしていること、継続的改善を含む環境方針のコミットメント（約束）と整合し、同じ価値基準で設定することをいいます。

ⓑ **測定可能である（実行可能な場合）**

測定可能とは、環境目標が達成されたかどうかを判定する尺度が定量化（数値化）されていることが望ましいが、定性的でもよいということです。

定性的とは、たとえば「〜をする」「〜をつくる」などで、その達成が判定できればよいということです。

ⓒ **監視する**

環境目標達成のための実施計画策定〔例〕

サービス：製品及びサービスの輸送及び流通（運送機器のメンテナンス）

－JISQ14004:2016　附属書A　表A.2(参考)－

環境側面	環境目標	目標	実施計画	指標	監視及び測定
窒素酸化物(NOx)の排出	運送機器メンテナンスの有効性を改善して、大気の質に与える好ましい環境影響を高める	20XX年までにNOxの排出量の25%削減を達成する	● NOx削減のための主要なメンテナンスパラメータを特定する ● 主要なNOx削減作業を採用したメンテナンス実施計画に変更する	● メンテナンスの定時実施率 ● NOx排出量/km	● 車両の燃料NOx効率の監視 ● 車両のNOx排出量の四半期ごとの試験 ● 達成したNOx削減量の年次評価

監視するとは、環境目標の現状、達成に向けての活動の進捗状況、及びその達成度を監視することです。監視は、箇条9・1の「監視、測定、分析及び評価」の要求事項に基づいて実施するとよいでしょう。

ⓓ 伝達する

伝達するとは、環境目標の達成に影響を及ぼす能力をもつ、組織の管理下で働く人に環境目標を伝え届け、その責任を認識させることをいいます。

環境目標の伝達は、箇条7・4の「コミュニケーション」、認識は箇条7・3の「認識」に基づいて行ないます。

ⓔ 必要に応じて更新する

環境目標の更新は、設定した環境目標を達成した場合、また著しい環境側面、順守義務、リスク及び機会などに変更があった場合などに行なうとよいでしょう。

◆文書化した情報を維持する

組織は、環境目標に関する内容、達成のための計画事項、作成時期、作成責任者、承認、進捗管理、結果の評価方法、更新などを含むプロセスの文書を、箇条7・5の「文書化した情報」に基づいて、作成、管理します。

7-44

6・2・2 環境目標を達成するための取組みの計画策定
―取組みを事業プロセスに統合する―

◆環境目標達成の取組みの計画を策定する

組織は、環境目標をどのように達成するかについて計画するとき、次の事項を決定することを求められています。

ⓐ 実施事項

実施事項は、環境目標を達成するために、何を実施し、どのような過程で行なうのかを決定します。

ⓑ 必要な資源

資源には、人々、インフラストラクチャ、知識、技術・技能などがありますが、環境目標を達成するには、どのような資源が必要なのかを、箇条7・1の「資源」の要求事項に基づいて決定します。

ⓒ 責任者

組織の関連する機能及び階層において、環境目標を達成する責任者は誰なのか、箇条5・3の「組織の役割、責任及び権限」の要求事項に基づいて決定します。

ⓓ 達成期限

環境目標を、いつまでに達成するのかを決定します。

ⓔ 結果の評価方法

結果の評価方法には、測定可能な環境目標の達成に向けた進捗を監視するための指標を含みます。

環境目標が、結果として達成したかを評価する方法を決定します。

そこで、環境目標の達成に向けた進捗を監視するための指標と指標の基準を設定し、基準に対して指標の推移を見れば、達成の度合を評価することができます。

指標とは、運用、マネジメント又は条件の状態又は状況の測定可能な表現をいいます。

たとえば、環境目標として、ボイラの燃料油の使用

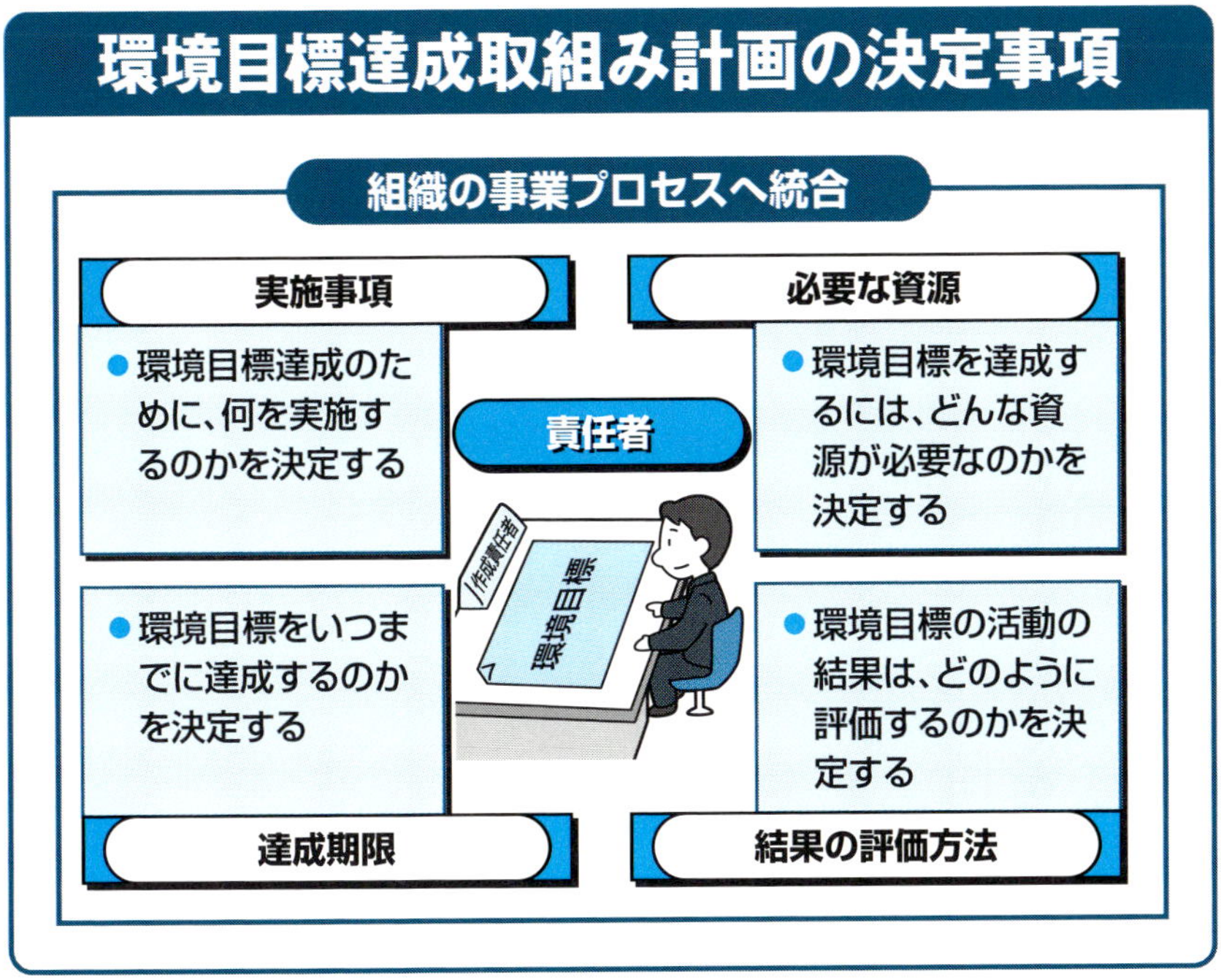

を一年以内に昨年使用量を基準にして、20％削減としたならば、ボイラの稼働時間あたりの燃料油の使用量を指標とし、進捗状況の四半期ごとの使用量を月別追跡調査して監視するということです。

◇事業プロセスへ統合する

組織は、環境目標を達成するための取組みを組織の事業プロセスに、どのように統合するかについて、考慮することを求められています。

環境目標を達成するための取組みとは、組織が環境目標を達成するために行なう、活動、行動をいいます。

事業プロセスへ統合するには、環境目標を達成するための実施計画を、組織の戦略計画プロセス内のほかの実施計画と統合するとよいでしょう。例を次に示します。

- 環境目標の取組みの計画を事業業務推進計画に組み込み一体化する
- 環境目標の取組みのための役割、責任、権限の割当を組織の職務分掌の中に組み込んで行なう
- 環境目標の達成評価を組織の業務実績評価の一環として行なう

7-45

7 支援

7・1 資源

◇箇条7の要求事項の構成

箇条7では、環境マネジメントシステムを支援するために、箇条7・1で人を含む「資源」を決定し、人に付帯するものとして、箇条7・2で「力量」、箇条7・3で「認識」、そして、箇条7・4で「コミュニケーション」、箇条7・5で「文書化した情報」を規定しています。

◇箇条7・1の要求事項の要点

箇条7・1では、環境マネジメントシステムに必要な経営資源を決定して、提供することを求めています。

◇組織は必要な資源を決定し提供する

組織は、環境マネジメントシステムの確立、実施、維持及び継続的改善に必要な資源を決定し、提供することを求められています。

◇資源提供の「しくみ」をつくる

トップマネジメントは、実証すべき事項として、箇条5・1(d)に「環境マネジメントシステムに必要な資源が利用可能であることを確実にする」、つまり、資源提供のしくみをつくることを求められています。

しくみとしては、事業プロセスに組み込まれ、必要な資源を年度事業計画で決定し、稟議制度などにより部門責任者が関連する資源の決裁を得て提供されるなどです。

◇必要な資源とは

環境マネジメントシステムに必要な資源には、人的資源、天然資源、インフラストラクチャ、ユーティリテ

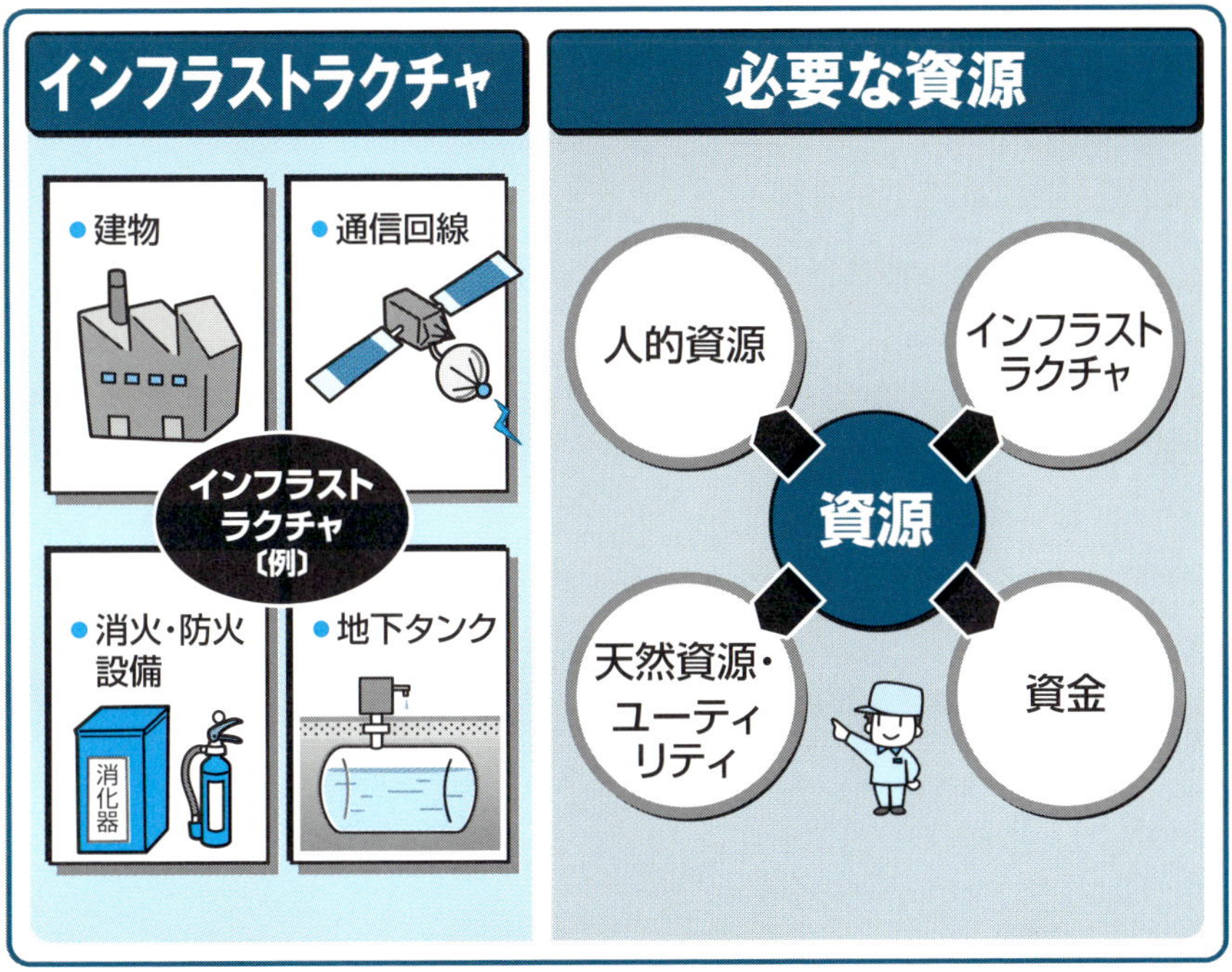

ィ、資金などがあります。

人的資源には、専門的な技能、知識、技術、法的資格などが含まれ、環境マネジメントシステムに関連する人材をどのくらいの人数を量的に確保する必要があるかです。

インフラストラクチャとは、組織の運営のために必要な施設、設備及びサービスに関するシステムをいいます。

環境に関するものとしては、建物、設備、通信回線、地下タンク、排水システムなどがあります。

また、緊急事態対応から危険物倉庫、消火・防火設備なども対象とするとよいでしょう。

ユーティリティとは、電気、ガス、水などをいいます。

◆内部資源を外部資源で補完する

組織は、必要な資源を決定するにあたって、現状を分析し、現在保有する資源で何が対応できるかを把握し、必要ならば外部提供者による外部資源による補完も考慮するとよいでしょう。

たとえば、人的資源を人材派遣、パート、アルバイトの活用、組織にはない技術をもつ外部提供者への業務の委託などです。

7・2 力量［1］

—組織は必要な力量を決定する—

力量が求められる人〔例〕

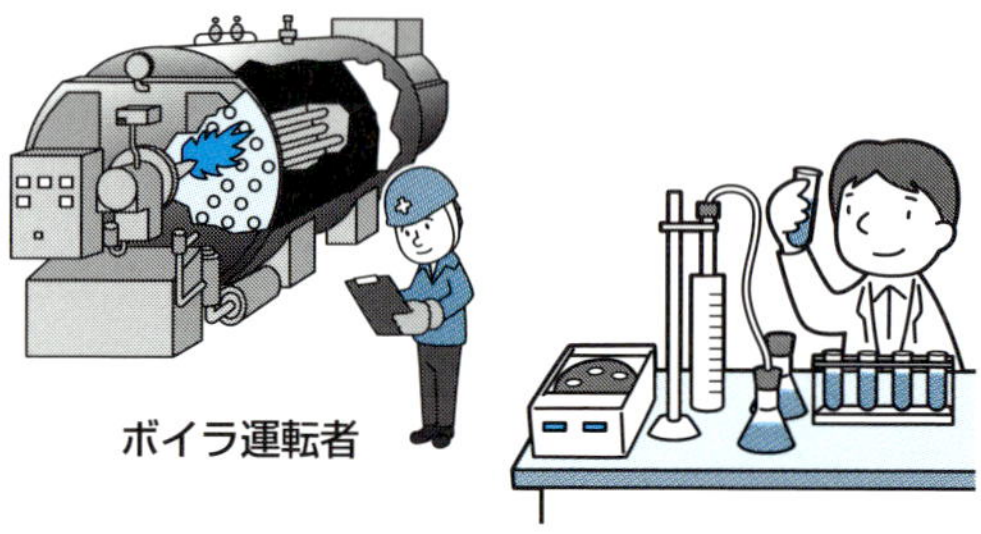

◇力量が求められる人の必要な力量を決定する

組織は、組織の環境パフォーマンスに影響を与える業務、及び順守義務を満たす組織の能力に影響を与える業務を組織の管理下で行なう人（又は人々）に必要な力量を決定することを求められています。

力量を要求されている人の例としては、著しい環境影響の原因となる可能性をもつ業務を行なう人、環境側面から環境影響を特定し、関連する法規制を決定し評価する人、環境目標を達成するために寄与する人、緊急事態が発生したときに対応する人、内部監査を実施する人、決定した順守義務の順守状態を評価する人などが含まれます。

業務を組織の管理下で行なう人々とは、組織で働く人（従業員）、及び組織が責任をもつ組織のために働く人（契約・派遣・臨時雇用者、パート、アルバイト）そして組

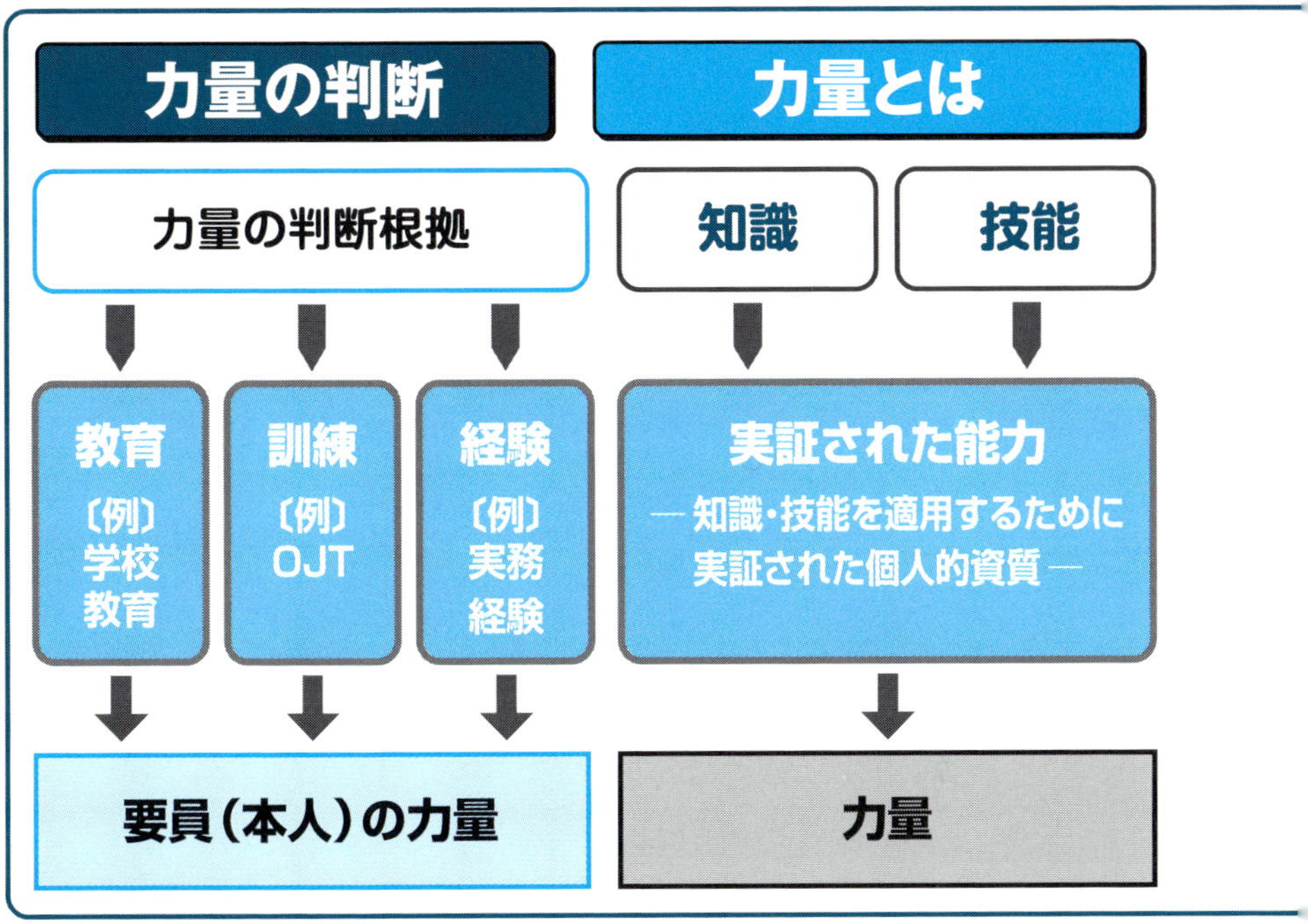

織が外部委託したプロセスに携わる人などを含みます。

力量とは、意図した成果を達成するために、知識及び技能を適用する能力をいいます。**必要な力量を決定する**とは、業務が意図した成果を達成するには、どのような知識が必要なのか、どのくらいの実務経験を必要とするのか、公的資格が必要なのかなどを決定することです。

◇人々が力量を備えていることを確実にする

組織は、適切な教育、訓練又は経験に基づいて、組織の管理下で働く人々が業務に携わるために必要な力量を備えていることを**確実にする**ことを求められています。

力量は、教育、訓練が基礎となり、組織の内外で積み重ねた経験を通して習熟しますので、組織はどのようにして力量を確立するかの**しくみ**（プロセスの確立）をつくり、それにより人々が必要な力量を得られるようにします。

教育とは、啓発、能力開発的な意味が強く、学校教育、専門教育、体系的な教育をいいます。

訓練とは、確立している知識又はスキルを**付与する**、**教える**ということです。

―次ページに続く―

7-47

7・2 力量［2］
―教育訓練のニーズを決定し実施する―

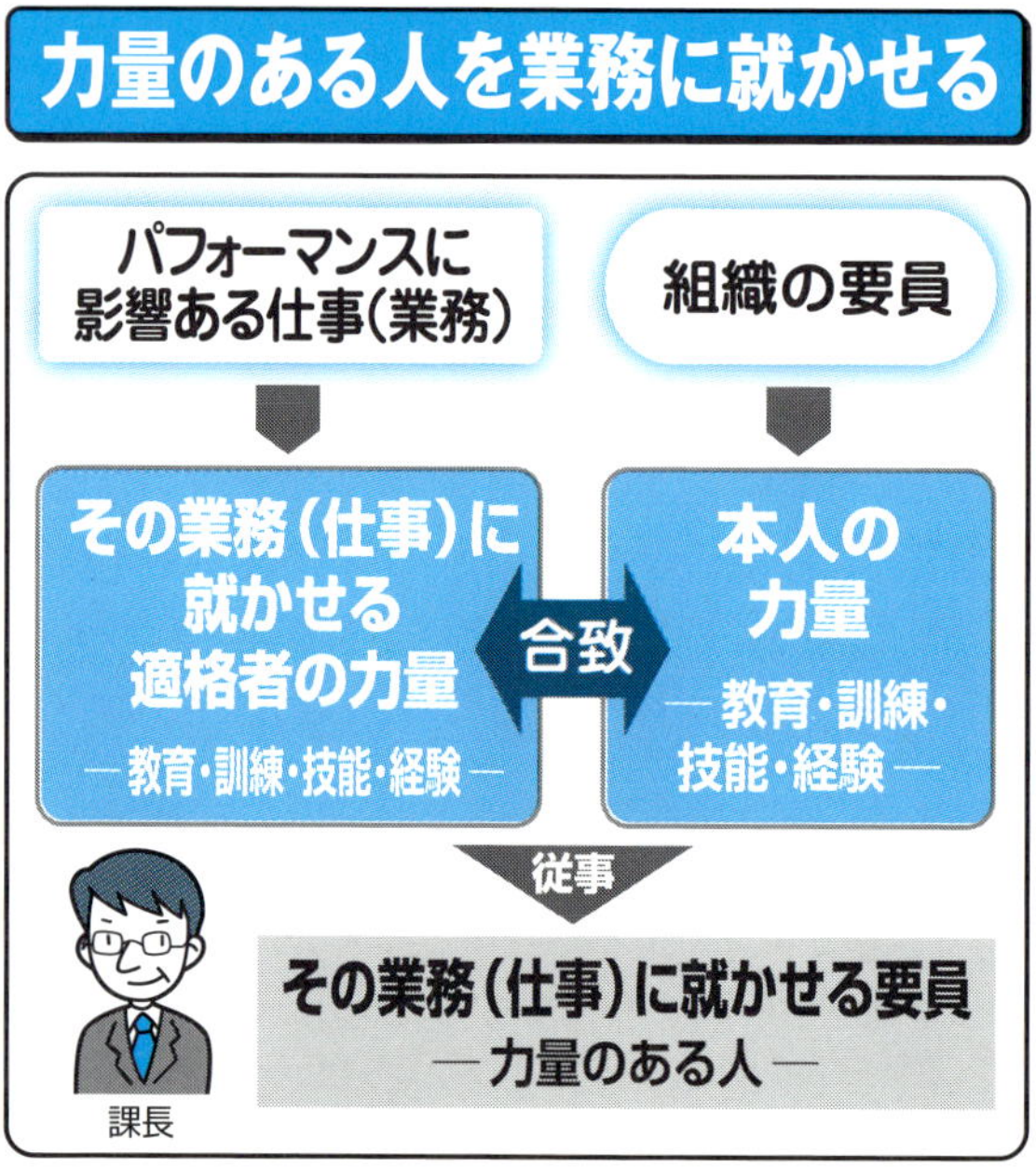

力量は、その人が学校で得た知識、業務で得た知識・技能、必要な資格と、その業務の実務経験で判定します。

知識の例としては、法規制に関する知識、設備・プロセスに関する知識、原材料・有害物に関する知識などが含まれます。

資格の例としては、危険物取扱者、公害防止管理者、特別管理産業廃棄物管理者などは公的資格が必要です。

◇教育訓練のニーズを決定する

組織は、組織の環境側面及び環境マネジメントシステムに関する教育訓練のニーズを決定することを求められています。

組織は、業務を組織の管理下で行なう人々に対し、環境マネジメントシステムを理解し、自身の業務によって、

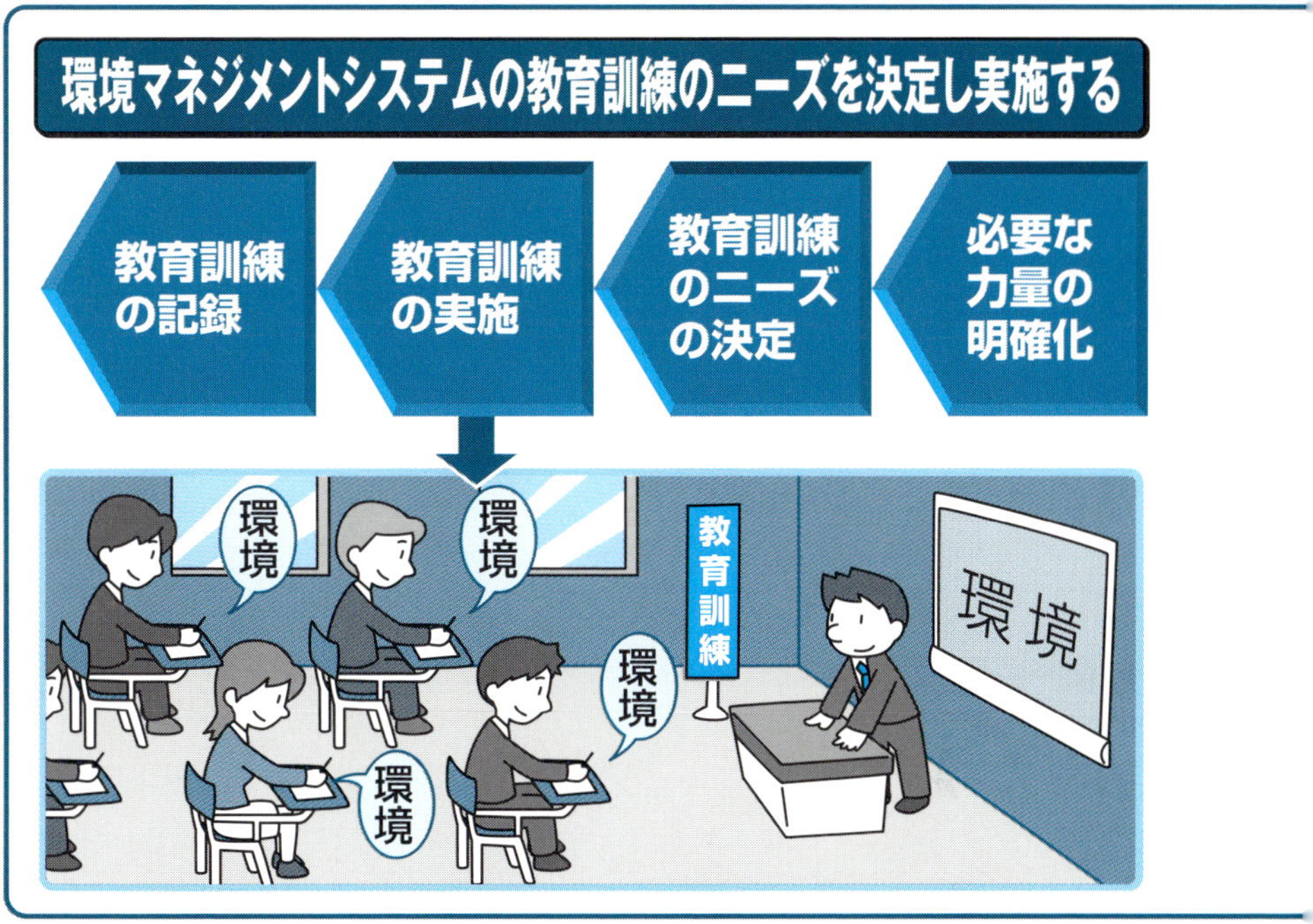

環境影響を受ける可能性のある組織の活動、製品、サービスの環境側面及び順守義務についての教育訓練のニーズを決定し、満たすための教育訓練計画を策定し、実施することです。

教育訓練（training）のニーズを決定するとは、それぞれの業務を行なう人々に、その業務に必要な教育訓練の内容、方法、時期を決定することです。

また、組織の環境パフォーマンス、順守義務を満たす業務に携わる人々にも必要な力量を得るための教育訓練のニーズを決定し、実施する必要があります。

◆必要な力量を身につけるための処置をとる

組織は、該当する場合には、必ず、「必要な力量」を身につけるための処置をとることを求められています。

該当する場合とは、教育訓練のニーズを決定した結果、業務を実施するために必要な力量に対して、その業務を実施する人がもつ力量が不足している場合をいいます。

不足している場合には、業務を実施する人に、不足している力量を身につけるための処置をとるということです。

―次ページに続く―

7・2 力量［3］
—力量を得るための処置をとり有効性を評価する—

教育訓練は、力量を身につける方法の一つですので、その他適用される処置として本箇条の注記に、現在雇用している人々に対する教育訓練の提供、指導の実施、配置転換の実施、また力量を備えた人々の雇用、そうした人々との契約締結などがあると例示されています。

◇とった処置の有効性を評価する

組織は、必要な力量を身につけるために、とった処置の有効性を評価することを求められています。

有効性とは、計画した活動を実行し、計画した結果を達成した程度をいいます。

とった処置の有効性の評価とは、力量を備えるための処置を実行し、計画した結果が達成された程度を評価することから、実施する前に達成すべき結果を決めておく必要があります。

とった処置の有効性の評価は、監督者をつけて、その業務を実際に行なわせ、計画した結果を達成した程度で評価するのもよいでしょう。

◇文書化した情報を保持する

組織は、力量の証拠として、適切な文書化した情報（記録）を保持することを求められています。

力量の証拠とは、業務を行なう人々が力量を備えていることの証拠をいいます。

記録の例としては、対象業務、その業務に必要な力量、対象者と対象者が保有する力量、不足力量を補った教育訓練計画と実施結果、とった処置の有効性の評価、業務の実務経験、取得した国家資格などがあります。

環境マネジメントシステムに関する教育訓練〔例〕

対象者	教育訓練の種類	目的
上級管理者	●環境マネジメントシステムの重要性の理解を高める	●組織の環境方針に対するコミットメント及び連携を得るため
環境マネジメントシステム責任者	●環境マネジメントシステム要求事項の責任	●たとえば、要求事項を満たす方法、プロセスの実施などについて教えるため
環境責任をもつ従業員	●技能の向上	●たとえば、運転操作、研究開発、エンジニアリングなどの組織の特定分野のパフォーマンスを改善するため
全従業員	●一般的な環境に対する理解を高める	●組織の環境方針、環境目標に対するコミットメントを得て、個々に責任感をもたせるため

力量を得るために適用される処置〔例〕

現在雇用している人々

教育・訓練

- 力量を備えられるように人々を教育・訓練する

指　導

- 力量を備えられるように人々を指導する

配置転換

- 力量を備えた人々を配置転換して、業務を行なわせる

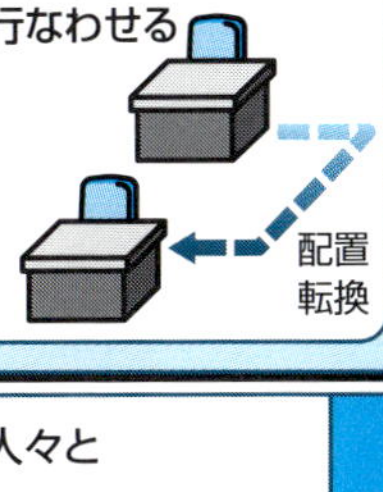

雇用

- 力量を備えた人々を雇用する

契約締結

- 力量を備えた人々と契約締結する

7・3 認識
―組織の管理下で働く人々に四つの事項を認識させる―

◆箇条7・3の要求事項の要点

箇条7・3では、組織の管理下で働く人々が、自らの業務に伴う環境影響の認識、及び環境方針、環境マネジメントシステムの有効性に対する自らの貢献を認識できるようにすることを規定しています。

◆組織の管理下で働く人々に四つの事項を認識させる

組織は、組織の管理下で働く人々に、次のⓐからⓓの四つの事項に関して認識をもつことを確実にすることを求められています。

「確実にする」とあるので、組織は管理下で働く人々に認識をもたせるためのしくみ（プロセス）を確立し、事業プロセスに組み込む必要があります。

認識とは、物事を十分に理解し、その意義を知り、これを自らの業務に置き換え行動することをいいます。

認識を向上させる方法としては、視覚標識（例：横断幕）、キャンペーン、訓練、教育、指導、そして朝礼、会議によるコミュニケーションなどがあります。

ⓐ 環境方針を認識する

組織の管理下で働く人々は、環境方針の存在及びその目的を認識し、環境方針に示されているコミットメント（約束）の内容を理解し、その達成に対して、自らの業務における役割を認識することです。

ⓑ 著しい環境側面、環境影響を認識する

組織の管理下で働く人々は、自らの業務に関係する著しい環境側面と、それに伴う顕在する（実際に現れている）環境影響又は潜在的（潜んでいる）環境影響を認識することです。

ⓒ 自らの貢献を認識する

組織の管理下で働く人々は、環境マネジメントシステムの有効性に対して、自らの業務がどのように関連し、貢献できるかを認識することです。

自らの貢献には、環境パフォーマンスの向上によって得られる便益（都合がよく利益のあること）を含みます。

ⓓ 要求事項に適合しないことの意味を認識する

組織の管理下で働く人々は、自らの業務に関連する順守義務を満たさないことを含め、環境マネジメントシステムの要求事項に適合しないことの意味を認識することです。

組織の管理下で働く人々は、環境関連の法令・規制を順守しなかったら、周辺地域へ生ずる環境影響、罰金の支払い、操業停止など、組織の事業活動に影響を与えることを認識するとよいでしょう。

また、環境マネジメントシステムの要求事項、たとえば、決められたとおりに業務を行なわなかった結果、どのような有害な環境影響を生ずるのかを認識することです。

7・4 コミュニケーション

7・4・1 一般［1］

◇箇条7・4の要求事項の要点

箇条7・4では、環境マネジメントシステムに関する内部及び外部のコミュニケーションのプロセスを確立し、実施し、維持して、継続的改善への寄与を確実にすることを求めています。

◇コミュニケーションのプロセスを確立する

組織は、環境マネジメントシステムに関連する内部及び外部のコミュニケーションに必要なプロセスを確立し、実施し、維持することを求められています。

組織が、プロセスを確立するにあたって、次の事項を明確にする必要があります。

ⓐ コミュニケーションの内容

どのような内容の情報について、コミュニケーションを行なうのか。

ⓑ コミュニケーションの実施時期

いつ又はどのような状況において、コミュニケーションを行なうのか。

ⓒ コミュニケーションの対象者

誰に対して、コミュニケーションを行なうのか。

ⓓ コミュニケーションの方法

どのようにして、コミュニケーションを行なうのか。

コミュニケーションのプロセスの確立には、次ページに示すISO14001規格におけるコミュニケーションに関し、該当する要求事項を含める必要があります。

コミュニケーションとは、一方向又は双方向での意思の伝達及び交換をいいます。

―次々ページに続く―

「コミュニケーション」に関する該当要求事項
―箇条7.4「コミュニケーション」を含む―

区分	箇条	コミュニケーションに関する要求事項
外部	4.3 環境マネジメントシステムの適用範囲の決定	●環境マネジメントシステムの適用範囲は、文書化した情報として維持しなければならず、かつ、利害関係者がこれを**入手できる**ようにしなければならない
内部	5.1 e） リーダーシップ及び コミットメント	●有効な環境マネジメント及び環境マネジメントシステム要求事項への適合の重要性を**伝達する**
内・外	5.2 環境方針	●環境方針は組織内に**伝達する** ●環境方針は利害関係者が**入手可能である**
内部	5.3 組織の役割、責任及び権限 b）	●トップマネジメントは、関連する役割に対して、責任及び権限が割り当てられ、組織内に**伝達される**ことを確実にしなければならない ●環境パフォーマンスを含む環境マネジメントシステムのパフォーマンスをトップマネジメントに**報告する**
内部	6.1.2 環境側面	●組織は、必要に応じて、組織の種々の階層及び機能において、著しい環境側面を**伝達しなければならない**
内部	6.2.1 d） 環境目標	●環境目標は**伝達する**
外部	8.1 c） 運用の計画 及び管理 d）	●請負者を含む外部提供者に対して、関連する環境上の要求事項を**伝達する** ●製品及びサービスの輸送又は配送（提供）、使用、使用後の処理及び最終処分に伴う潜在的な著しい環境影響に関する**情報を提供する**必要性について考慮する
内・外	8.2 f） 緊急事態への準備及び対応	●必要に応じて、緊急事態への準備及び対応についての関連する**情報**及び教育訓練を、組織の管理下で働く人々を含む、関連する利害関係者に**提供する**
内・外	9.1 監視、測定、分析及び評価 9.1.1 一般	●組織は、コミュニケーションプロセスで特定したとおりに、かつ、順守義務による要求に従って、関連する環境パフォーマンス情報について、内部と外部の双方の**コミュニケーション**を行なわなければならない
内部	9.2.2 c） 内部監査プログラム	●監査の結果を関連する管理層に**報告する**ことを確実にする
外部	9.3 f） マネジメントレビュー	●苦情を含む、利害関係者からの関連する**コミュニケーション**を考慮する

7.4.1 一般［2］

―コミュニケーションプロセス確立時の実施事項―

コミュニケーションは、口頭（朝礼・会議・打合せ・電話）、書面（書簡・通知書・伝票・仕様書・報告書）インターネット、メール、映像などで行なわれます。

プロセスとは、インプットをアウトプットに変換する、相互に関連する又は相互に作用する一連の活動をいいます。

◆プロセス確立時に実施すべき事項

組織は、コミュニケーションのプロセスを確立するとき、次の事項を行なうことを求められています。

❶ 順守義務を考慮に入れる

考慮に入れるとは、その事項について考える必要があり、その結果、除外できないことをいいます。

したがって、順守義務に関するコミュニケーションの要求事項は、確立するプロセスに含める必要があり

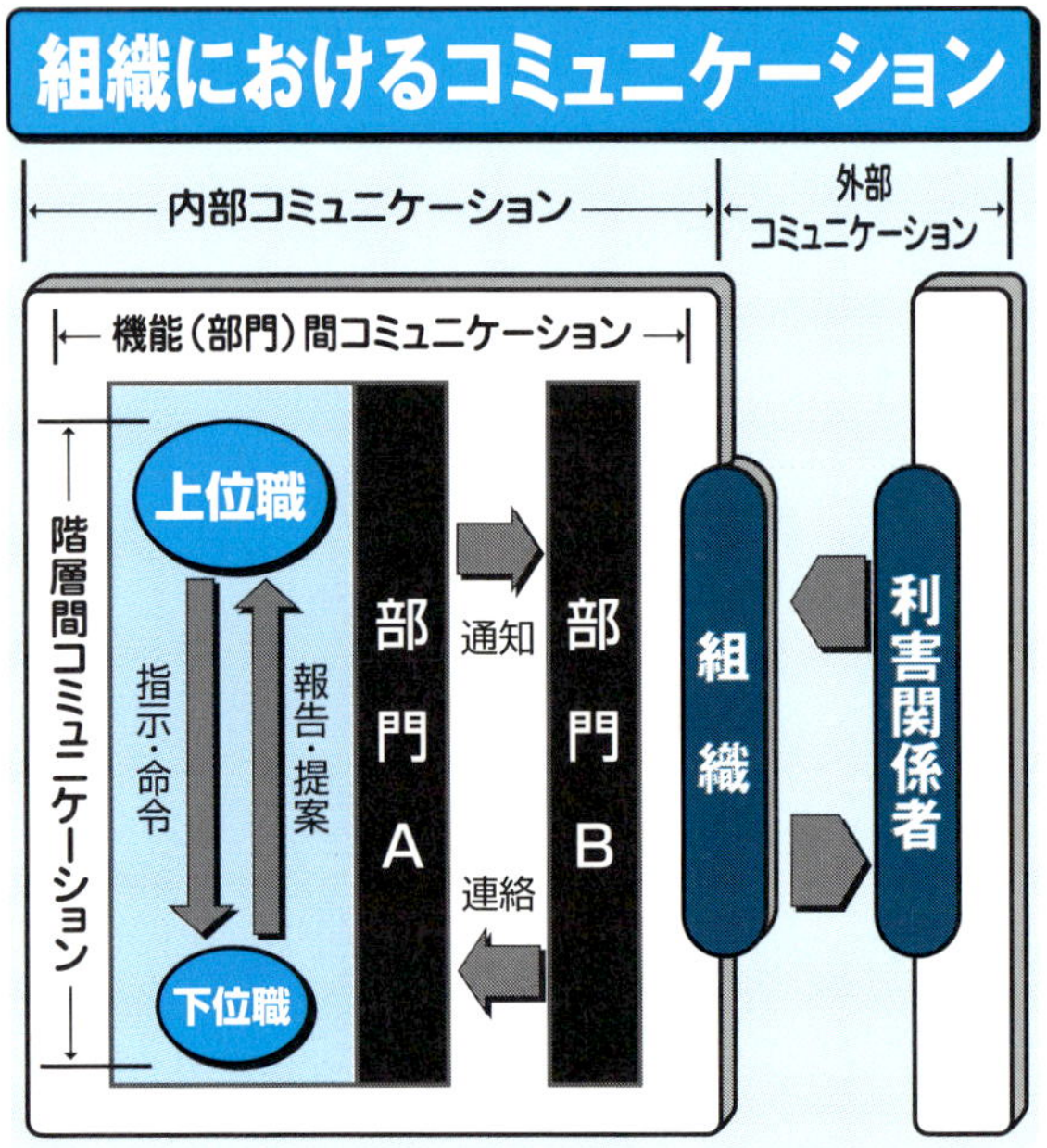

ます。

順守義務に関するコミュニケーションの要求事項には、内部、外部のコミュニケーションがあります。

内部コミュニケーションの例としては、箇条6・1・2「環境側面」で、組織の種々の階層及び機能において、著しい環境側面を伝達することを求めています。

外部コミュニケーションの例としては、行政機関への届出、報告などの義務事項は、箇条6・1・3「順守義務」の要求事項に基づいて行なう必要があります。

❷ 環境情報は信頼性があることを確実にする

組織は、コミュニケーションのプロセスを確立するとき、伝達される環境情報が、環境マネジメントシステムにおいて作成された情報と整合し、信頼性があることを**確実にする**よう求められています。

環境情報のコミュニケーションは、組織の環境パフォーマンスの内部評価（箇条9・1「監視、測定、分析及び評価」）を含む環境マネジメントシステムにおいて作成した情報に基づくものであり、それらの情報と整合し、信頼できる情報であるプロセスを確立する、つまり**しくみ**をつくるということです。

―次ページに続く―

7-52

7.4.1 一般[3]

―関連するコミュニケーションに対応する―

それには、環境情報収集のシステム、情報のレビュー、そして、ミス・漏れがなく、誤解を生むことがないよう外部に出す情報には承認者を設けるのが望ましいです。

◆コミュニケーションの内容が満たすべきこと

- 透明である―報告内容の入手経路公開
- 適切である―利害関係者のニーズを満たす
- 偽りがない―報告を受けた者に誤解を与えない
- 事実に基づく―正確であり、信頼できる
- 関連する情報を除外しない
- 利害関係者にとって理解可能である

◆関連するコミュニケーションに対応する

組織は、環境マネジメントシステムについての関連す

るコミュニケーションに対応することが求められています。

組織は、関連する質問、関心事、組織の環境マネジメントシステムに対する内部・外部からの情報を受け付け、対応のためのプロセスを確立する必要があります。

◆文書化した情報を保持する

組織は、必要に応じて、コミュニケーションの証拠として文書化した情報を保持することを求められています。

利害関係者からの問合せや苦情は、その受領、回答内容、回答方法、日付などを記録しておくとよいでしょう。

利害関係者に影響又は懸念を与えかねない緊急事態、事故、廃棄物の排出量、CO_2排出量などについての著しい環境側面に関する情報公開の内容なども記録しておくとよいでしょう。

また、環境委員会の議事録、行政機関への届出の控え（コピー）、苦情受付けのメールなども記録となります。

規格には「必要に応じて」とあるので、組織として重要と判断したコミュニケーションを記録しておくとよいでしょう。

7.4.2 内部コミュニケーション

―内部コミュニケーションは階層・機能間で行なう―

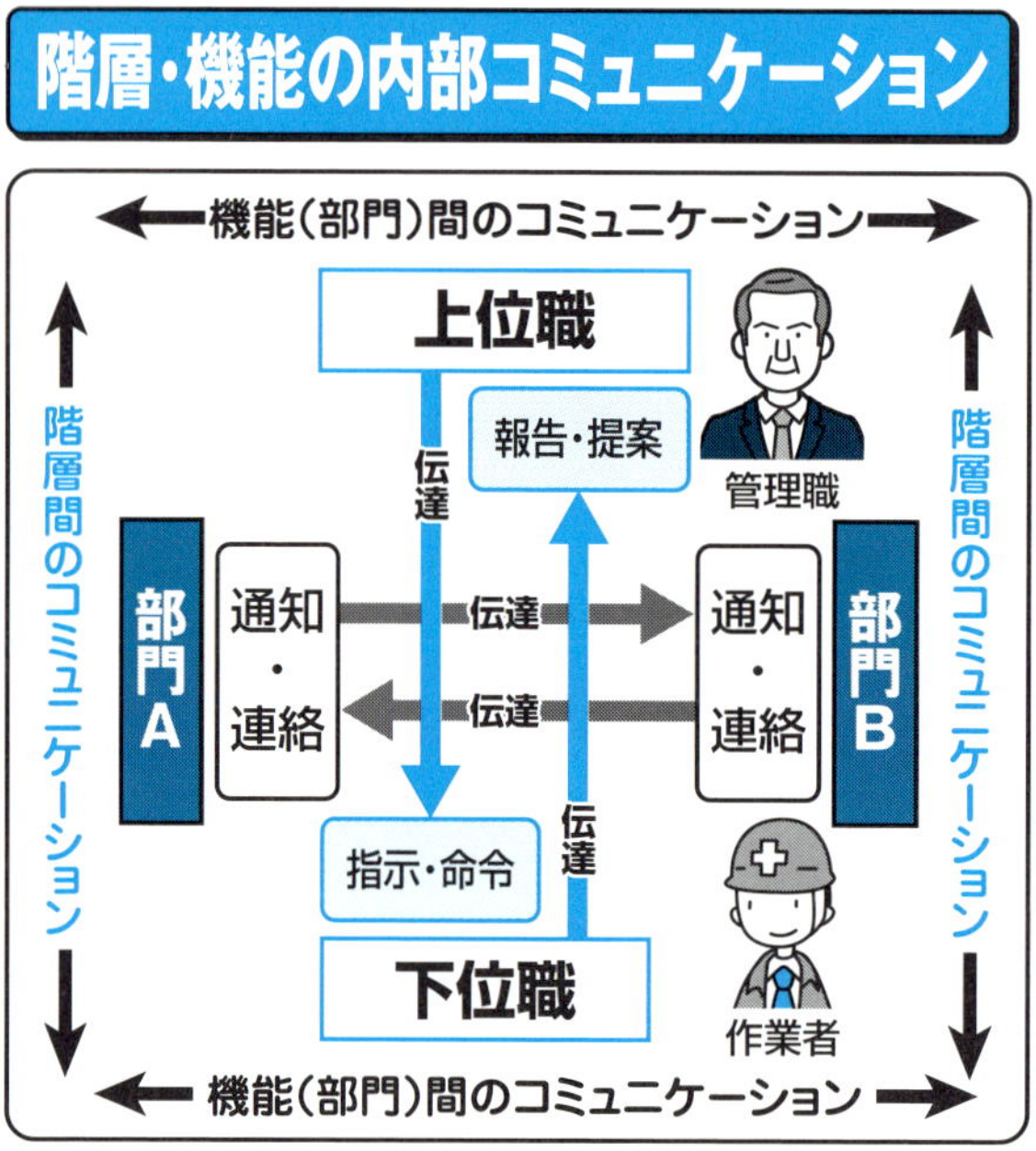

◇内部コミュニケーションに関して行なうこと

組織は、内部コミュニケーションに関し、次のⓐ、ⓑの事項を行なうことを求められています。

ⓐ 階層・機能間での内部コミュニケーション

組織は、必要に応じて、環境マネジメントシステムの変更を含め、環境マネジメントシステムに関連する情報について、組織の種々の階層及び機能（部門）間で、内部コミュニケーションを行ないます。

●内部コミュニケーションの種類

組織内部のコミュニケーションには階層間のコミュニケーションと機能（部門）間のコミュニケーションがあります。

階層間のコミュニケーションには、上位職から下位職への指示、命令などがあり、また、下位職から

上位職への連絡、報告、提案などがあります。

- **内部コミュニケーションの方法（例）**

　内部コミュニケーションの方法には、電子メール、イントラネットの掲示板、通知文、報告書、手順書、社内報、会議の議事録、口頭などがあります。

- **コミュニケーションの場（例）**

　コミュニケーションの場には、経営会議、環境委員会、部門長会議、部門内会議などがあります。

b 継続的改善への寄与を可能にする

　組織は、コミュニケーションプロセスが、組織の管理下で働く人々の継続的改善への寄与を確実にすることを求められています。つまり、組織は、組織の管理下で働く人々が、環境マネジメントシステムの活動に参加し、継続的改善に貢献できるようなしくみ（プロセスを確立する）をつくる必要があるということです。

　組織は、組織の管理下で働く人々からのコミュニケーションを可能にするプロセスを確立することによって、環境マネジメントシステムを改善するための意見及び提案を行なえるようにするとよいです。これには、業務改善に関する改善提案制度などが該当します。

7・4・3 外部コミュニケーション

―利害関係者と外部コミュニケーションを行なう―

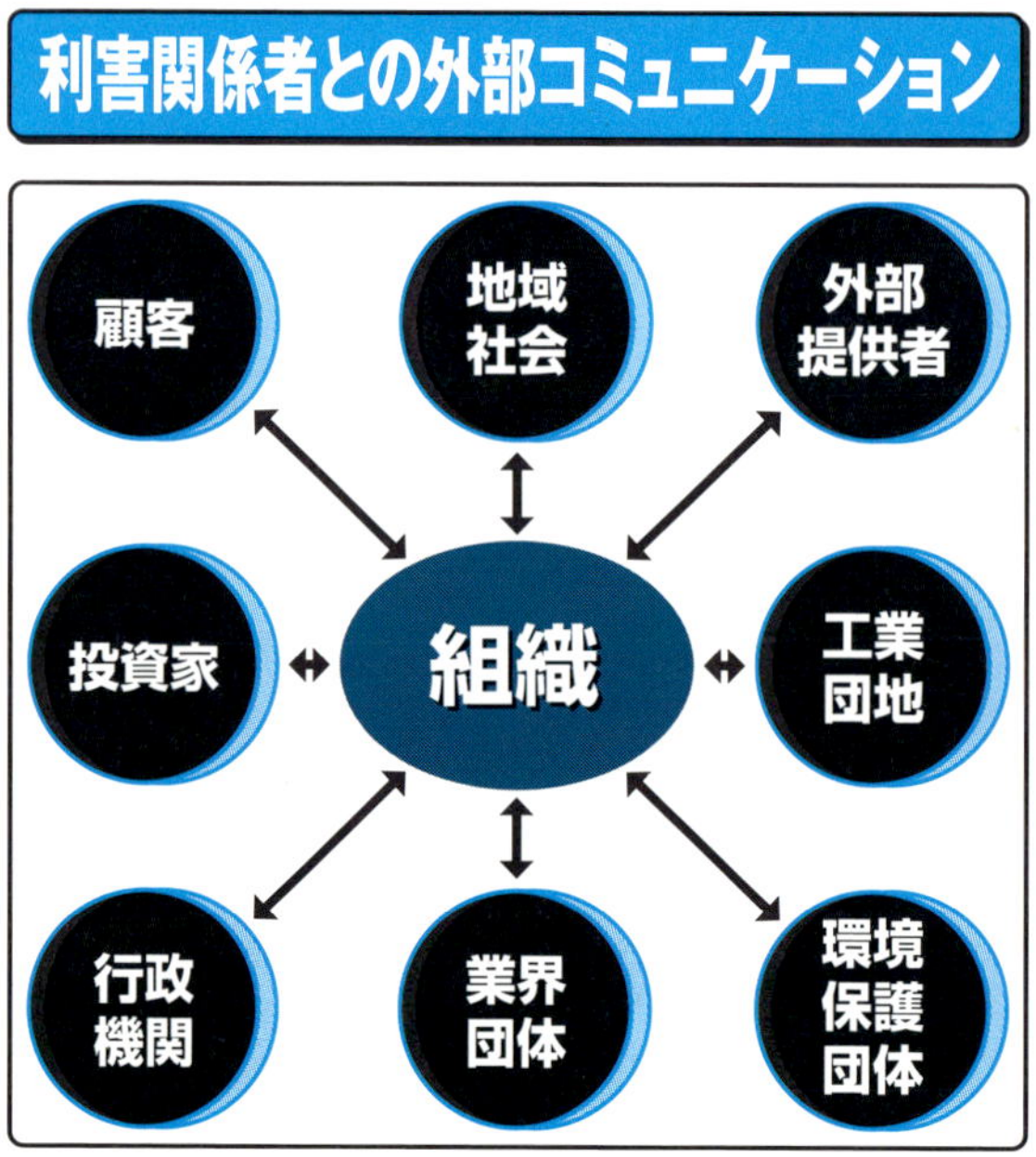

◆外部コミュニケーションを行なう

組織は、コミュニケーションプロセスによって確立したとおりに、かつ、順守義務による要求に従って、環境マネジメントシステムに関連する情報について、外部コミュニケーションを行なうことを求められています。

組織は、箇条7・4・1で、確立したプロセスに基づいて、外部コミュニケーションを実施するということです。

また、それとは別に、組織は順守義務に基づく外部コミュニケーションを行なう必要があるということです。

順守義務に関しては、行政機関への法的報告義務、自主的な環境報告などが含まれます。

行政機関への法的報告義務の例としては、産業廃棄物のマニフェストの年次報告、省エネ法による定期報告・届出、水質汚濁防止法による事故時の行政報告などがあ

外部コミュニケーションの対応〔例〕

内　容	受　信	発　信
外部からの環境に関する苦情	受け付ける	回答する
顧客からの製品の環境に関する問合せ	受け付ける	回答する
取引先からの環境アンケート	受け付ける	回答する
行政機関からの通知・通達	受け付ける	—
行政機関へ届出・報告・許可申請	—	提出する

●特に苦情については、誠意をもって、迅速に対応することが重要です

ります。

外部への環境情報は、組織での環境パフォーマンスの内部評価（箇条9・1）を含む、環境マネジメントシステムで作成した情報に基づく信頼性ある情報ということです。

外部コミュニケーションには、外部からの情報を組織が受け、また組織が外部に発信するコミュニケーションがあります（上欄参照）。

◆外部コミュニケーションの対象者

外部コミュニケーションの対象者には、顧客、外部提供者、投資家、行政機関（法規制当局を含む）、業界団体、工業団地・地域社会、環境保護団体などがあります。

◆外部コミュニケーションの方法

方法には、組織の一般公開、地域社会との対話、地域イベントへの参加、ホームページ・電子メール、マスコミ発表、環境ニュースレター、年次環境報告などがあります。

外部コミュニケーションの場としては、客先仕様打合せ、製品・サービス説明会、顧客クレーム報告、顧客監査、外部提供者連絡会、外部委託先監査などがあります。

7-55

7・5 文書化した情報

7・5・1 一般［1］

◆箇条7・5の要求事項の要点

箇条7・5では、環境マネジメントシステムの計画、運用に必要な文書及び記録を文書化した情報と総称し、その作成、更新及び管理に関する要求事項を規定しています。

◆文書化した情報に関する要求事項

組織は、環境マネジメントシステムを確立し、実施し、維持するにあたり、それに伴う文書化した情報として、次のⓐ、ⓑの二つの事項が求められています。

ⓐ　ISO14001規格が要求する文書化した情報

ISO14001規格の条文で「文書化した情報を維持する」とあるのは、作成すべき「文書類」を、「文書化した情報を保持する」は、「記録」を意味します。

次に、規格で文書化した情報が要求されている箇条を示します（詳細は、次ページ参照）。

●文書化した情報の維持（文書を求めている箇条）

箇条4・3「環境マネジメントシステムの適用範囲の決定」、箇条5・2「環境方針」、箇条6・1・1「（リスク及び機会への取組み）一般」、箇条6・1・2「環境側面」、箇条6・1・3「順守義務」、箇条6・2・1「環境目標」、箇条8・1「運用の計画及び管理」、箇条8・2「緊急事態への準備及び対応」

●文書化した情報の保持（記録を求めている箇条）

箇条7・2「力量」、箇条7・4・1「（コミュニケーション）一般」、箇条9・1・1「（監視、測定、分析及び評価）一般」、箇条9・1・2「順守評価」、箇条9・2・2「内部監査プログラム」、箇条9・3「マネジメントレビュー」、箇条10・2「不適合及び是正処置」

―次々ページに続く―

「文書化した情報」に関する該当要求事項
―箇条7.5「文書化した情報」を含む―

	箇条	文書化した情報に関する要求事項
文書	4.3 環境マネジメントシステムの適用範囲の決定	●環境マネジメントシステムの適用範囲は、**文書化した情報として維持**しなければならず、かつ、利害関係者がこれを入手できるようにしなければならない
	5.2 環境方針	●環境方針は、次の事項を満たさなければならない ―**文書化した情報として維持**する
	6.1.1 (リスク及び機会への取組み) 一般	●組織は、次に関する**文書化した情報を維持**しなければならない ―取組む必要があるリスク及び機会 ―6.1.1～6.1.4で必要なプロセスが計画どおりに実施されるという確信をもつために必要な程度の、それらのプロセス
	6.1.2 環境側面	●組織は、次に関する**文書化した情報を維持**しなければならない ―環境側面及びそれに伴う環境影響 ―著しい環境側面を決定するために用いた基準 ―著しい環境側面
	6.1.3 順守義務	●組織は、順守義務に関する**文書化した情報を維持**しなければならない
	6.2.1 環境目標	●組織は、環境目標に関する**文書化した情報を維持**しなければならない
	8.1 運用の計画及び管理	●組織は、プロセスが計画どおりに実施されたという確信をもつために必要な程度の、**文書化した情報を維持**しなければならない
	8.2 緊急事態への準備及び対応	●組織は、プロセスが計画どおりに実施されるという確信をもつために必要な程度の、**文書化した情報を維持**しなければならない
記録	7.2 力量	●組織は、力量の証拠として、適切な**文書化した情報を保持**しなければならない
	7.4.1 (コミュニケーション) 一般	●組織は、必要に応じて、コミュニケーションの証拠として、**文書化した情報を保持**しなければならない
	9.1.1 (監視、測定、分析及び評価) 一般	●組織は、監視、測定、分析及び評価の結果の証拠として、適切な**文書化した情報を保持**しなければならない
	9.1.2 順守評価	●組織は、順守評価の結果の証拠として、**文書化した情報を保持**しなければならない
	9.2.2 内部監査プログラム	●組織は、監査プログラムの実施及び監査結果の証拠として、**文書化した情報を保持**しなければならない
	9.3 マネジメントレビュー	●組織は、マネジメントレビューの結果の証拠として、**文書化した情報を保持**しなければならない
	10.2 不適合及び是正処置	●組織は、次に示す事項の証拠として、**文書化した情報を保持**しなければならない ―不適合の性質及びそれに対してとった処置 ―是正処置の結果

7-56

7.5.1 一般［2］
—組織が求められる文書化した情報—

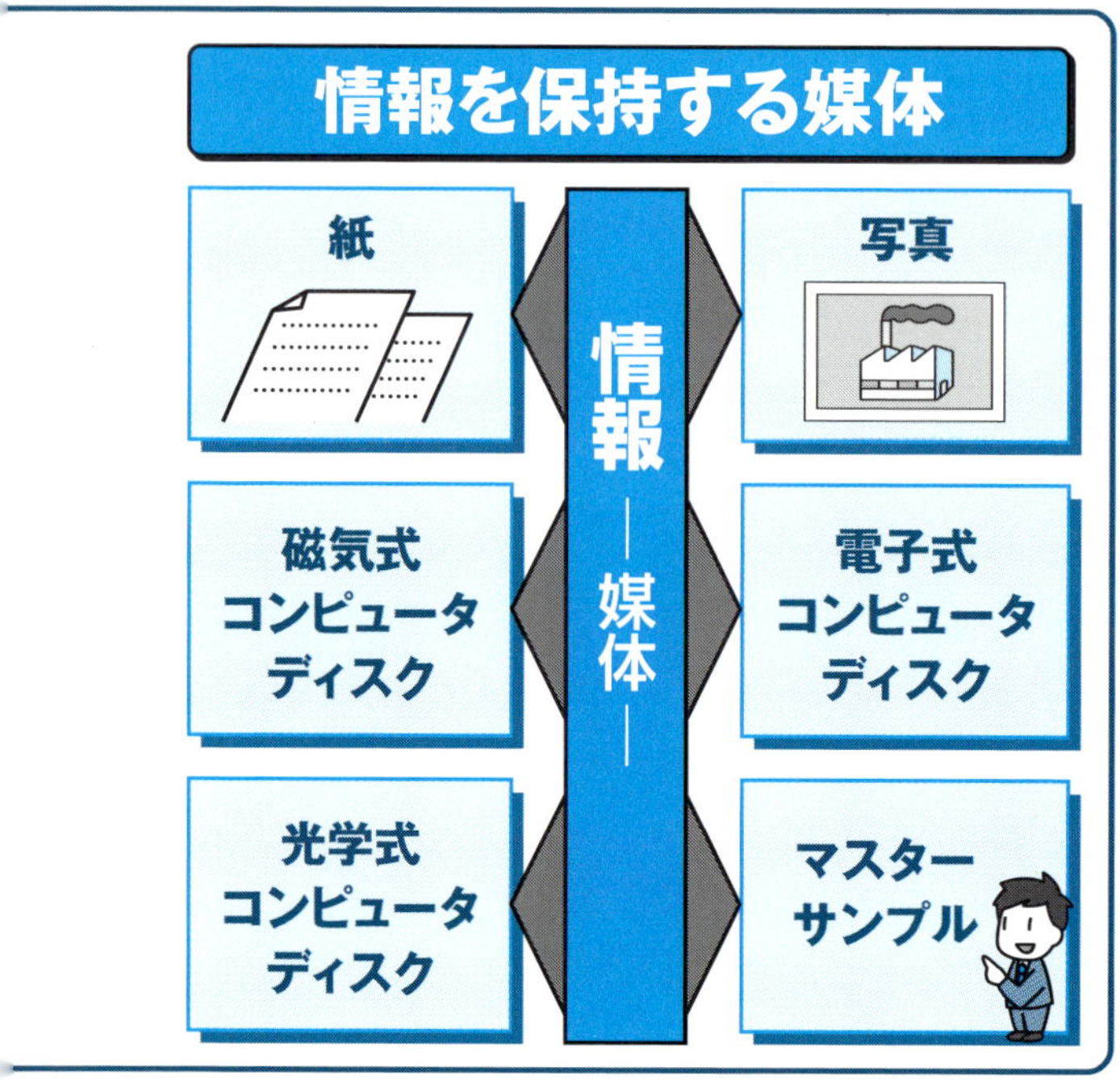

ⓑ 組織が必要と決定する文書化した情報

組織が、環境マネジメントシステムの計画、運用及び管理を確実に実施し、その有効性のために、ＩＳＯ１４００１規格の要求事項以外に文書化した情報を必要と判断するのは、組織の責任です。

組織は、環境マネジメントシステムが有効に運用され、組織の管理下で働く人々及びその他の関連する利害関係者によって理解されること、ならびに環境マネジメントシステムに関するプロセスが計画どおりに実施されることを確実にするために、適切な文書化した情報を作成し、維持する必要があります。

組織が、あるプロセスを文書化しないと決定する場合には、影響を受ける組織の管理下で働く人々に対し、必要に応じて、コミュニケーション又は教育訓練を通

じて、満たすべき事項を知らせるとよいでしょう。

◆文書化した情報とは何か

文書化した情報とは、組織が管理し維持するよう要求されている情報及びそれらが含まれている媒体をいいます。**文書**とは、情報及びそれが含まれている媒体をいい、**情報**とは、意味のあるデータをいいます。**媒体**には、紙、磁気、電子式もしくは光学式コンピュータディスク、写真、マスターサンプルがあります。**記録**とは、達成した結果を記述した、又は実施した活動の証拠を提供する文書をいいます。

◆環境マニュアルの位置付け

ISO14001規格では、環境マニュアルについての作成の記述はありませんが、組織が環境マネジメントシステムの有効性のために必要と判断するならば、環境マニュアルを作成するとよいでしょう。

環境マニュアルは、組織の環境マネジメントシステムに関する一貫性のある情報を提供する文書として、作成することも一つの方法といえます（8-14項参照）。

7-57

7·5·2 作成及び更新

―文書化した情報の作成・更新に際し行なうべき事項―

文書及び記録を日本語で作成するのか、外国語で作成するのか、文章なのか、図表なのか、ソフトウェアならその版など適切な形式を選択できる状態にします。文書及び記録の媒体は、紙ととらえがちですが、電子媒体にするのか、映像、写真かを選択できる状態にします。最近では電子媒体の使用も多くなっています。

ⓒ 適切なレビュー及び承認

新規文書は、発行する前に権限を与えられた者が、適切性及び妥当性に関し、確認し承認します。

また、既存文書は、適切性、妥当性に関し、レビューして更新が必要ならば、改訂し再度承認をとります。

適切性とは、目的に対して文書の内容、形式、媒体が合っている、妥当性とは、文書の用途から見て文書の目的を果たすのに十分で漏れがないことをいいます。

◆文書・記録作成・更新の三つの条件

組織は、文書化した情報として、文書及び記録を作成する際、また、文書を更新する際に、文書管理、記録の管理を行なうために必要な、次の三つの条件を満たす状態（しくみ）にすることを求められています。

ⓐ 適切な識別及び記述

文書及び記録は、読みやすいように記述し、何の文書、記録かわかるように、適切な（よくあてはまる）識別をすることです。

適切な識別の例として、タイトル（表題）をつけ、いつ作成したのかその作成年月日を記し、そして、作成者の氏名を記載するとともに、文書・記録番号などを付して識別できる状態にします。

ⓑ 適切な形式

文書の管理の仕方〔例〕

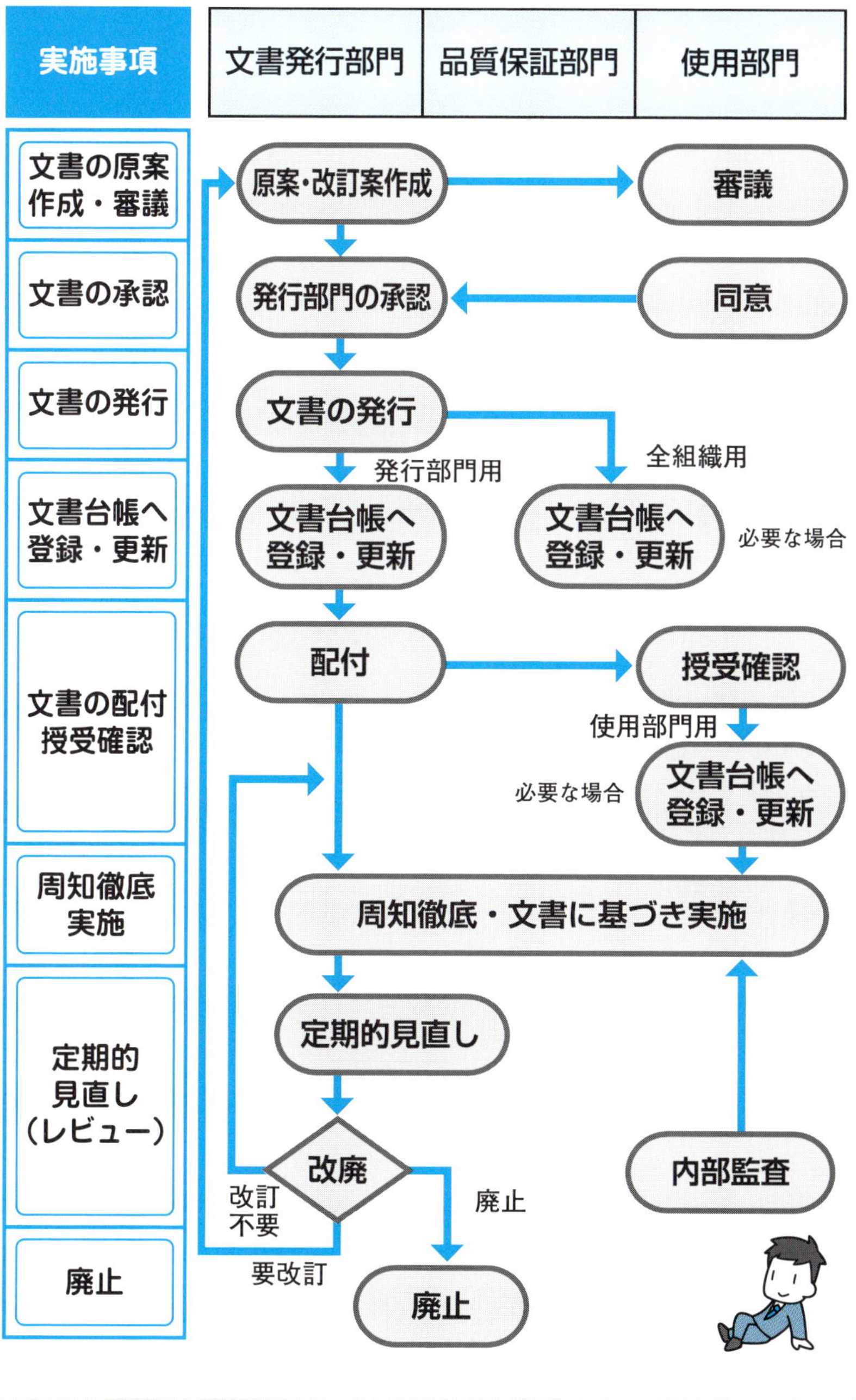
実施事項
文書発行部門
品質保証部門
使用部門
文書の原案作成・審議
文書の承認
文書の発行
文書台帳へ登録・更新
文書の配付授受確認
周知徹底実施
定期的見直し（レビュー）
廃止
原案・改訂案作成
審議
発行部門の承認
同意
文書の発行
発行部門用
全組織用
文書台帳へ登録・更新
文書台帳へ登録・更新
必要な場合
配付
授受確認
使用部門用
必要な場合
文書台帳へ登録・更新
周知徹底・文書に基づき実施
定期的見直し
改廃
改訂不要
廃止
要改訂
廃止
内部監査

7-58

7.5.3 文書化した情報の管理［1］

―文書化した情報を入手・利用し保護する―

◇文書化した情報の利用及び保護

環境マネジメントシステム及びＩＳＯ１４００１規格で要求されている文書化した情報は、次のⓐ、ⓑの事項を確実にするために管理しなくてはなりません。

管理の対象となる文書化した情報は、箇条７・５・１で規定されているＩＳＯ１４００１規格が要求する文書化した情報及び組織が必要と決定した文書化した情報を、箇条７・５・２に基づいて作成した文書化した情報です。

ⓐ　**文書化した情報を入手、利用できる**

組織は、文書化した情報が、必要なときに、必要なところで、入手可能かつ利用に適した状態にするための配付管理のしくみをつくることです。

必要なときとは、環境マネジメントシステムの運用において、求める文書化した情報を必要とするときをいいます。

必要なところでとは、求める文書化した情報を使用するところをいいます。

入手可能とは、文書化した情報にアクセスする必要がある人、それを承認されている人、又は文書化した情報に関係する人に対して、入手可能であることです。

入手可能にするには、文書化した情報を紙媒体で配付してもよいですが、これを電子媒体による社内ＬＡＮやイントラネットなどに入力し、必要に応じてアクセスし、入手して利用できる状態にしてもよいです。

ⓑ　**文書化した情報が保護されている**

組織は、文書化した情報が、十分に保護されている（たとえば、機密性の喪失、不適切な使用及び完全性の喪失から保護されている）状態にすることにより、

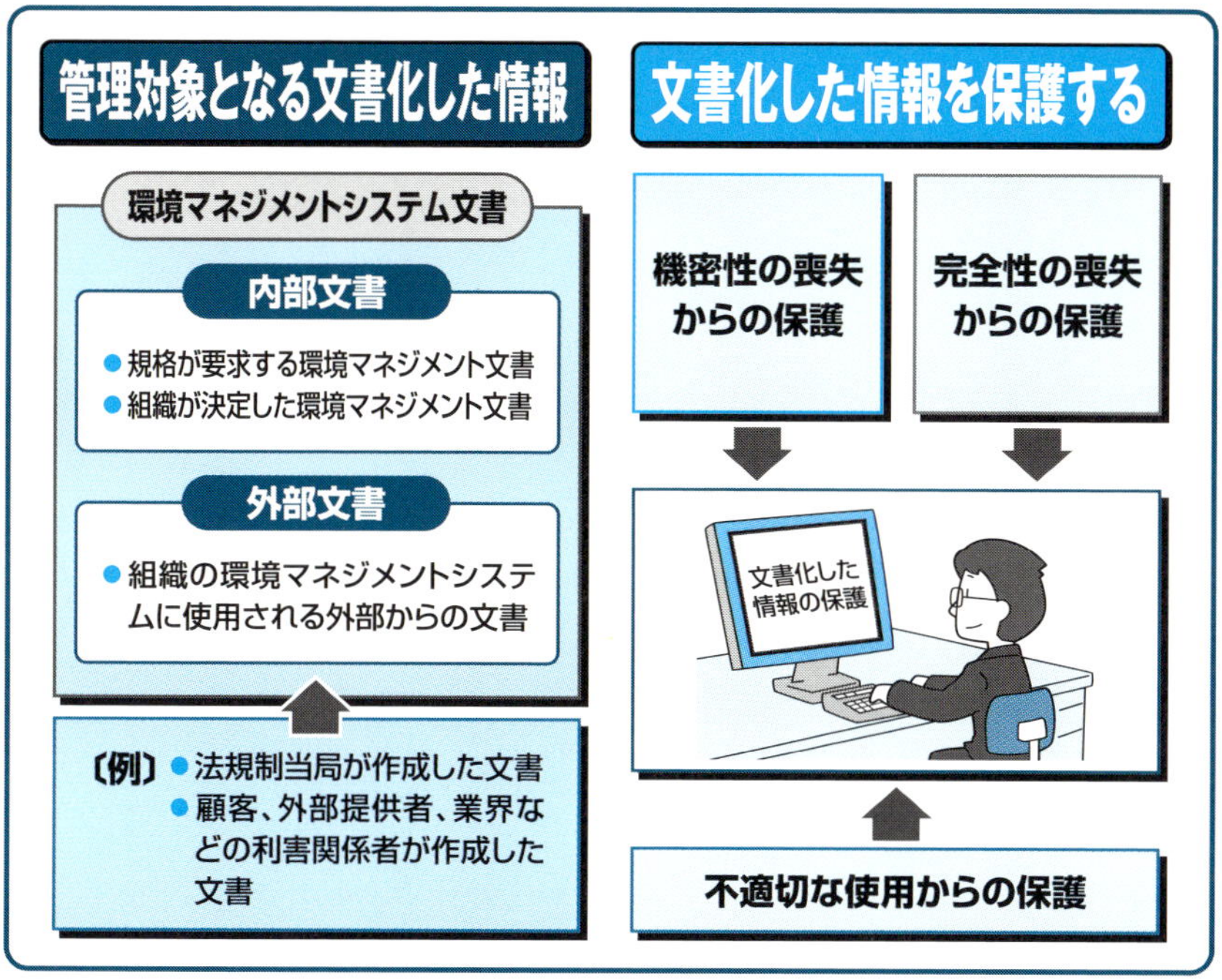

文書化した情報のセキュリティを行なうしくみをつくることです。しかし、ISO／IEC27001「情報セキュリティマネジメントシステム」を導入するということではありません。

機密性とは、認可されていない個人、エンティティ（例：組織）又はプロセスに対して、情報を使用させず、また、開示しない特性をいいます。

機密性の喪失とは、機密性が失われ、文書化した情報が組織の外部に漏洩し、使用されることによって、組織及び利害関係者の権利及び利益を損なうことです。

完全性とは、正確さ及び完全さの特性をいいます。

完全性の喪失とは、情報が欠損したり、破壊されたりすることによって、組織及び利害関係者に不利益をもたらすことをいいます。

紙媒体の文書化した情報であれば、持出し・閲覧制限の設定、原本保管保護、改ざん・誤使用からの保護などがあります。電子媒体では、パスワードの管理、アクセス権の管理、情報のバックアップ、ウイルス対応、ソフトの更新、サーバ・ネットワークの更新、移動電子媒体の管理などがあります。

7・5・3 文書化した情報の管理［2］

―文書化した情報管理の四つの取組み―

◇文書化した情報の管理の仕方

文書化した情報の管理にあたって、組織は、該当する場合には必ず、次の四つの行動に取り組むことを求められています。

該当する場合には必ずとは、次の四つの行動のうち、該当しないものについては、行なわなくてもよいが、該当するものは、必ずその行動に取り組まなくてはならないということです。

❶ 配付、アクセス、検索及び利用

文書化した情報は、紙媒体で配付するか、電子媒体で入力し、必要に応じてアクセスし、検索して利用できるようにします。

このため、組織は、有効な配付管理システムを確立し、維持するとよいでしょう。

配付とは、文書化した情報を、めいめい宛先を明示して、配りわたすことをいいます。

アクセスとは、本箇条の注記に「文書化した情報の閲覧だけの許可に関する決定、又は文書化した情報の閲覧及び変更の許可及び権限に関する決定を意味し得る」とあります。

これは、文書化した情報の電子媒体化が進められていることへの対応ともいえます。

検索とは、データの集合の中から、目的とするデータを探し出すことをいいます。

❷ **保管及び保存**

文書化した情報が、保管されている間に劣化、損傷して読みにくくならないように保存することです。

保管とは、他人の物を預かって、こわれたり、なくしたりしないよう管理することをいいます。

保存とは、長く現状のままを維持することです。

❸ **変更の管理**（たとえば、版の管理）

文書を変更したら、その変更の履歴を残し、有効な版がわかるよう版数記号を付して識別することです。

―次ページに続く―

7.5.3 文書化した情報の管理[3]

―外部からの文書化した情報を管理する―

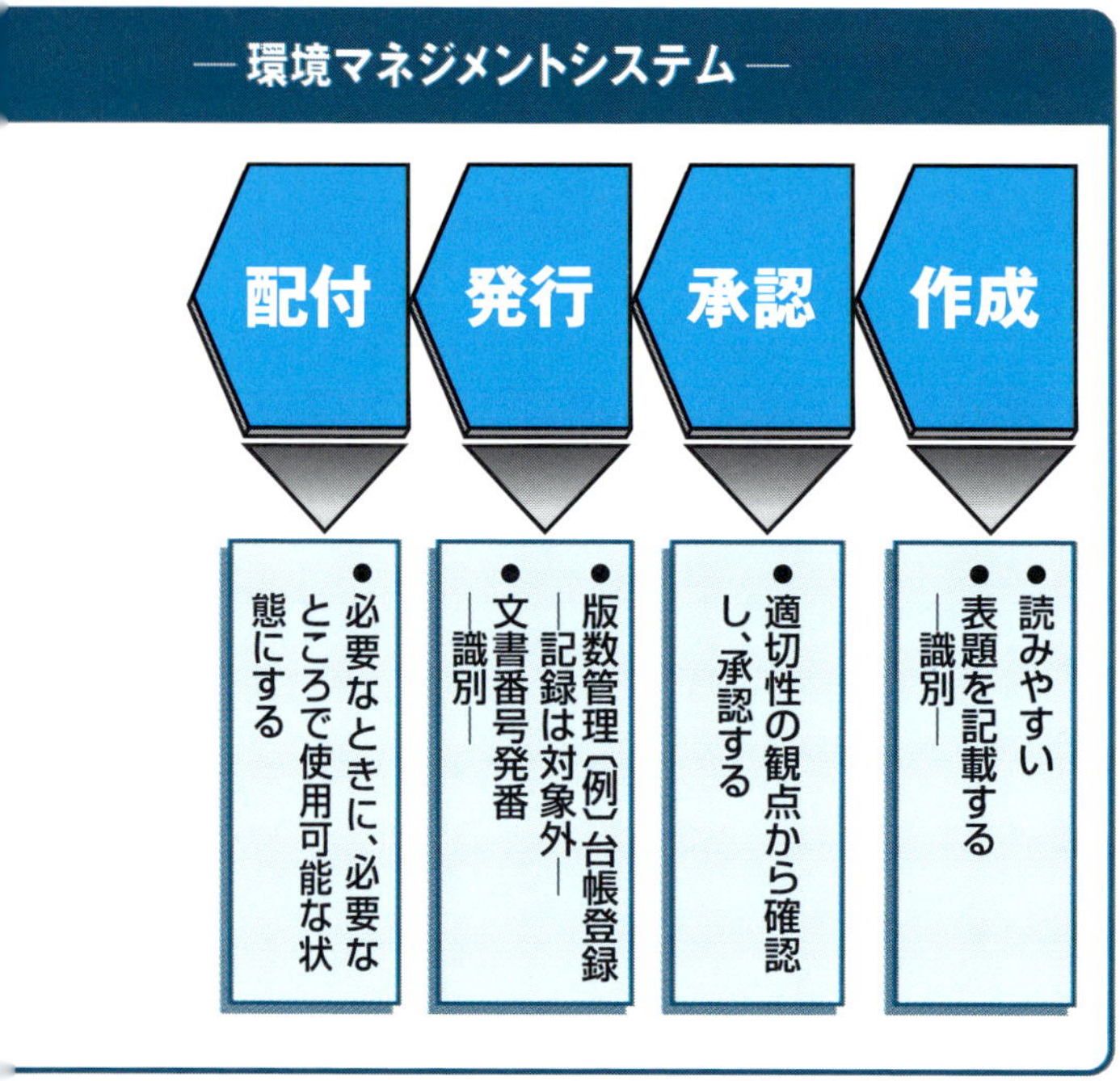
―環境マネジメントシステム―
作成
●読みやすい
●表題を記載する
―識別―
承認
●適切性の観点から確認し、承認する
発行
●版数管理（例）台帳登録
―記録は対象外―
●文書番号発番
―識別―
配付
●必要なときに、必要なところで使用可能な状態にする

文書の版数の管理は、最新版を含む有効な版がわかるように文書管理台帳（電子媒体を含む）などで管理するとよいでしょう。

顧客の注文によっては、最新版ではなく、たとえば、古い版の製品仕様書、図面を使用して製造することがあり、この要求に適した版を有効な版といいます。

変更管理は、該当する場合のみ行なうことから、記録は変更すると改ざんになり、変更してはいけないので、該当せず、変更管理の対象とはなりません。

❹ 保持及び廃棄

文書化した情報は、いつまで保持するのか、期間を定め、期間が経過したら、情報が漏れないように廃棄することです。廃止された文書化された情報は、すべての発行部署、使用場所及び使用状況から速やかに撤

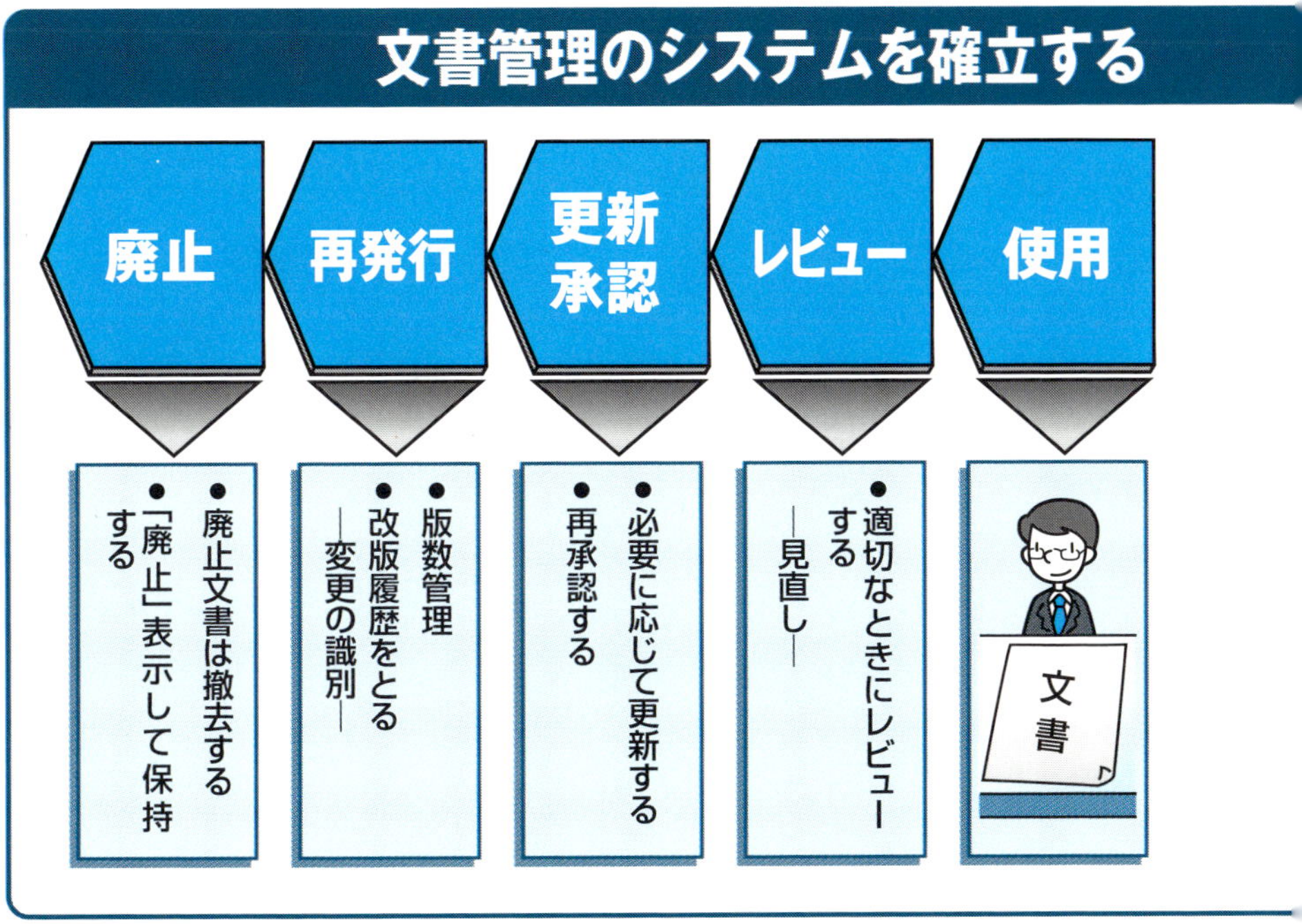
文書管理のシステムを確立する
使用
文書
レビュー
●適切なときにレビューする
—見直し—
更新承認
●必要に応じて更新する
●再承認する
再発行
●版数管理
●改版履歴をとる
—変更の識別—
廃止
●廃止文書は撤去する
●「廃止」表示して保持する

去するとよいでしょう。

状況によっては、たとえば、法的な理由、情報の保存の目的で廃止となった文書化した情報を、達成された結果の証拠として、保持することもあります。

廃止文書を保持する場合は**廃止文書**、**旧版**などと適切な識別表示をし、誤って使用しないようにするとよいです。

保持するとは、保ち続けることをいいます。

◆外部からの文書化した情報を管理する

組織は、環境マネジメントシステムの計画及び運用のために、組織が必要と決定した外部からの文書化した情報を、必要に応じて識別し、管理する必要があります。

外部からの文書化した情報は、組織内部で作成し文書化した情報と区別するため**外部文書**、**外部記録**などとして識別するということです。

外部からの文書化した情報の例としては、法令・規制、行政官公庁からの通知・通達、規格（例：ＪＩＳＱ１４００１規格）、地域との協定文書、顧客・請負者を含む外部提供者からの仕様書、図面、規定などがあります。

8 運用
8・1 運用の計画及び管理［1］
—運用に必要なプロセスを確立する—

◇箇条8・1の要求事項の要点

箇条8・1では、環境マネジメントシステムの要求事項を満たすため、及び箇条6で決定した戦略レベルの取組みの計画を実施するために、必要なプロセスを事業の運用に適した現場レベルの実施計画に展開し、実施し、維持することを求めています。

◇運用に必要なプロセスを確立する

組織は、次に示す❶、❷の事項の実施によって、環境マネジメントシステムの要求事項を満たすため、ならびに箇条6・1及び箇条6・2で決定した取組みを実施するために、必要なプロセスを確立し、実施し、管理し、かつ、維持することを求められています。

❶ **プロセスに関する運用基準の設定**

❷ **その運用基準に従った、プロセスの管理の実施**

本箇条に、環境マネジメントシステム要求事項を満たすため、必要なプロセスの確立に関する要求事項が明示されているので、ほかの箇条においても、組織が要求事項を実施するのに必要なプロセスは確立する必要があります。

箇条6・1の取組みとは「リスク及び機会」「環境側面」「順守義務」への取組みをいい、箇条6・2の取組みとは「環境目標」の達成のための取組みをいいます。

この箇条6・1及び箇条6・2の取組み、ならびに環境マネジメントシステムの要求事項を満たすために必要なプロセスを確立し、設定した運用基準に従って、プロセスの管理を実施するということです。

たとえば、排水処理設備の運用、廃棄物の分別・保管などの運用管理のプロセスの確立をいいます。

運用管理について、本箇条注記に「管理は、工学的な管理及び手順を含み得る。管理は、優先順位（たとえば、除去、代替、管理的な対策）に従って実施されることもある」とあります。工学的な管理には、設備・機器の調整、機能の設定などが含まれます。有害な環境影響に対する管理を検討するときの優先順位の例を、次に示します。

- **除去**―フロン・ポリ塩化ビフェニルなどの使用禁止
- **代替**―フロン、ポリ塩化ビフェニル代替品への変更
- **管理的な対策**―作業指示書、視覚的管理

運用のプロセスは、意図した成果が継続的に安定して得られるように、プロセスの運用基準を設定し、その運用基準に従って、プロセスを管理し、実施します。

運用基準とは、プロセスを実施するための守るべき条件、範囲を示す管理基準、操作基準で、その例を示します。

原材料の受入基準、中間品・製品の判定基準（組成・特性）、排出物の基準（排ガス温度・NOx濃度・排水pH）、設備・機器の運転条件（温度・流量）、要員の力量資格保有基準、プロセスの監視測定基準などがあります。

例：空調設備の運転基準―室内夏季・冬季温度
　　ボイラの運転基準―燃焼温度・酸素濃度

8・1 運用の計画及び管理［2］

—変更を管理し有害な影響を緩和する処置をとる—

有効なプロセスの運用管理の方法
—JISQ14001:2015の附属書A.8.1（参考）—

a) 誤りを防止し、矛盾のない一貫した結果を確実にするような方法で、プロセスを設計する。

b) プロセスを管理し、有害な結果を防止するための技術（工学的な管理）を用いる。

c) 望ましい結果を確実にするために、力量を備えた要員を用いる。

d) 規定された方法でプロセスを実施する。

e) 結果を点検するために、プロセスを監視又は測定する。

f) 必要な文書化した情報の使用及び量を決定する。

◆変更を管理し有害な影響の緩和処置をとる

組織は、計画した変更を管理し、意図しない変更によって生じた結果をレビューし、必要に応じて、有害な影響を緩和する処置をとることを求められています。

計画した変更の例としては、定期的な人事異動、年度計画に基づく新規設備の導入などがあります。

意図しない変更とは、事前に織り込んでいない変更をいい、外部提供者の倒産、設備の故障、作業員の突然の休務などがあります。

計画した変更は、事前に内容を検討し、必要に応じて、有害な影響を防止する処置、緩和する処置をとり、変更に対して適切に管理することができます。

意図しない変更、たとえば、設備の故障で急な変更を余儀なくされた場合は、変更後、遅滞なく問題が生じて

「変更のマネジメント」に関する該当要求事項
─ 箇条8.1「運用の計画及び管理」を含む ─

箇条	変更のマネジメントに関する要求事項
6.1.2 a) 環境側面	変更。これには、計画した又は新規の開発、ならびに新規の又は変更された活動、製品及びサービスを含む。
7.4.2 a) 内部コミュニケーション	必要に応じて、環境マネジメントシステムの変更を含め、環境マネジメントシステムに関連する情報について、組織の種々の階層及び機能間で内部コミュニケーションを行なう。
9.2.2 内部監査プログラム	内部監査プログラムを確立するとき、組織は、関連するプロセスの環境上の重要性、組織に影響を及ぼす変更及び前回までの監査の結果を考慮に入れなければならない。
9.3 マネジメントレビュー	マネジメントレビューからのアウトプットには、次の事項を含めなければならない。 ─資源を含む、環境マネジメントシステムの変更の必要性に関する決定

いないか、又は生じる恐れはないかをレビューし、生じていたら有害な影響を緩和する処置をとるということです。

計画した変更、意図しない変更に伴う有害な影響への対応は、変更によるリスクの軽減を目的としており、運用段階の予防処置と位置付けられます。

◇変更のマネジメントの概念

変更のマネジメントについては、JISQ14001規格附属書A・1「一般」に、次のように記載されています。

組織は、計画した変更及び計画していない変更について、それらの変更による意図しない結果が、環境マネジメントシステムの意図した成果に好ましくない影響を与えないことを確実にするために取り組むことが望ましい。

変更の例には、次の事項が含まれる。

─製品、プロセス、運用、設備又は施設への計画した変更

─スタッフの変更、又は請負者を含む外部提供者の変更

─環境側面、環境影響及び関連する技術に関する新しい情報

─順守義務の変化

7-63

8・1 運用の計画及び管理［3］

―外部委託したプロセスを管理する―

◆外部委託しているプロセスは組織で管理する

組織は、外部委託したプロセスが管理されている又は影響を及ぼされていることを確実にすることを求められています。

「確実にする」とあることから、外部委託したプロセスを管理するしくみをつくり、調達プロセスとして、事業プロセスに組み込み統合するとよいでしょう。

外部委託とは、ある組織の機能又はプロセスの一部を外部の組織が実施するという取決めを行なうことをいいます。

外部委託したプロセスとは、組織が機能するために、また、意図する成果を達成するために、組織が行なわず、委託先で行なうことをいいます。

たとえば、製造業では、表面処理、溶接、切削加工、組立など、本来組織が行なうべきプロセスを、外部の組織に委託することです。

外部委託したプロセスが管理されているとは、組織のサイト内で委託しているプロセスを、組織の環境マネジメントシステムの運用管理で直接管理していることをいいます。

たとえば、製造プロセスの一部、廃棄物の管理などを組織のサイト内で委託しているなどです。

外部委託したプロセスが影響を及ぼされているとは、組織が外部委託先に、委託契約、発注仕様書などで、要求事項を伝達し、その運用状況を監視するなど、直接的な管理ではなく、影響を及ぼすことをいいます。

たとえば、著しい環境側面である「排ガス発生」について、運送委託者に「構内アイドリングストップ」を伝達するなどです。

外部委託先の管理の程度決定の要因
—JISQ14001：2015の附属書A.8.1（参考）—

外部委託先管理の程度の決定は、次のような要因に基づくことが望ましい。

- **次を含む、知識、力量及び資源**
  - 組織の環境マネジメントシステム要求事項を満たすための外部提供者の力量
  - 適切な管理を決めるため、又は管理の妥当性を評価するための、組織の技術的な力量
- **環境マネジメントシステムの意図した成果を達成する組織の能力の重要性、ならびにその能力に対して製品及びサービスが与える潜在的な影響**
- **プロセスの管理が共有される程度**
- **一般的な調達プロセスを適用することを通して必要な管理を達成する能力**
- **利用可能な改善の機会**

ビル管理業者

◇管理する・影響を及ぼす方式・程度を定める

組織は、外部委託したプロセスに適用される管理する又は影響を及ぼす方式及び程度を環境マネジメントシステムの中で定めるよう求められています。

外部委託したプロセスは、組織の環境マネジメントシステムの適用範囲にあることから、顧客要求事項及び法令・規制要求事項への適合に対する責任は組織にあります。

組織は、**外部委託したプロセス**、もしくは製品及びサービスの**外部提供者を管理する**ため、又は、それらのプロセスもしくは、外部提供者に影響を及ぼすために、自らの事業プロセス、たとえば、調達プロセスの中で必要な管理の程度を決定する必要があります。

外部委託したプロセスを管理するとは、外部委託先での委託したプロセスの運用手順・基準、使用設備、要員の力量など、そのプロセスを対象にし管理することです。

外部提供者を管理するとは、提供者が実施している管理の方法、管理の実施など管理能力を管理することです。

外部委託先の管理の方式としては、新規委託先の評価、継続委託先の評価、委託先への訪問・二者監査、グリーン調達、契約仕様書、管理記録提示要請などがあります。

8・1 運用の計画及び管理[4]

―ライフサイクルの視点で環境要求事項を管理する―

ライフサイクルの段階

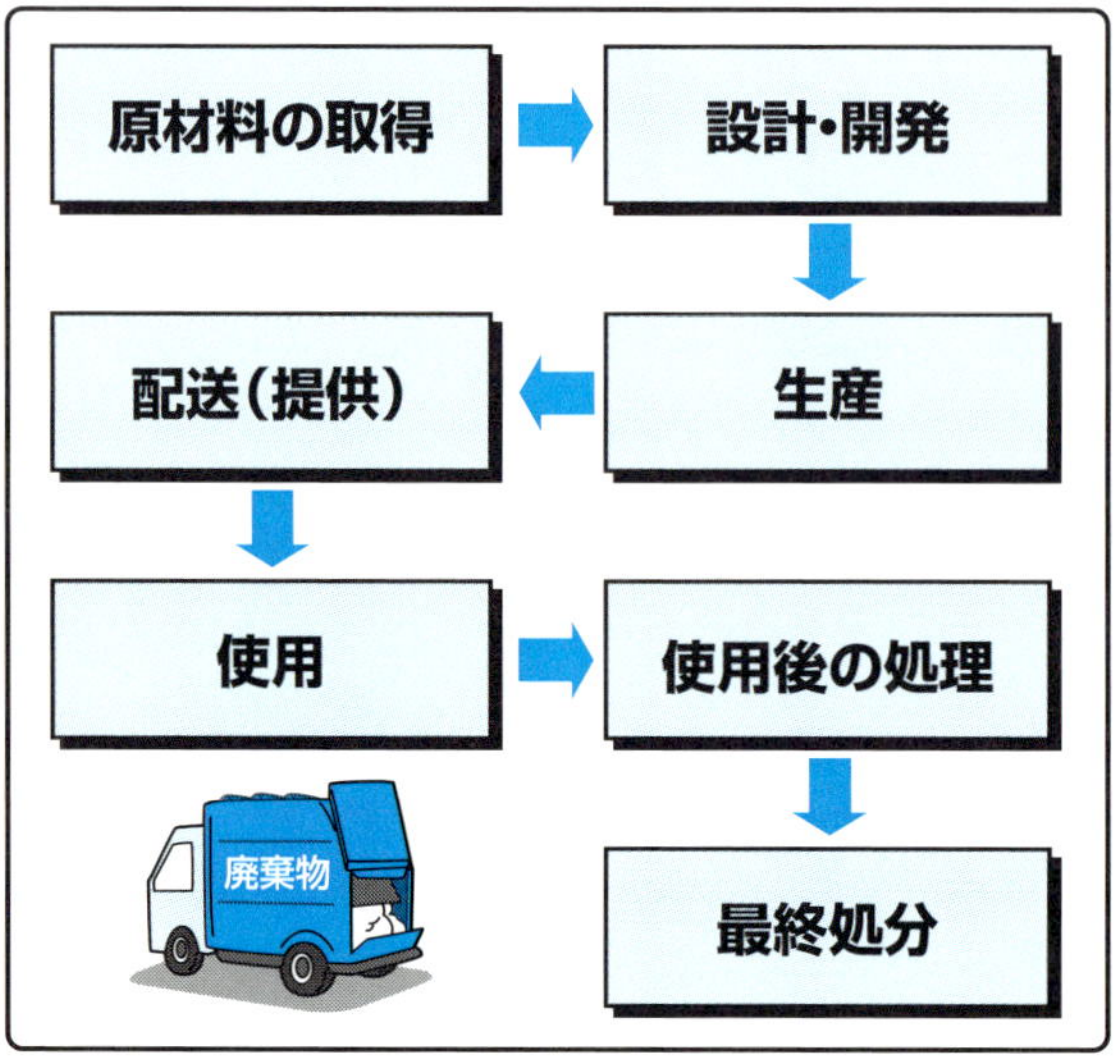

◆ライフサイクルの視点で四つの事項を実施する

ライフサイクルとは、原材料の取得又は天然資源の産出から、最終処分までを含む、連続的で、かつ、相互に関連する製品（又はサービス）システムの段階群をいいます（2-9項参照）。

ライフサイクルの段階には、原材料の取得、設計、生産、輸送又は配送（提供）、使用、使用後の処理及び最終処分が含まれます。

組織は、箇条6・1・2で、ライフサイクルの視点で決定した環境側面を、本箇条でライフサイクルの全段階での環境にかかわる課題としてとらえ、次のⓐからⓓの四つの事項を実施することを求められています。

ⓐ **必要に応じて、ライフサイクルの各段階を考慮して、製品又はサービスの設計及び開発プロセスにおいて、**

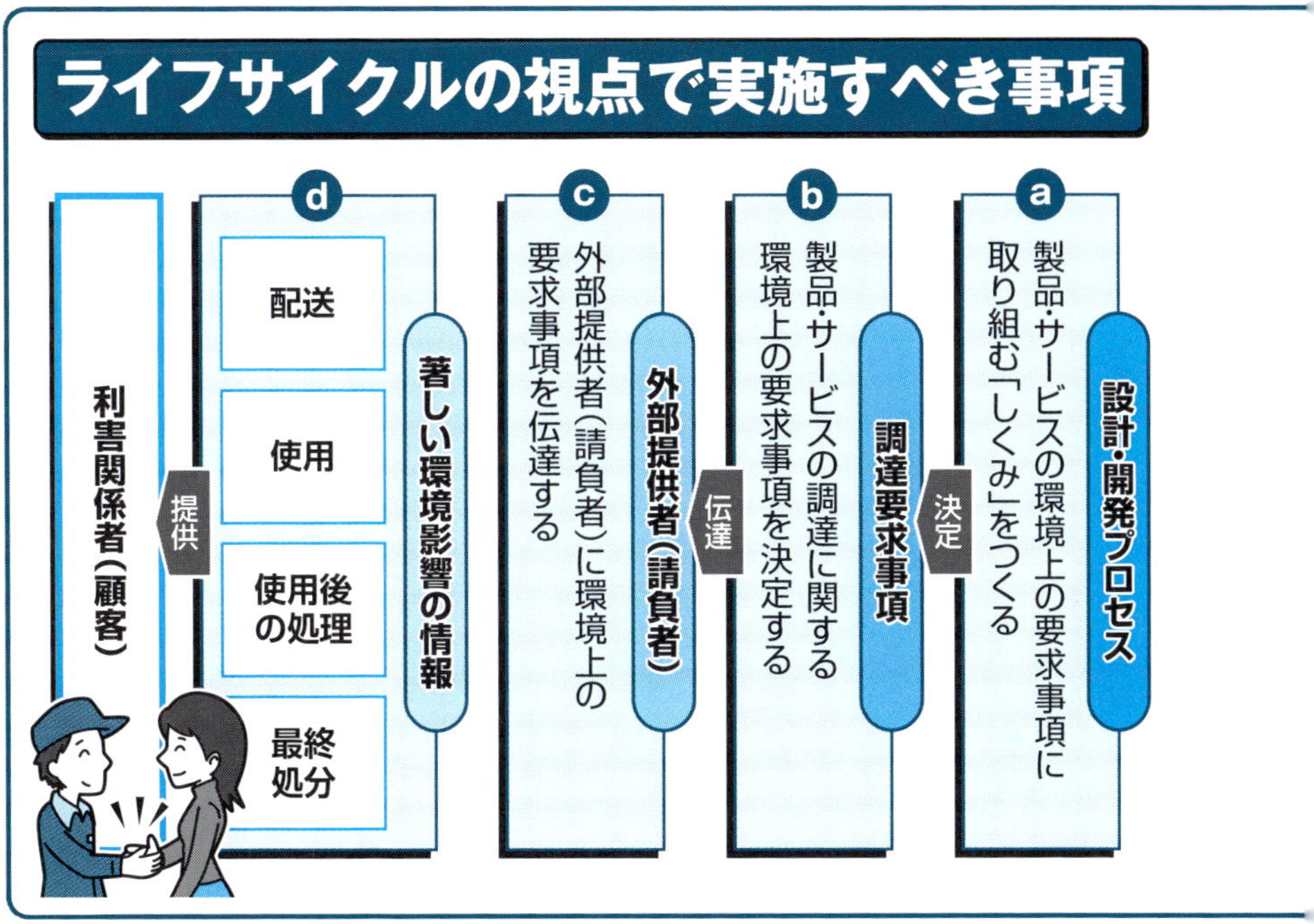
ライフサイクルの視点で実施すべき事項
a
設計・開発プロセス
製品・サービスの環境上の要求事項に取り組む「しくみ」をつくる
決定
b
調達要求事項
製品・サービスの調達に関する環境上の要求事項を決定する
伝達
c
外部提供者（請負者）
外部提供者（請負者）に環境上の要求事項を伝達する
d
著しい環境影響の情報
配送
使用
使用後の処理
最終処分
提供
利害関係者（顧客）

環境上の要求事項が取り組まれていることを確実にするために、管理を確立する

省エネ、寿命延長、リサイクルなどを含む、製品、サービスの環境配慮設計などを行なえる状態にするしくみをつくり、管理できるようにすることです。

環境上の要求事項とは、組織が利害関係者に伝達する環境に関するニーズ及び期待をいいます。

b 必要に応じて、製品及びサービスの調達に関する環境上の要求事項を決定する

設計・開発のプロセスで取り組んだ結果、原材料、資材、部品、委託プロセスなどに対しての調達に関する環境上の要求事項を決めることです。

たとえば、購入する材料、部品に含まれる有害物質の規制基準、グリーン調達基準、ＲＯＨＳ指令、欧州化学品規制、環境法令の順守要求などを決めます。

ＲＯＨＳ指令とは、電気・電子機器における特定有害物質の使用制限をいいます。

c 請負者を含む外部提供者に対して、関連する環境上の要求事項を伝達する

―次ページに続く―

8・1 運用の計画及び管理［5］

―文書化した情報を維持する―

これらの情報は、取扱い説明書、安全データシートなどにより提供するとよいでしょう。

◆必要な程度の文書化した情報を作成・維持する

組織は、プロセスが計画どおりに実施されたという確信をもつために、必要な程度の、文書化した情報を維持することを求められています。

文書化した情報は、たとえば、次の事項を説明するために、必要に応じて作成するとよいでしょう。

- 実施することが望ましい活動の、特定の順序
- 求められる技量を含む関係する要員に必要な資格
- 使用する材料の特性
- 使用するインフラストラクチャの特性
- プロセスから生まれる製品の特性

請負者を含む外部提供者に、ⓑで決定した環境上の要求事項を、要求事項伝達書、購入仕様書、請負契約書、外部提供者との会議などで伝達することです。

請負者とは、プロセスの外部委託先をいい、外部提供者とは、組織の一部ではない、製品又はサービスを提供する組織をいいます。

ⓓ **製品及びサービスの輸送又は配送（提供）、使用、使用後の処理及び最終処分に伴う潜在的な著しい環境影響に関する情報を提供する必要性について考慮する**

製品の輸送、使用、使用後の潜在的な著しい環境影響に関する情報の例を次に示します。

輸送―化学薬品輸送で漏洩したときの処置
使用―製品の引火性、発火時の処置
使用後―廃棄物としての処理方法

外部提供者（請負者）に環境上の要求事項を伝達する
外部提供者 — 購入 — 〔例〕
材料業者
— 例：化学物質 —
化学物質
化学物質
部品業者
— 例：変圧器 —
設備・機器業者
— 例：ポンプ —
伝達
伝達
伝達
組　織
— 環境上の要求事項 —
伝達
伝達
伝達
廃棄物
ビル管理業者
廃棄物処理業者
メンテナンス業者
請負者 — 外部委託 — 〔例〕

7-66

8・2 緊急事態への準備及び対応 [1]

―緊急事態への準備・対応のプロセスを確立する―

◇緊急事態準備・対応のプロセスを確立する

組織は、箇条6・1・1及び箇条6・1・2で決定した潜在的な緊急事態への準備及び対応のために、必要なプロセスを確立し、実施し、維持することを求められています。

緊急事態は、リスクの一形態ですから、計画段階である箇条6・1「リスク及び機会への取組み」で、潜在的な（起こり得る可能性のある）緊急事態の決定が要求されています。

そこで、箇条8・2では、これら潜在的な緊急事態に関して、事前に準備し、対応に必要なプロセスを確立することにより、緊急事態が発生した場合に、環境への影響、組織への影響を防止し、緩和することを意図しています。

緊急事態への準備、対応を求められているのは、緊急事態の結果として生じる初期環境影響です。

◇箇条8・2の要求事項の要点

箇条8・2では、箇条6・1・1及び箇条6・1・2で決定した緊急事態に対して、運用レベルとしての準備及び対応のためのプロセスを確立することを求めています。

◇準備・対応を要する緊急事態

準備・対応を要する緊急事態には、箇条6・1・1で決定した環境マネジメントシステムに影響を与える事業上の緊急事態と、箇条6・1・2で決定した環境側面に影響を与える環境上の緊急事態があります。

前者の例としては、環境有害物質を含んだ製品の市場からの回収の事態、後者としては、化学物質の河川への流出の事態があります。

緊急事態には、事故に起因するものが含まれます。

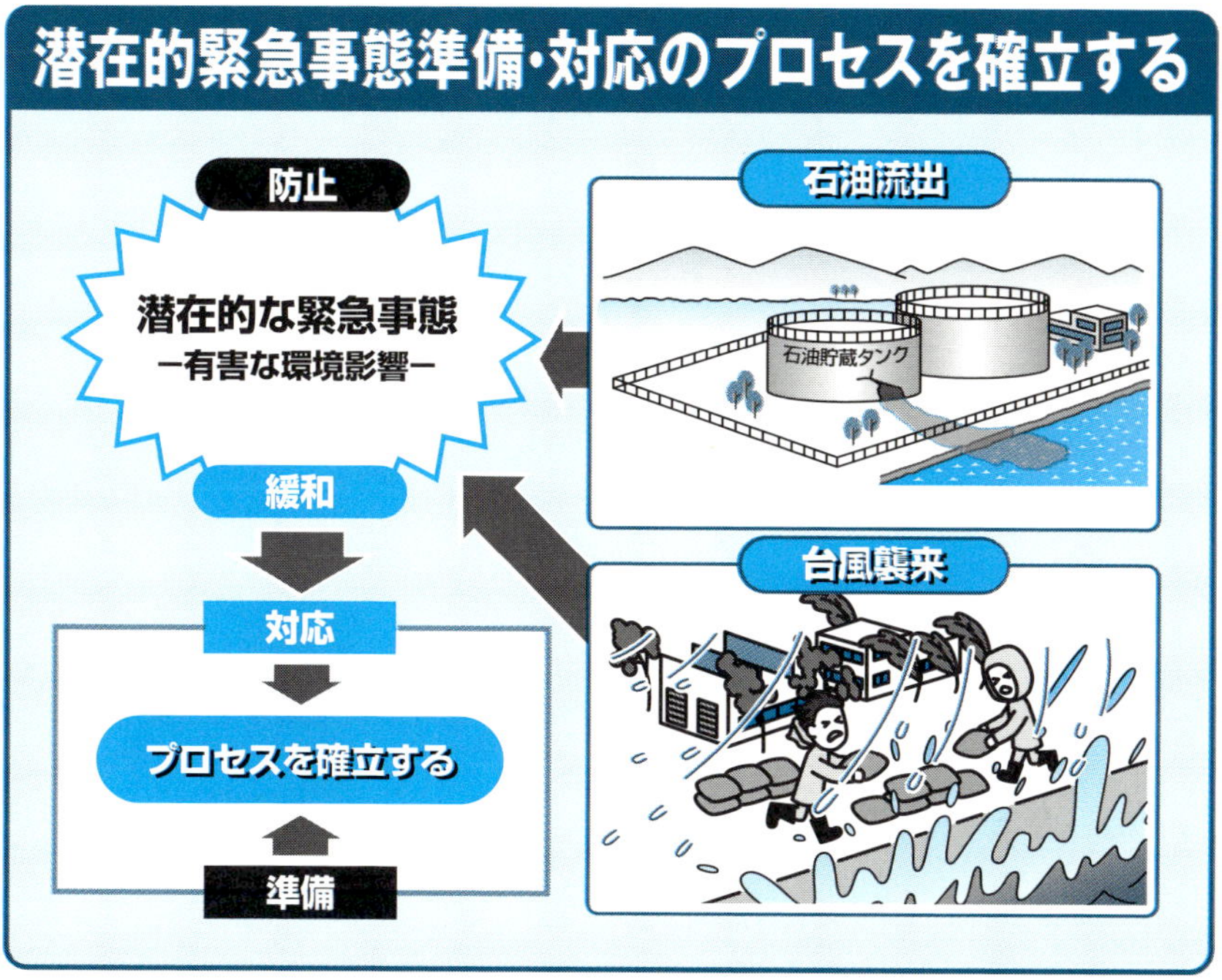

たとえば、火災への対応では、大気汚染の可能性で、これに関して設備・機器、体制を準備することです。

◆緊急事態への準備・対応の実施事項

組織は、緊急事態への準備・対応として、次のⓐからⓕの事項を行なうことを求められています。

ⓐ 環境影響の防止・緩和処置を計画する

組織は、緊急事態からの有害な環境影響を防止又は緩和するための処置を計画することによって、対応を準備することです。

有害な環境影響は、管理された通常の操業時より、事故を含む緊急事態に発生する可能性が高いことから、これを防止又は緩和するための処置を、事前に計画しておくということです。

防止とは、顕在化した（実際に起こった）緊急事態の環境影響が出ないようにすることをいい、防御設備や定期的な監視が該当します。

緩和とは、顕在化した緊急事態の環境影響が広がらないようにすることをいい、応急処置の実施などが該当します。

―次ページに続く―

8・2 緊急事態への準備及び対応[2]

―緊急事態への準備・対応の実施事項―

ⓑ **顕在した緊急事態に対応する**

組織は、緊急事態が実際に発生した場合に、その結果としての有害な環境影響を防止又は緩和するために、計画した処置により、対応するということです。

ⓒ **緊急事態による結果を防止・緩和する処置をとる**

組織は、緊急事態及びその潜在的な環境影響の大きさに応じて、緊急事態による結果を防止又は緩和するための処置をとることです。

たとえば、地震（緊急事態）で、その結果、石油タンクに亀裂が生じ、河川に石油が流出し、汚染するという環境影響に対して、事前に設置しておいた防油堤、排水溝で石油の流出を防止するなどです。

また万一、石油が排水溝から河川に流出し、その結果として、水質汚濁がそれ以上広がらないように、事前に準備しておいたオイルフェンスを張るなどして、緩和するということです。

ⓓ **対応処置を定期的にテストする**

組織が定めた緊急事態への準備、対応のプロセスが、実際に計画したとおりに機能するのか、その結果、所定の効果が得られるのか、実施可能ならば、組織は定期的にテストを行なうことを求められています。

テストには、緊急対応訓練のような、要員の活動に対するテストだけでなく、事故を含む緊急時に作動する防災警報システム・設備の動作確認を含む実地テストを行なうとよいです。

実地テストができない場合には、シミュレーションによる机上のテストをするとよいでしょう。

ⓔ **対応処置をレビューする**

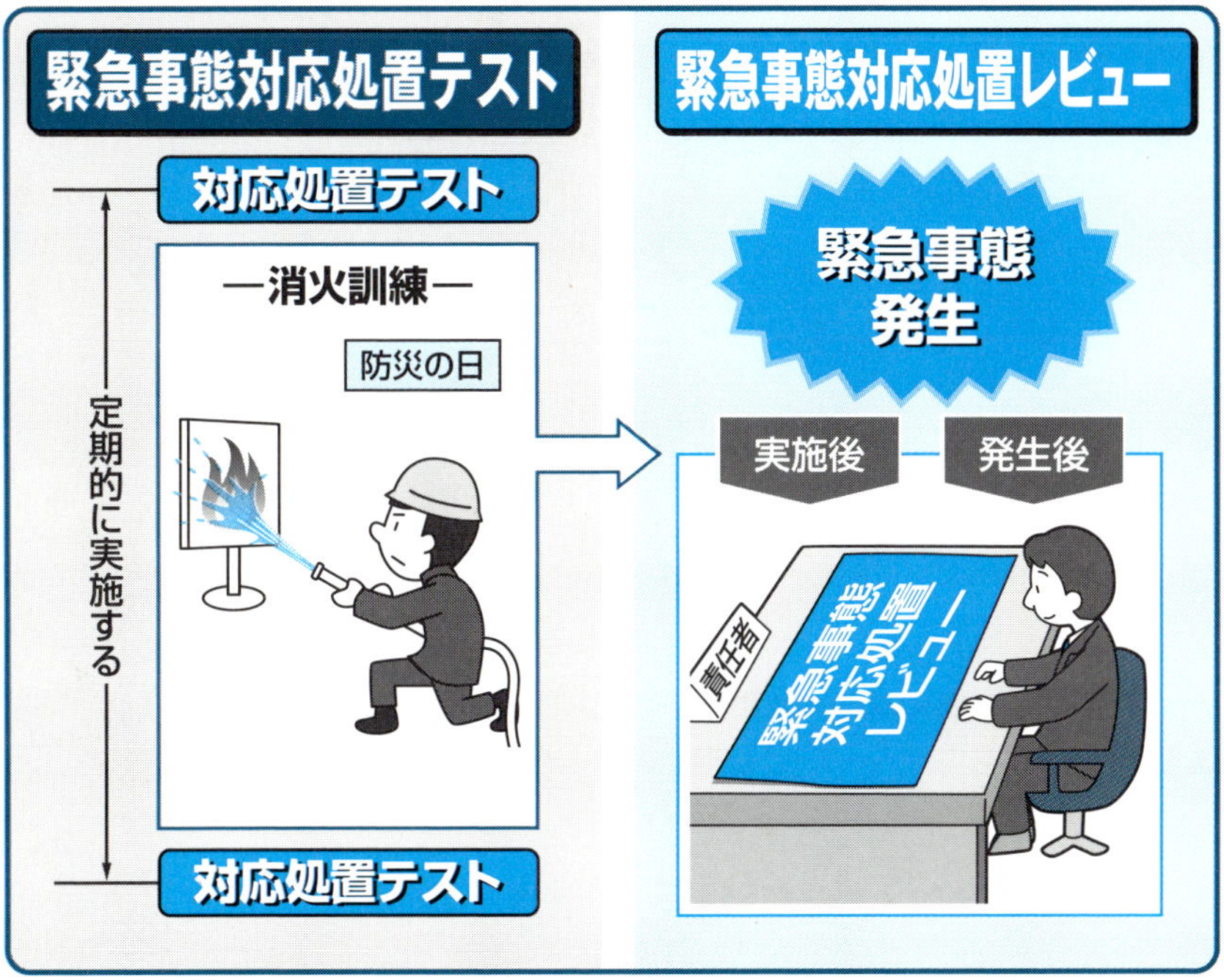

組織は、定期的なテストのあと、また、実際に緊急事態が発生したあとには、緊急事態への準備、対応のプロセスが規定されたとおりに実施できたかをレビューし、必要ならば、改訂するよう求められています。

ⓕ 情報提供・教育訓練を行なう

組織は、必要に応じて、緊急事態への準備及び対応についての関連する情報及び教育訓練を、組織の管理下で働く人々を含む関連する利害関係者に提供することも求められています。

構内請負者を含む組織要員に緊急事態対応のプロセスの情報提供、近隣住民への緊急事態情報の開示、発生時の消防、監督官庁への通報などがあります。

◆必要な程度の文書化した情報を維持する

組織は、プロセスが計画どおりに実施されるという確信をもつために必要な程度の、文書化した情報（文書）を維持することを求められています。

確立した緊急事態対応プロセスを、「緊急事態対応手順書」として、文書化するのもよいでしょう。

9 パフォーマンス評価

9・1 監視、測定、分析及び評価

9・1・1 一般[1]

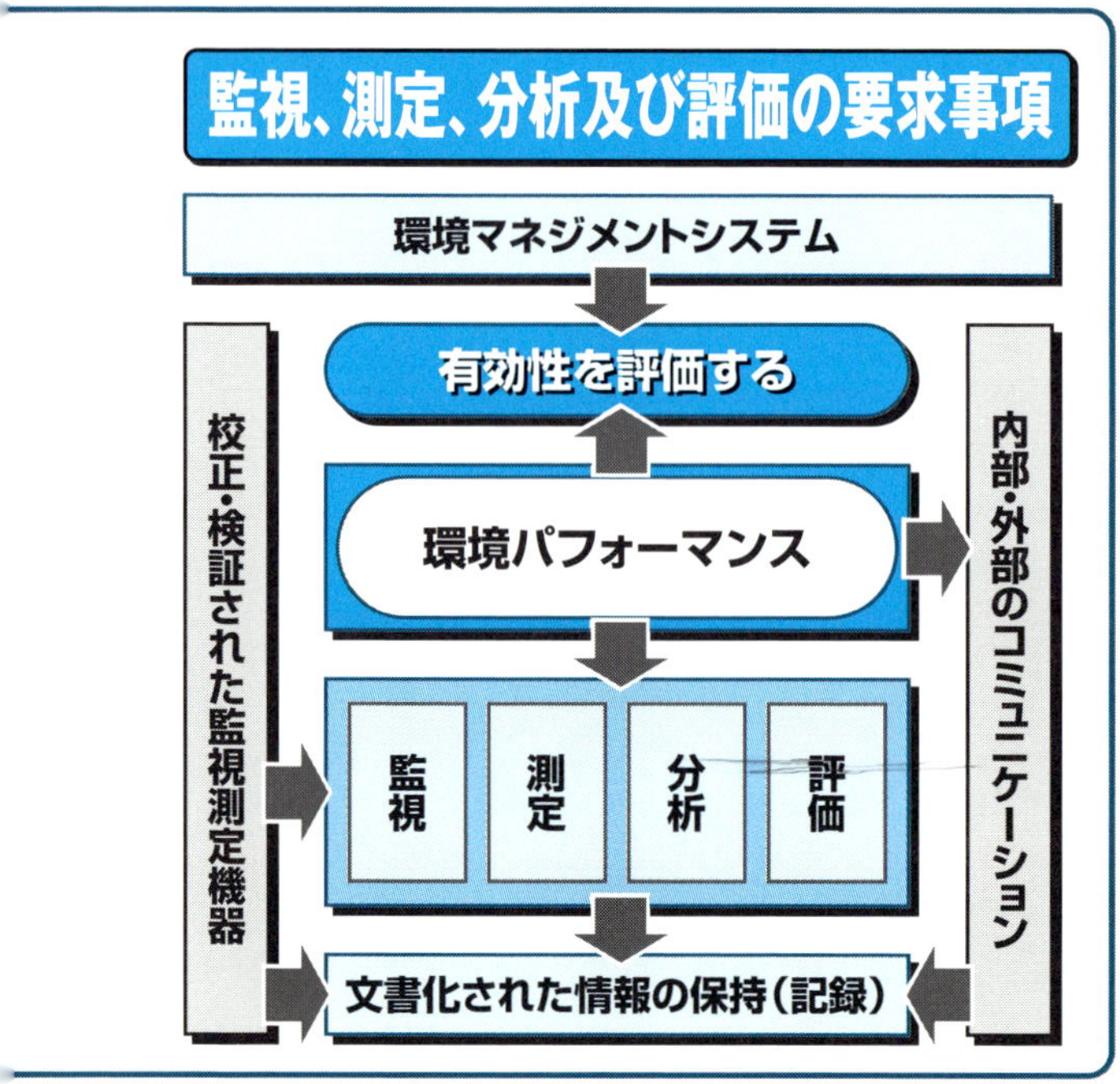

◆**箇条9の要求事項の構成**

箇条9「パフォーマンス評価」は、箇条6で環境マネジメントシステムを計画し、箇条8で計画した活動を運用し、その計画した活動の実施結果を評価するPDCAサイクルのC「評価」の位置付けとなっています。

箇条9の構成は、箇条9・1「監視、測定、分析及び評価」で、順守評価を含め、計画どおりに環境マネジメントシステムが、意図した成果を達成しているかを評価し、箇条9・2「内部監査」で、環境マネジメントシステムが、計画どおり運用されているかを評価し、箇条9・3「マネジメントレビュー」で、環境マネジメントシステムが、引き続き、適切、妥当かつ有効であるかの総合的評価を行なうようになっています。

監視及び測定の目的
― JISQ14004：2016　9.1.1（参考）―

- 環境方針のコミットメント及び環境目標の達成、ならびに継続的改善に関して進捗を追跡する。
- 著しい環境側面を決定するための情報を提供する。
- 順守義務を満たすための、排出及び放出に関するデータを収集する。
- 環境目標を達成するための、水、エネルギー又は原材料の使用量に関するデータを収集する。
- 運用管理を支援又は評価するためのデータを提供する。
- 組織の環境パフォーマンスを評価するためのデータを提供する。
- 環境マネジメントシステムのパフォーマンスを評価するためのデータを提供する。

◇箇条9・1・1の要求事項の要点

箇条9・1・1「一般」では、監視、測定、分析、評価する方法と時期を決定して、環境マネジメントシステム及び環境パフォーマンスの有効性を評価して、意図した成果が達成されたかの確認を求めています。

◇監視、測定、分析及び評価を実施する

組織は、環境パフォーマンスを監視し、測定し、分析し、評価することを求められています。

環境パフォーマンスとは、環境側面のマネジメントに関連するパフォーマンスをいいます。

環境パフォーマンスは、活動、プロセス、製品、サービス、システム、又は組織の運営管理に関連し、その結果は、組織の環境方針、環境目標、又はその他の基準に対して、指標を用いて測定ができます。

パフォーマンスは、測定可能な結果をいい、定性的なもの（監視）、定量的なもの（測定）いずれも該当します。

パフォーマンスの例としては、電気・ガス・水の使用、製品の省エネ化、部品の有害物管理、CO_2排出量、廃棄物量、法令順守などがあります。

―次ページに続く―

7-69

9・1・1 一般［2］

―監視、測定、分析及び評価で決定すべき事項―

監視とは、システム、プロセス、又は活動の状況を明確にすることをいい、必ずしも、監視機器を用いずとも、ある時間にわたって行なわれる観察のプロセスをいいます。

測定とは、値を決定するプロセスをいい、通常は測定機器を用いて、定量的な性質を決定するプロセスをいいます。

◆監視、測定、分析及び評価の決定事項

組織は、監視、測定、分析及び評価に関し、次のⓐからⓔの五つの事項を決定することを求められています。

ⓐ　**監視及び測定が必要な対象**

監視及び測定を必要とする対象の例を次に示します。

- 箇条6・1・1で決定したリスク及び機会の取組み
例：箇条4・1で決定したリスク・機会に関連する内部・外部の課題
- 箇条6・1・2で決定した著しい環境側面の取組み
例：廃棄物の排出量、有害化学物質の使用量
- 箇条6・1・3で決定した順守義務の取組み
例：排水基準に基づく排出水の有害物質量
- 箇条6・2で設定した環境目標の取組み
例：環境目標の進捗と達成
- 箇条8・1で設定した運用管理の取組み
例：運用基準に基づくプロセスの管理の実施

ⓑ　**監視、測定、分析及び評価の方法**

組織は、該当する場合には、必ず、妥当な結果を確実にするための、監視、測定、分析及び評価の方法を決定することを求められています。

該当する場合とは、監視、測定、分析、評価の方法

監視及び測定の仕方〔例〕

対象		監視・測定の仕方
省エネルギー	電力消費量	● 電力会社からの使用電力量の請求書による
	昼休消灯	● 各部門で担当者が消灯有無をチェック表に記入する
廃棄物の削減	廃棄量	● 廃棄物置場の廃棄物量を計算し記録する
	リサイクル量	● 半期ごとにリサイクル業者から報告を受ける
化学物質管理	倉庫の保管量	● 各化学物質の購入・出庫時に管理表に記入する
	潤滑油使用量	● 各機器毎月生産数と封入量から使用量を求める

が、法令、規制などで決められている場合には、その方法に基づいて行なうということです。

監視、測定、分析、評価の方法とは、データ・情報の採取の方法ではなく、採取したデータ・情報を、どう監視、測定、分析、評価するかの方法をいいます。

ⓒ 評価基準及び指標

組織は、環境パフォーマンスを評価するための基準及び適切な指標を決定することを求められています。

つまり、監視、測定の対象とした環境パフォーマンスに関して、どの程度実施され、達成したかを判断するために、指標を決定し、その善し悪しを評価する基準を定めるということです。

指標とは、運用、マネジメント、条件の状態及び状況の測定可能な表現をいいます。

指標の例には、温度、圧力、酸性度（pH）などの物理的なパラメータ、材料の使用、エネルギー効率、CO_2排出量、廃棄物量などがあります。

たとえば、指標が廃棄物量なら、評価基準としては、昨年比〇％減、〇トン／生産額以下などがあります。

―次ページに続く―

9・1・1 一般[3]

―内部・外部のコミュニケーションを行なう―

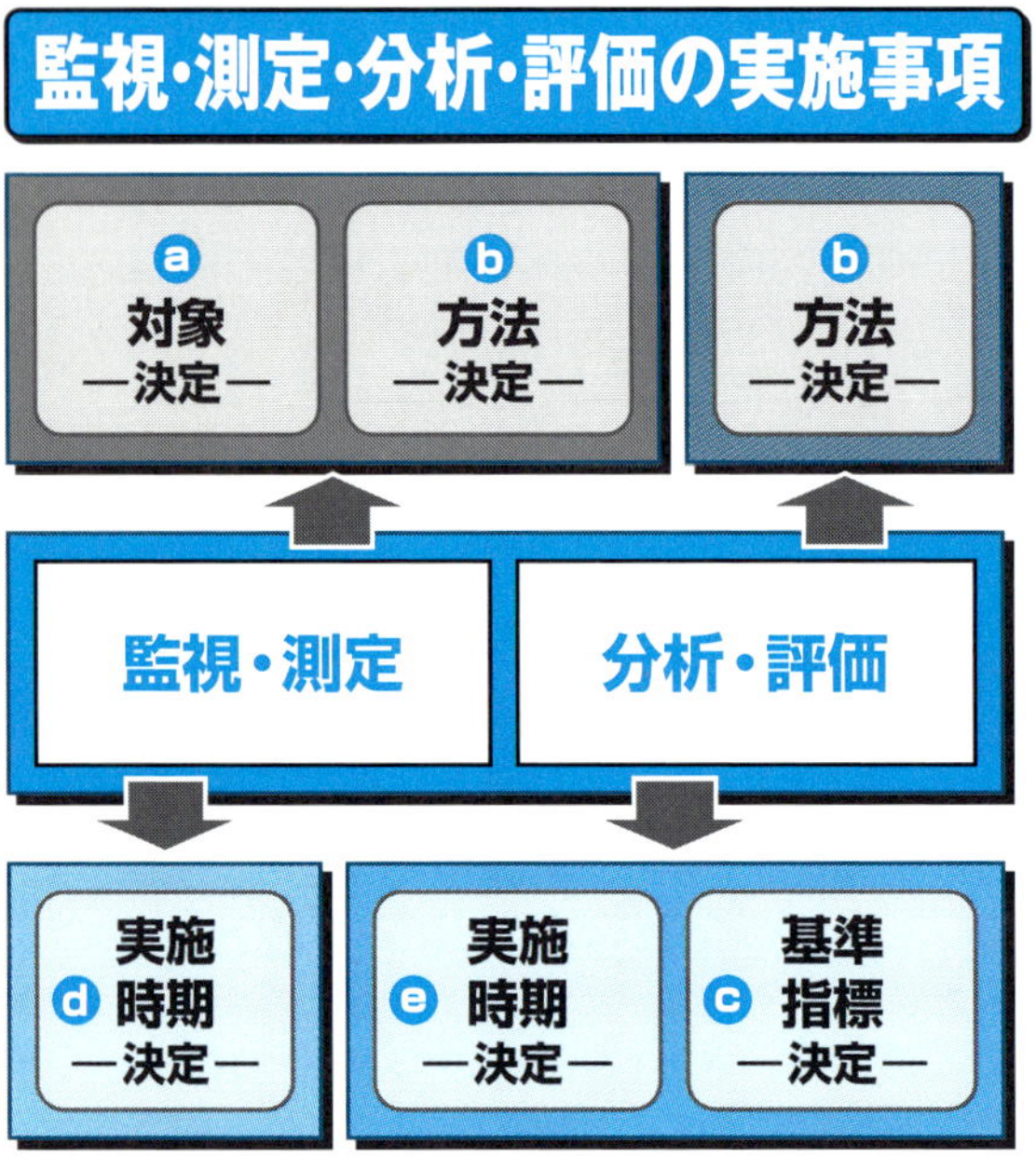

d 監視及び測定の実施時期

監視及び測定の実施時期とは、データ、情報の採取をいつ行なうかではなく、採取したデータ、情報をどの期間収集するのか、その収集の開始と終了の実施期間を決めることをいいます。法令、条例などで、測定頻度が規定されていれば、それに従うことです。

e 監視及び測定の結果の分析及び評価の時期

監視及び測定の実施時期に収集したデータ、情報を、いつ分析、評価するのか、その時期を決定することです。また、誰が評価するのか決めておくとよいです。

◆有効性を評価する

組織は、環境パフォーマンス及び環境マネジメントシステムの有効性を評価することを求められています。

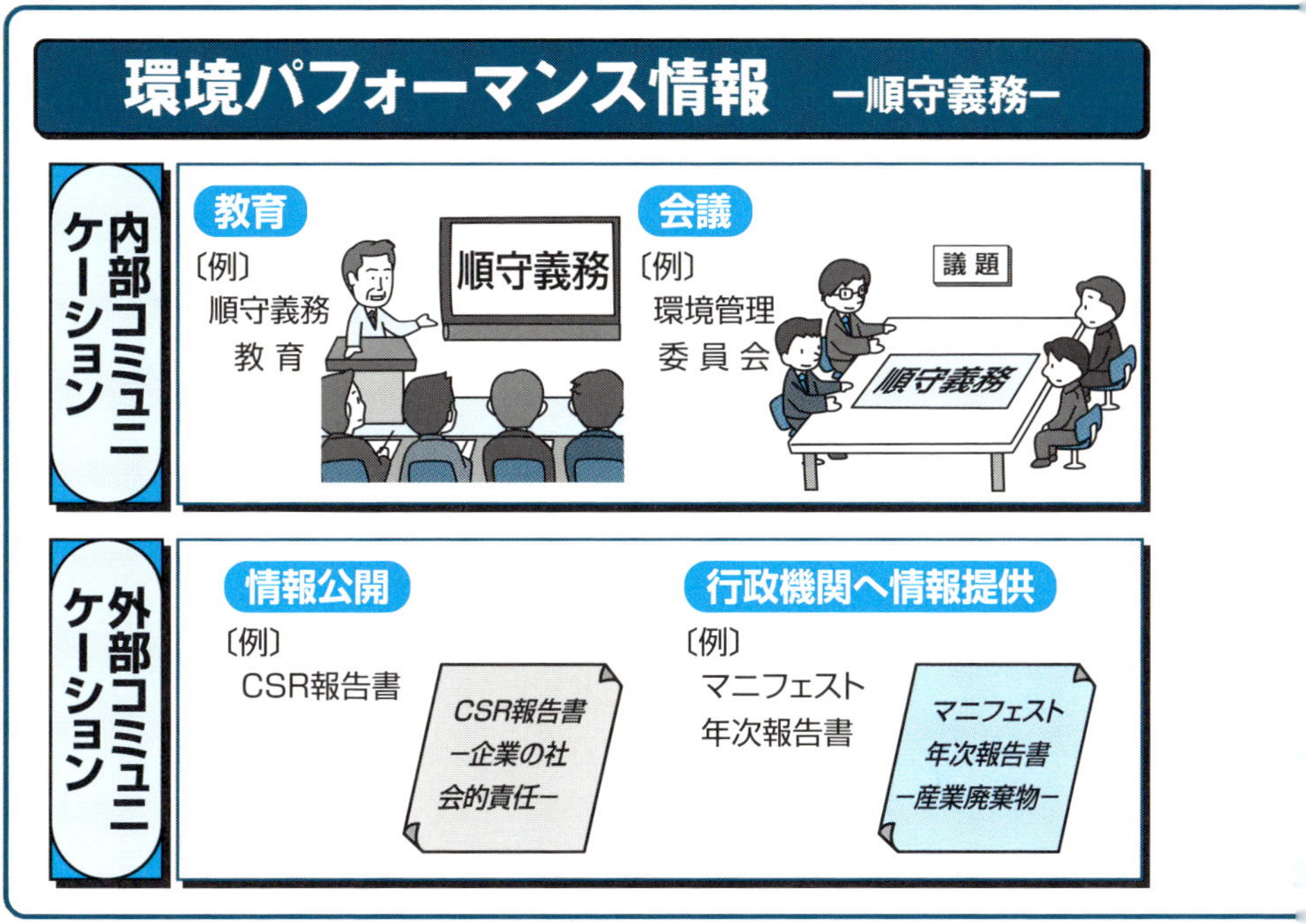

環境パフォーマンスは、個々に定めた指標に対する基準に基づき、分析、評価した結果、その達成度により、有効性を評価します。

環境マネジメントシステムは、個々の環境パフォーマンスの有効性を総合的に判断し、意図した成果の達成度により、その有効性を評価します。

◆内部・外部のコミュニケーションを行なう

組織は、コミュニケーションプロセスで特定したとおりに、かつ、順守義務による要求に従って、関連する環境パフォーマンス情報について、内部と外部の双方のコミュニケーションを行なうことを求められています。

環境パフォーマンス情報は、箇条7・4「コミュニケーション」、箇条6・1・3「順守義務」の要求事項に従って行ないます。

外部コミュニケーションの方法には、環境パフォーマンス情報の公開（CSR報告書、環境報告書の発行など）、法規制に基づく行政機関への環境パフォーマンスの情報提供（産業廃棄物のマニフェストの年次報告など）等があります。

9.1.1 一般[4]

―校正・検証された監視機器・測定機器を使用する―

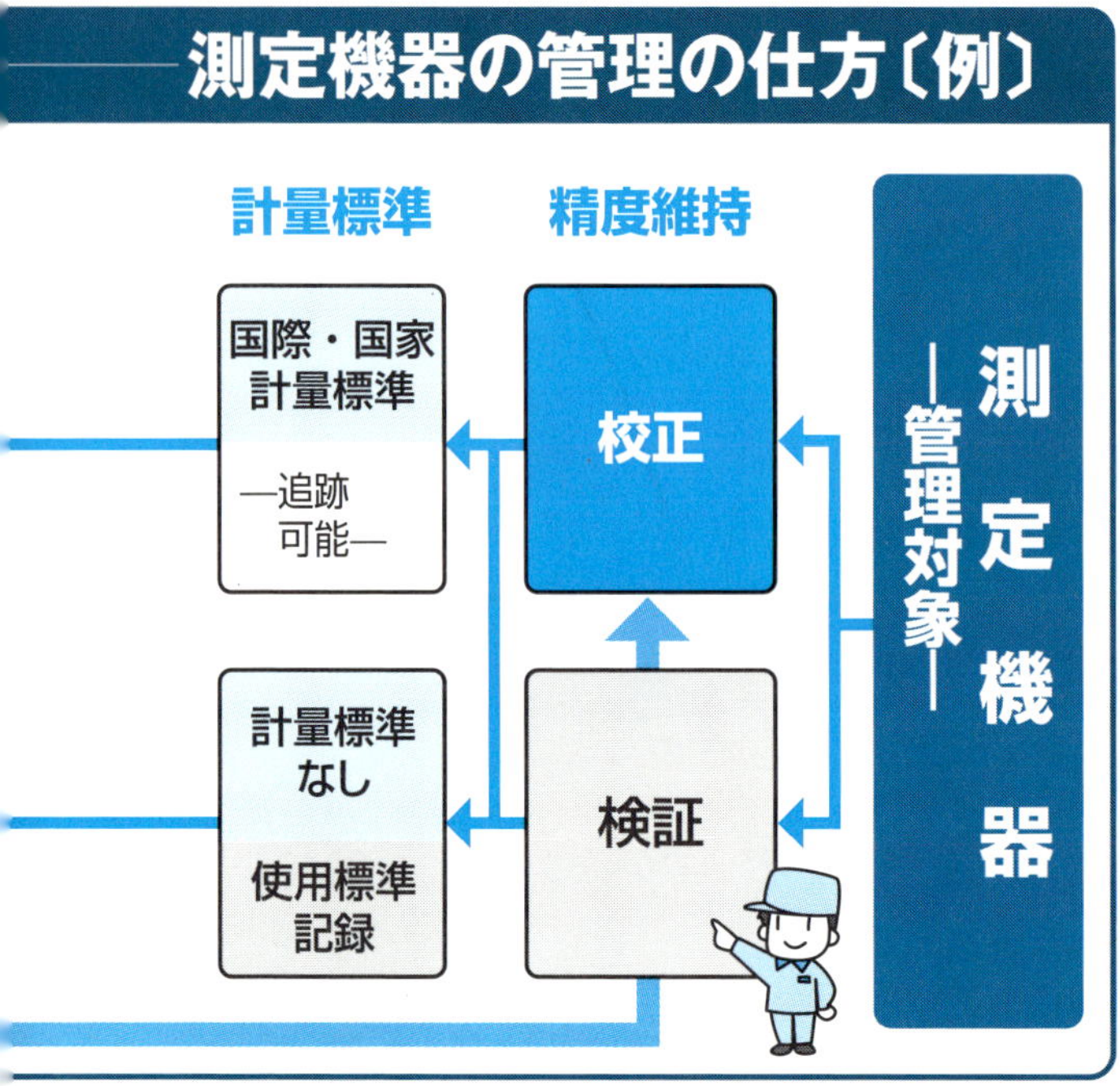

◇正確な監視・測定機器を使用する

組織は、必要に応じて、校正された又は検証された監視機器及び測定機器が使用され、維持されていることを確実にするよう求められています。

必要に応じてには、監視機器、測定機器が正確なものでなければ、監視、測定の結果が保証できない場合などが含まれます。

校正とは、計器又は測定系の示す値、もしくは、実量器又は標準物質の表す値と標準によって実現される値との間の関係を確定する一連の作用をいいます。

検証とは、与えられたアイテムが規定された要求事項を満たしているという客観的証拠の掲示をいいます。

ここでの検証とは、測定システムが、性能特性又は法的要求事項を満たしていることの確認を含みます。

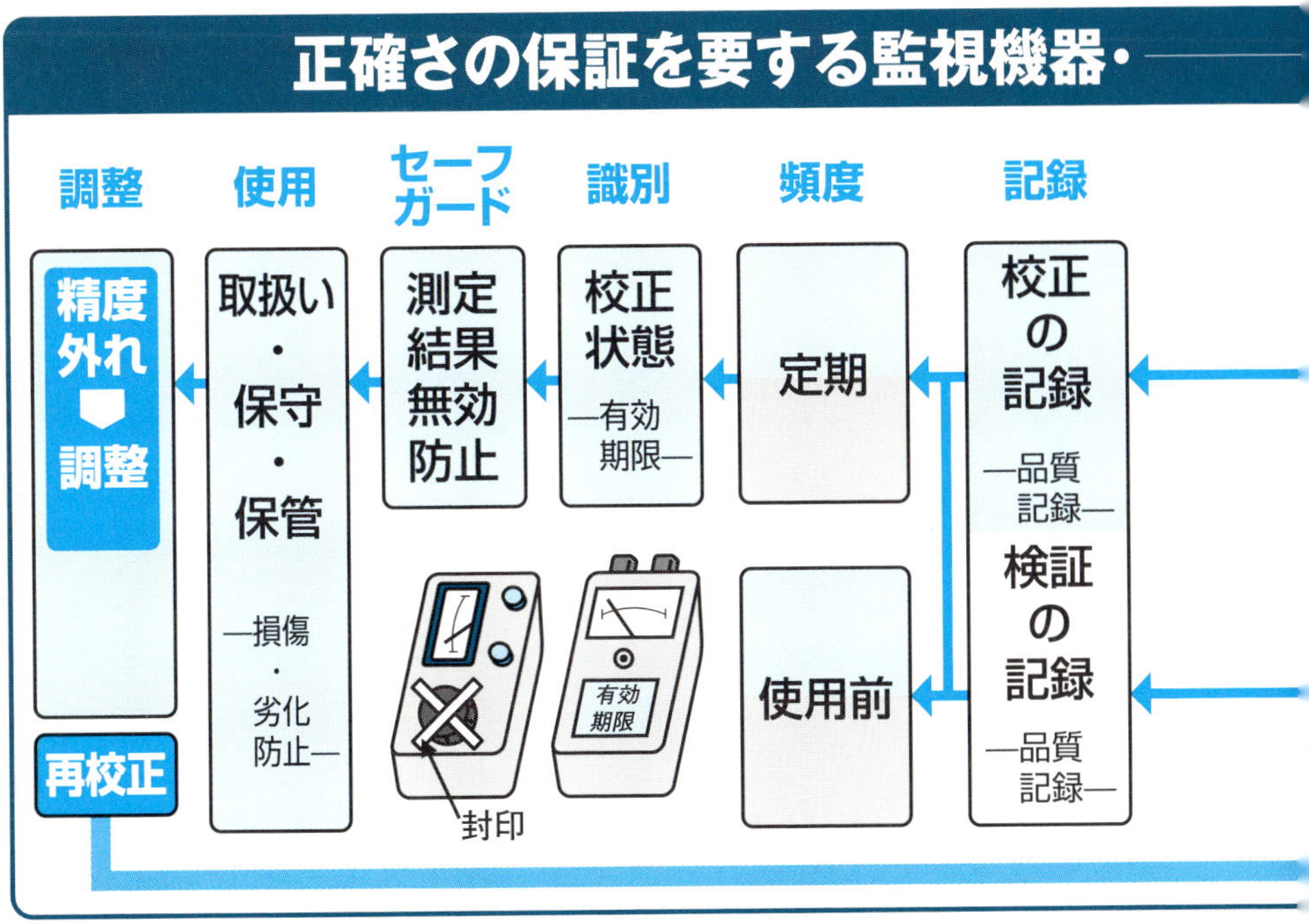

監視機器、測定機器の校正、検証が必要な場合は、次の事項を満たす必要があります。

- **校正・検証の実施**―国際計量標準又は国家計量標準に対してトレーサブルである計量標準に照らして、校正もしくは検証、又はそれらの両方を行なう。
- **調整・再調整**―校正した結果、標準との差が、範囲を超えていたら、調整又は再調整する。
- **校正・検証の頻度**―定期的又は使用前に、校正又は検証を行なう。
- **校正状態の識別**―校正されているか、いつ校正したのか、また、いつまで校正の状態が維持されるか（有効期限）が、わかるように識別する。

◆文書化した情報を保持する

組織は、監視、測定、分析及び評価の結果の証拠として、適切な文書化した情報の保持を求められています。

たとえば、環境パフォーマンス監視・測定記録、分析・評価記録、運用管理の記録、順守義務が満たされている記録、環境目標達成の記録、監視機器・測定機器校正記録などを含めることが望ましいです。

7-72

9・1・2 順守評価［1］

―順守評価のプロセスを確立する―

◆順守評価とは

本箇条における順守評価とは、箇条4・2及び箇条6・1・3で決定した順守義務と、箇条6・1・4で決定した順守義務の取組みを、箇条8・1で実施するために計画し、それに基づいて実施した内容を評価することをいいます。

◆順守評価のプロセスを確立する

組織は、順守義務を満たしていることを評価するために必要なプロセスを確立し、実施し、維持することを求められています。

組織は、決定した順守義務及びその取組みに関するパフォーマンスを監視、測定し、分析、レビューすることによって、順守義務が満たされている程度を評価するためのプロセスを確立することです。

このプロセスには、測定・分析機器、解析ソフト、知識などの資源、評価基準、規制基準などの評価指標、実施方法などを含めるとよいでしょう。

たとえば、排水中の規制物質濃度の定期的な測定結果を管理図にし、排水処理工程が管理状態にあるかを監視し、規制値を超えないように処理するなどです。

◆順守評価プロセスで実施すべき事項

組織は、次の事項を順守義務の評価プロセスで実施することを求められています。

ⓐ 順守を評価する頻度を決定する

順守評価の頻度は、次の事項によって異なりますので、すべての順守義務を一律に評価する必要はないですが、定期的に行なうことです。

―次々ページに続く―

順守評価のプロセスを確立する
順守義務
法的要求事項
廃棄物の処理及び清掃に関する法律
水質汚濁防止法
騒音規制法
その他の要求事項
地域社会グループとの合意事項
業界団体の要求事項
自発的な環境ラベル
順守評価のプロセスを確立する
— 法的要求事項・組織が順守するその他の要求事項 —
定期的
○月
○月
評価する
〔例〕
管理者
排水分析記録
評価する
〔例〕
管理責任者
エネルギー管理員選任届
記録する
— 定期的評価の結果 —

9.1.2 順守評価[2]

—順守評価プロセスで実施すべき事項—

●組織の法的要求事項

●順守義務として採用したその他の要求事項との関連性

●順守義務の変化

●順守義務に関する組織の過去のパフォーマンス

順守評価の頻度は、順守状況に関する知識及び理解を最新の状態に維持しておけるよう、適切な頻度とするとよいでしょう。

順守とは、決まり、法律、道理などに従い、よく守ることをいいます。

b 順守を評価し、必要な場合には処置をとる

組織は、順守を評価した結果、順守義務を満たしていないことが検出された場合には、順守を達成するために必要な処置を決定し、実施することです。

必要な処置とは、箇条10・2「不適合及び是正処置」

順守評価

順守義務の決定	箇条4.2	利害関係者のニーズ・期待に含まれる順守義務
	箇条6.1.3	環境側面に関する順守義務
取組みの計画実施	箇条6.1.4	順守義務取組みの計画策定
	箇条8.1	順守義務（箇条6.1）の取組みの実施計画とその実施
評価	箇条9.1.2	順守義務を実施した結果、満たしているかの評価

順守義務に関連する要求事項

適用範囲	箇条4.3 b)	適用範囲決定に順守義務考慮
環境方針	箇条5.2 d)	環境方針に順守義務を満たすコミットメント
リスク及び機会	箇条6.1.1	順守義務に関連するリスク及び機会決定
環境目標	箇条6.2.1	順守義務を考慮に入れて環境目標を確立
力量	箇条7.2 a)	順守義務を満たすに必要な力量決定
認識	箇条7.3 d)	順守義務を満たさないことの認識
コミュニケーション	箇条7.4.1	コミュニケーション確立に順守義務を考慮
文書化した情報	箇条7.5.1 注記	順守義務を満たしていることを実証する必要性
マネジメントレビュー	箇条9.3 b)	順守義務の変化をレビュー

評価対象

に基づいて、修正処置、緩和処置及び是正処置を行なうことをいいます。順守の未達成は、それが環境マネジメントシステムプロセスによって特定され、修正された場合、必ずしも、環境マネジメントシステムの不適合にはなりません。

法令違反が検出されたら、通常は、監督官庁に報告し、監督官庁から指導がある場合には、それは新たな順守義務になります。

Ⓒ 順守状況に関する知識及び理解を維持する

順守評価を適切に実施するには、法改正など最新の順守義務に関する知識を得る必要があり、また、組織の順守状況を理解する必要があります。

組織は、順守評価に関する知識や理解を得る方法、評価指標などを決めて実施することです。

そして、順守評価を実行する人は、最新の順守義務に関する知識と、その理解に基づいて実行できるように、それらの知識を最新の状態に維持する力量が、箇条7・2「力量」で求められています。

常時の順守状況の評価は、順守義務が適用される部門の管理者が行なうことが望ましいです。

7-74

9・1・2 順守評価[3]

―順守評価に用いられる方法―

◇順守評価すべき法的要求事項

順守評価を必要とする法的要求事項は、箇条6・1・3で決定した組織の環境側面に関する順守義務を含めます。決定した順守義務に関して、評価すべき事項の例を、次に示します。

- 監督官庁への届出、報告の実施状況
- 必要な公害防止管理者などの配置状況
- 法規制値内に環境パフォーマンスが収まっている状況
- 記録内容が法令で定められた項目（測定条件・測定者など）をすべて記載しているか

◇順守評価に用いられる方法

順守評価の方法には、次のような行動を通じた情報及びデータの収集を含めるとよいでしょう。

- 施設の巡視又は検査及び直接観察又は面談
- プロジェクト又は業務のレビュー
- サンプル分析又はテスト結果のレビュー
- 規制上の制限との比較及び検証のためのサンプル
- 法律で求められている文書化した情報のレビュー

◇文書化した情報を保持する

組織は、順守評価の結果の証拠として、文書化した情報（記録）を保持することを求められています。

文書化した情報には、次の事項を含めるとよいです。

- 法的要求事項及び順守義務として採用したその他の要求事項の順守評価の結果の報告書
- 順守評価に関する内部監査及び外部監査の報告書
- 順守評価に関する内部・外部コミュニケーション報告書

順守評価方法のいろいろ
法的及びその他の要求事項の順守評価方法
―〔例〕電気設備保守業務―
監　査
内部監査
監査員
被監査者
監査員
被監査者
面談
課長
部長
―地域住民
合意事項―順守
文書・記録レビュー
電気主任技術者
電気設備
定期点検記録
―電気設備技術基準順守―
作業のレビュー
施設の検査
施設の巡視
高電圧注意

7-75

9.2 内部監査

9.2.1 一般

◆箇条9・2の要求事項の要点

箇条9・2では、環境マネジメントシステムの適合性及び有効性を検証するため、内部監査の実施を箇条9・2・1で求め、箇条9・2・2で内部監査の計画及び実施を方向付ける内部監査プログラムの策定を規定しています。

◆内部監査とは組織自体が行なう監査をいう

内部監査は、第一者監査ともいい、マネジメントレビュー及びその他の内部目的のために、その組織内部の要員（内部監査員）又は代理人によって行なわれ、その組織の適合を宣言するための基礎となります。

本箇条で要求している内部監査は、監査する対象が、組織の環境マネジメントシステムであることから、環境マネジメントシステム監査となります。

監査とは、監査基準が満たされている程度を判定するために、客観的証拠を収集し、それを客観的に評価するための、体系的で独立し文書化したプロセスをいいます。

◆内部監査には二つの目的がある

組織は、環境マネジメントシステムが、次の状況にあるか否かに関する情報を提供するために、あらかじめ定めた間隔で内部監査を実施することを求められています。

ⓐ 適合性の検証―目的その1―

環境マネジメントシステムが、次の事項に適合していることです。

❶ 環境マネジメントシステムに関して、組織自体が規定した要求事項に適合している

組織が環境マネジメントシステムの有効性のため

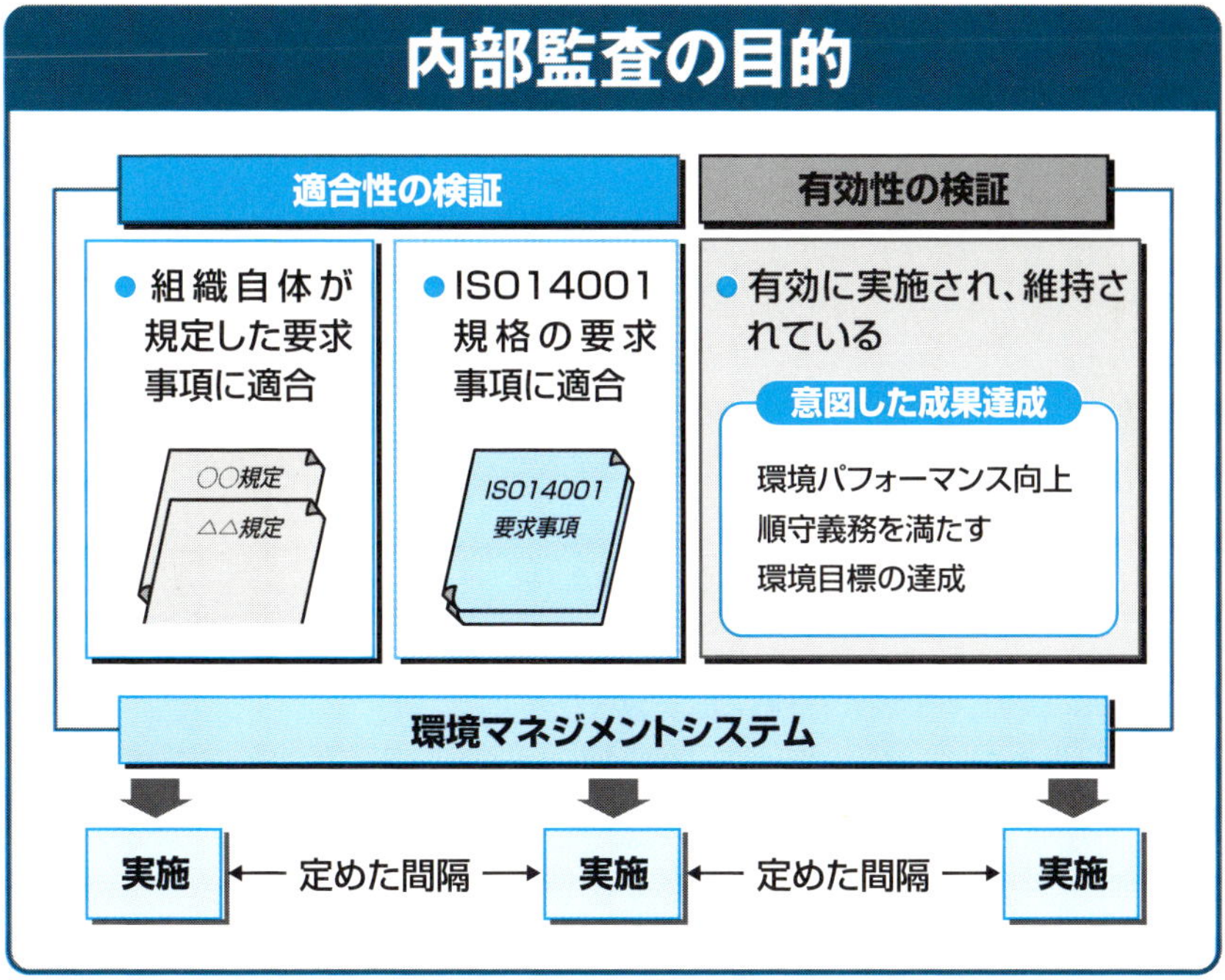

に、必要と決定し規定した要求事項に基づき実施されており、適合しているかを検証することです。

❷ ＩＳＯ１４００１規格の要求事項に適合している

組織の環境マネジメントシステムがＩＳＯ１４００１規格の要求事項どおりに確立され、実施されていて、適合しているかを検証することです。

❶、❷は適合を検証するので**適合性の検証**といいます。

ⓑ 有効性の検証―目的その２―

● 環境マネジメントシステムが有効に実施され、維持されている

環境マネジメントシステムをＩＳＯ１４００１規格の要求事項及び組織が追加した要求事項に基づいて確立し、実施した結果、意図した成果が達成されているか、その有効性を検証することです。

これを**有効性の検証**といいます。

意図した成果とは、環境パフォーマンスの向上、順守義務を満たす、環境目標を達成することをいいます。計画した意図した成果が、達成されていなければ、成果が得られるように処置をとり、有効性を改善することです。

9・2・2 内部監査プログラム［1］
―内部監査プログラムを確立する―

◆内部監査プログラムを確立・実施・維持する

組織は、内部監査の頻度、方法、責任、計画要求事項及び報告を含む内部監査プログラムを確立し、実施し、維持することを求められています。

監査プログラムとは、環境方針、環境目標を達成するために、決められた期間内に実行するように計画された一連の監査をいいます。

監査プログラムは、年度実施計画作成のほかに、次の事項について決定することを含むということです。

●内部監査の頻度

内部監査の頻度は、環境側面及び潜在的な環境影響、取り組む必要があるリスク及び機会、監視及び測定の結果、緊急事態など、組織の運用の性質に基づき、あらかじめ定めた間隔で決めるとよいでしょう。

箇条9・3「マネジメントレビュー」では、内部監査の結果をインプット情報とすることを求めているので、内部監査はその前に実施を計画するとよいです。

●内部監査実施の方法

内部監査は、文書・記録を検証する**文書監査**のみならず、被監査対象部署に赴き**現場監査**を行ない、実施を確認するとよいです。

内部監査の具体的な実施については、8-17項を参照してください。

●内部監査の責任

監査計画作成の責任、監査実施の責任、監査報告の責任、文書化した情報（記録）の保持の責任などを明確にするとよいです。

●内部監査の計画

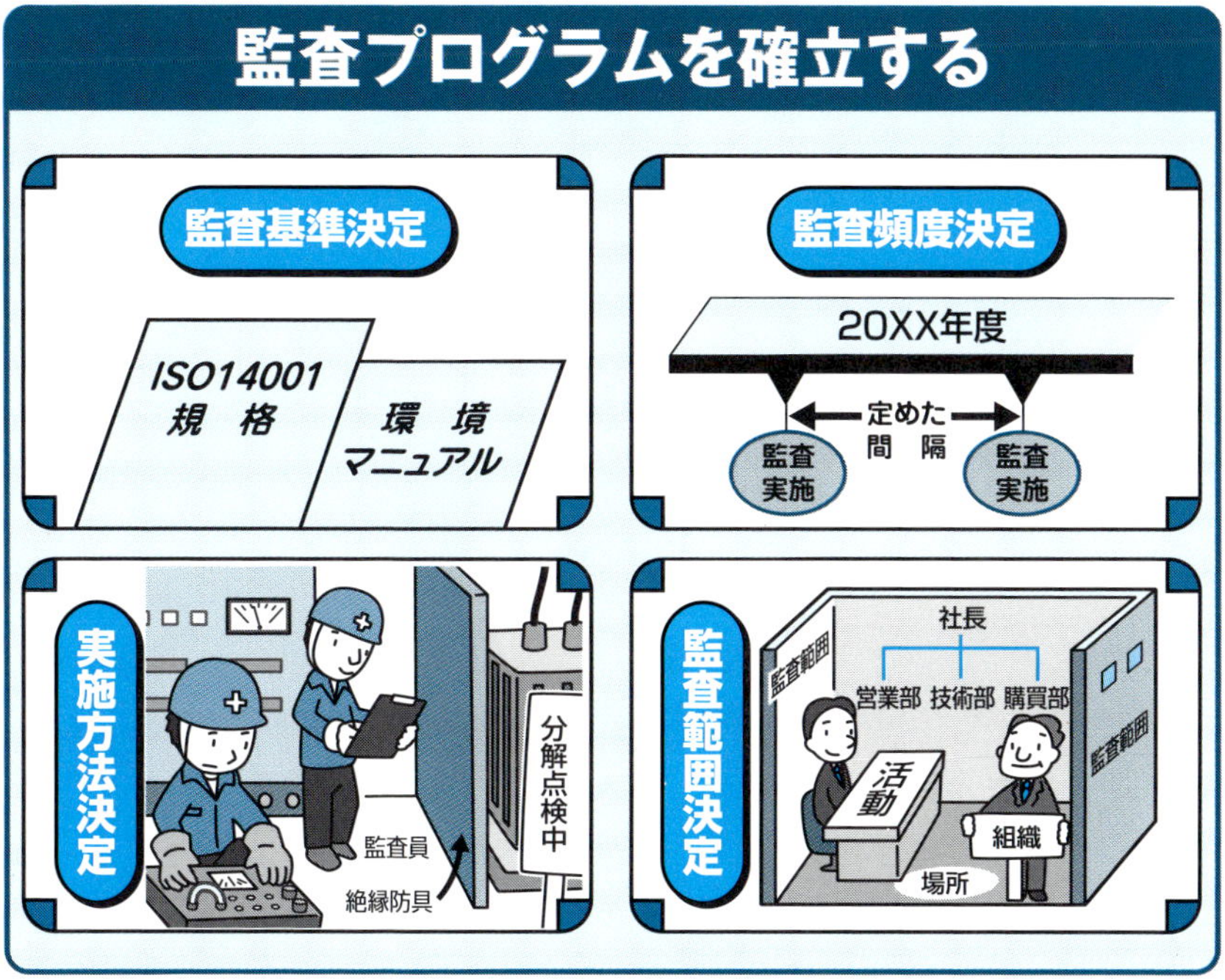

内部監査の計画とは、個々の監査を実施するための活動及び手配事項に関する計画をいいます。

● **内部監査の報告**

内部監査の結果について、管理層へ報告します。

◆内部監査プログラム確立時に考慮すべき事項

組織は、内部監査プログラムを確立するとき、関連するプロセスの環境上の重要性、組織に影響を及ぼす変更及び前回までの監査の結果を考慮に入れることを求められています。

著しい環境側面、順守義務、環境に関する苦情・外部委託プロセスなど環境上の重要性を考慮に入れることです。

ISO14001規格を含む関連規格の変更、箇条4・1の外部・内部の課題の変化、箇条4・2の利害関係者のニーズ・期待の変化、そして組織変更、新工場の建設など、組織に影響を及ぼす変更を考慮に入れることです。

内部監査及び顧客による第二者監査・認証機関の審査などの外部監査の結果、そして、これまでに特定された不適合及びとった処置（修正・是正処置）など、前回までの監査の結果を考慮に入れて監査の連続性を図ります。

7-77

9・2・2 内部監査プログラム[2]
―内部監査プログラムで実施すべき事項―

◆内部監査プログラムで実施を求められる事項

組織は、次の事項の実施を求められています。

ⓐ 監査基準及び監査範囲の明確化

あらかじめ定めた間隔で実施する個々の内部監査で、それぞれ監査基準及び監査範囲を決めるということです。

監査基準とは、客観的証拠と比較する基準として用いる一連の方針、手順又は要求事項をいいます。

監査基準には、ＩＳＯ１４００１規格要求事項、顧客要求事項、順守義務、環境方針、規定、基準、手順などが含まれます。

監査基準を満たさないことを不適合といい、箇条**10・2**「不適合及び是正処置」の要求事項に基づいて、適切に修正・是正処置をとる必要があります。

監査範囲とは、監査の及ぶ領域及び境界をいい、一般に、物理的な場所、組織単位、活動、プロセス又は対象期間などをいいます。

ⓑ 監査員を選定し、監査を実施する

監査プロセスの客観性及び公平性を確保するために、監査員を選定し、監査を実施することです。

監査プロセスにおける役割と責任を監査員に割り当てるに際しては、自らの仕事を監査せず、監査の対象となる活動に関する責任を負っていないこと、また、偏りや利害抵触のないことで、客観性、公平性を確保します。

監査員は、特定の監査の目的を達成し、その監査の適用範囲に合致し、その結果に対して、信頼できるに十分な力量（箇条**7・2**参照）をもつ必要があります。

Ⓒ 内部監査の結果を報告する

監査の結果を関連する管理層に報告することを確実にすることです。

個々の監査所見、総合的な監査結論など、内部監査の結果は、トップマネジメントを含む、監査範囲の関連する部門、プロセスに責任をもつ管理層に報告できる状態にする（確実にする）必要があります。

管理層には、係長クラスを含む場合があります。

◆文書化した情報を保持する

組織は、監査プログラムの実施及び監査結果の証拠として、文書化した情報を保持することが求められています。

監査プログラムの実施の証拠（記録）としては、内部監査年度計画書、個別内部監査計画書、監査計画書に基づいて実施した事項（監査範囲、監査基準、日時、対象部門、監査員を含む）などがあります。

監査結果の証拠（記録）としては、環境マネジメントシステムの適合性・有効性の検証の結果、適合の証拠及び不適合に対する修正、是正処置の結果などを含む監査報告書、監査チェックリストなどがあります。

7-78

9・3 マネジメントレビュー［1］

―トップはマネジメントレビューを行なう―

◆箇条9・3の要求事項の要点

箇条9・3では、トップマネジメントが、考慮すべきインプット情報に基づき、組織の環境マネジメントシステムの全体をレビューし、それに伴う期待されるアウトプットが規定されています。

◆環境マネジメントシステムをレビューする

トップマネジメントは、組織の環境マネジメントシステムが、引き続き、適切、妥当かつ有効であることを確実にするために、あらかじめ定めた間隔で、環境マネジメントシステムをレビューすることを求められています。

マネジメントレビューでは、トップマネジメントが高いレベルで、戦略的にレビューすることで、運用レベルの詳細な情報についてレビューする必要はありません。

トップマネジメントとは、最高位で組織を指揮し、管理する個人又は人々の集まりをいいます。

適切とは、環境マネジメントが、組織、ならびに組織の運用、文化及び事業システムに合っているかをいいます。

妥当とは、ISO14001規格の要求事項を満たし、十分なレベルで実施しているかをいいます。

有効とは、望ましい結果を達成しているかをいいます。

あらかじめ定めた間隔とは、レビューの対象期間を定め、その期間内で環境パフォーマンスを収集し、分析、評価した結果を活用できる間隔ということです。

◆マネジメントレビューへの対応

トップマネジメントは、マネジメントレビューに参加する人を決定します。

―次々ページに続く―

マネジメントレビューの手順

マネジメントレビューの考慮事項

－インプット情報－

〔例〕

マネジメントレビューからのアウトプット

－トップマネジメントの指示事項－

－文書化した情報の保持（結果の証拠）－

次回の考慮事項

今回までのレビューの結果とった処理の状況

9・3 マネジメントレビュー[2]

—前回までの結果・組織の状況の変化を考慮する—

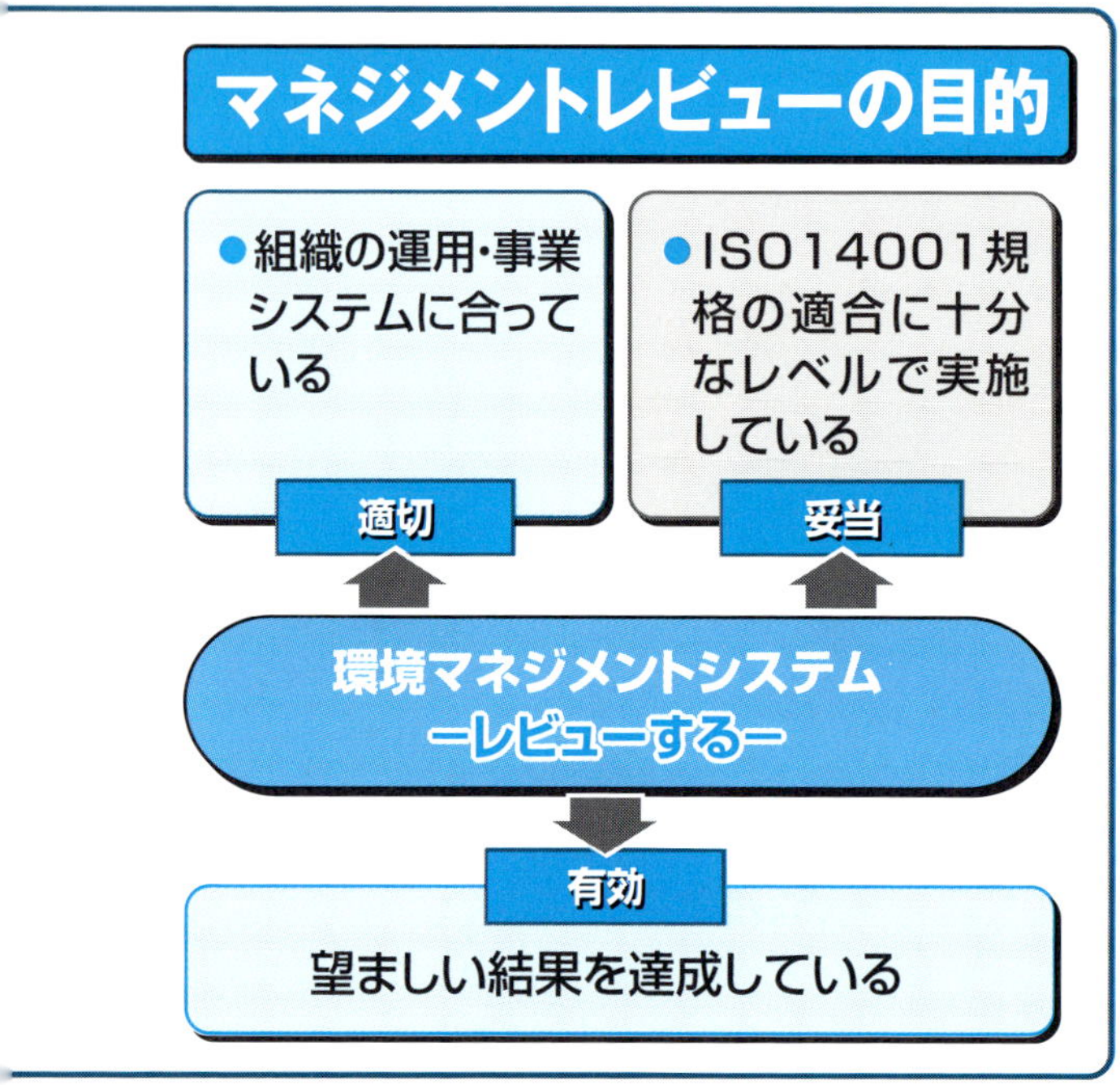

マネジメントレビューの参加者には、一般に、環境スタッフ、主要な組織単位の管理者、及びトップマネジメントなどが含まれます。マネジメントレビューは、組織の通常業務として実施される経営会議、部門長会議のような定期的に開催される会議体で行なうなど、組織の事業プロセスに組み込むとよいでしょう。

つまり、マネジメントレビューを個別の活動として分けて実施する必要はないということです。

◆マネジメントレビューで考慮すべき事項

マネジメントレビューでは、インプット情報として、次の事項を考慮することを求めています。

ⓐ 前回までのマネジメントレビューの結果とった処置の状況

マネジメントレビューの実施

マネジメントレビューの参加者

〔例〕
- トップマネジメント
  －指示･決定者－
- 環境スタッフ
  －情報収集･提供者－
- 主要組織単位の管理者
  －環境関連業務運用の責任者－

マネジメントレビューの場

〔例〕
- 経営会議
- 部門長会議
  －事業プロセスに組み込む－

マネジメントレビュー

マネジメントレビューの継続性を図るため、前回までのトップマネジメントが指示した事項に関し、どのように処置し、確実に実施されているか、その情報を考慮することです。

ⓑ 次の事項の変化

❶ 環境マネジメントシステムに関連する外部及び内部の課題

箇条4・1「組織及びその状況の理解」で決定した外部及び内部の課題が、国際化と技術革新が、急速に進む組織環境に伴い、どう変化が生じているかを理解し、組織の戦略的な方向性との一致への影響も含めて考慮することです。

❷ 順守義務を含む、利害関係者のニーズ及び期待

箇条4・2「利害関係者のニーズ及び期待の理解」で決定した、組織の順守義務となるものを含む、利害関係者のニーズ及び期待がどう変化しているかを理解し、意図した成果への影響を考慮することです。

変化の例としては、法令・規制の制定・改正、利害関係者の見解、科学技術の進歩などが含まれます。

—次ページに続く—

7-80

9・3 マネジメントレビュー[3]

—環境パフォーマンスの傾向を考慮する—

考慮すべき事項〔1〕

a 前回までの結果

● 前回までのマネジメントレビューの結果とった処置の状況

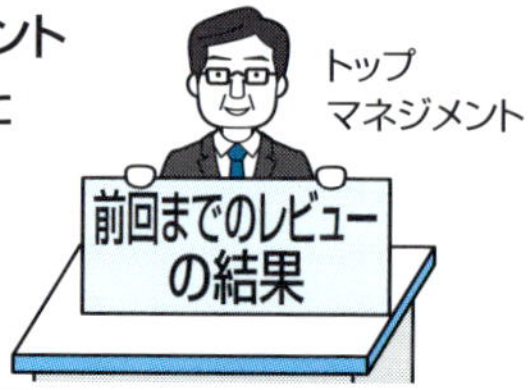

c 環境目標

● 環境目標が達成された程度

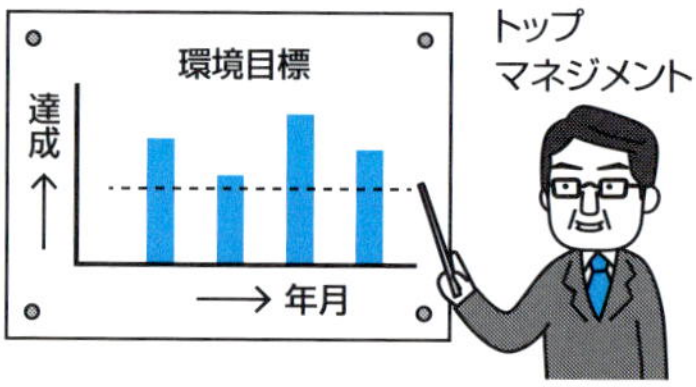

③ 著しい環境側面

箇条6・1・2「環境側面」で決定した著しい環境側面の変化を考慮するということです。

変化の例としては、新規に開発した製品及びサービスに関する著しい環境側面、緊急事態から学んだ教訓、使用燃料を重油からLNGに変更するなどがあります。

④ リスク及び機会

箇条6・1・1「(リスク及び機会への取組み)一般」で決定したリスク及び機会が、どう変化しているかを理解し、その情報を考慮することです。

変化の例としては、組織の活動、製品及びサービスの変更に伴い取り組む必要があるリスク及び機会の変化などがあります。

ⓒ 環境目標が達成された程度

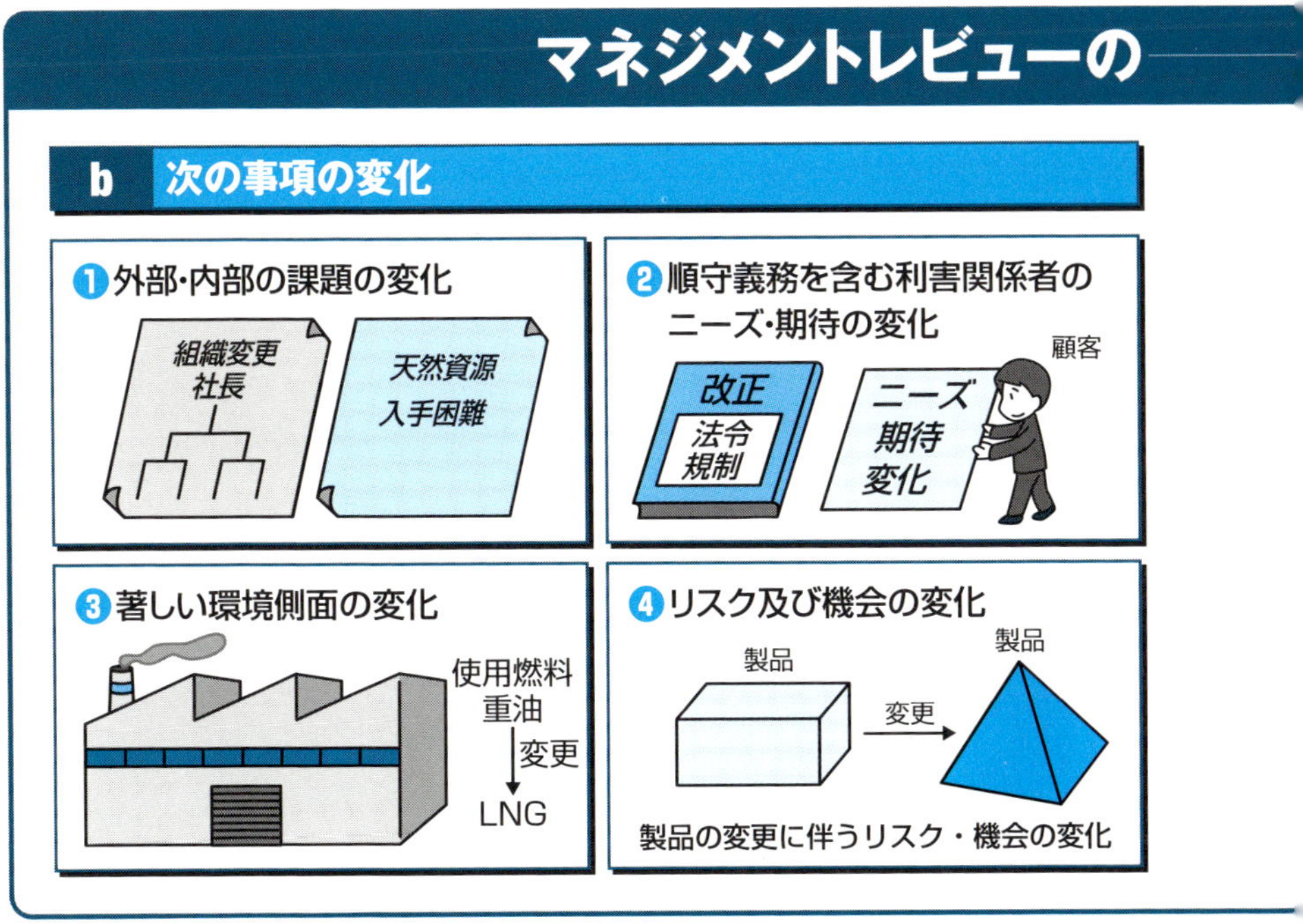

箇条6・2「環境目標及びそれを達成するための計画策定」で作成した環境目標の実施計画に基づいて活動した結果、その達成された程度を考慮することです。

ⓓ 環境パフォーマンスの傾向を含めた情報

次に示す❶から❹の傾向を含めた、組織の環境パフォーマンスに関する情報を考慮します。

組織の環境パフォーマンスとは、組織が自らの活動、製品、サービスについて、環境へ悪影響を及ぼさないように、環境に関わりをもつ要素に対して、実施した対応策などのマネジメントシステム全体の結果をいいます。

❶ 不適合及び是正処置

箇条10・2「不適合及び是正処置」で、不適合が是正され、その有効性をレビューした結果、環境パフォーマンスが向上しているか、その傾向を考慮することです。

❷ 監視及び測定の結果

箇条9・1・1「（監視、測定、分析及び評価）一般」で、あらかじめ定めた期間中に監視及び測定を行なった結果、環境パフォーマンスが向上しているか、その傾向を考慮することです。

―次ページに続く―

9・3 マネジメントレビュー[4]
—資源の妥当性・継続的改善を考慮する—

——の考慮すべき事項〔2〕

e 資源の妥当性

- 建物、人々、知識　—箇条7.1—

f コミュニケーション

- 苦情を含む利害関係者からの関連するコミュニケーション
—箇条7.4.3—

g 継続的改善の機会

- 環境パフォーマンスを向上させる

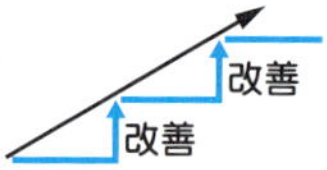

③ **順守義務を満たすこと**

箇条9・1・2「順守評価」で、順守義務を満たしていることを評価した結果、その順守状況の傾向を考慮することです。

④ **監査結果**

箇条9・2での「内部監査」のほかに、第二者監査（サプライヤー監査）、認証機関の第三者監査で検出された不適合と改善事項の傾向を考慮することです。

ⓔ **資源の妥当性**

箇条7・1「資源」で決定し、提供した資源が、環境マネジメントシステムを有効に機能させ、環境パフォーマンスの向上を図るのに十分であるか、不足はないか、妥当性を確認し、その結果を考慮することです。

ⓕ **苦情を含む、利害関係者からのコミュニケーション**

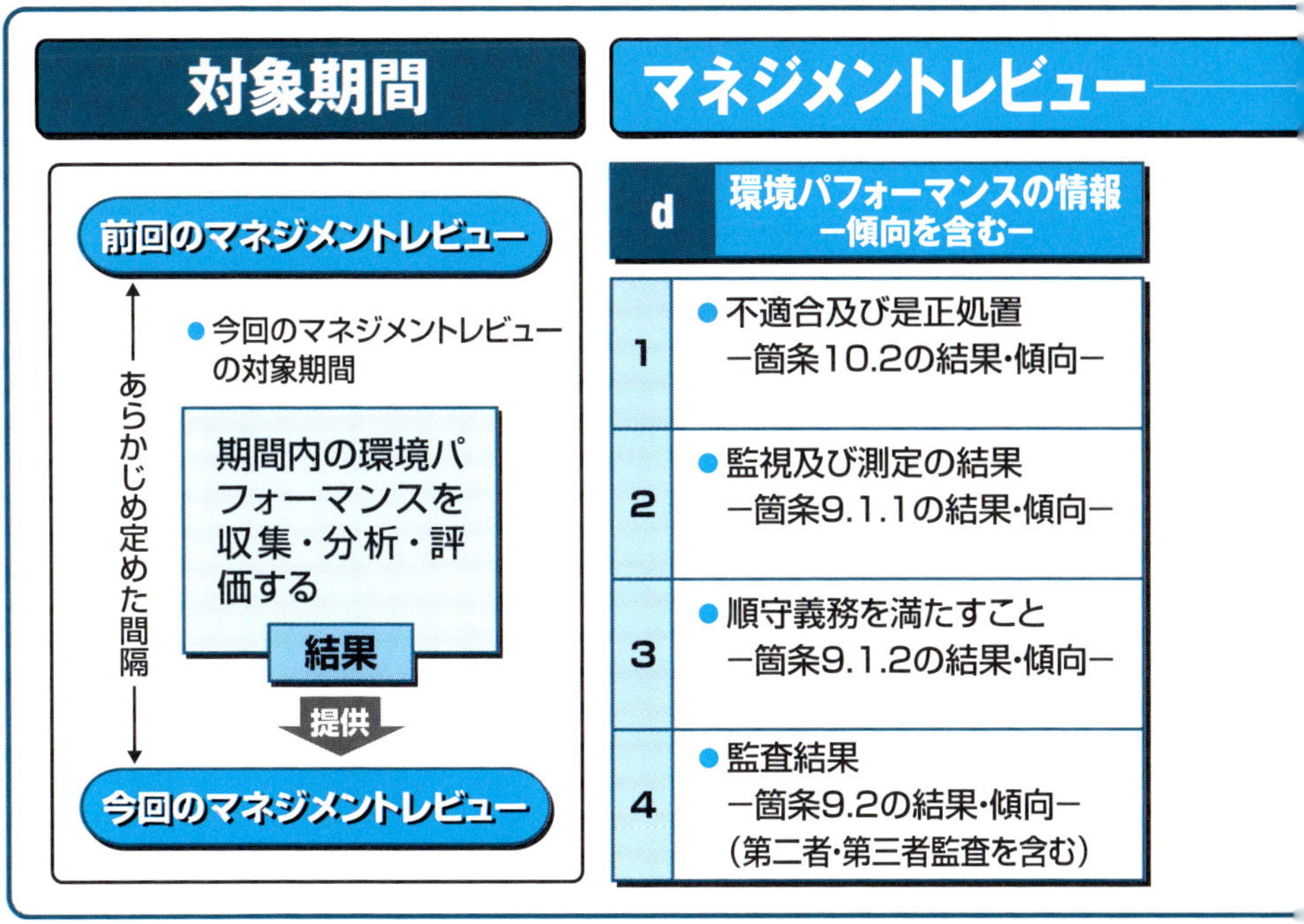

箇条7・4・3「外部コミュニケーション」における苦情を含む、環境マネジメントシステムに関連する利害関係者からのコミュニケーションによる情報を考慮することです。

利害関係者から受け付けた関連する苦情は、改善の機会を決定するために考慮します。

g 継続的改善の機会

外部・内部の課題を含む組織環境の変化、環境パフォーマンスに関する情報、苦情を含む利害関係者からの関連するコミュニケーションなどから生まれる改善の機会を考慮することです。

継続的改善の機会とは、環境パフォーマンスを向上させるために繰り返し行なわれる活動を決めるには、好機ということです。

改善の機会には、不適合に対する是正処置、利害関係者からの苦情、改善提案などが含まれます。

これらaからgの考慮事項は、すべてを同時に取り組む必要はなく、一定の期間にわたって行なってもよいとされています。

9・3 マネジメントレビュー[5]
—マネジメントレビューからのアウトプット—

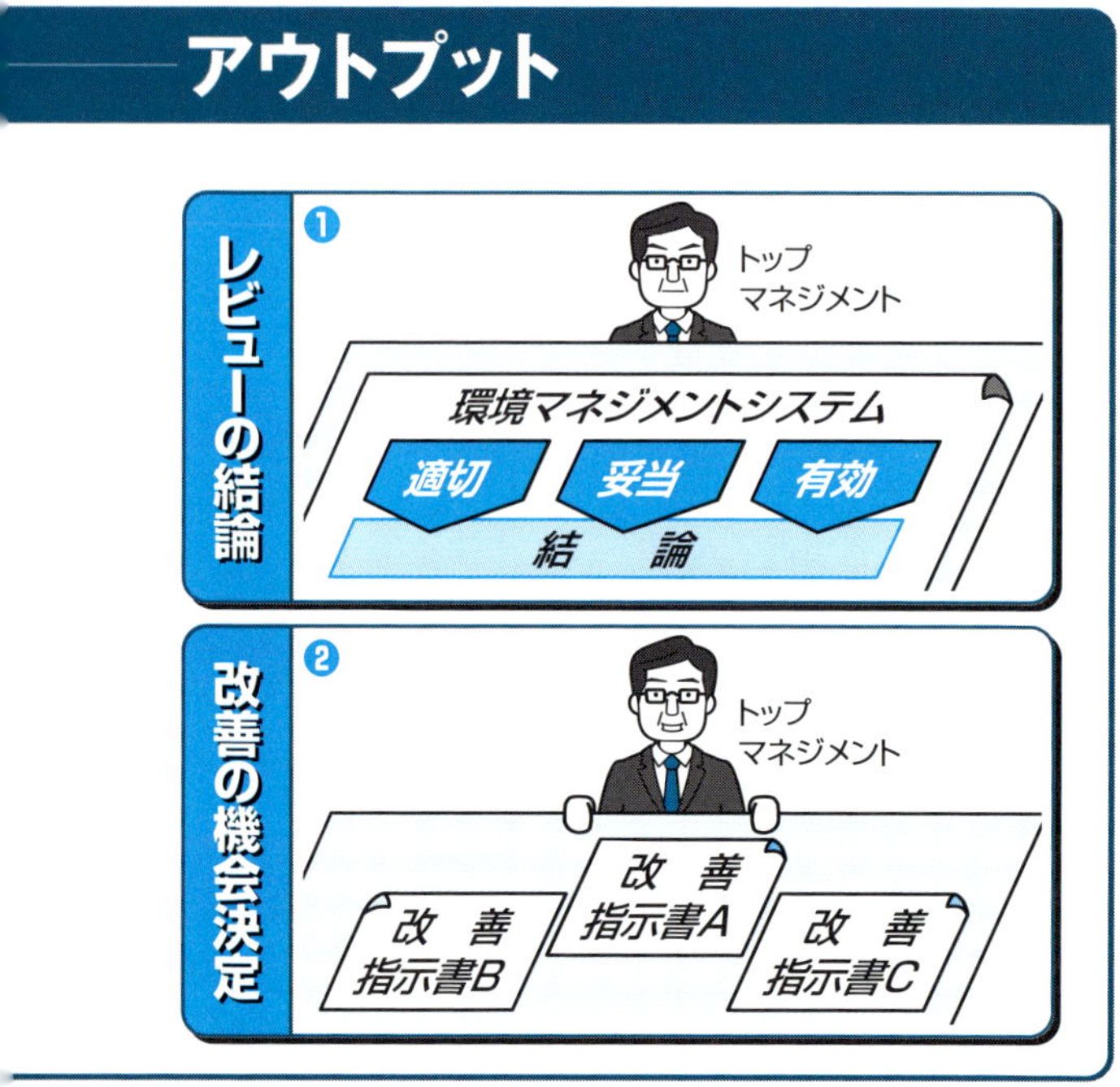

◆マネジメントレビューからのアウトプット

トップマネジメント自らが、環境マネジメントシステムに関する考慮すべきインプット事項をレビューし、そのアウトプットとして、組織の戦略的な方向性を示唆し、改善すべき事項の処置を含め決定し、その実施の責任と実施時期、そして、必要な資源の確保を指示します。

トップマネジメントの指示に基づき、実際に改善する行為は、箇条10の「改善」で行なわれます。

◆アウトプットに含める六つの事項

マネジメントレビューからのアウトプットには、次の六つの事項を含めることを求められています。

❶ 環境マネジメントシステムが、引き続き、適切、妥当かつ有効であることに関する結論

マネジメントレビューの

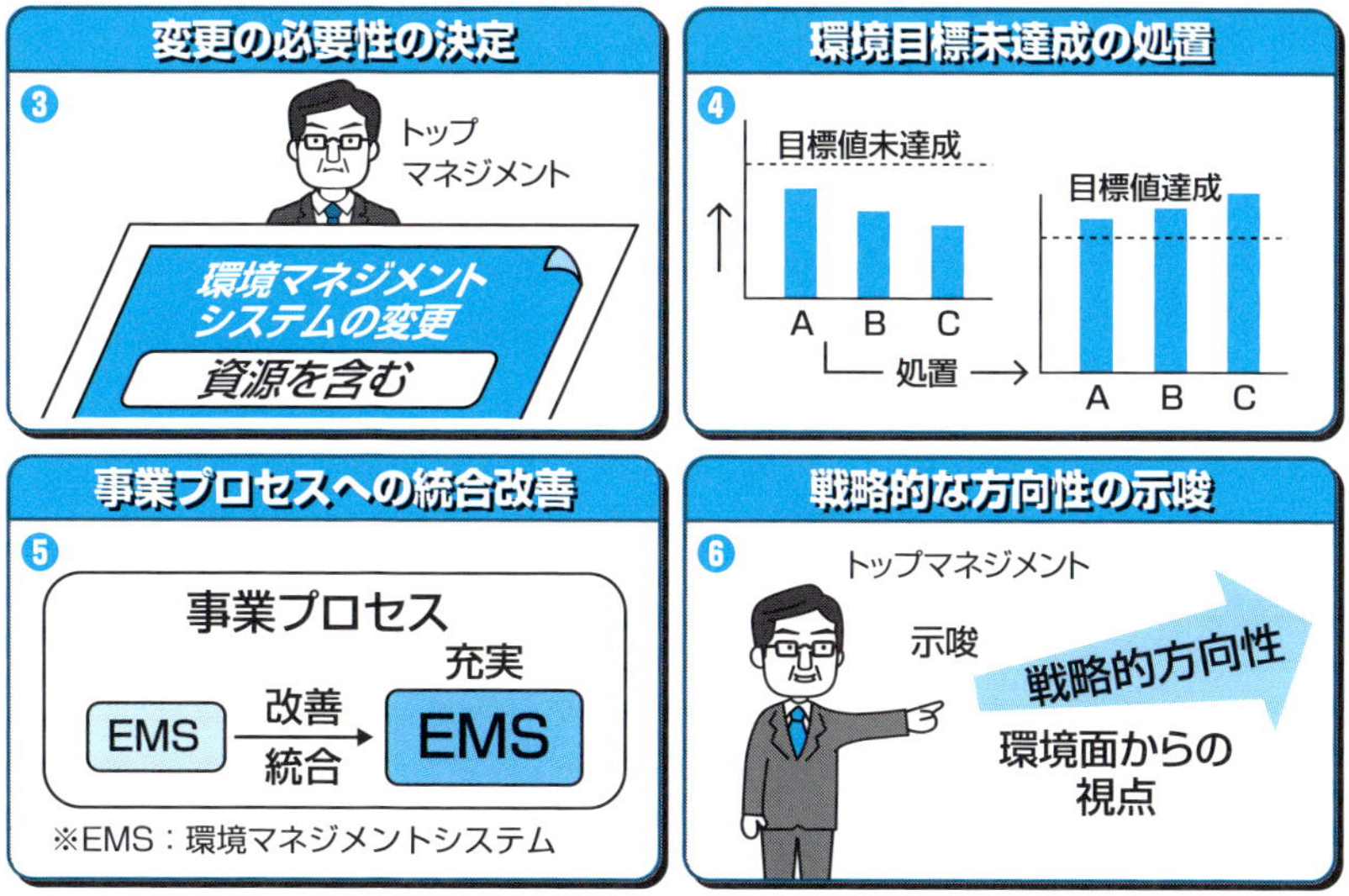

トップマネジメントが、インプット情報の考慮すべき事項をレビューした結果、環境マネジメントシステムが適切、妥当、有効であるかの結論を示すことです。たとえば、環境目標が達成されていない状態であるとの結論ならば、❹の「必要な場合には、環境目標が達成されていない場合の処置」をとることを決定し、その実施を指示するということです。

❷ 継続的改善の機会に関する決定

トップマネジメントは、インプットの考慮事項のⓖ「継続的改善の機会」で考慮した結論として、提示された改善提案事項の採否を含め、自ら改善すべき具体的事項を決定し、実施を指示することです。

❸ 資源を含む環境マネジメントシステムの変更の必要性に関する決定

トップマネジメントは、インプットの考慮事項ⓔ「資源の妥当性」を含め、考慮すべき事項全体をレビューし、結論として環境マネジメントシステムを変更する必要があるとするならば、実施を指示するということです。

―次ページに続く―

9・3 マネジメントレビュー[6]

―組織の戦略的な方向性に関する示唆―

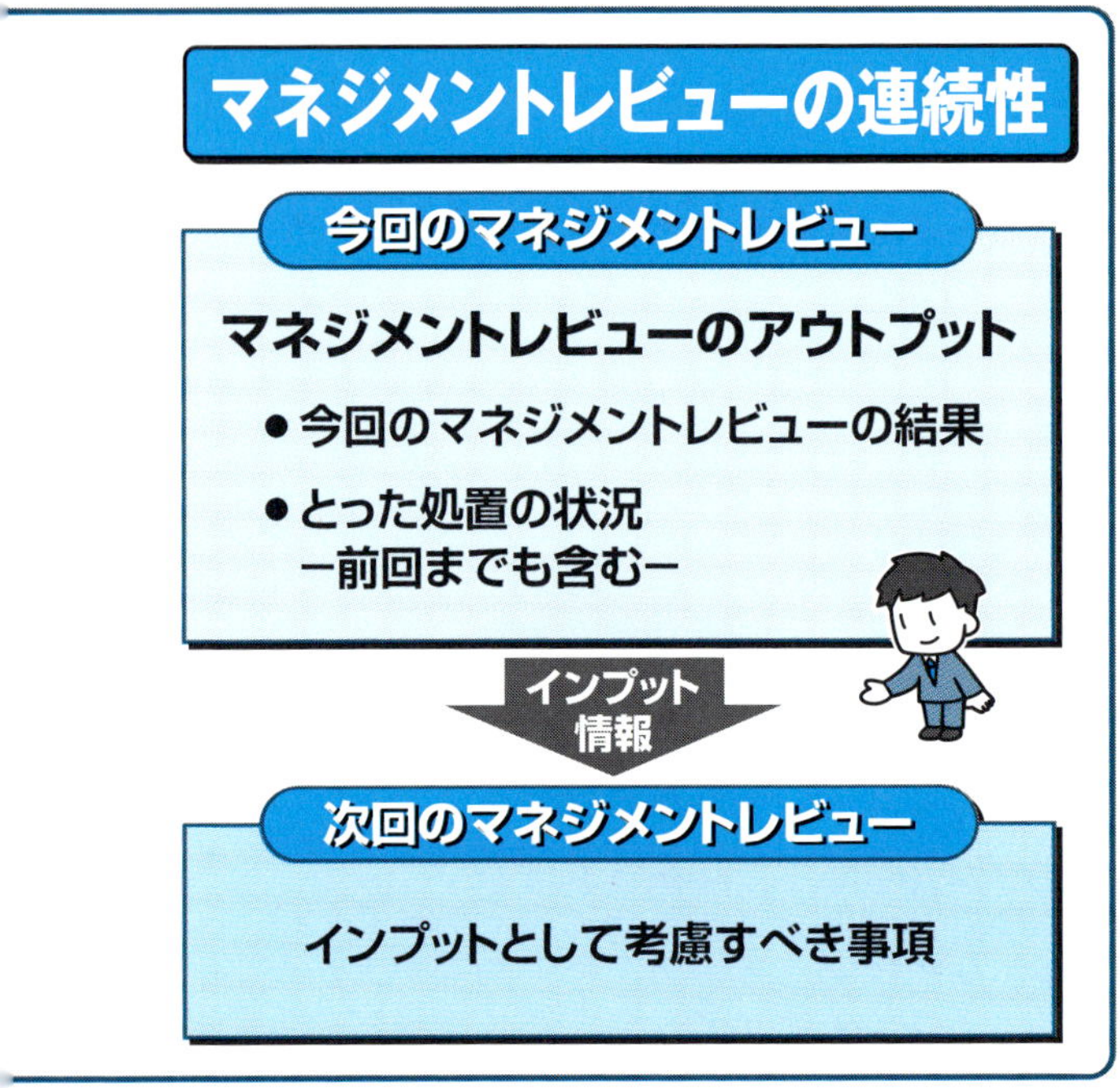

資源について「十分でない」又は「余剰である」の結論ならば、提供、削減を指示することです。

④ 必要な場合には、環境目標が達成されていない場合の処置

インプットの考慮事項ⓒ「環境目標が達成された程度」をレビューし、環境目標が達成されていないという結論ならば、達成するにはどうするのか、その処置を決定し、指示することです。

必要な場合にはとは、常に言及が必要ではなく、達成されていない場合に指示するということです。

⑤ 必要な場合には、他の事業プロセスへの環境マネジメントシステムの統合を改善するための機会

環境マネジメントシステムの他の事業プロセスへの統合は、その取組みと同時に完全な状態にできるもの

文書化した情報の保持 —記録—

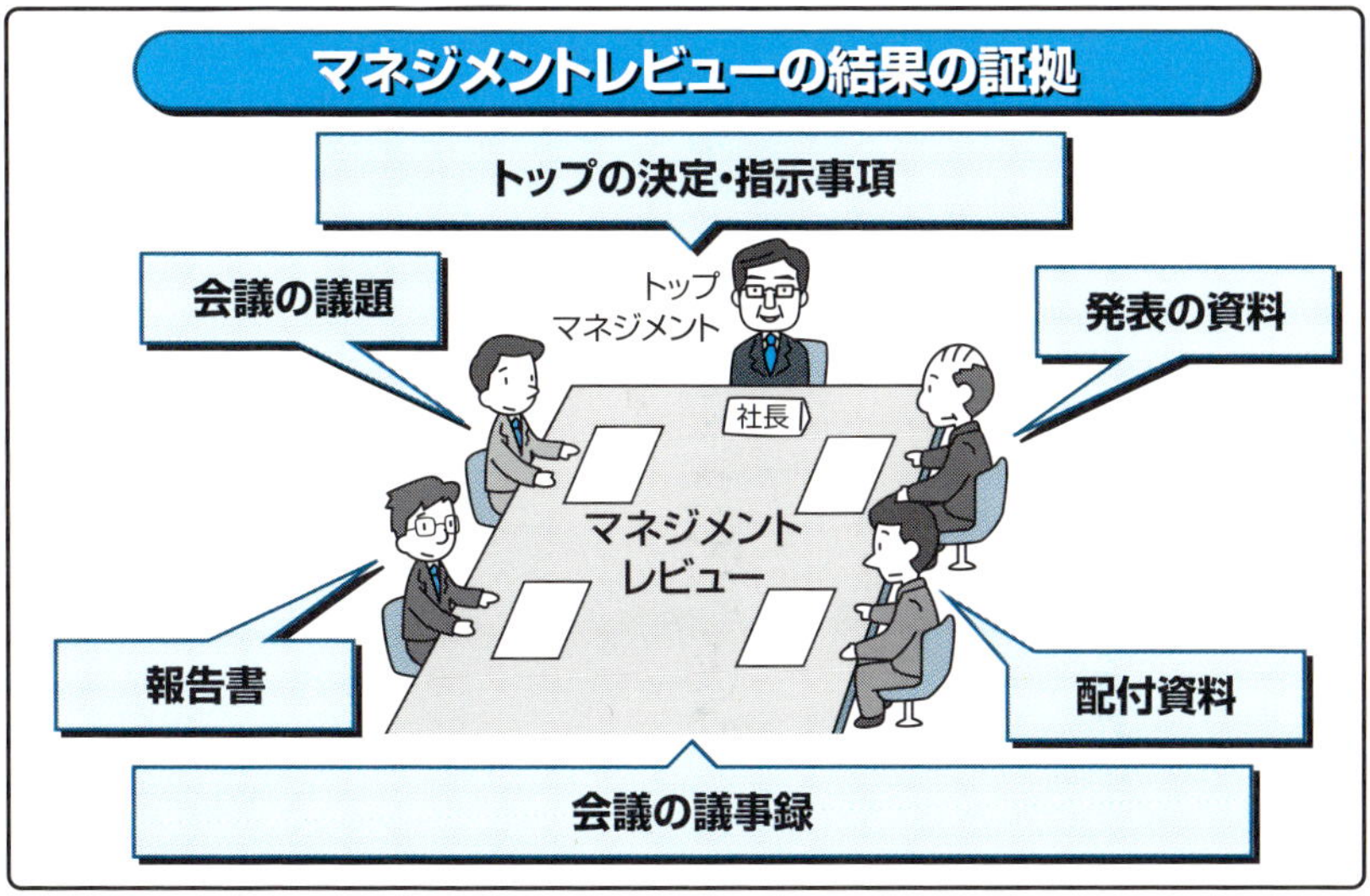

ではないので、トップマネジメントは、現在の状態をレビューし、必要に応じて、より完全な統合に向けての改善を指示するということです。

❻ 組織の戦略的な方向性に関する示唆

トップマネジメントは、環境面から組織の状態の変化をレビューし、その結果、事業継続のために、事業戦略の変更を必要とするような課題があれば、明確にし、その処置を指示するということです。

これら六つのアウトプットに対して、とられた処置の状況は、次回のマネジメントレビューのインプットの考慮事項になります。

◇文書化した情報を保持する

組織は、マネジメントレビューの結果の証拠として、文書化した情報を保持することを求められています。

保持する文書化した情報（記録）は、一つにまとめる必要はなく、たとえば、マネジメントレビュー関連の会議の議題、出席者リスト、発表資料・配付資料、報告書、議事録などにマネジメントレビューの結果が明示されていればよいでしょう。

10 改善

10・1 一般

—改善の機会を決定し実施する—

改善・革新し維持する

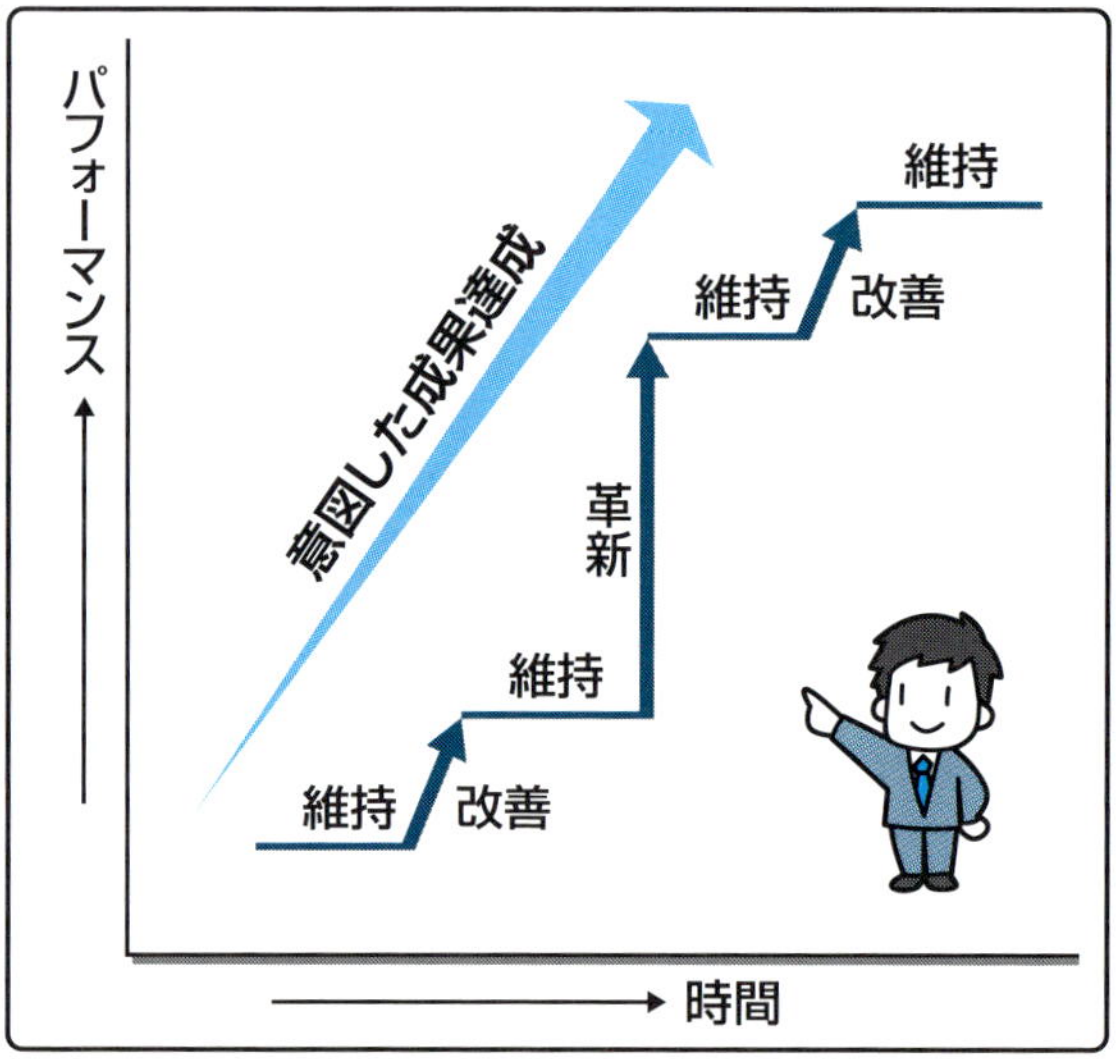

◇箇条10の要求事項の構成

箇条10では、PDCAサイクルにおけるA「処置」の位置付けとして、箇条10・1で改善に関する包括的な要求事項を示し、箇条10・2で箇条4から箇条9までに明確になった不適合事項に対し、修正と是正処置をとり、箇条10・3で環境マネジメントシステムの有効性を継続的に改善することを求めています。

◇箇条10・1の要求事項

組織は、環境マネジメントシステムの意図した成果を達成するために、改善の機会（箇条9・1、9・2及び9・3参照）を決定し、必要な取組みを実施することを求められています。

環境マネジメントシステムの意図した成果とは、組織

改善の機会を決定し取り組む

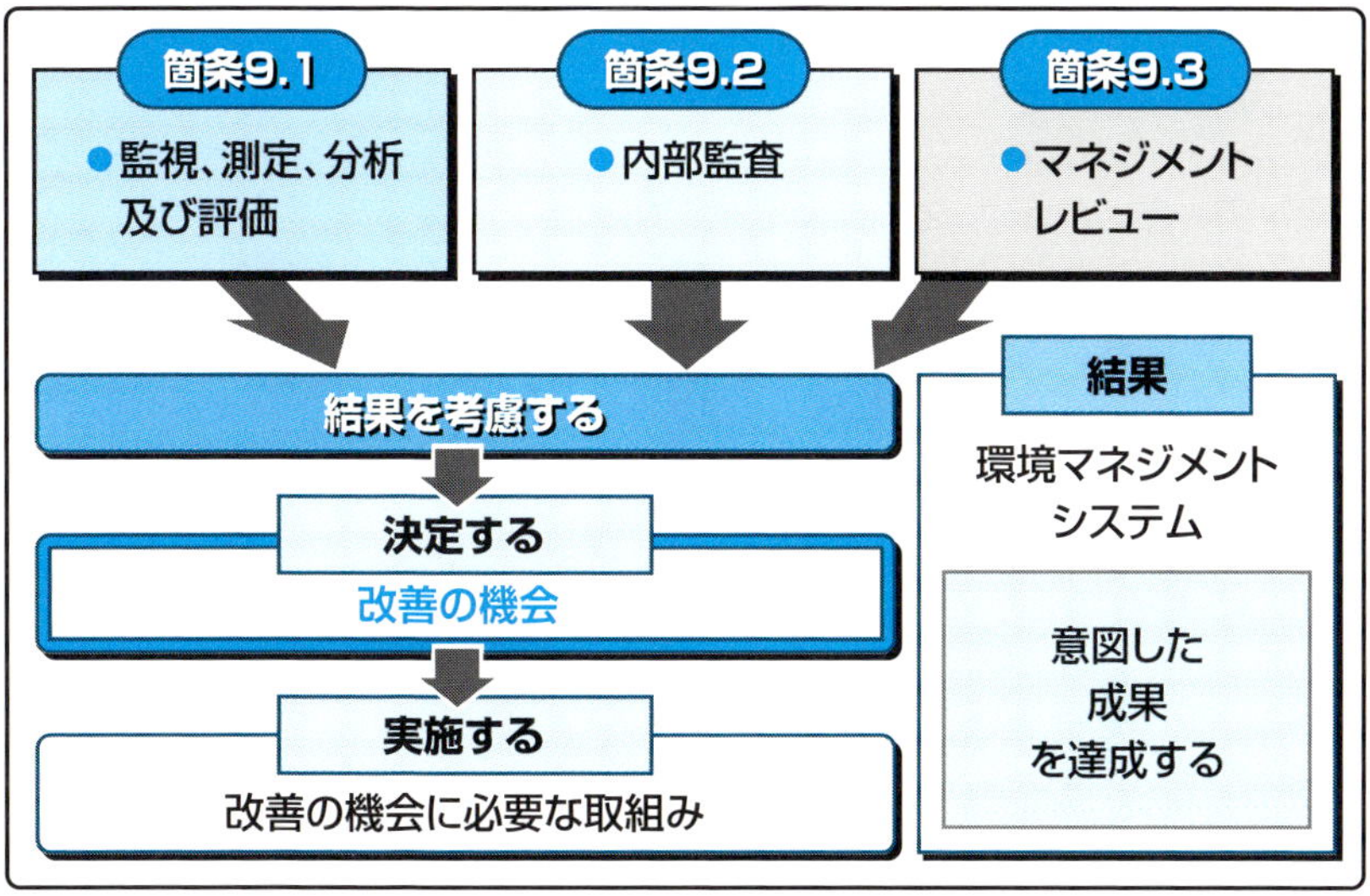

の環境方針に整合し、環境パフォーマンスを向上し、順守義務を満たし、環境目標を達成することをいいます。

改善の機会とは、環境パフォーマンス向上のための活動に取り組むのによい時期ということです。

条文の改善の機会のカッコ内に、「箇条9・1、9・2及び9・3参照」とあるのは、改善の機会を決定するとき、次の事項の結果を考慮するとよいということです。

- 箇条9・1―環境パフォーマンス及び順守義務を満たすことに関係する監視、測定、分析及び評価の結果
- 箇条9・2―内部監査の結果
- 箇条9・3―マネジメントレビューの結果

改善とは、パフォーマンス（測定可能な結果）を向上するための活動をいいます。

改善のための活動は、繰り返し行なわれることも、一回限りであることもあります。

改善の種類には、是正処置、継続的改善、現状を打破する変更（画期的な変更）、革新及び組織再編などが含まれます。

革新とは、価値を実現する又は再配分する、新しい又は変更された対象をいいます。

10・2 不適合及び是正処置【1】

―不適合は修正し起こった結果に対処する―

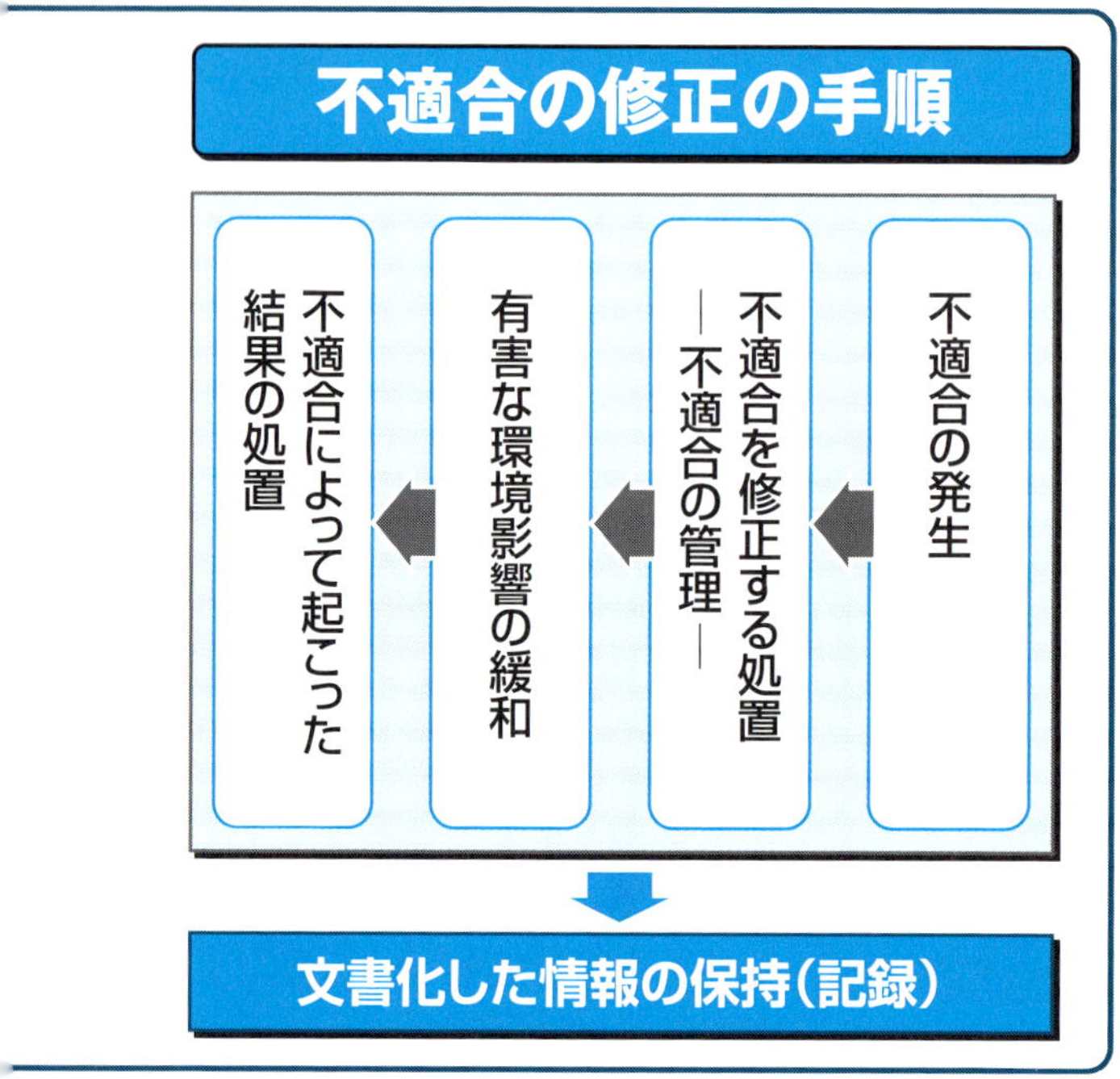

◆箇条10・2の要求事項の要点

箇条10・2では、環境マネジメントシステムを継続的に有効なものとするために、組織は不適合を特定し、有害な環境影響を緩和する処置をとり、不適合の原因を分析し、是正処置を実施し、その有効性をレビューして、必要ならば、環境マネジメントシステムを変更することを求められています。

◆不適合は修正し是正処置をとる

組織は、不適合が発生した場合、次のⓐからⓔの事項を行なうことを求められています。

ⓐ 不適合の修正と起こった結果へ対処する

その不適合に対処し、該当する場合には、必ず、次の事項を行ないます。

不適合の例
―JISQ14004：2016　10.2（参考）―

環境マネジメントシステムのパフォーマンス

〔例〕
- 製品の環境側面に対して著しさの評価が行なわれていない
- 緊急事態への準備及び対応に対する責任が割り当てられていない
- 順守義務を満たすことの定期的な評価における不備

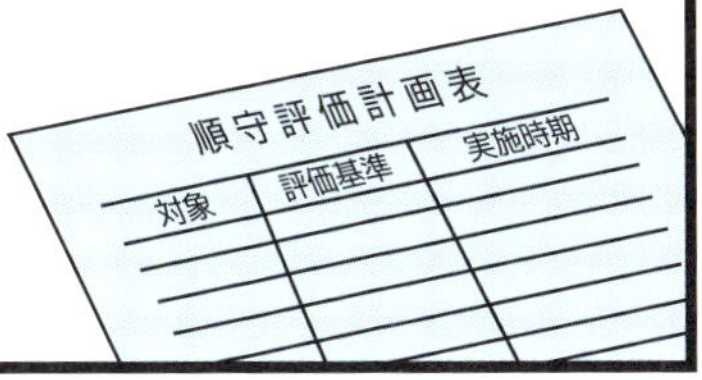

環境パフォーマンス

〔例〕
- エネルギー低減目標が達成されない
- メンテナンス要求事項が予定どおりに実施されない
- 運用基準（たとえば、許容限界）を満たしていない

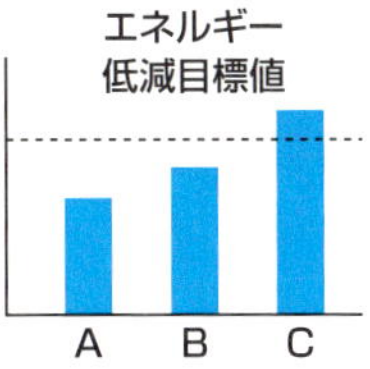

❶ 不適合を修正する

組織は、発生した不適合を管理し、修正するための処置をとることを求められています。

修正とは、検出された不適合を除去するための処置をいい、応急処置も含まれます。

たとえば、測定機器の精度が基準を満たさなければ、調整して満たすようにすることです。

- **不適合**とは、要求事項を満たさないことをいいます。

要求事項とは、ISO14001規格の要求事項、組織が自ら定めた追加的な環境マネジメントシステムの要求事項、法的要求事項、顧客要求事項、製品及びサービスの要求事項などをいいます。

- また、要求事項には、環境マネジメントシステムのパフォーマンスに関連した事項、環境パフォーマンスに関連した事項があります。
- 不適合の発生は、監視及び測定（箇条9・1・1）、順守評価（箇条9・1・2）、内部監査（箇条9・2）、マネジメントレビュー（箇条9・3）、コミュニケーション（箇条7・4）などによって検出されます。

—次ページに続く—

10・2 不適合及び是正処置［2］

─不適合は水平展開を含む是正処置をとる─

重油流出に対する緩和処置〔例〕

❷ **不適合によって起こった結果に対処する**

組織は、有害な環境影響の緩和を含め、発生した不適合によって起こった結果に対処する必要があります。

たとえば、重油が河川に流出した不適合なら、その結果として起こる水質汚濁がそれ以上広がらないように、オイルフェンスを張るとか、中和剤を撒いて緩和し、流出した油を回収する処置をとり対処するということです。

- **環境影響**とは、有害か有益かを問わず、全体的に又は部分的に組織の環境側面から生じる、環境に対する変化をいいます。
- **緩和**とは、生じた環境影響をやわらげる処置をいいます。

ⓑ **水平展開を含む是正処置をとる**

不適合の発生が検出される場〔例〕

組織は、発生した不適合が再発又はほかのところで発生しないようにするため、次の事項によって、その不適合の原因を除去するための処置をとる必要性を評価することです。

ここで、不適合が再発しないように、その原因を除去するための処置が、**是正処置**です。

また、不適合がほかのところで発生しないように、その原因を除去するための処置が、**水平展開**です。

処置をとる必要性を評価するとは、不適合の再発を防止し、不適合の影響の大きさに応じた対策には、どのような処置（再発防止対策）が必要なのかを、次の❶から❸によって、評価するということです。

❶　**発生した不適合をレビューする**

発生した不適合が、適切なのか、妥当なのか、有効なのかを確認することです。

❷　**発生した不適合の原因を明確にする**

不適合が発生した原因（**発生原因**）、監視及び測定で検出できなかった原因（**流出原因**）を追及して、明確にすることです。

―次ページに続く―

10・2 不適合及び是正処置[3]

—是正処置を実施し有効性をレビューする—

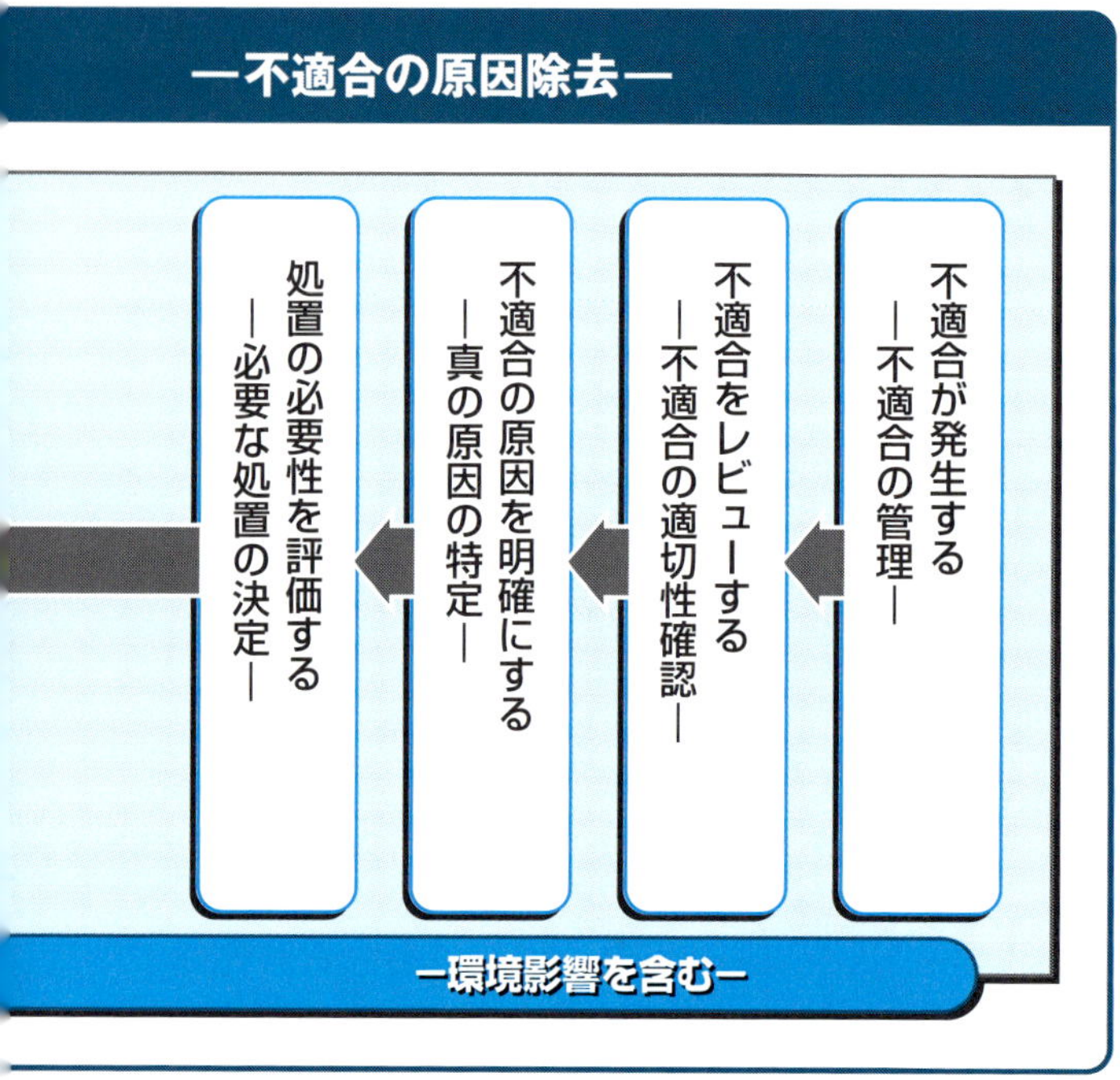

是正処置は、不適合の原因を除去し、再発を防止するための処置ですから、真の原因を特定する必要があります。それにはなぜなぜ5回の手法を活用するとよいでしょう。

❸ 類似の不適合を明確にする

ほかのところにも、似たような不適合が発生していないか、又は発生する可能性がないかどうかを確認し、明確にすることです。

つまり、水平展開すべき事項がないか、その発生の可能性がないかを明確にし、あるならば不適合につながる原因に対する発生防止対策を評価することです。

ⓒ 必要な処置を実施する

ⓑ項で不適合に対して、水平展開を含むどのような是正処置が必要なのかを評価し、決定した是正処置を

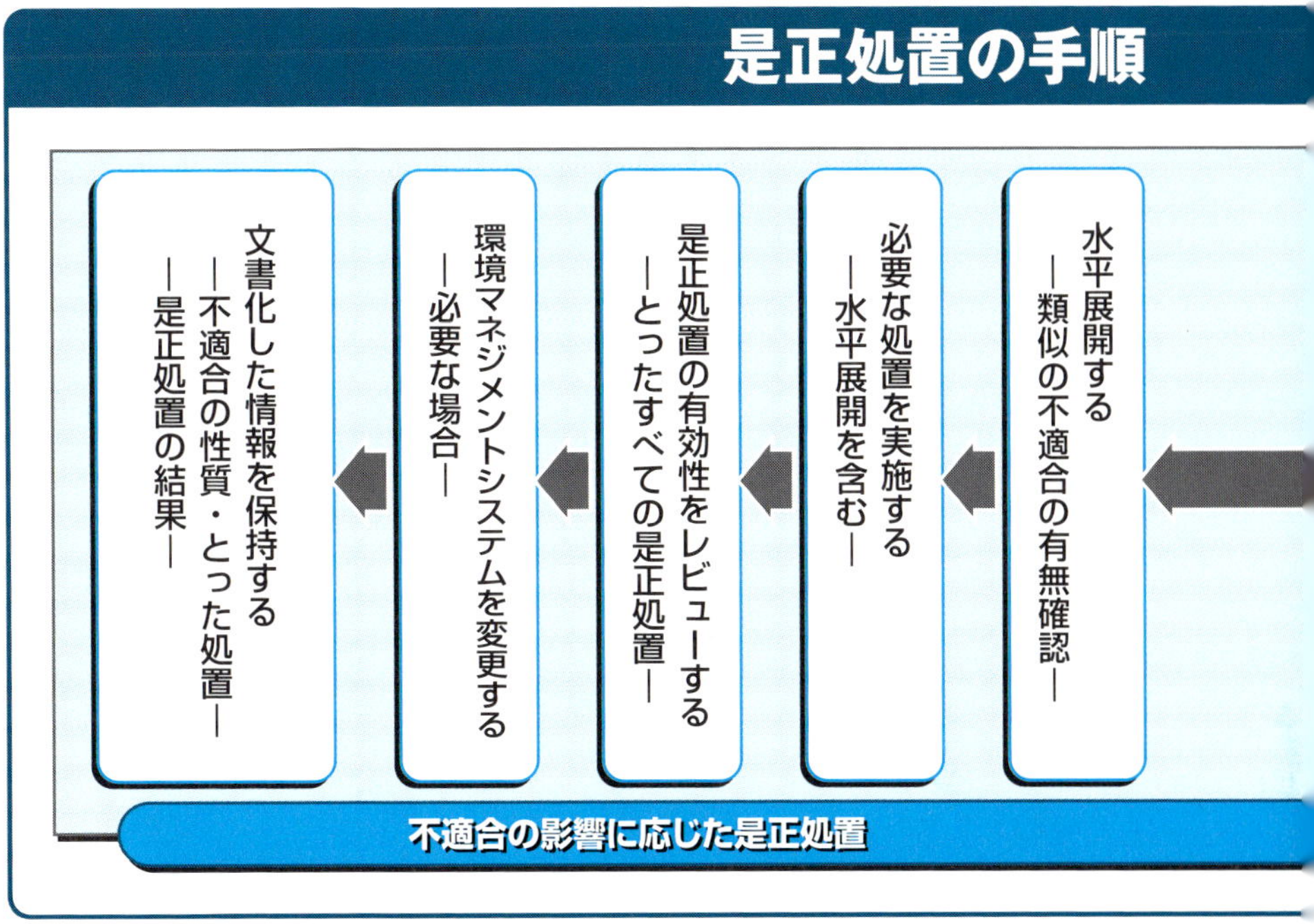

実施することです。

ⓓ とった是正処置の有効性をレビューする

是正処置をとって、適切な期間が経過したら、とられた是正処置が計画した結果を達成しているか、つまり、不適合が再発していないか、また、どこかで類似の不適合が起こっていないか、その有効性をレビューし、評価することです。

ⓔ 環境マネジメントシステムを変更する

是正処置で、その原因を除去するために、必要ならば、環境マネジメントシステムの変更を行なうことです。

この場合には、関連する文書化した情報（文書）を更新し、知らせる必要のある人々に、その変更を伝達するとよいでしょう。

◆不適合及び是正処置のプロセスを確立する

箇条10・2では、プロセスの確立の要求は明示されていませんが、箇条8・1「運用の計画及び管理」で、要求事項を満たすために、必要なプロセスの確立を求めているので、組織は、不適合及び是正処置に関してⓐからⓔまでを実施するプロセスを確立する必要があります。

10・2 不適合及び是正処置［4］

—是正処置は不適合の影響に応じてとる—

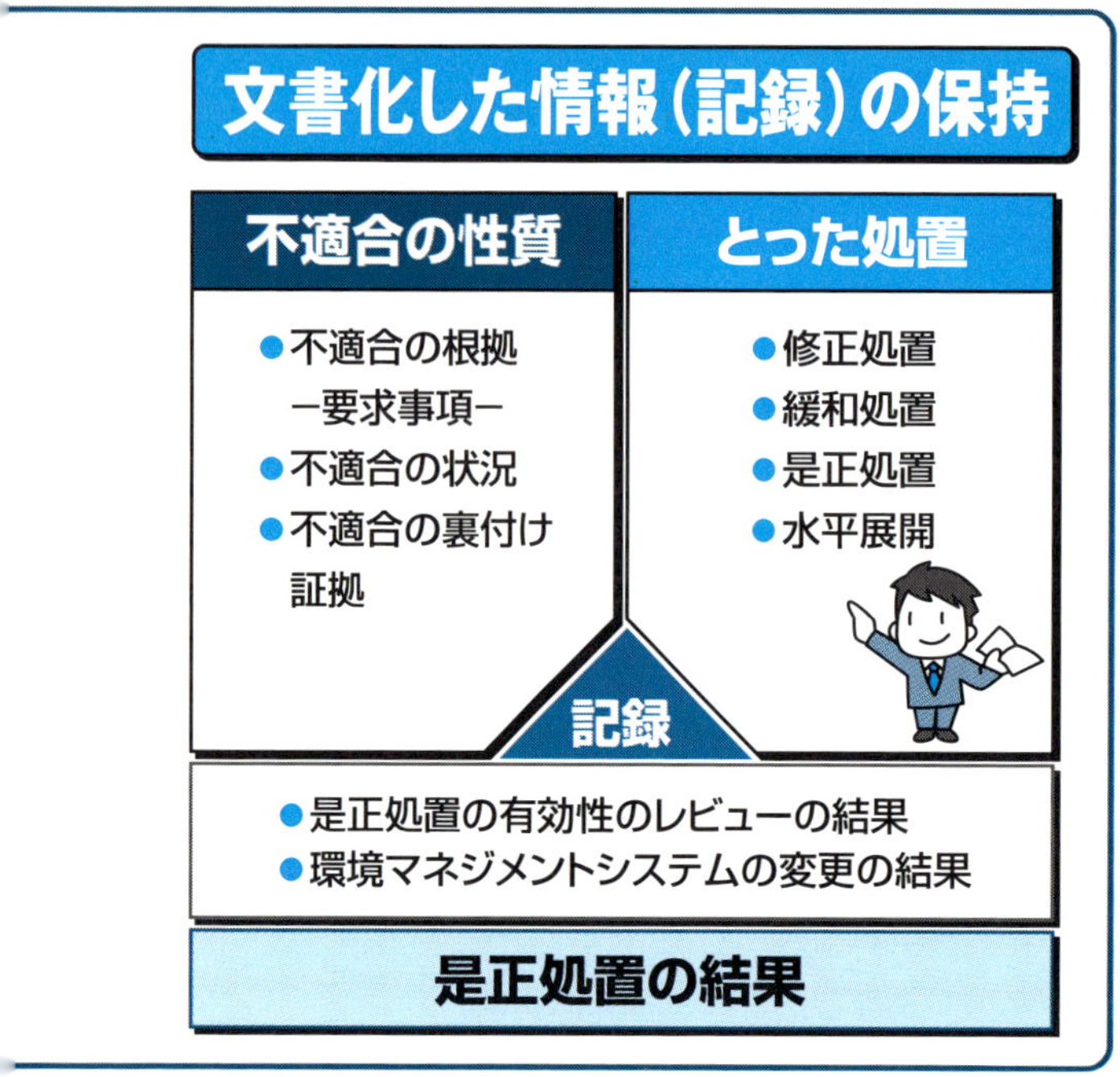

◆不適合による環境影響を考慮して処置する

不適合に対して、すべて同じ程度の是正処置をとるということではなく、是正処置は、不適合による環境影響の著しさ、問題の大きさ、組織の事業プロセスに及ぼすリスク及び機会への影響の程度に応じ、また資源を有効に活用し、対費用効果を考慮して行なう必要があります。

◆文書化した情報を保持する

組織は、次に示す事項の証拠として、文書化した情報（記録）を保持することを求められています。

❶ **不適合の性質及びそれに対してとった処置**

- 不適合の性質とは、不適合の内容、不適合の環境マネジメントシステムへの影響などをいいます。

記録の例には、不適合とする該当要求事項、不適合

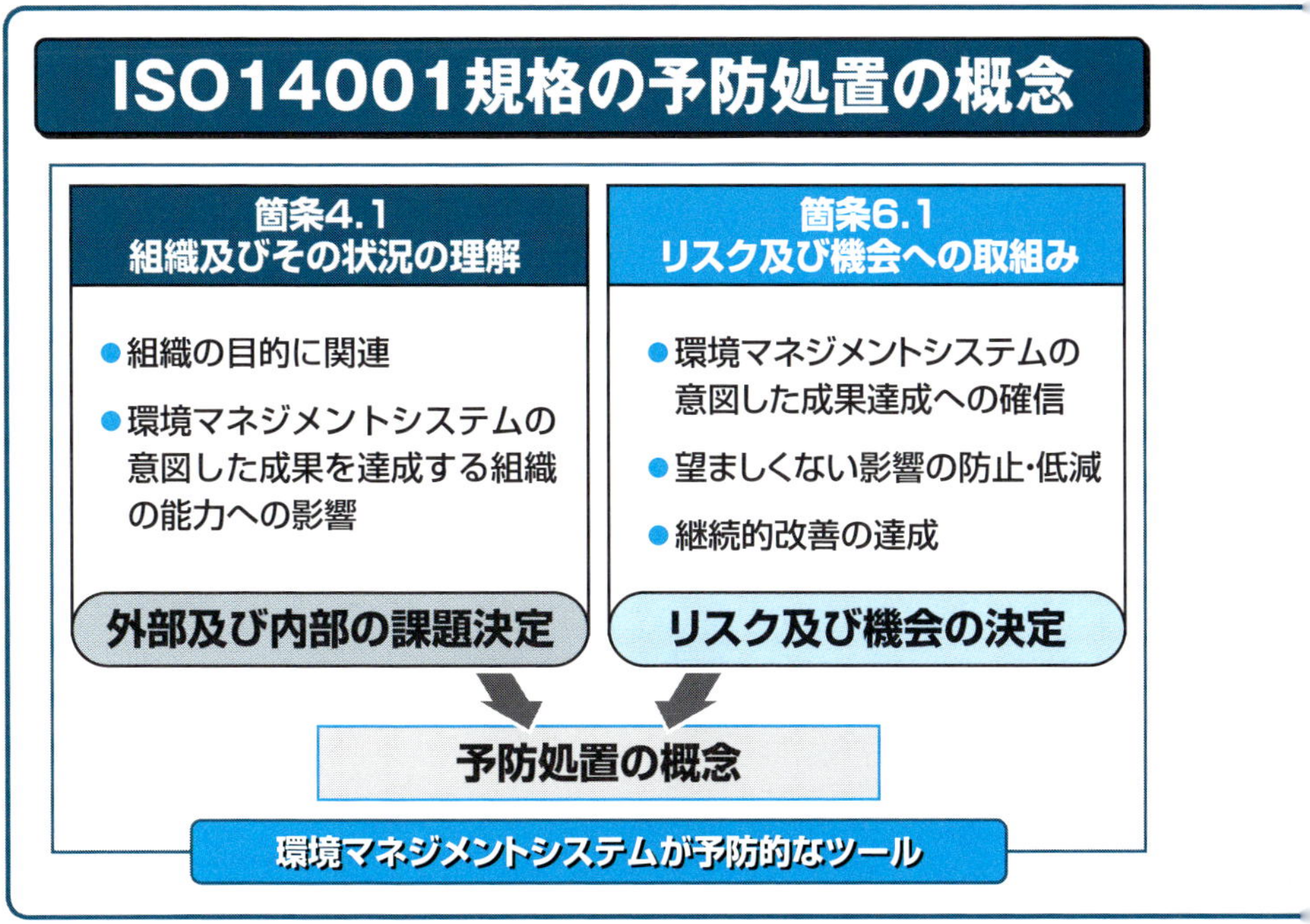

の発生状況、不適合の裏付け証拠などがあります。

●**とった処置**とは、不適合についてとった対応処置をいいます。

記録の例には、修正、緩和するための処置、実際にとった是正処置、水平展開の証拠などがあります。

❷ 是正処置の結果

是正処置の結果とは、不適合についての対応が、狙いどおり機能し、効果測定に基づいた結果をいいます。

記録の例には、実施した是正処置が妥当だったか、有効だったかのレビューの結果、是正処置に伴って変更したプロセスの情報などがあります。

◆予防処置への対応

予防処置の概念は、環境マネジメントシステムの計画段階において、箇条4・1「組織及びその状況の理解」で外部及び内部の課題を決定し、箇条6・1「リスク及び機会への取組み」でリスク及び機会を決定することで、包含されているといわれています。

環境マネジメントシステムそのものが、**予防的なツール**としての役割をもつということです。

10・3 継続的改善

―環境マネジメントシステムの継続的改善―

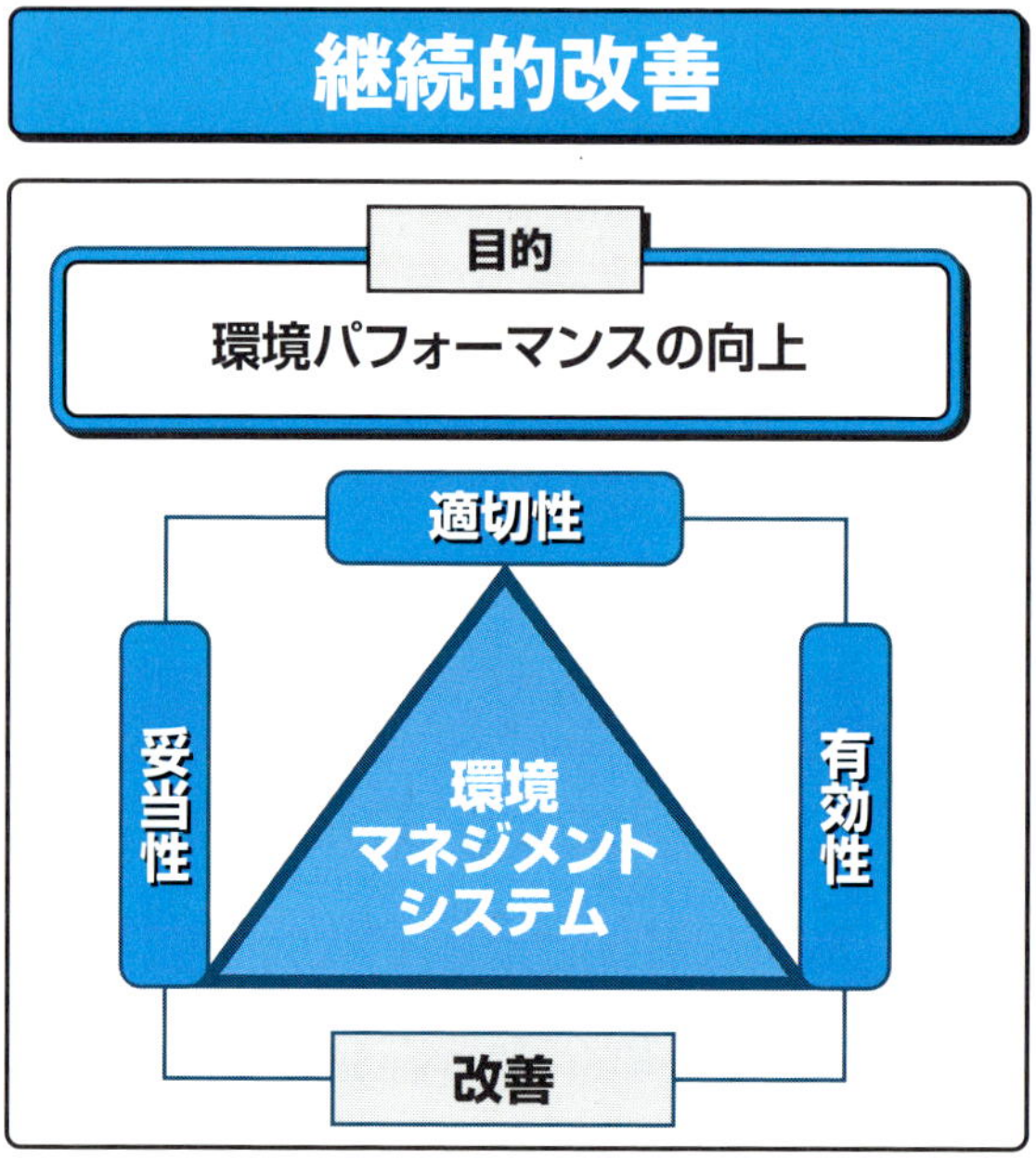

◇三つの焦点で継続的に改善する

組織は、環境パフォーマンスを向上させるために、環境マネジメントシステムの適切性、妥当性及び有効性を継続的に改善することを求められています。

環境マネジメントシステムは、適切性、妥当性及び有効性の三つに焦点を当てて継続的に改善することです。

- **適切性**とは、環境マネジメントシステムが、組織の目的、文化、運用、事業プロセスに調和して合っている程度をいいます。
- **妥当性**とは、環境マネジメントシステムが、適用される要求事項を満たすことにおいて十分である程度をいいます。
- **有効性**とは、計画した活動を実行し、計画した結果を達成した程度をいいます。

継続的改善の実施例
―JISQ14004：2016　10.3.2　実践の手引20（参考）―

- より有害でない材料の使用を促進するために、新しい材料を評価するためのプロセスを確立する。
- 組織による廃棄物の発生を低減するために、材料及び取扱いに関する従業員の教育訓練を改善する。
- 水を再利用できるように、廃水処理プロセスを導入する。
- 印刷室で両面印刷を行なうために、印刷装置のデフォルト設定を変更する。
- 輸送会社による化石燃料の使用を低減するために、配送ルートを再設計する。
- ボイラ運転での燃料の代替を実施するため、及び粒子状の排出物を低減するための環境目標を確立する。
- 組織の事業プロセスにおける持続可能性を考慮する。

ここで**環境パフォーマンス**とは、環境側面のマネジメントに関連するパフォーマンスをいい、また、パフォーマンスとは、測定可能な結果をいいます。

環境マネジメントシステムの結果は、環境パフォーマンスですので、環境マネジメントシステムの有効性の継続的改善とは、計画した結果である環境パフォーマンスが達成した程度を継続的に改善し、その向上を図るということです。

また、**継続的改善**とは、パフォーマンスを向上するために、繰り返し行なわれる活動をいいます。

そして継続的改善は、連続的に改善するのではなく、ある期間にわたって、一定の適合状態を保ってから、改善が繰り返されることです。**改善**とは、パフォーマンスを向上するための活動をいいます。

継続的改善として取り組まなければならない必要性又は機会は、ＰＤＣＡサイクルのＣ「評価」に位置する箇条９「パフォーマンス評価」の監視、測定、分析及び評価、内部監査、マネジメントレビューからの情報をもとに明確にし、Ａ「処置」として継続的に改善を行ない、環境パフォーマンスの向上を図ります。

参考　環境マネジメントシステムの構築・運用による効果

直接効果

- 環境リスク回避による
  社会的責任（CSR）への取組み
- 環境配慮型製品開発による
  新規市場への参入
- 省資源活動による
  環境コスト削減
- 環境負荷低減による
  環境コスト削減
- 廃棄物低減による
  廃棄物処理費用削減
- 電気・ガス・石油使用低減による
  エネルギー費用削減

間接効果

- 組織のイメージ・市場占有率向上
- 地域社会との良好な関係の構築
- 組織構成員の環境認識の向上
- 環境に関する責任問題の減少
- 投入原材料の節約
- 許認可取得の容易性の向上
- 妥当なコストで保険加入可
- 投資家基準を満たし資金調達改善

第 8 章

環境マネジメントシステム構築のノウハウを習得する

この章の内容

この章では、環境マネジメントシステム構築にあたっての推進体制とシステム構築、そして受審対応について説明します。

1. 組織がISO14001環境マネジメントシステムを導入し、認証を取得するまでの手順を17のステップに区分し、それぞれについて解説してあります。
2. 推進体制としては、認証取得範囲を決め、キックオフ宣言をして、推進プロジェクトを組み、推進計画を立てて、認証機関を決定し、申請をするとよいでしょう。
3. システム構築としては、環境初期レビューをし、環境影響評価をして、それをもとに環境方針・環境目標を設定し、環境マニュアル（必要な場合）・規定を作成して、それらを運用し、内部監査により検証するとよいでしょう。
4. 受審事前準備が整ったら、認証機関の審査を受けましょう。

8-1
ＩＳＯ１４００１規格導入から認証取得までのステップ

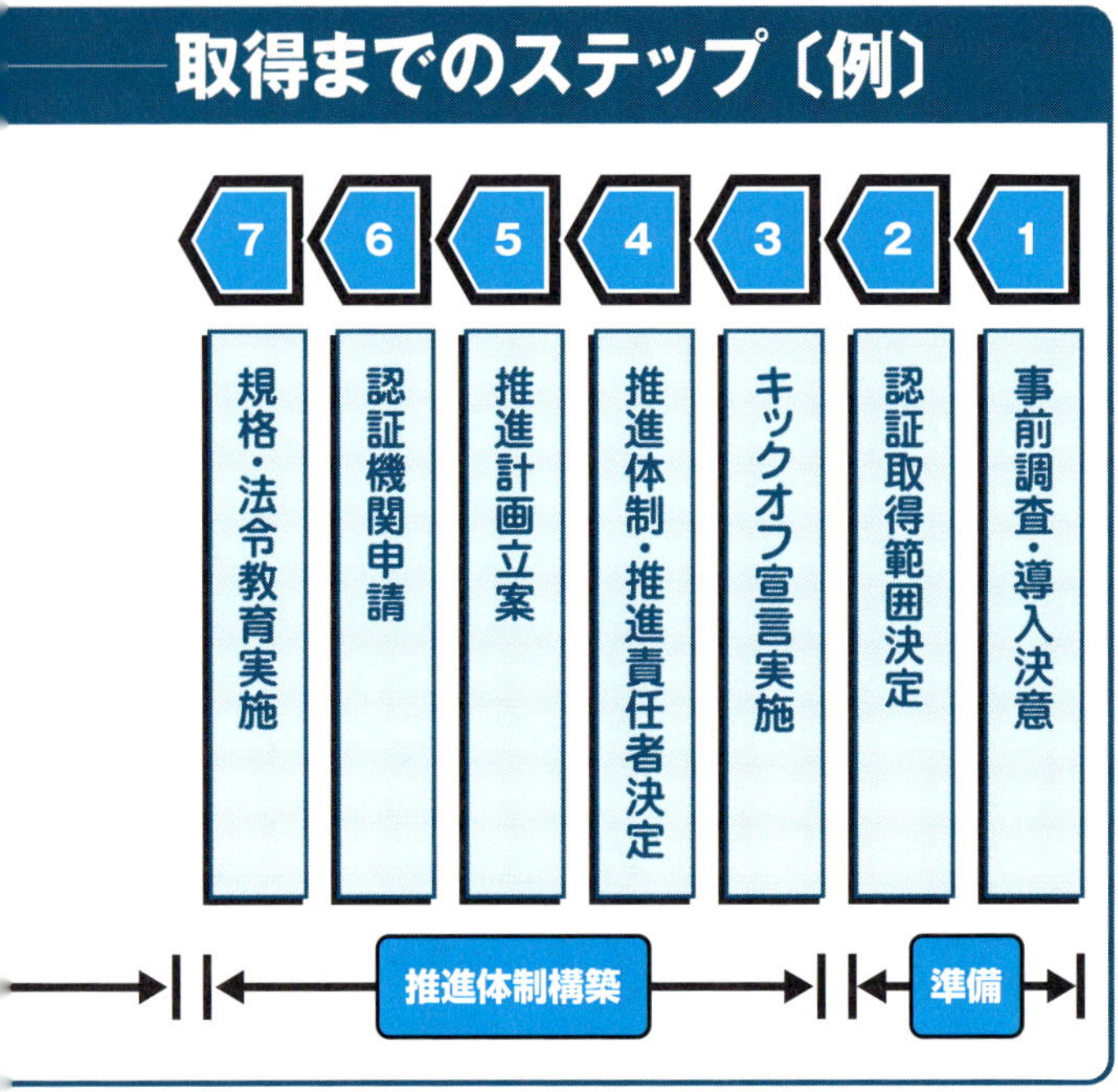

◇導入から認証取得までの手順

組織が、ＩＳＯ１４００１規格に基づく環境マネジメントシステムを導入し、認証を取得する手順は、次のステップに沿って推進することを推奨します。

◇事前準備段階──ステップ❶・❷

❶事前調査をし、トップマネジメントが導入を決意する
❷認証取得の範囲を決める

◇推進体制構築段階──ステップ❸～❼

❸トップマネジメントはキックオフ宣言をする
❹推進体制と推進責任者を決める
❺推進計画を立案する
❻認証機関を決め申請する

環境マネジメントシステム導入から認証

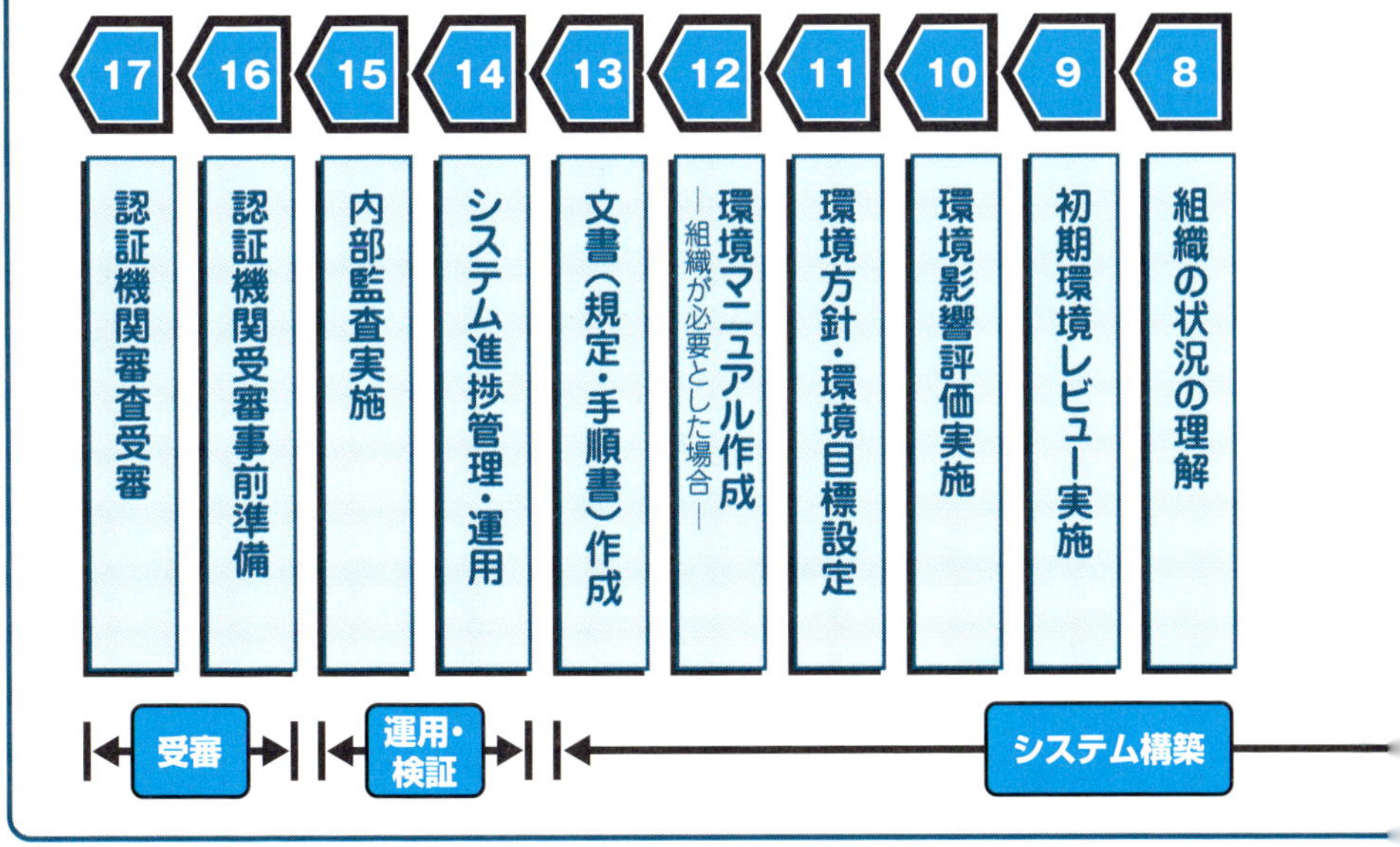

7 ＩＳＯ１４００１規格・法令などの教育をする

◆システム構築段階―ステップ**8**～**13**

―初期環境調査・文書化―

8 組織の状況を理解する
9 初期環境レビューを実施する
10 環境影響評価を実施する
11 環境方針と環境目標を設定する
12 環境マニュアルを作成する（組織が必要とした場合）
13 環境マネジメントシステム文書を作成する

◆システム運用・検証段階―ステップ**14**・**15**

14 システム構築の進捗を管理し運用する
15 内部監査を実施する

◆受審段階―ステップ**16**・**17**

16 認証機関審査の受審の事前準備をする
17 認証機関の審査を受ける

　この章では、導入から認証取得までの手順を右記ステップに沿って、説明します。

8-2

ステップ1　事前調査をしトップが導入を決意する

◆導入に際し、まず事前調査から始める

ＩＳＯ１４００１規格に基づく環境マネジメントシステムを構築し、認証を取得するには、全組織を挙げて活動しなくてはならないことから、その導入にあたっては、まず最初に十分な事前調査を行ないます。

◆環境マネジメントシステム構築の目的明確化

ＩＳＯ１４００１規格に基づく環境マネジメントシステムの構築は、全組織構成員が一丸となって努力しなければ達成できないことから、最初に、その目的を明確にしておかないと、構築時に壁に突き当たるごとに、何のために取り組むのかという議論を繰り返すことになりかねないからです。

一般に、構築活動は、日常業務に上乗せされますので

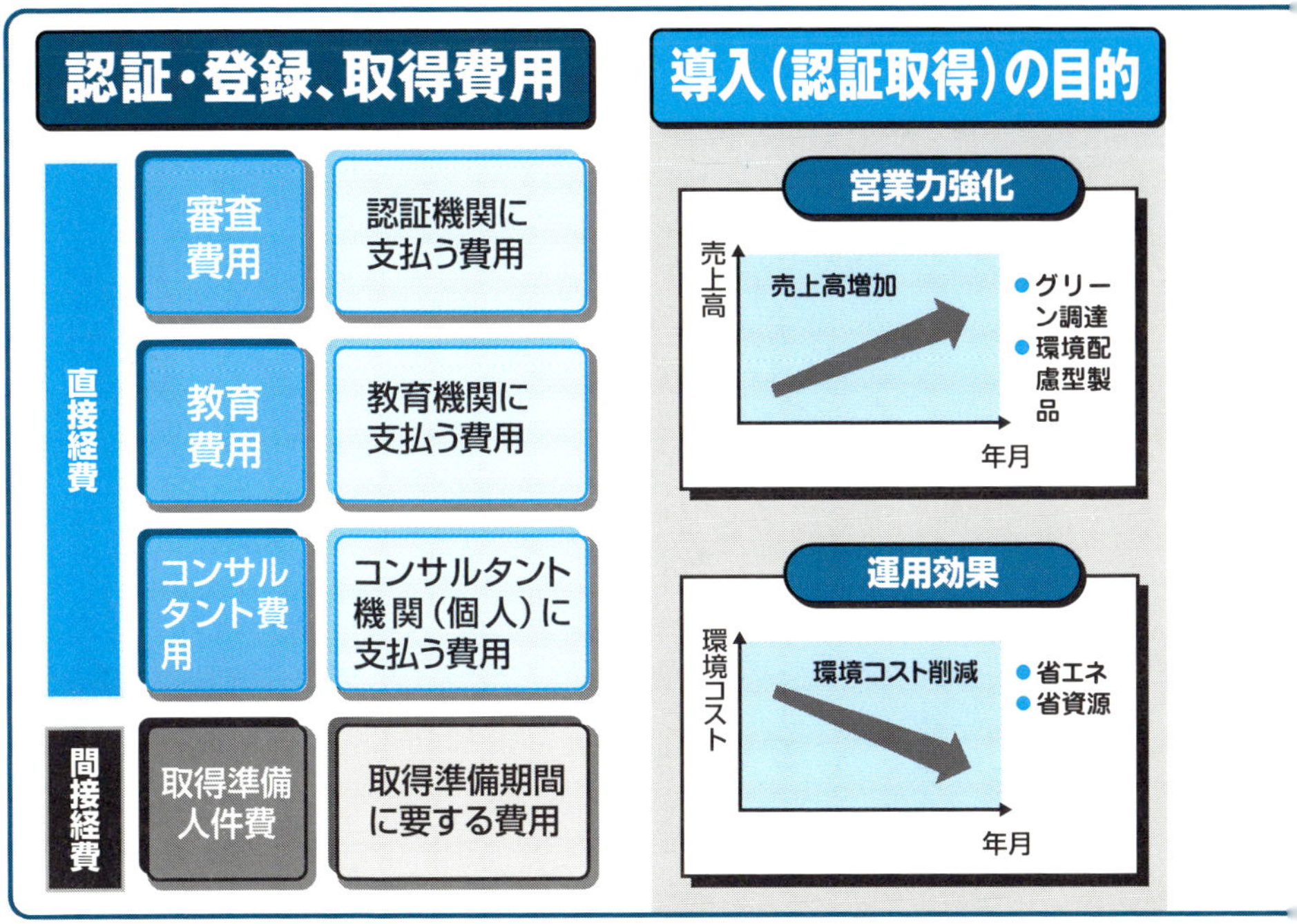

個人の負担が多くなり、不満が出る可能性があることから、目的意識を最初からしっかりもつことです。

◇組織をとりまく環境への動向を把握する

行政機関や企業などでは、資材や部品・原材料などさまざまな物品、サービスを購入する際に、環境に配慮した製品、サービスなどを優先的に選択して調達・購入する**グリーン調達・グリーン購入**が行なわれています。

また、ＩＳＯ１４００１規格の認証取得を取引条件にしているところもあります。

◇認証・登録、取得に要する費用を調査する

費用としては、認証機関の審査費用、教育費用、コンサルタント費用（必要な場合）などの直接経費と、間接経費として認証取得準備のための人件費があります。

◇トップマネジメント自らが導入を決意する

トップマネジメントがＩＳＯ１４００１規格を理解し、その必要性を十分認識して、導入の決断は自ら下し、トップダウンで推進することが望ましいといえます。

ステップ2 認証取得の範囲を決定する

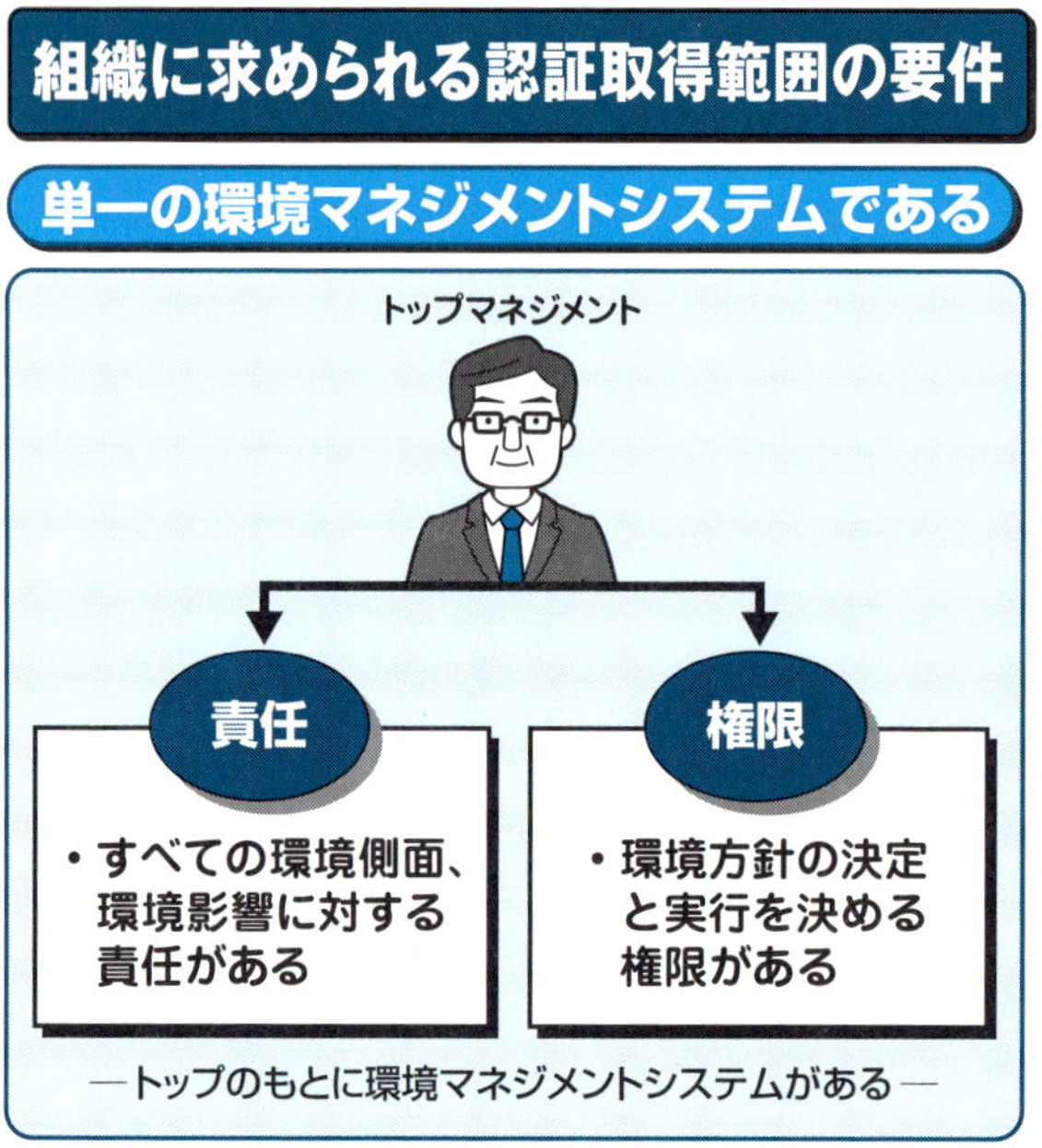

◇認証を取得する範囲を決める

組織は、環境マネジメントシステムの構築に先立ってどの範囲（サイト・部門・製品・サービス）で、環境マネジメントシステムを構築するのか、つまり、どこまでの範囲で、認証機関の認証を取得するのかを決定する必要があります。

◇認証取得範囲に関し組織が求められる要件

認証取得範囲に関して、環境マネジメントシステムをカバーする事業活動のトップマネジメントは、次の事項を満たす必要があります。

- 環境マネジメントシステムに関わるすべての環境側面及びその影響に対し責任があることを実証できる
- 環境方針の決定と実行を決める権限をもつ

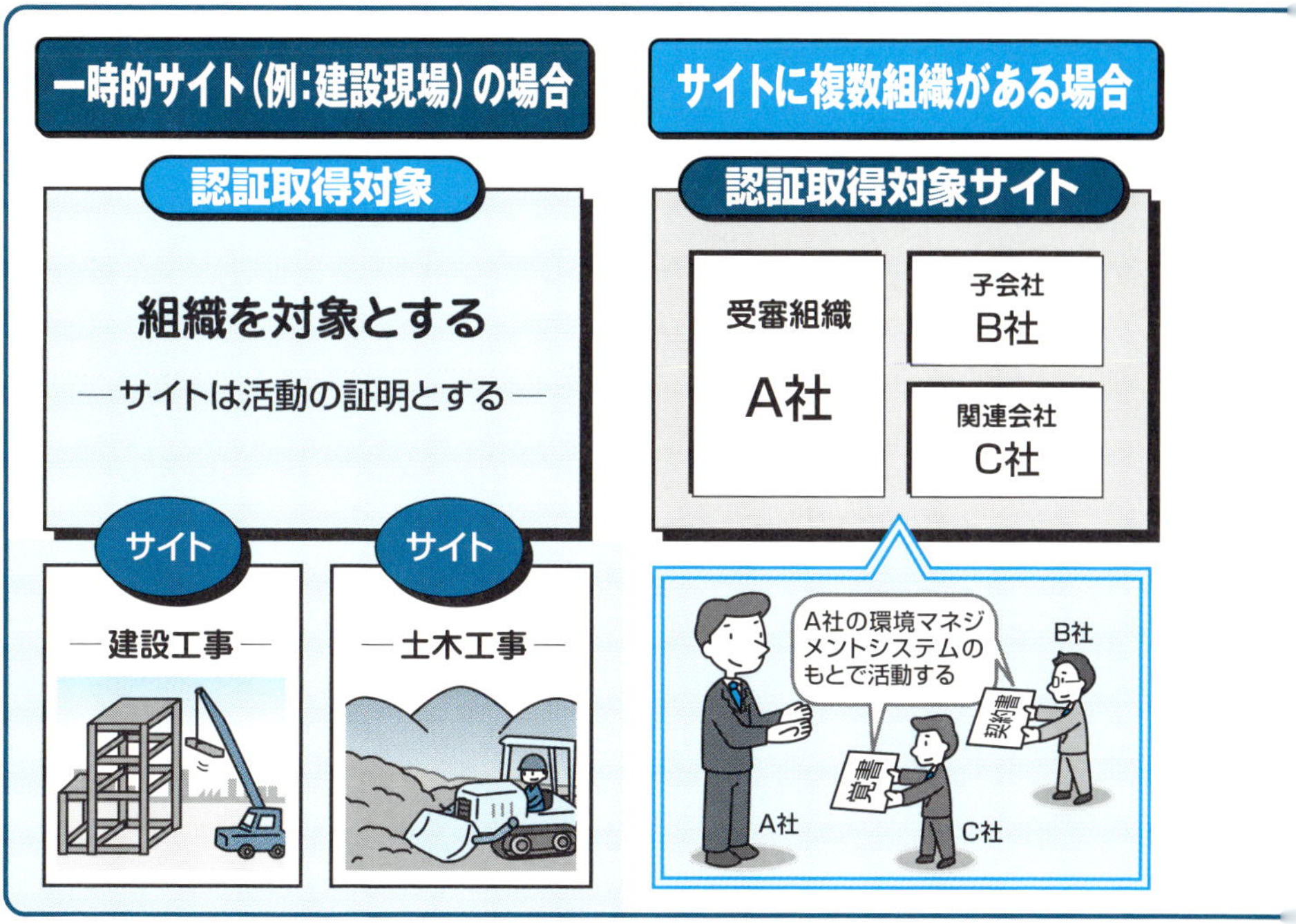

●認証取得範囲を決める基本的な考え方は、一人のトップマネジメントのもとに、単一の環境マネジメントシステムが機能する範囲として設定する

●環境側面という観点から分離できないサイト内の組織は、認証取得範囲に含める必要がある

―サイトとは、組織内の支配下において、活動が営まれているすべての土地（場所）をいう―

◆一つのサイトに複数の組織がある場合

一つのサイトに複数の組織があっても、環境マネジメントシステムが共通であれば、取得可能となります。

―たとえば、工場サイト内に営業・設計部門がある場合は、その旨適用範囲に文書化した情報として維持する―

―関連・子会社の場合は、受審組織の経営者の指揮下で活動する旨を契約書・覚書などで明確にする―

◆建設現場など一時的なサイトの場合

建設会社の現場のような一時的なサイトは、サイト自体を認証対象にせず、その業務を提供する組織を対象とし、その実行状況の証明を現場で行なうようにします。

8-4

ステップ3 トップがキックオフを宣言する

◆トップマネジメントはキックオフ宣言をする

トップマネジメントは、認証取得を全組織一丸となって取り組む動機付けとして、キックオフ（Kick-off）宣言をし、活動開始を明らかにするとよいでしょう。

トップマネジメントは、全組織構成員に認証取得への強い決意を伝え、積極的な協力を求めましょう。

また、全組織構成員に、経営資源を投入し、経営の手段として、認証を取得することの重要性を周知させる必要があります。

トップマネジメントの認証取得活動開始の宣言は、全組織構成員はもとより、請負者・外部提供者にも伝達し、協力を求めると、一層の効果があります。

—特に、サイト内の請負者（外部委託先）・外部提供者には、当事者としての意識をもたせるようにする—

◆キックオフ宣言の内容（例）

- 自組織における認証取得の目的
- 認証取得のメリット（1-1～1-3項参照）
- 認証取得の範囲（サイト・組織・製品・サービスなど）
- 認証取得時期—日程スケジュールを含む—
- 推進プロジェクト

組織が認証取得のみを目的とすると、取得すれば目的達成となり、取得後の目的がなくなり、日常業務と乖離する可能性があります。

そのため、組織は環境マネジメントシステムの意図した成果の達成を目的とすべきです。

認証取得への全組織構成員の参加意識を高揚するには、胸につけるワッペン、職場に掲示する環境方針のポスターなどを用意するのも一つの方法です。

キックオフ宣言 ―動機付けのセレモニー―

参画意識高揚のためのグッズ ―事前準備―

8-5

ステップ4 総力を挙げて推進体制を組む

◆必要なら管理責任者を任命してもよい

環境マネジメントシステムの構築に際しては、推進責任者と推進組織が必要となります。

トップマネジメントは、自ら推進責任者となることが望ましいです。しかし、組織の規模などにより、自組織の管理層の中から**管理責任者**を任命してもよいです。

管理責任者には、トップマネジメントの代行者としてISO14001規格に従って、環境マネジメントシステムを確立し、実施し、維持することを確実にする責任と権限が与えられます（7‐27項参照）。

管理責任者としては、環境に関する知識をもち管理技術に精通し、リーダーシップのとれる人が望ましいです。

多くは、環境担当役員、事業部長、本部長、工場長、そして環境管理部門の長などが、任命されます。

◆推進組織として推進プロジェクトを編成する

環境マネジメントシステムを構築し、認証を取得するには、組織の規模により通常の機能組織とは別に、プロジェクトを編成し、対応することを推奨します。

推進プロジェクトには、**推進計画立案機能**とその**計画実行機能**、それを支援する**事務局機能**をもたせる必要があります。

推進計画立案機能は、トップマネジメントを長とし、各関連部門長をメンバー、管理責任者を幹事とします。

また、計画実行機能は、管理責任者を長とし、各関連部門から選定したワーキンググループにもたせます。

推進事務局機能は、環境管理部門又は力量のある個人を兼任させるとよいでしょう。

—品質と環境の事務局を共通化するとよい—

推進体制〔例〕

機能	推進プロジェクト	活動内容
推進計画立案機能	●リーダー トップマネジメント ●メンバー 関連部門長 ●幹事 管理責任者	・取得推進計画（マスタープラン）を作成する ―基本日程、準備事項、資源― ・受審する認証機関を選定する ・全般的推進事項を決定する ・取得推進計画の進捗を管理する ・部門間にまたがる問題を解決する

機能	ワーキンググループ	活動内容
計画実行機能	●リーダー 管理責任者 ●グループ員 関連部門選出者	・取得実行計画（詳細日程）を作成する ・取得準備分担事項を決定する ・環境マニュアル（原案）を作成する（必要とする場合） ・環境関連規定類を作成する ・内部監査を計画し、実行する ・取得実行計画の進捗を管理する

機能	事務局	活動内容
事務局機能	●環境管理部門 又は ●適格者	・ISO14001関連の教育を企画し、実施する ・環境マニュアル（原案）作成を指導する（必要な場合） ・推進・実行計画を日常管理する ・会議開催通知・議事録を作成する

◀例：期間1年間の場合▶

5か月	6か月	7か月	8か月	9か月	10か月	11か月	12か月

認証機関の審査

実務担当者
力量・認識教育

著しい環境側面
決定

環境マニュアル
作成（必要な場合）

環境マニュアル・規定
見直し・改訂

システム運用・監視測定・是正・記録
実施　パフォーマンス測定　作成

監査員教育
実施

内部監査
実施

レビュー
実施

環境関連文書
提出
↓
文書レビュー
実施

第一段階審査
受審
↕
第一段階審査
実施

第二段階審査
受審
↕
第二段階審査
実施

認証・登録
取得
↑
登録証
発行

推進計画 ― 導入から認証取得まで ―

区分		項目	1か月　2か月　3か月　4か月
組織	事前準備	環境関連情報調査	動向調査　取得費用調査
		トップマネジメント導入決意	▲ 導入計画作成
		認証取得範囲決定	▲決定　サイト・組織
	推進体制構築	キックオフ宣言大会開催	▲開催
		推進体制確立	推進責任者・推進プロジェクト　任命　編成
		推進計画策定	マスタープラン策定
		教育訓練計画策定・実施	経営者研修　推進プロジェクト研修　一般要員認識教育
	システム構築	組織の状況の理解	内部・外部課題
		初期環境レビュー実施	環境側面抽出　環境影響評価
		法令規制要求事項決定	法令規制　調査　決定
		環境方針設定	環境方針設定
		環境目標設定	環境目標設定
		プロセス確立・文書化	現有プロセス・文書調査　規定作成
	運用	システムの運用実施	
		内部監査実施	監査プログラム策定
		マネジメントレビュー実施	
認証機関	受審	認証機関対応　組織	認証機関　調査・決定・申請・契約 ↕
		認証機関	申請者対応・契約

8-7

ステップ6 認証機関を選定し申請・契約する

◇受審する認証機関を早い時期に決める

組織が決めた認証取得の範囲が、認証機関が定める基準を満たしているかを確認するため、また取得推進計画（マスタープラン）に、認証機関の審査実施日を確定した形で示すためにも、早い時期に認証機関を決定することが望ましいです。

◇認証機関を調査し選定する

認証機関の選定にあたっては、まず、国内の認証機関か、海外の認証機関かを決めます。

―海外輸出が多ければ知名度のある海外認証機関がよい―必要条件は、組織の認証取得の対象となる範囲が、その認証機関の「認定範囲」（3-4項参照）になっていることです。

認証機関に申請し契約する
受審相談する
● 認証取得範囲
● 審査スケジュール
—認証・登録説明書、申請書など入手—
認証取得範囲
相談
見積りを依頼する
● 認証・登録費用の見積りを依頼する
—機関により異なるので相見積りをとる—
A機関 見積書 ¥ 円
B機関 見積書 ¥ 円
申請書を提出する
● 認証機関を決定する
● 認証・登録申請書提出
● 認証・登録契約書提出
認証・登録 申請書
認証・登録 契約書
契約
認証・登録契約が締結される

◆認証機関と受審相談をする

選定した認証機関と連絡をとり、認証・登録申請書などの書式や認証・登録説明書、見積りのための組織の調査書などの情報を入手し、認証取得範囲の確認、審査スケジュールの確認を行ないます。

◆認証機関に認証・登録費用の見積りを依頼する

選定したいくつかの認証機関に、組織の調査書を提出し、認証・登録費用の見積りを依頼します。認証・登録費用は、組織のサイト数、人数、環境負荷や活動内容などにより審査工数が決められ見積られます。

—認証・登録費用は、認証機関によって異なりますので、相見積りをとり比較するとよい—

◆認証機関を決定し申請する

認証機関の特徴（3-5項参照）と見積金額を検討して、受審する認証機関を決定します。

決定した認証機関に規定の認証・登録申請書及び認証・登録契約書を提出しますと、認証機関からの申請受理通知・契約書などにより認証・登録契約が締結されます。

ステップ7 教育訓練の計画を立案し実施する

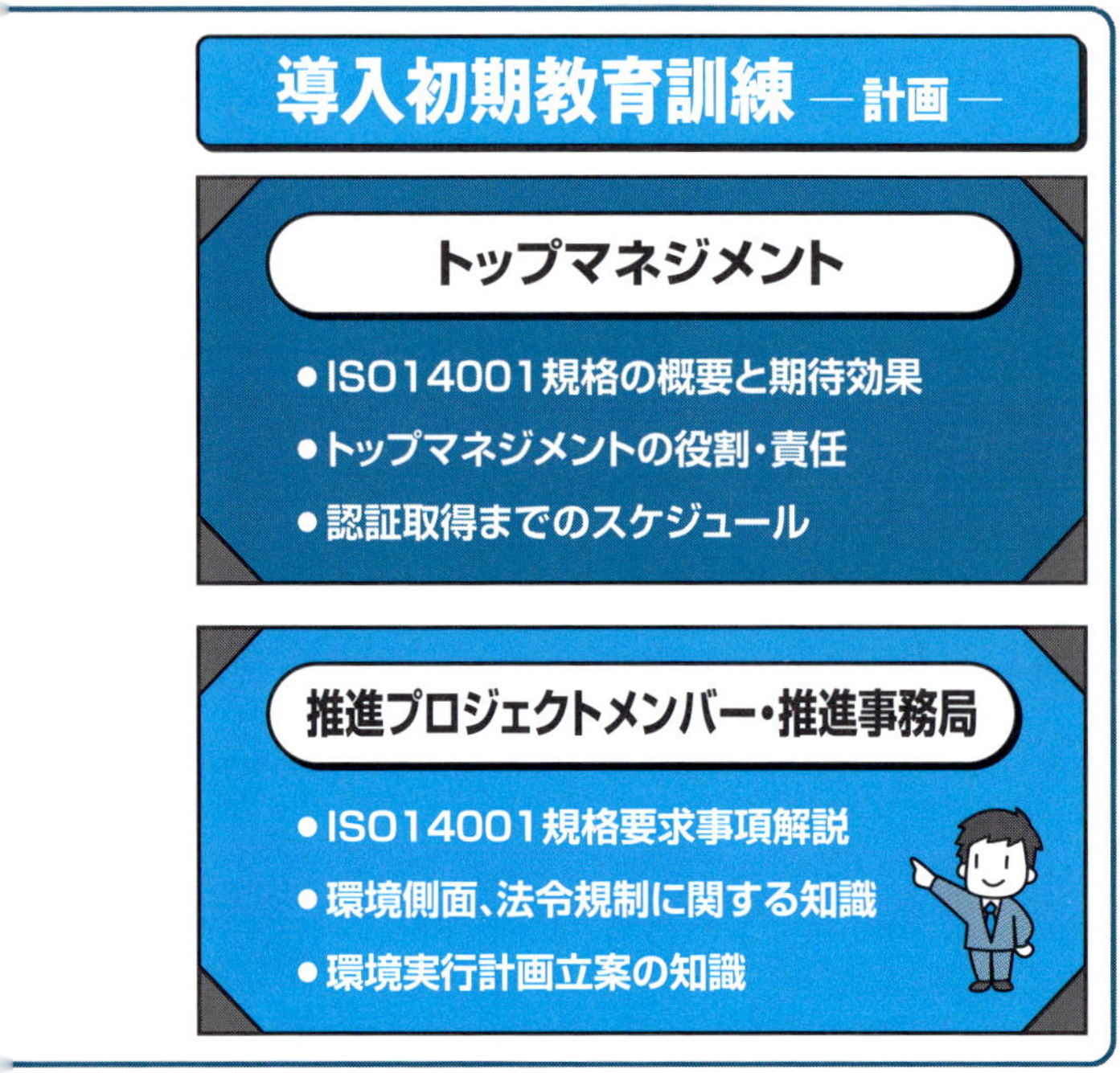

導入初期教育訓練 —計画—
トップマネジメント
●ISO14001規格の概要と期待効果
●トップマネジメントの役割・責任
●認証取得までのスケジュール
推進プロジェクトメンバー・推進事務局
●ISO14001規格要求事項解説
●環境側面、法令規制に関する知識
●環境実行計画立案の知識

◆教育訓練の計画を作成する

教育訓練には、ＩＳＯ１４００１規格に基づく環境マネジメントシステム関連の導入初期教育訓練と構築した自組織固有のシステムを関係者に理解させる運用開始前教育訓練とがあります。

教育訓練計画の立案にあたっては、教育訓練対象者、内容、時期、指導者（外部・内部）などを決めます。

—実施した教育訓練は、個人別に記録する—

◆導入初期教育訓練はトップから始める

●トップマネジメントの教育訓練

環境マネジメントシステムの推進はトップダウンですから、トップ自身がＩＳＯ１４００１規格関連の教育訓練を受け、十分な理解のもとに推進すべきです。

運用開始前教育訓練 ―計画―

一般組織構成員

- ISO14001規格の概要

〈認識〉

- 環境方針、プロセス、環境マネジメントシステム要求事項に適合することの重要性
- 環境マネジメントシステムの要求事項に適合するための役割・責任
- 順守義務、運用プロセスから逸脱した際に予想される結果

内部監査員

- ISO14001規格の概要
- 監査プログラムの管理
- 監査活動の準備と実施
- 監査報告書の作成

●**推進プロジェクトメンバー・推進事務局の教育訓練**

推進プロジェクトメンバー・推進事務局の環境マネジメントシステム構築能力向上のための教育訓練は、導入の原動力であり、認証取得の成否を左右します。

●**内部監査員の教育訓練**

内部監査員は、監査を行なう力量のある適格者でなければならないことから、外部研修機関などで内部監査の手法を習得するとよいでしょう。

◆構築システムを運用開始前に教育訓練する

●**一般組織構成員の教育訓練**

一般組織構成員は、作業訓練などを通じて、作業がどのように環境影響に関連し、順守義務、運用プロセスを順守しなかったら、どのような問題が起こるのか、要求事項への適合の大切さを認識させることが重要です。

●**特定作業者の教育訓練**

組織によって決定された著しい環境影響の原因となる可能性をもつ作業を行なう者は、法的資格要件や専門的な知識・技能・技術について、必要な力量をもてるように教育訓練する必要があります。

8-9

ステップ8

組織の状況を理解する

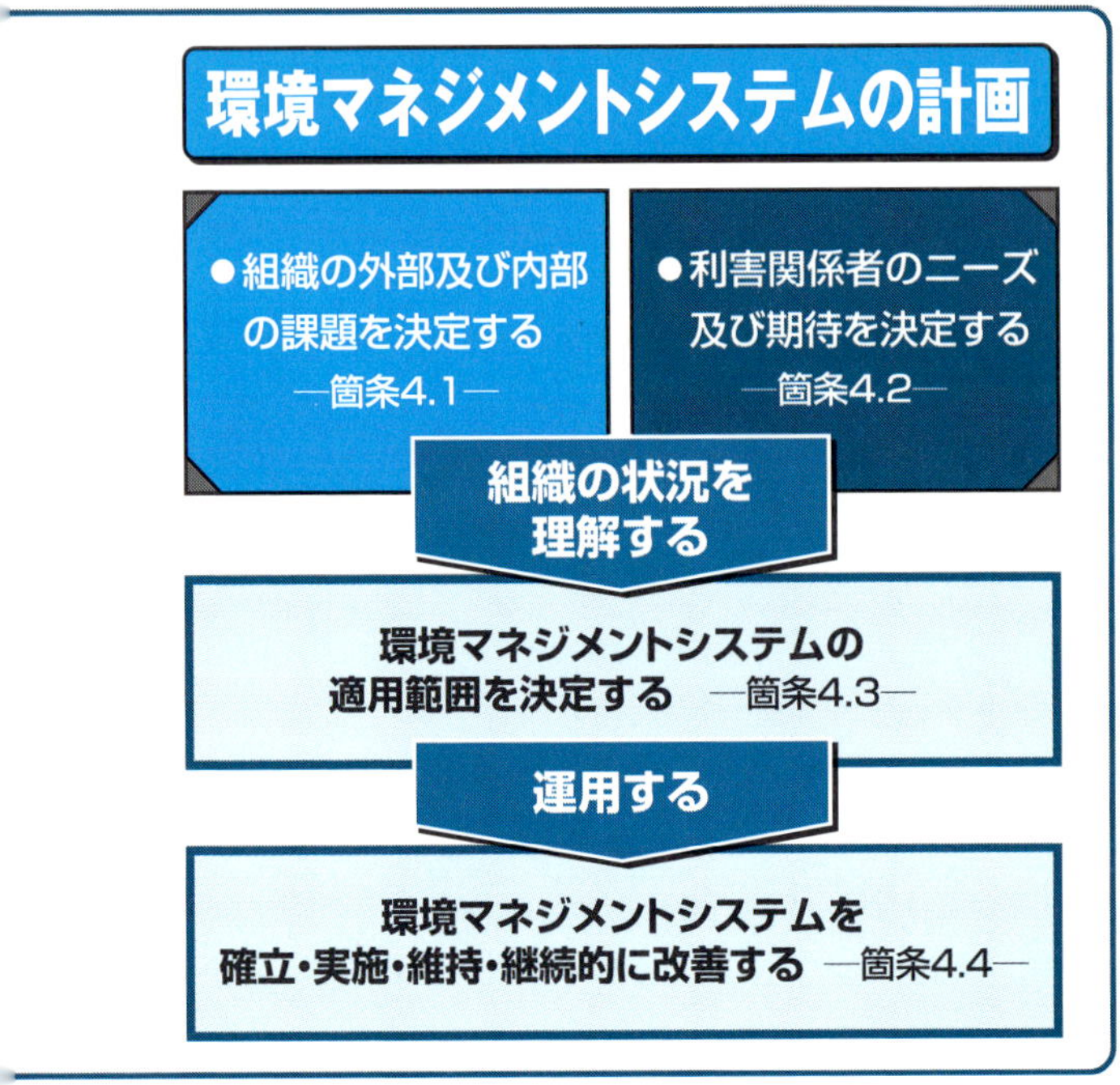

環境マネジメントシステムの計画
●組織の外部及び内部の課題を決定する —箇条4.1—
●利害関係者のニーズ及び期待を決定する —箇条4.2—
組織の状況を理解する
環境マネジメントシステムの適用範囲を決定する —箇条4.3—
運用する
環境マネジメントシステムを確立・実施・維持・継続的に改善する —箇条4.4—

◆システム計画前に組織の状況を理解する

組織は、環境マネジメントシステムを計画するにあたり、まず、組織が置かれている状況を理解することです。

組織の状況を理解するには、組織の外部及び内部の課題を決定（箇条4・1）し、環境マネジメントシステムに関連する利害関係者とそのニーズ及び期待（要求事項）を決定（箇条4・2）します。そして、組織は、これらの理解で得た知識に基づいて、組織に関する環境マネジメントシステムの適用範囲を決定します（箇条4・3）。

組織が、利害関係者のニーズ・期待のうち、採用を決定したものは、組織の要求事項としての順守義務となり、環境マネジメントシステムの適用範囲を決定するときに、考慮する必要があります（箇条4・3）。

組織は、これらの外部及び内部の課題、そして利害関

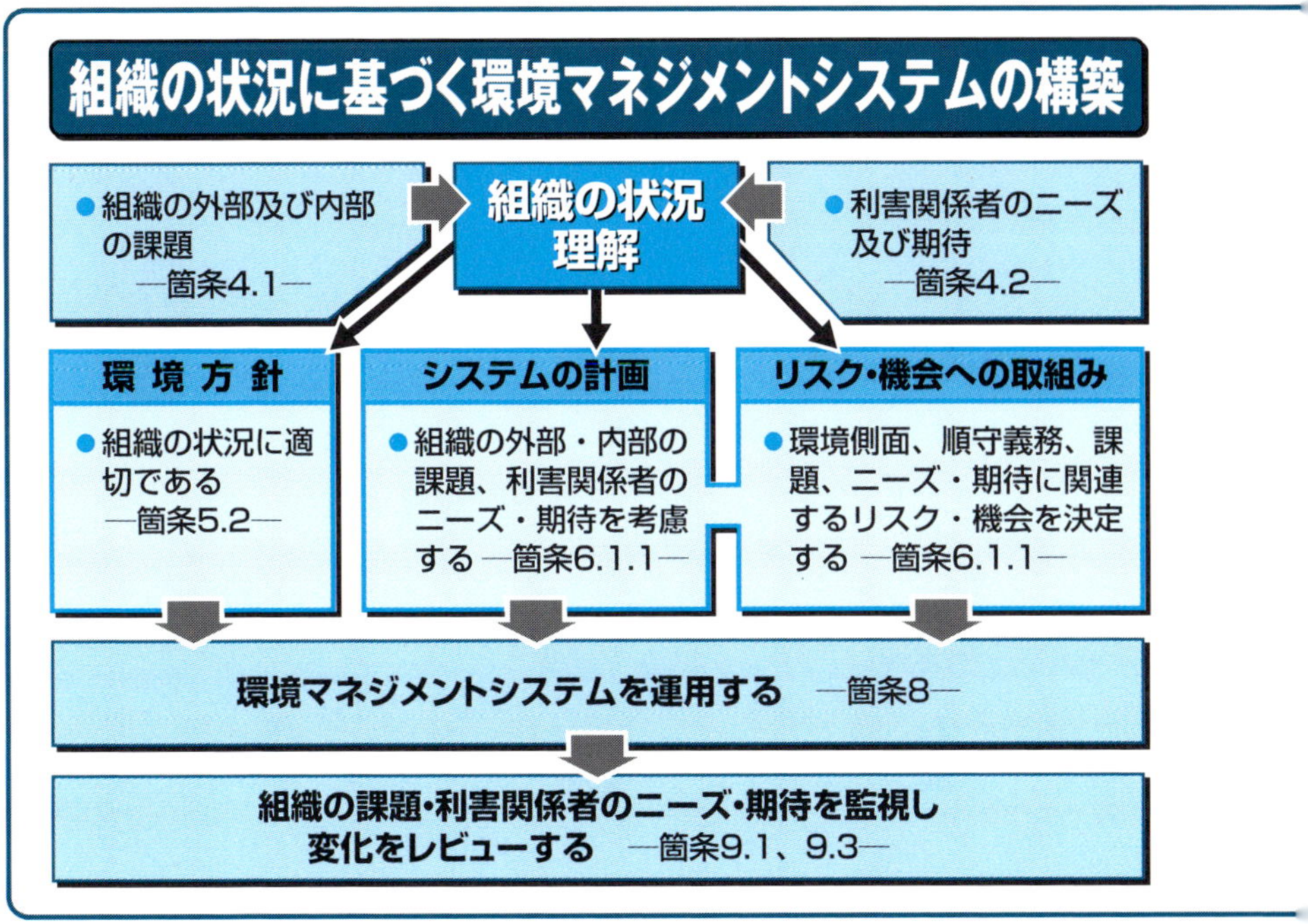
組織の状況に基づく環境マネジメントシステムの構築
●組織の外部及び内部の課題
―箇条4.1―
組織の状況理解
●利害関係者のニーズ及び期待
―箇条4.2―
環境方針
●組織の状況に適切である
―箇条5.2―
システムの計画
●組織の外部・内部の課題、利害関係者のニーズ・期待を考慮する ―箇条6.1.1―
リスク・機会への取組み
●環境側面、順守義務、課題、ニーズ・期待に関連するリスク・機会を決定する ―箇条6.1.1―
環境マネジメントシステムを運用する ―箇条8―
組織の課題・利害関係者のニーズ・期待を監視し変化をレビューする ―箇条9.1、9.3―

係者のニーズ及び期待を考慮して、環境マネジメントシステムを確立し、実施し、維持し、継続的に改善することが求められています（箇条４・４）。

◆組織の状況の理解は規格要求事項の基礎となる

組織は、外部及び内部の課題、利害関係者のニーズ・期待を理解し、これらから得た知識をもとに環境方針を設定（箇条５・２）し、環境方針を実現するための環境マネジメントシステムの取組みを計画（箇条６・１・１）し、環境目標を達成するための計画を策定（箇条６・２）します。

そして、これらの要求事項を運用するための管理を決定し、実施します（箇条８）。

組織の課題、利害関係者のニーズ・期待に関する情報は、監視（箇条９・１）し、マネジメントレビューで、その変化をレビュー（箇条９・３）する必要があります。

このように、組織の外部及び内部の課題、そして利害関連者のニーズ・期待を理解して得た知識は、他の箇条と関連して継続的に適用されることから、ＩＳＯ１４００１規格の要求事項を実施する上で、基礎となるプロセスとして確立する必要があります。

8-10

ステップ9

初期環境レビューを行ない現状を把握する

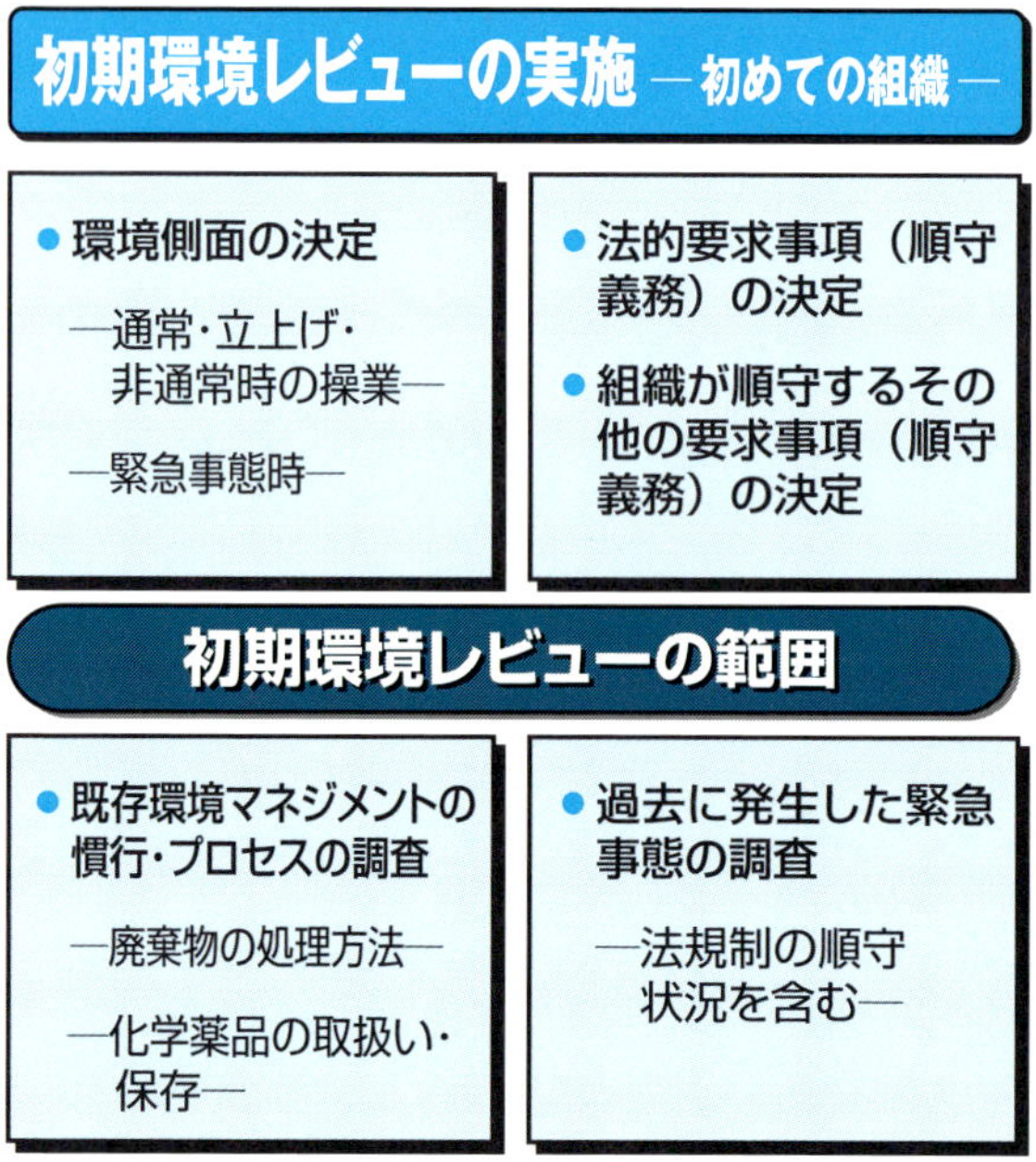
初期環境レビューの実施 ―初めての組織―
●環境側面の決定
―通常・立上げ・非通常時の操業―
―緊急事態時―
●法的要求事項（順守義務）の決定
●組織が順守するその他の要求事項（順守義務）の決定
初期環境レビューの範囲
●既存環境マネジメントの慣行・プロセスの調査
―廃棄物の処理方法―
―化学薬品の取扱い・保存―
●過去に発生した緊急事態の調査
―法規制の順守状況を含む―

◆初期環境レビューの目的

これまでに、環境マネジメントシステムを運用していない組織は、ＩＳＯ１４００１規格では要求されていませんが、最初に「初期環境レビュー」を行なって、環境に関する組織の現状を把握するとよいでしょう。

この初期環境レビューの目的は、組織の適用範囲の決定又は環境方針、環境目標の設定を含む環境マネジメントシステムの構築の基礎とすることにあります。

◆初期環境レビューをする範囲を決める

初期環境レビューをする範囲は、組織が管理できる環境側面を対象とするだけでなく、前段階の資源の調達、後段階の製品の市場への提供活動に対し、組織が影響を及ぼすことができる環境側面をどうするかも決めます。

環境側面の決定の仕方〔例〕

インプット		サイト活動	アウトプット	
環境側面	環境要素	業務区分	環境側面	環境要素
原材料と資源の使用	材料・部品	●設計／開発	大気への放出	排ガス
	資源（燃料・木など）	●資材／資源調達	水への放出	排水
	エネルギー（電気・ガスなど）	●製造／サービス提供	廃棄物	固形・液状
	その他（紙・梱包材など）	●監視／測定／検査	土壌の汚染	化学物質
		●運搬／販売	その他（地域での環境問題）	騒音・振動・臭気
		●回収／廃棄		

◇初期環境レビューは次の事項をレビューする

- 通常の操業状況、操業の立上げ、停止を含む非通常の状況、緊急事態などに伴うものを含む環境側面を決定すること
- 調達及び契約活動に伴うものを含む既存の環境マネジメントの慣行及びプロセスを検討すること
- 適用可能な順守義務（法的要求事項及び組織が順守するその他の要求事項）を決定すること
- 過去に発生した緊急事態を調査し評価すること

◇初期環境レビューにて環境側面を決定する

組織における環境側面の決定には、定められた方法はありませんが、一般に、環境に関わる各活動のインプットと活動後のアウトプットにより行なわれています。

―たとえば、原材料・資源をインプットすると、活動後、排ガス・廃棄物などがアウトプットされる―

◇初期環境レビューの方法

レビューの方法には、過去の記録の収集、面談の実施、チェックリスト、直接的な検査、測定などがあります。

8-11

ステップ10-1 環境影響評価を実施する

◆環境影響評価にて著しい環境側面を決定する

環境影響評価は、環境側面が環境へ与える影響の深刻度の絶対値を求めることではなく、相対格付け基準により、影響度合いの重大性を明らかにし、認識することにあります。

初期環境レビューで決定した多くの環境側面の環境影響を評価して、優先的に取り上げるべき著しい環境側面を決定し、登録（リストアップ）します。

登録された優先順位の高い著しい環境側面から、環境方針・環境目標を設定し継続的改善を進めます。

◆環境影響評価の方法は組織が決める

環境影響評価の方法は、確定したものはなく、組織が論理的に矛盾のないように決めればよいのです。

環境影響を格付けする方法には、さまざまなものがあります。その例をいくつか次に示します。

- 点数評価方式
- 有意数評価方式
- リスク分析評価方式
- 重み付け評価方式
- 重大性評価方式

◆点数評価方式

環境側面について、環境影響を判断し、環境上と事業上の評価点を付け、その積で評価します。

◆有意数評価方式

環境上の評価項目の有意数（●印数）で評価します。

点数評価方式〔例〕 ―環境影響評価―

環境側面	発生源	規模	評価									結果	
			環境上(A)					事業上(B)					
活動・製品サビス	設備・作業・工程	発生量・使用量	❶影響の規模	❷影響深刻度	❸発生への対応	❹継続期間	❺発生の確率	❶法規制順守	❷利害関係者	❸イメージ	❹コスト配慮	点数 A×B	登録

項目	点数		
	1	2	3
❶影響の規模	特定地域	市全域	県・全国
❷影響深刻度	可能性弱	可能性強	違反、危険
❸発生の対応	やや完全	ある程度	不完全
❹継続期間	短期	中期	長期
❺発生の確率	1/5年	1/年	1/月

項目	内容	点
❶法規制順守	直ちに対応行動	4
❷利害関係者	近い将来対応行動	3
❸イメージ	将来対応行動	2
❹コスト配慮	対応行動不要	1

有意数評価方式〔例〕 ―環境影響評価―

銅管加工			❶法律対応	❷上位方針	❸大気汚染	❹水質汚濁	❺廃棄物減	❻土壌汚染	❼天然資源	❽外部苦情	❾組織特徴	❿将来性	有意数	側面登録
項	工程	側面												
1	銅管加工	電力の使用		●	●				●				3	有
		部材の使用							●				1	
		設備油の使用							●				1	
		加工油の使用							●				1	
		補力液の使用	●						●				2	有
		騒音・振動の発生	●										1	
		銅管くずの排出							●				1	
		不良品の排出							●				1	
		廃油の排出	●	●				●					3	有

環境影響評価方式のいろいろ

ステップ10-2

重み付け評価方式 ―環境影響評価―

ランク	使用量 A	危険性 B	管理状況 C	影響持続 D
5	極めて 多い	重大	管理 抜け	極めて 長い
4	多い	やや 大きい	管理 不十分	長い
3	普通	普通	普通	普通
2	少ない	少ない	管理 十分	短い
1	微量	極めて 少ない	管理 徹底	極めて 短い

評価F＝A×B×C×D
―値が小さいほど環境への負荷が少ない―

重大性評価方式 ― 環境影響評価 ―

ランク	結果の重大性A	実施の可能性B
5	質・量ともに環境に及ぼす影響大	技術的・経済的にすぐ対応可能
4	質・量一方影響大、他方影響中程度	努力すれば対応可能大
3	質・量ともに影響中程度	対応の可能性はあるが時間がかかる
2	質・量一方影響中程度、他方影響小	対応不可能ではないが資源投入大
1	質・量ともに影響小	技術的・経済的に対応困難

評価C＝A×B
・質：環境に影響を及ぼす有害性、不快感などの質
・量：環境に及ぼす数量、広がりなどの量的大きさ

リスク分析評価方式〔例〕―環境影響評価―

検知の可能性A		発生の可能性B		頻度C＝A×B
判定基準	ランク	判定基準	ランク	ランク
非常に低い	5	非常に高い	5	25
低　　い	4	高　　い	4	16
中　程　度	3	中　程　度	3	9
高　　い	2	低　　い	2	4
非常に高い	1	非常に低い	1	1
確実に検知	0	無　　い	0	0

環境への負荷（量）D		環境への重大性（質）E		結果の激しさ F=D×E
判定基準	ランク	判定基準	ランク	ランク
非 常 に 多 い	5	非常に高い	5	25
多　　い	4	高　　い	4	16
中　程　度	3	中　程　度	3	9
少　な　い	2	低　　い	2	4
非常に少ない	1	非常に低い	1	1
無　　い	0	無　　い	0	0

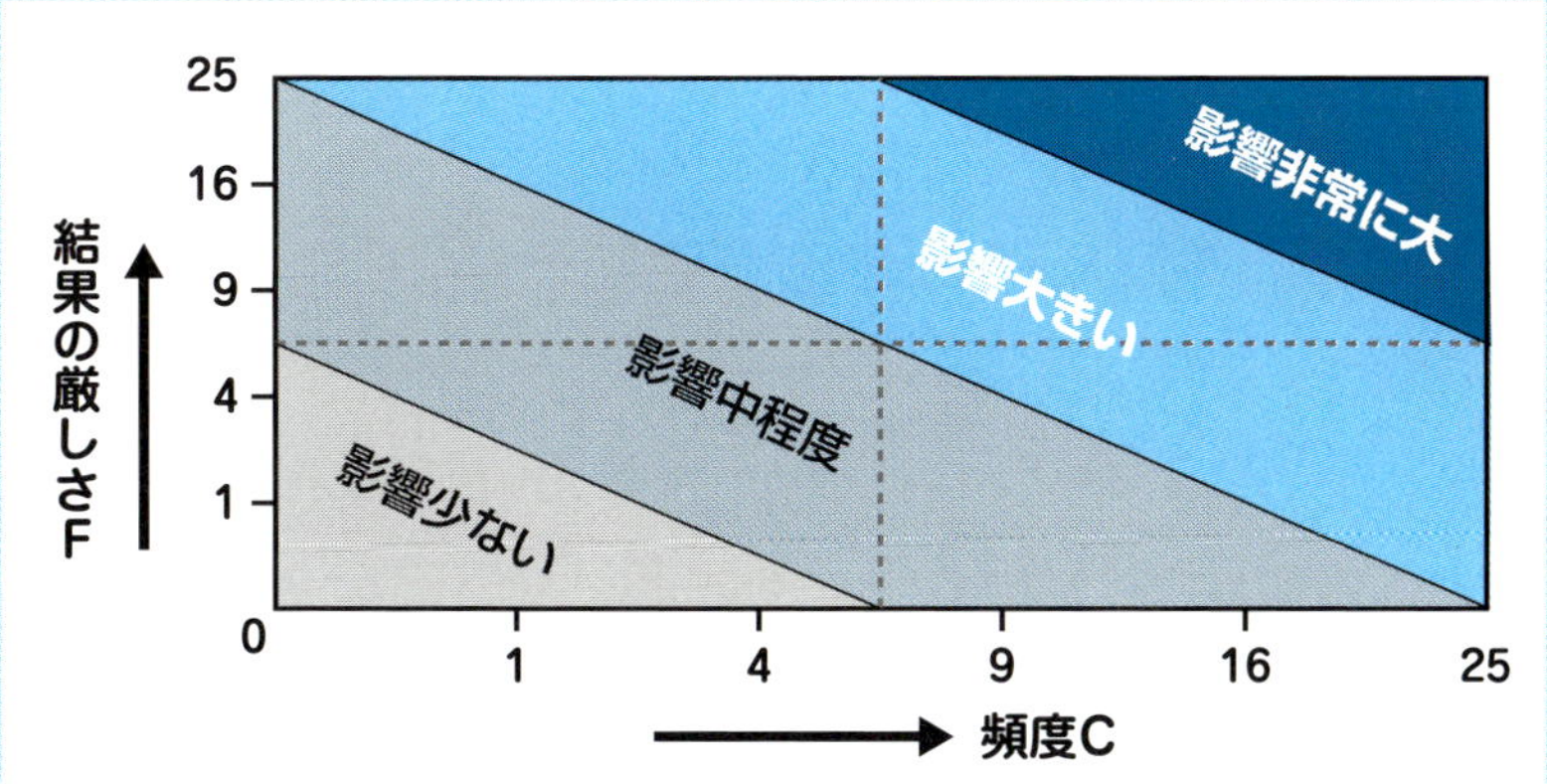

8-13 ステップ11 環境方針、環境目標を設定する

◆環境方針から環境目標設定の方法

組織が、環境への取組みの姿勢を示す環境方針、環境目標は次の方法で設定するとよいでしょう。

❶ 初期環境レビューを行ない、環境影響を及ぼしているか、及ぼしている可能性のある組織の活動、製品、サービスの要素、つまり環境側面を、業務や作業の工程の流れに沿って決定します（8-10項参照）。

❷ 決定した環境側面に関連した順守義務（法的要求事項、組織が順守するその他の要求事項）を決定します。

❸ 組織の環境側面の環境影響を評価して、著しい環境側面を決定します（8-11・12項参照）。

❹ 決定した環境側面、順守義務（法的要求事項及び組織が順守するその他の要求事項）に基づき、次の事項を含めて環境方針を設定します。

- 組織の目的・活動、規模、組織の状況に対し適切
- 継続的改善と汚染予防を含む環境保護の約束
- 順守義務（法的及びその他の要求事項）順守の約束
- 環境目標の設定・レビューの枠組みの列挙

❺ 組織の著しい環境側面及び関連する順守義務（法的及びその他の要求事項）を考慮に入れ、リスク及び機会を考慮して、環境方針に従い環境目標を設定します。

- 環境目標は、環境影響評価の結果、優先順位の高い著しい環境側面から設定する
- 環境目標は、環境方針を達成するよう設定される詳細なパフォーマンスで、可能な限り数値化する

❻ 環境目標を達成するための実施計画（責任・必要な資源・手段・日程・結果評価方法など）を策定します。

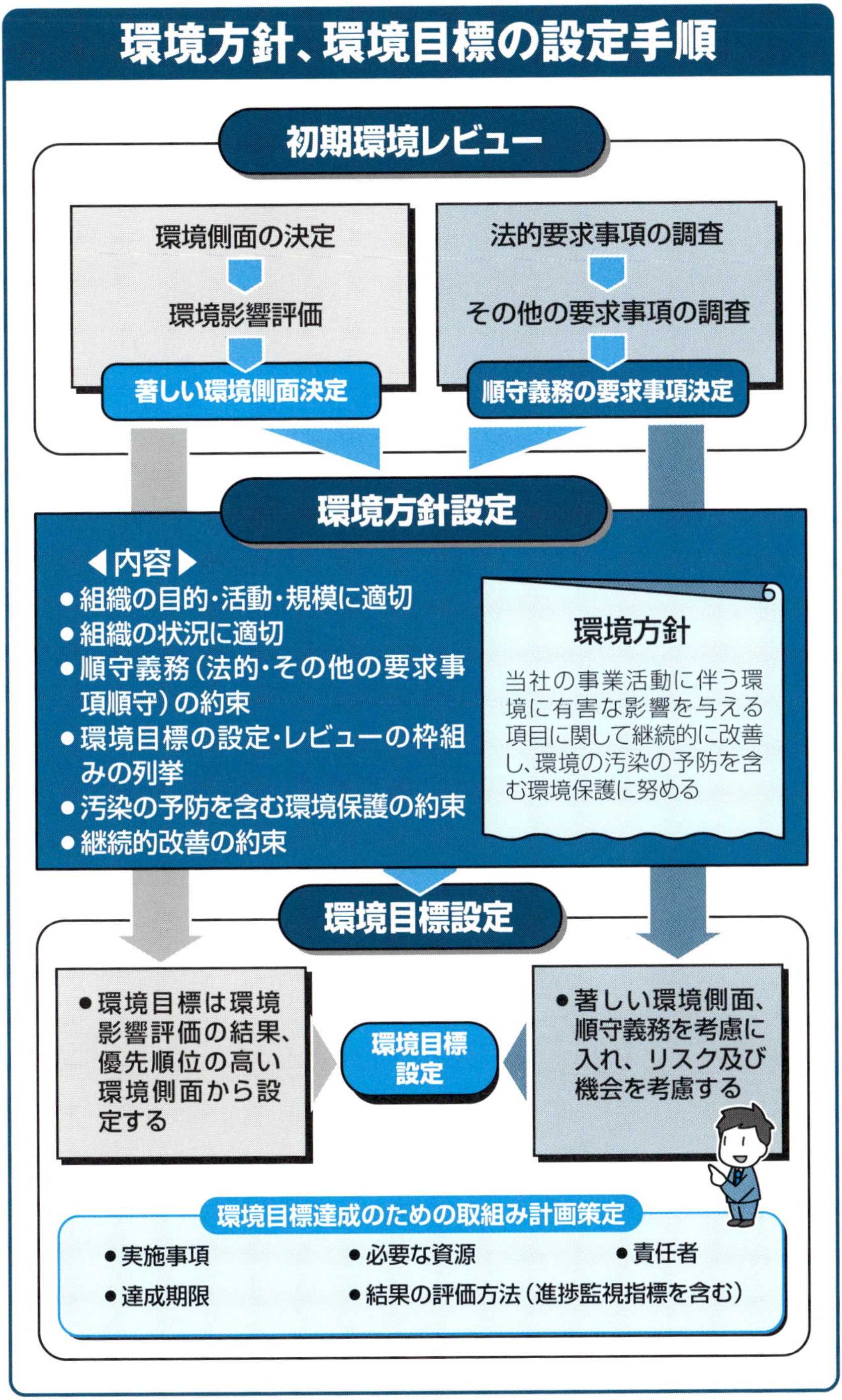
環境方針、環境目標の設定手順
初期環境レビュー
環境側面の決定
環境影響評価
著しい環境側面決定
法的要求事項の調査
その他の要求事項の調査
順守義務の要求事項決定
環境方針設定
◀内容▶
●組織の目的・活動・規模に適切
●組織の状況に適切
●順守義務（法的・その他の要求事項順守）の約束
●環境目標の設定・レビューの枠組みの列挙
●汚染の予防を含む環境保護の約束
●継続的改善の約束
環境方針
当社の事業活動に伴う環境に有害な影響を与える項目に関して継続的に改善し、環境の汚染の予防を含む環境保護に努める
環境目標設定
●環境目標は環境影響評価の結果、優先順位の高い環境側面から設定する
環境目標設定
●著しい環境側面、順守義務を考慮に入れ、リスク及び機会を考慮する
環境目標達成のための取組み計画策定
●実施事項
●必要な資源
●責任者
●達成期限
●結果の評価方法（進捗監視指標を含む）

8-14

ステップ12 環境マニュアルはどう位置付けたらよいのか

◆環境マニュアルは組織が必要とすれば作成する

ＩＳＯ１４００１規格では、附属書ＳＬで要求されていないこともあり、また、形式的な文書化を避けるため、環境マニュアルという名称の文書化した情報の作成、維持は要求されていません。

しかし、ＩＳＯ１４００１規格では、環境マネジメントシステムの適用範囲、環境方針、リスク及び機会への取組み、環境側面、順守義務、環境目標など、環境マニュアルという名称は用いていなくても、環境マニュアルに相当する具体的な文書化した情報の作成、維持は要求されています。

◆既認証取得組織の環境マニュアル対応例

既に認証を取得している組織では、環境マネジメントシステムを構成する業務の概要、その相互関係、それを担当する組織の役割などを規定した文書として、環境マニュアルを作成し、組織の環境マネジメントシステムに関する一貫性のある情報を組織の内外に提供しています。

そこで、既に認証を取得している組織では、多くの利点のある環境マニュアルを破棄することなく、継続して作成し、維持することを推奨します。

むしろ、環境マニュアルは、組織の環境マネジメントシステムの全体像を文書という形で見える化したものといえます。そして自組織がどのようにして、環境マネジメントシステムの意図した成果である環境パフォーマンスを向上し、順守義務を満たし、環境目標を達成し、汚染の予防を含む環境保護を図るかの共通認識を組織内でもつためにも、非常に有用な文書といえます。

環境マニュアルの利点 ―組織が必要と決定したら作成する文書―

内部的利点

組織の意思を示す

- 環境マネジメントシステムを明確に表現し、組織の意思として示す

システムの共通認識をもつ

- 組織が製品及びサービスの環境関連事項をどう管理しているかの共通認識を組織内にもたせる

内部監査の基準を示す

- 内部監査において組織自体が規定した要求事項の適合性の判定に用いる

教育・訓練テキストに使用

- 組織要員の環境マネジメントシステムの教育・訓練テキストに使用する

外部的利点

顧客にシステムの適合実証

- 商取引契約で組織の環境マネジメントシステムがISO14001規格に適合の証拠として顧客に提示する

認証機関の審査時提示

- 認証機関の審査時、組織の環境マネジメントシステムがISO14001規格に適合の証拠として提示する

また、この環境マニュアルを顧客を含む利害関係者に提示すれば、組織が環境マネジメントシステムを、どう運用しているか、理解してもらえる利点もあります。

環境マニュアルは、環境マネジメントシステムの運用を推進するために、ISO14001規格箇条7・5・1(b)で、文書化を求めている「環境マネジメントシステムの有効性のために必要であると組織が決定した、文書化した情報(文書)」の一つの位置付けとして、継続して作成し、維持することが望ましいといえます。

◇未認証取得組織の環境マニュアル対応例

これから、ISO14001規格に基づいて、環境マネジメントシステムを構築する組織は、ISO14001規格が要求している文書化した情報としての文書を、環境マニュアルにまとめて文書化するのも一つの方法といえます。

しかし、環境マニュアルという名称の文書は、ISO14001規格では要求されておりませんので、必ず作成、維持するということではありません。

ステップ13

環境マネジメントシステム文書を作成する

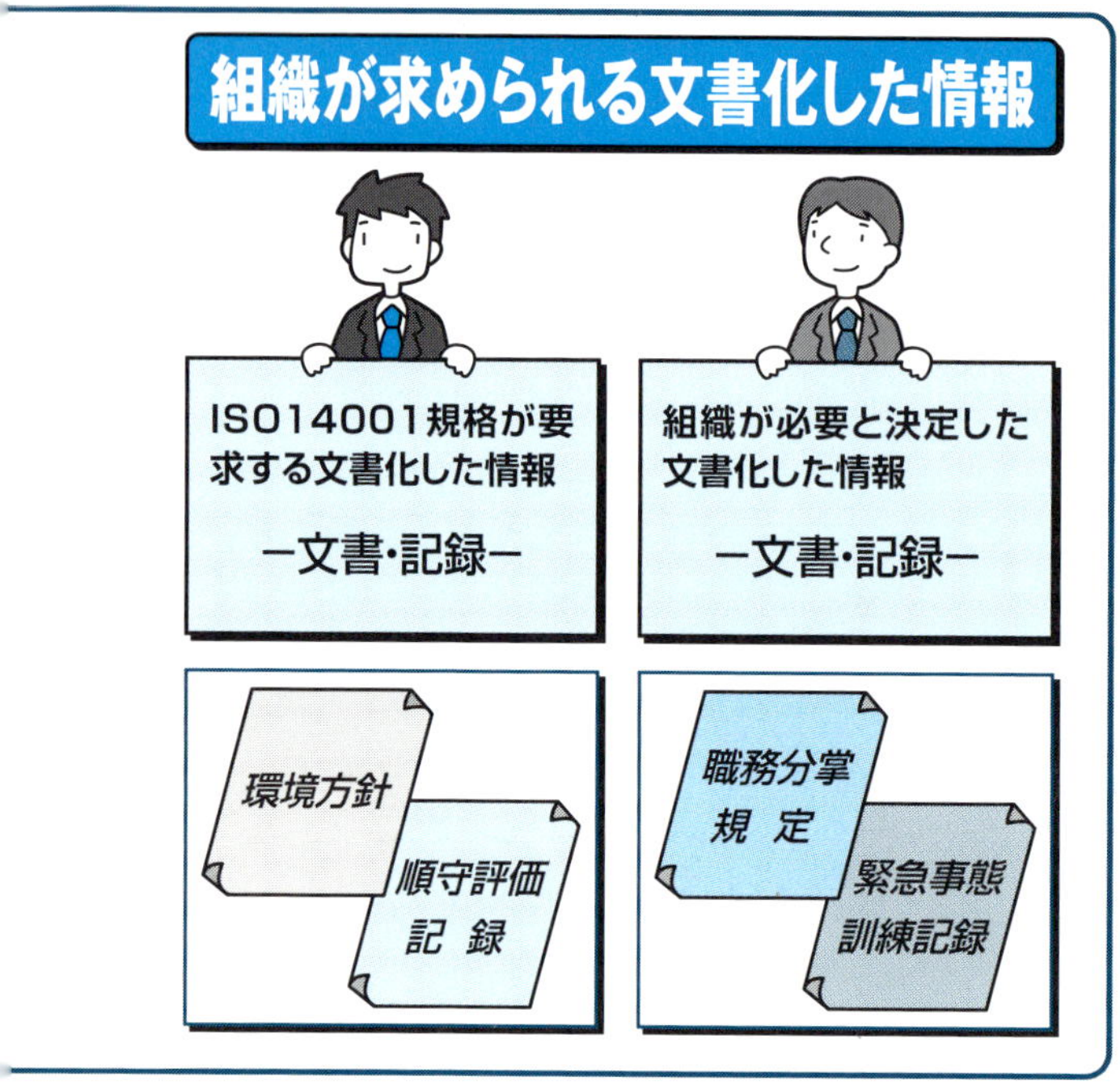

◇組織が作成を求められている二つの文書化した情報

組織は次の文書化した情報を作成する必要があります。

●ＩＳＯ１４００１規格が要求する文書化した情報

これには、環境方針、環境側面、順守義務、環境目標などが含まれます（7-55項参照）。

●組織が、環境マネジメントシステムの有効性のために必要であると決定した文書化した情報

組織は、業務を効果的に実施するのに**文書に記された拠りどころ**がないと、その業務の達成が困難な場合に、文書を作成するとよいです。

◇文書化した情報の程度は組織によって異なる

環境マネジメントシステムのための文書化した情報の程度は、次のような理由で、組織により異なります。

環境マネジメントシステム文書を作成する

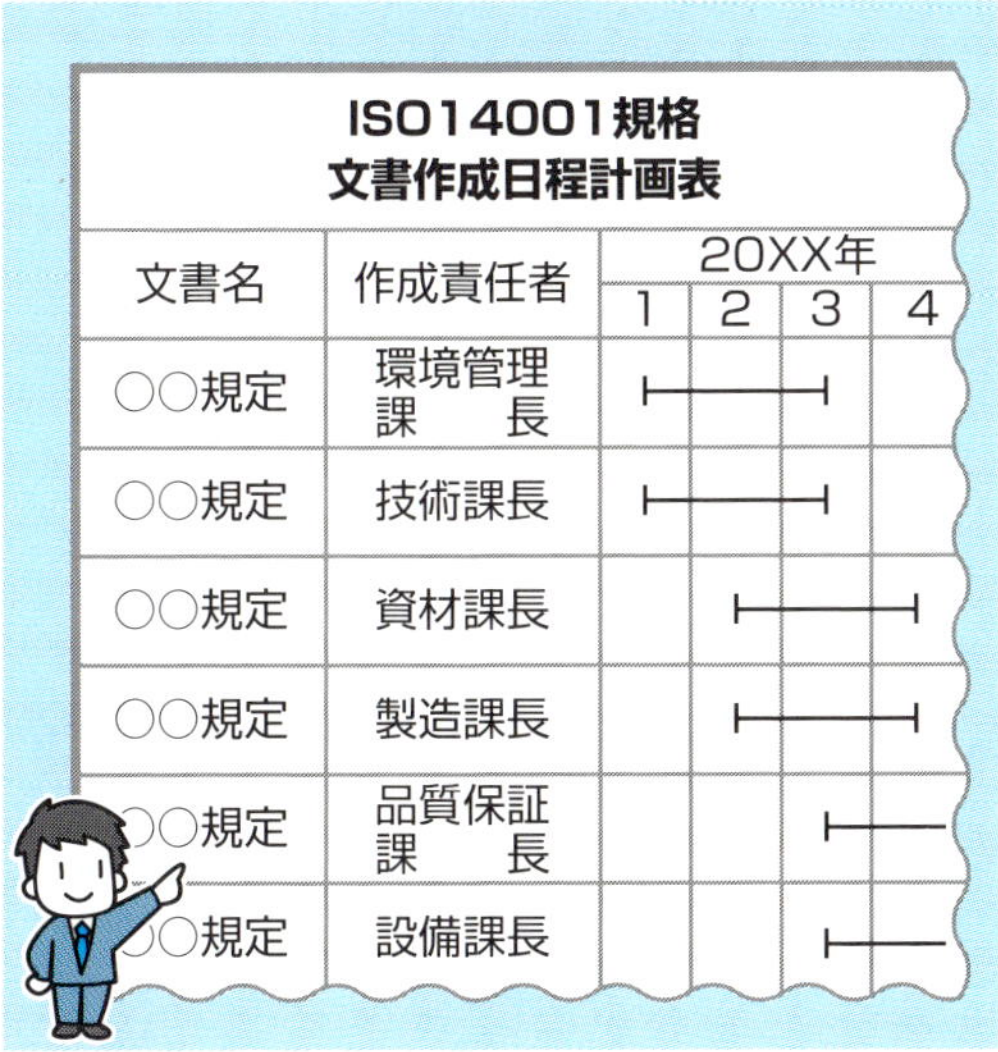

文書は5W1Hで表現

- Who－誰か
- Why－なぜか
- Where－どこでか
- When－いつか
- What－何をか
- How－どのようにか

- 組織の規模、活動、プロセス、製品・サービスの種類
- 順守義務を満たしていることを実証する必要性
- プロセス及びその相互作用の複雑さ
- 組織の管理下で働く人々の力量

◆文書は5W1Hで表現するとよい

文書は、一つひとつ要旨を区切って、短く箇条書きにし、5W1Hで表現するとよいです。

- Who（誰か） 部門名、責任者、担当者
- Why（なぜか） 目的、目標、理由
- Where（どこでか） プロセス名、場所
- When（いつか） 期日、頻度、開始
- What（何をか） 製品名、サービス名、プロセス名
- How（どのようにか） 規定、仕様書、図面

◆文書作成日程計画を作成する

組織は、作成すべき文書を決定し、それぞれの文書に対して、作成日程計画表を作成し、進捗を管理します。

文書作成日程計画表には、それぞれの文書に対して、作成責任者、作成完了日などを明記するとよいです。

8-16

ステップ14

システム構築の進捗を管理し運用する

◆推進計画の進捗を管理する

組織が認証機関の審査（第一段階審査・第二段階審査）を予定した日に受審できるか否かは、推進計画どおり環境マネジメントシステムの構築が行なわれるかにかかっていますので、その進捗を管理する必要があります。

推進計画（8-6項参照）の進捗管理が不十分ですと文書化が遅れ、そのため運用期間が短くなります。

運用期間が短くなりますと、不備を洗い出し切れないまま認証機関の審査を受けることになります。

進捗管理としては、キックオフ宣言から認証取得までを、一般に一年前後と見ておくとよいでしょう。

◆文書化の進捗管理

環境マニュアル（組織が作成を決めた場合）及び規定類の作成（8-14項・8-15項参照）は四～五か月くらいで行なわないと予定をクリアできないでしょう。

一般に、文書化の日程は、遅れがちなのでそれぞれ関連部署で分担し並行して作成すると日程が短縮できます。

◆システムを運用し不備を是正する

組織構成員は、環境マニュアル（作成した場合）、規定・手順書に定められたとおりに、日常業務を行ないます。実施して、システムに不備な点が生じたら、規定・手順書をそのつど、改訂・是正することが大切です。

◆運用の証拠として記録を残す

日常業務の中で、規定された業務（7-55項参照）については記録を残し運用の証拠（実績）とします。

進捗管理 ― 例：キックオフから認証・登録まで1年 ―

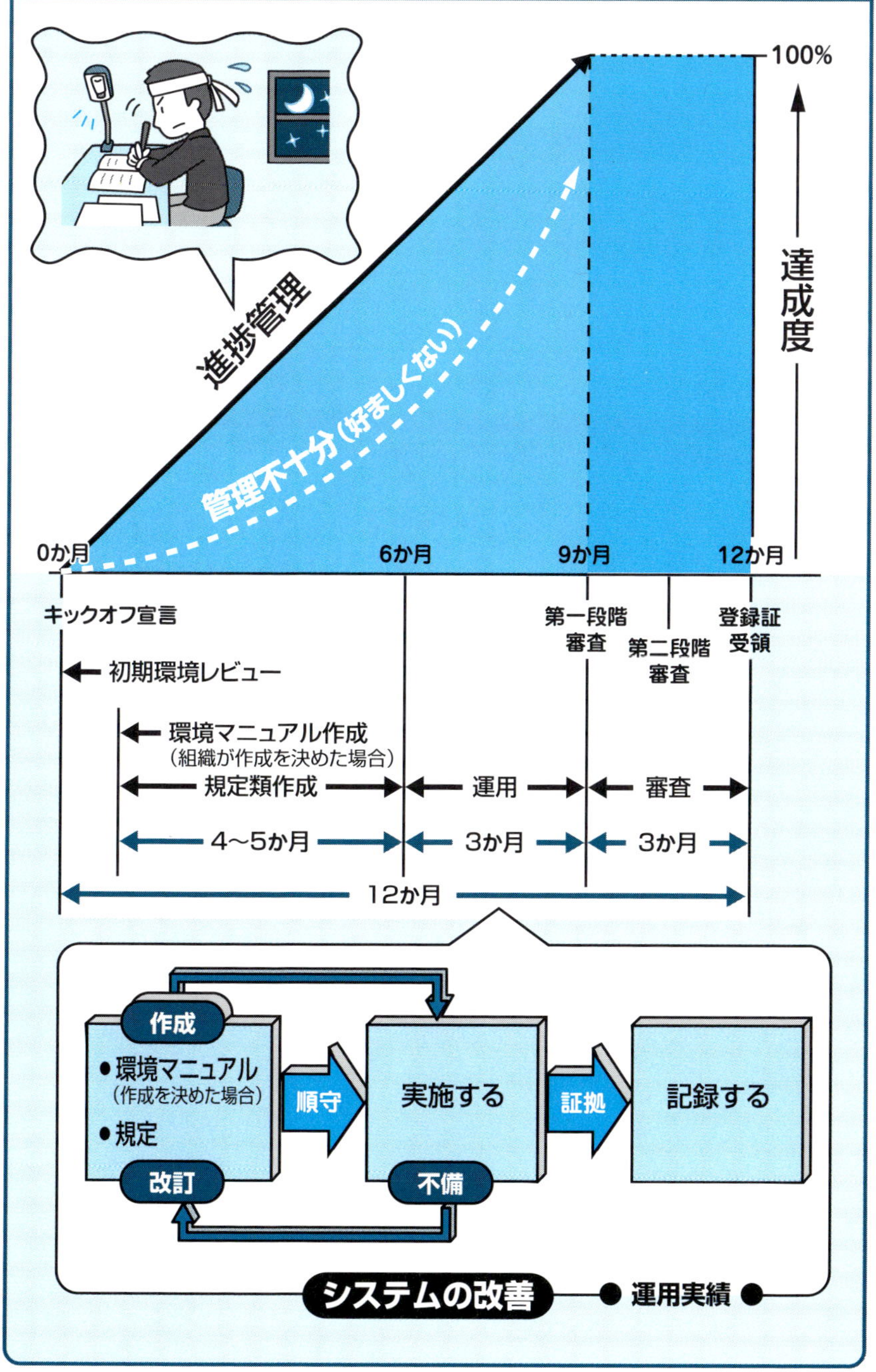

8-17

ステップ15 内部監査を実施する

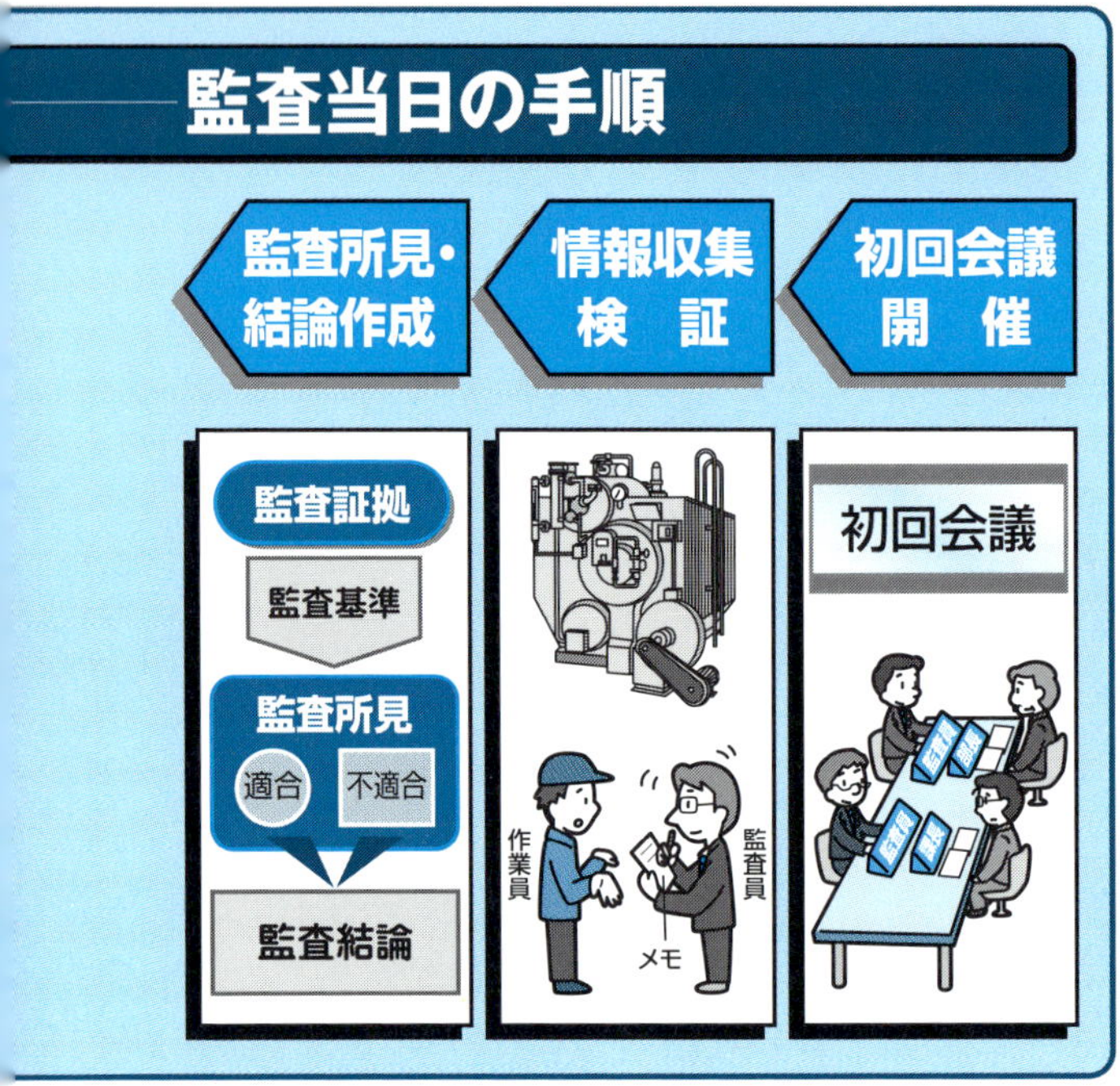

◆内部監査は次の手順で行なう

内部監査の当日は、初回会議後、情報を収集・検証し、その結果を監査所見・監査結論としてまとめ、それを最終会議で被監査者に報告します。

監査内容を監査報告書とし、不適合があれば被監査者に是正処置を要求し、是正完了をフォローアップします。

❶ 初回会議を開催する

初回会議は、監査を始める前に、監査チーム全員と被監査側の責任者が一堂に会して行なう会議で、監査計画と監査活動の実施方法の確認を目的とします。

❷ 情報を収集し検証する

監査の目的・範囲・基準に関連する情報を、適切なサンプリングによって収集し検証します。

情報の収集は、被監査者（従業員）との面談、活

動、周囲の作業環境及び作業条件の観察、環境方針・環境目標、プロセス、指示といった文書、会議議事録、監視・測定記録などの検証により行ないます。

❸ 監査所見・監査結論を作成する

監査所見は収集した監査証拠を監査基準（ＩＳＯ１４００１規格）に対して適合又は不適合として示します。監査目的とすべての監査所見を考慮して、監査結論（例：監査基準への適合の程度）を作成します。

❹ 最終会議を開催する

最終会議は、被監査者に監査所見、監査結論を提示し、不適合があれば是正処置の期限の合意を得ます。

❺ 監査報告書を作成する

最終会議で合意された内容を監査報告書として作成し、監査実施の記録とします。

❻ 不適合に対し是正処置を要求する

監査所見として不適合があれば、被監査者に是正処置を要求します。

❼ 是正処置のフォローアップをする

フォローアップには、とられた是正処置の検証及び検証結果の報告を含めます。

8-18

ステップ16 認証機関審査の受審の事前準備をする

受審当日の準備事項〔例〕

役割分担を決める

- 管理責任者：受審総括責任者
- 対応者：審査員の質問への回答者
- 記録者：質問・回答の記録者

◆認証機関の審査を受審するための事前準備事項

❶ **該当するすべての文書を完備する**

ＩＳＯ１４００１規格が要求し、組織が必要と決定したすべてのシステム文書、記録などを完成させ、必要な部署にて使える状態にしておきます。

❷ **環境影響評価資料を準備する**

環境側面の抽出から著しい環境側面の登録に至る一連の環境評価のプロセスを記した文書、関連する環境側面の評価結果、著しい環境側面の登録リストなどの資料を準備します。

❸ **特に次の準備をするとよい**

- 環境ライセンス／許可に関する要求事項
- 規制による要求事項への適合を評価するために、組織が使用した記録（環境事故記録、規制・法律違反

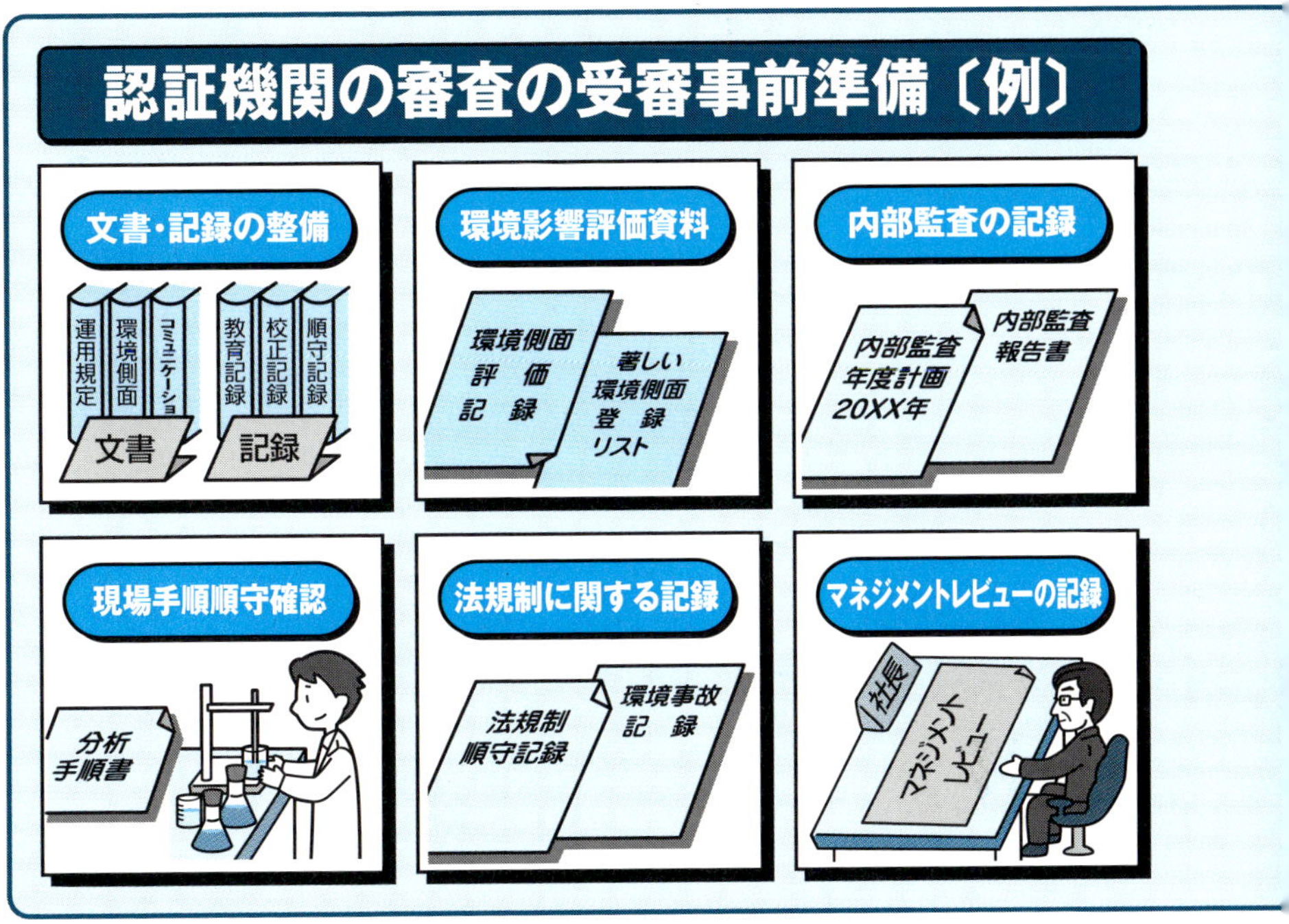

及び当局との該当する通信文書があれば含める）

- 内部的に確認できているすべての不適合の詳細と、とられた該当是正処置
- 環境マネジメントシステムに関連して受けた、あらゆるコミュニケーションとそのとられた処置の記録

❹ 内部監査・マネジメントレビューを実施する

認証機関の審査前に、内部監査・マネジメントレビューを、必ず一回は実施し、記録しておきます。

❺ 環境関連規定・法規制の順守を確認する

受審対象部門や環境施設などで、業務が手順書どおりに、また法規制に従って実施されているかを確認します。

◆受審当日の準備事項 ―8-20項参照―

認証機関の審査に際して、組織は審査計画に基づいて、当日行なわれる初回会議・最終会議の出席者、対応者、記録者を決めておくとよいでしょう。

対応者とは、審査員の質問に回答する人、記録者とは審査員の会話を記録する人で、この審査記録は、審査後の是正処置に役立ちます。

受審の総指揮は管理責任者が行なうとよいです。

8-19

ステップ17 認証機関の審査を受ける

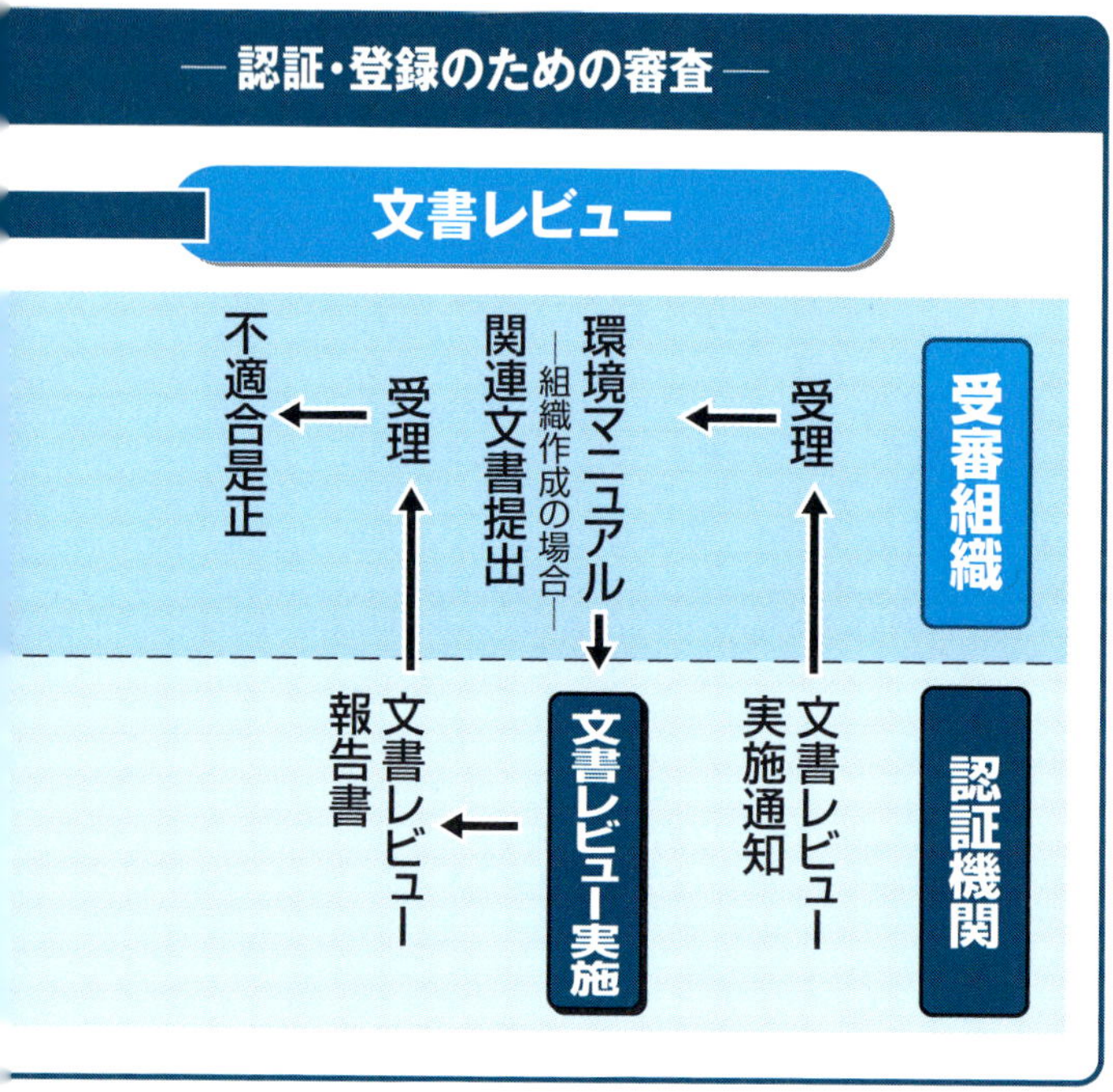

◆初回認証審査は認証・登録を目的とする

認証機関が組織の認証・登録を目的として行なう審査を初回認証審査といい、文書レビュー、第一段階審査、第二段階審査とがあります。

◆環境関連文書の文書レビューを行なう

第一段階審査に先立って、認証機関は、組織が作成していれば環境マニュアル、又は環境関連文書の文書レビューを行ないます。文書上から判断される不具合があれば、受審組織に是正を求めます。

◆第一段階審査は第二段階審査移行を判断する

第一段階審査は、受審組織に赴き、その環境関連文書の実施状況とともに、組織の受審準備状況を確認し、第

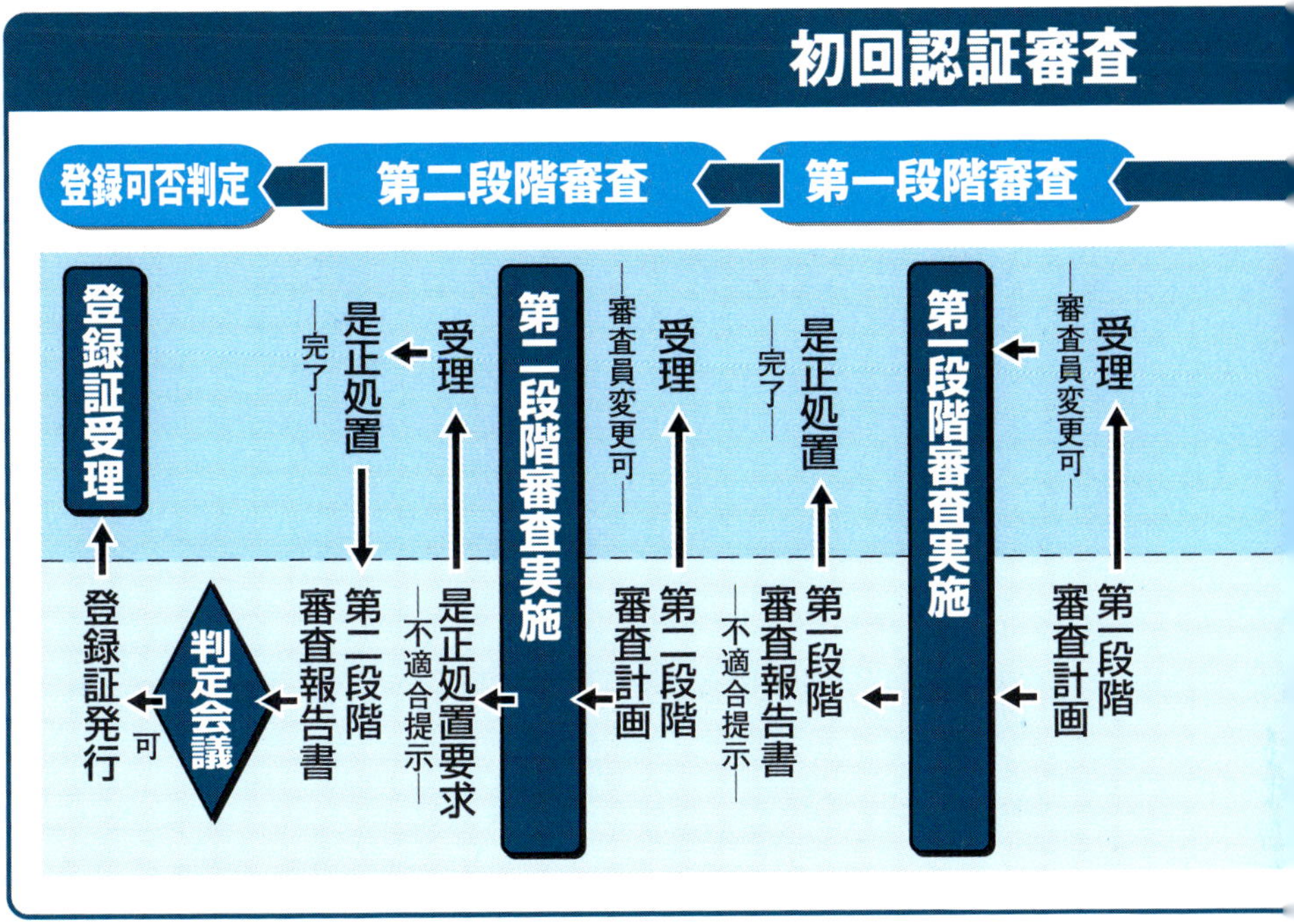

二段階審査に移行できるかどうかを判断します。

第一段階審査は、次のように行ないます。

- 組織の環境側面の決定、その重要度の判定を行なうための適切なプロセスが組み込まれているか
- 組織の該当する活動について、環境ライセンス（操業許可など）が取得されているか
- 内部監査が規格の要求事項に適合しているか
- マネジメントレビューが適切に実施されているか

◇第二段階審査は認証・登録の可否を判断する

第二段階審査は、受審組織に赴き、認証・登録できるかどうかを決めるため、次のように行ないます。

- 組織の環境マネジメントシステムが、ＩＳＯ１４００１規格のすべての要求事項に適合しているか
- 環境方針、環境目標及び規定を順守しているか

◇適合組織に登録証を発行する

組織は、不適合があれば是正処置をとり、その完了をもって、認証機関は、判定会議で認証・登録の可否を決定し、可ならば**登録証**を発行します。

8-20 審査当日の対応のしかた ― 認証機関の審査 ―

受審体制〔例〕 ― 審査当日の体制 ―

総括指揮者

総括指揮者を置き、適時適切な情報を伝える ●管理責任者●

◇認証機関の審査は、審査チームが複数のグループに分かれ並行して行なわれることがありますので、管理責任者が総括指揮者となって、各審査グループでの指摘事項（不適合）を把握し、次に審査される部門へ適切な指示を出す必要があります。

―指摘を受けた部門は、その対応の指示を、また、これから審査される部門は、現在審査がどうなっているかを知りたがっているので、その情報を伝える―

役割分担

役割分担を明確にし、その任にあたる ●事前に決定しておく●

- 案内者：●案内者は、審査グループを審査場所まで案内します。
  ―各審査グループごとに1人つけるとよい―
- 対応者：●対応者は、審査員の質問に回答し、資料を提示します。
  ―審査員が、回答者を指名することもあるので、該当者全員が回答できるようにしておくことが望ましい―
- 連絡者：●連絡者は、受審部門から総括指揮者へ、総括指揮者から関係部門へ情報を伝達します。
- 記録者：●記録者は、審査員と受審対応者との質問、回答のやりとりを細大漏らさず記録します。
  ―他部門に影響する質問は、即刻伝える―
  ―記録は、審査後の是正処置に役立つ―

審査場所

審査会場を設定する ●初回会議・文書審査・最終会議●

- 文書審査会場：●初回会議、文書審査、最終会議のための会場を準備します。
  ―必要な文書類を会場に事前に持ち込み準備する―
- 審査員事務処理所：●審査チームが審査後、審査所見をまとめる場所を用意します。
  ―審査チームミーティングを行なう―

資料

審査提示用資料を整理する ●文書・記録●

◇環境文書管理台帳で索引される社内規定及び記録類を整理します。

―項目別にファイリングし、容易に検索できるようにしておくとよい―

さくいん

アルファベット

ANNEX　SL……96
CD……38
CSR……14
DIS……38
FDIS……38
IEC……28
IS……38
ISO……28,30,31
ISO／IEC17011規格……47
ISO／IEC17021規格……47
ISO／IEC27001規格……43
ISO／TR14047規格……89
ISO／TR14049規格……89
ISO／TR14069規格……93
ISO／TS14048規格……89
ISO／TS14071規格……89
ISO9001規格……42
ISO14000シリーズ規格……34,74,76
ISO14001規格……78,80,106,110,116
ISO14004規格……78,82
ISO14020規格……91
ISO14021規格……91
ISO14024規格……91
ISO14025規格……91
ISO14031規格……92
ISO14040規格……89
ISO14044規格……89
ISO14050規格……84
ISO14064-1規格……92
ISO14064-2規格……93
ISO14064-3規格……93
ISO14065規格……93
ISO14066規格……93
ISO19011規格……86
ISO22000規格……43

ISO45001規格……43
ITU……29
JAB……48
JIS……29,40
JISC……29
LCA……88
NP……38
OHSAS18001規格……43
PDCAサイクル……114
PDCAの管理のサイクル……72
PWI……38
ROHS指令……235
SC……32,38
SL……97
TC……30,38
TC207……32,33,36
WD……38
WG……38
WTO／TBT協定……40,41

50音順

あ

アクセス……225
委員会原案……38
移行審査……59
維持する……139
著しい環境側面……175,176
著しい環境側面の評価基準……175,176
意図した成果……118,123,125,126,140,146,257,274
意図しない変更……230
医療機器品質マネジメントシステム……43
インフラストラクチャ……197
請負者……236
運用……228
運用管理……228,229,230,232
運用基準……229
運用の計画……228
エコビジネス……20
エコマーク……26
汚染の予防……64,65,75,151,152
オゾン層破壊……22
オゾン層破壊問題……24
重み付け評価方式……308,310
温室効果……94
温室効果ガス……22,24,94
温室効果ガス規格……77,92

か

改善……68,274,275,285
改善提案制度……213
改善の機会……269,275
階層……191
概念……101,121
外部委託……111,232
外部委託したプロセス……232,233
外部監査……259
外部記録……227
外部コミュニケーション……209,214
外部資源……197
外部提供者……236
外部の課題……127
外部文書……227
海洋汚染問題……25
確実にする……143,144,145,146,156,196,199,204,209,213,222,232,235,248,261,262
革新……275
拡大審査……59
確立する……139,190,191
課題……123,125,126

ガバナンス……112
環境……64,65,67
環境影響……150,172,278
環境影響評価……175,308,310
環境関連法律……182,183
環境基本法……180,181
環境経営……20
環境コスト……16,17
環境状態……127
環境上の要求事項……235
環境側面……164,168,170,172
環境の柱……83,109,118
環境配慮型製品……21
環境パフォーマンス
……92,140,159,243,267,285
環境パフォーマンス評価の規格……35
環境負荷……109
環境方針……144,148,150,152,154,192,312
環境保護……75,151
環境保全……109
環境マニュアル……219,314
環境マネジメント……66,146
環境マネジメントに関する規格……77
環境マネジメントシステム……15,66,67,138,140
環境マネジメントシステム監査……256
環境マネジメントシステム規格……78
環境マネジメントシステム審査員評価登録センター
……60,62
環境マネジメントシステムに関する規格……76
環境マネジメントシステム文書……57,316
環境マネジメントの用語に関する規格……76
環境目標……144,150,191,192,194,312
環境問題……22
環境ラベル……21,26,90
環境ラベル及び宣言に関する規格……77
環境ラベル規格……34,90
環境リスク……14
監査……256
監査員……260
監査基準……260
監査結論……321
監査所見……321
監査の規格……34
監査範囲……260
監査プログラム……258,260
監査プログラムの管理……87
監査報告書……87,261,321
監視……244
監視及び測定……244,246
監視機器……248
監視する……193
完全性……223
完全性の喪失……223
管理責任者……159,296
管理層……261
関連する……191
緩和……239,278
機会……125,161
気候変動……64,153
期待……130
キックオフ宣言……294
機能……135,191
機密性……223
機密性の喪失……223
脅威……125,161
教育……199
教育訓練……200,202,302
境界……133
共通の中核となるテキスト……98,102
記録……202,216,219,226

緊急事態……167,174,238,240
熊本水俣病……22
グリーン購入……20,291
グリーン調達……291
グリーンマーク……26
訓練……199
計画……68,72,115,160
計画した変更……230
継続的改善……114,147,154,213,285
継続的改善の機会……269
継続的に改善する……139
権限……157
検索……225
検証……248
現場監査……258
公害問題……22
工学的な管理……229
更新審査……58
校正……248
考慮する……191
考慮に入れる……191,208
国際規格……28,36,38,40
国際規格原案……30,36,38
国際電気通信連合……29
国際電気標準会議……28
国際標準化機構……28,31,116
告示……180
個人的資質……60
国家規格……40
好ましい影響……125
好ましくない影響……125,231
コミットメント……112,115,142,144,148,154
コミュニケーション……206,208,210
コミュニティ……129

さ

最終会議……321
最終国際規格原案……38
サイト……56,136,293
再認証審査……58
最良利用可能技法……189
作業原案……38
参照する……178
酸性雨問題……24
三本の柱……108,118
サーベイランス審査……58
識別……220,227,249
事業……145
事業環境……123
事業プロセス……112,145,188,195
資源……64,146,194,196,268
施行規則……180,181
施行令……180,181
自己宣言……32,117,120
自己宣言の確認……117
システム……66,67
持続可能な開発……108,110
持続可能な資源の利用……64,75,151,152
実施……68,72,115
実施する……139
実証する……142
指標……194,245
使命……124
社会的責任……14,184
社内規格……40
修正……277
重大性評価方式……308,310
縮小審査……59
受審体制……326
主任審査員……61

順守……252
順守義務……18,80,128,
130,154,164,178,180,184,208,252,268
順守評価……250,252,254
上位構造……98,100,116
承認……220
情報……219
情報セキュリティマネジメントシステム……43,96,223
省令……180
条例……181,184
初回会議……320
初回認証審査……58,324
初期環境レビュー……306
処置……72,115
新作業項目提案……38
審査……46
審査員……60,61
審査員研修機関……48
審査員評価登録機関……48,60,62
審査員補……60
審査基準……50,78,80
人的資源……146,197
森林破壊問題……25
推進計画……296,298,318
推進プロジェクト……294,296,303
水平展開……279,280
整合性……78
整合のとれた目標……150,191
生態系……64,109,153
製品ライフサイクル……44,88
生物多様性……64,153
責任……157
責任・権限……156,158
是正処置……276,278,279,280,282,283
説明責任……143,144
宣言の規格……34
戦略……112
戦略的な方向性……112,144,273
測定……244
測定可能……192
測定機器……244,248
組織……120,134,157
組織・機能的境界……133,137
組織環境……123
組織の管理下で行なう人々……198,200
組織の管理下で働く人……136,156,204
組織の状況……122,123,150,304
組織の目的……14,123,124
その他の要求事項……180,184,185

た

第一者監査……77,256
第一段階審査……57,324
第二者監査……77,87,259,268
第二段階審査……57,325
高いレベル……127,131
妥当……262
妥当性……220,284
団体規格……40
地域規格……40
チェック……115
地球温暖化……24,94
地球環境問題……23,24,36
地球サミット……36
通達……180,181
定義……98,100,101,121
定期審査……58
定性的……192
適合……70,80
適合性の検証……257

適合の確認……117
適切……262
適切性……220,284
適用可能性……133
適用範囲……118,132,134,136
典型七公害……22
電子媒体……220,223
点数評価方式……308,309
伝達する……193
天然資源……64,196
統合……145,188
統合マネジメントシステム……98
登録証……50,57,59,137,325
特別審査……58,59
トップマネジメント……142,262
富山イタイイタイ病……22

な

内部監査……87,256,258,260,320,323
内部コミュニケーション……209,212,247
内部資源……197
内部の課題……124,127
なぜなぜ5回……280
日本工業規格……29,40
日本工業標準調査会……29
日本適合性認定協会……48,52,54,62
入手可能……137,155,222
任意規格……40,74
認識……204
認証……46,80
認証・登録……50,56,58,117
認証機関……47,48,49,50,52,54,300
認証機関の審査……58,318,322,324
認証取得……50,288,294
認証取得範囲……292,301
認証制度……46,47,48,49,62,80
認定……46
認定機関……46,47,48,49,52,54,62
認定制度……46,47,48,49
認定範囲……52,53,54,300
ニーズ……130
ニーズ及び期待……128,130

は

廃棄物管理……109,134
媒体……218,219,220
配付……225
発生原因……279
パフォーマンス……92,100,141,147,159,243,252,275,285
パフォーマンス評価……242
非関税貿易障壁……74,111
ビジョン……99,124
必要なプロセス……138,141,228,238
評価……68,72,115,285
評価基準……168,175,176,245,250
フォローアップ……87,321
複合監査……86
附属書SL……75,78,96,98,104,116
物理的境界……133,135,136
不適合……100,260,267,276,277,278,280,282
不適合の性質……282
プロセス……100,141,161,208,232
文書……219
文書化した情報……100,216,218,219,220,222,224,226,316
文書監査……258
文書レビュー……87,324
分野固有……99,102

防止……239
方針……68
法的要求事項……80,154,180,254
法律……180,181
保管……225
保持する……227
保存……225

ま

マネジメント……66,67
マネジメントシステム……66,67,138
マネジメントシステム監査に関する規格……76
マネジメントシステム審査員評価登録センター……62
マネジメントレビュー
……262,264,266,268,270,272
無機環境……64

や

約束……68
野生生物種減少問題……25
有意数評価方式……308,309
有機環境……64
有効……262
有効性……100,143,202,284
有効性の検証……257
有効な版……226
ユーティリティ……197
要求事項……100,106,120,277
用語……100,101,121
四日市ぜんそく……22
予備作業項目……38
予防処置……283
予防処置の概念……165

ら

ライフサイクル……44,111,234
ライフサイクルアセスメント……44,88
ライフサイクルアセスメントの規格……34,88
ライフサイクルの視点……111,169,234
利害関係者……100,128,130
力量……100,198,199,200,202
リスク……100,161
リスク及び機会……160,161,163,
164,165,166,174,187,266
リスク分析評価方式……308,311
流出原因……279
利用の手引……106
両立する……75,144
リーダーシップ……142,144,146
労働安全衛生マネジメントシステム……43

大浜庄司（おおはま　しょうじ）
1934年東京都生まれ。1957年東京電機大学工学部電気工学科卒業。日本電気精器株式会社品質保証部長、TQC推進室長、理事等を歴任し、1993年退職。その間、東京電機大学電機学校講師を務める。
現在　・オーエス総合技術研究所所長
・IRCA登録主任審査員（英国）
・JRCA登録主任審査員（日本）
・認証機関　JIA-QAセンター主任審査員
・社団法人日本電機工業会　ISO9001主任講師
〈主な著書〉
・「図解でわかるISO9001のすべて」（日本実業出版社）
・「完全図解　電気回路」（日本実業出版社）
・「図解でわかるシーケンス制御」（日本実業出版社）
・「ISO9001内部品質監査の実務知識早わかり」（オーム社）
・「ISO9000品質マネジメントシステム構築の実務」（オーム社）
・「図解ISO14001実務入門」（オーム社）
・「マンガISO入門 —品質・環境・監査—」（オーム社）
・「完全イラスト版　ISO9001早わかり」（オーム社）
・「完全図解ISO9001の基礎知識140」（日刊工業新聞社）
・「完全図解ISO14001の基礎知識150」（日刊工業新聞社）
・「完全図解ISO22000の基礎知識150」（日刊工業新聞社）
・「完全図解品質＆環境ISO内部監査の基礎知識120」（日刊工業新聞社）

最新版《さいしんばん》　図解《ずかい》でわかるISO《アイエスオー》14001のすべて

2005年10月20日　初 版 発 行
2017年９月10日　最新２版発行

著　者　大浜庄司

発行者　吉田啓二

発行所　株式会社日本実業出版社　東京都新宿区市谷本村町３－29 〒162-0845
大阪市北区西天満６－８－１ 〒530-0047
編集部　☎03－3268－5651
営業部　☎03－3268－5161　振　替　00170－1－25349
http://www.njg.co.jp/

印 刷／厚 徳 社　　製 本／共 栄 社

この本の内容についてのお問合せは、書面かFAX（03－3268－0832）にてお願い致します。
落丁・乱丁本は、送料小社負担にて、お取り替え致します。

ISBN 978-4-534-05521-7　Printed in JAPAN